PHP 和 MySQL Web 开发学习指南

（第6版）

【澳】汤姆·巴特勒（Tom Butler）　【澳】凯文·雅克（Kevin Yank）　著

李强　译

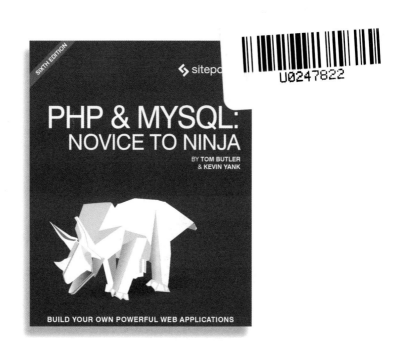

人民邮电出版社

北　京

图书在版编目（ＣＩＰ）数据

PHP和MySQL Web开发学习指南 / （澳）汤姆·巴特勒
(Tom Butler)，（澳）凯文·雅克（Kevin Yank）著；
李强 译. -- 北京：人民邮电出版社，2018.12
　ISBN 978-7-115-49369-9

　Ⅰ．①P… Ⅱ．①汤… ②凯… ③李… Ⅲ．①PHP语言
－程序设计－指南②关系数据库系统－指南 Ⅳ.
①TP312.8②TP311.138

中国版本图书馆CIP数据核字(2018)第212558号

版 权 声 明

◆ 著　　　[澳] 汤姆·巴特勒（Tom Butler）
　　　　　[澳] 凯文·雅克（Kevin Yank）
　 译　　　李　强
　 责任编辑　吴晋瑜
　 责任印制　焦志炜

◆ 人民邮电出版社出版发行　　北京市丰台区成寿寺路 11 号
　 邮编　100164　电子邮件　315@ptpress.com.cn
　 网址　http://www.ptpress.com.cn
　 涿州市京南印刷厂印刷

◆ 开本：787×1092　1/16
　 印张：22
　 字数：706 千字　　　　　　　2018 年 12 月第 1 版
　 印数：1 – 2 400 册　　　　　2018 年 12 月河北第 1 次印刷
　 著作权合同登记号　图字：01-2016-9210 号

定价：79.00 元

读者服务热线：**(010)81055410**　印装质量热线：**(010)81055316**
反盗版热线：**(010)81055315**
广告经营许可证：京东工商广登字 20170147 号

内 容 提 要

本书主要介绍构建现代 PHP Web 站点所需的技能、PHP 的基础知识以及现阶段开发者所使用的经过尝试和验证的技术。

本书共 14 章，从服务器和虚拟机的安装开始，介绍 PHP 和 MySQL 基础知识、在 Web 上发布 MySQL 数据、关系数据库设计、PHP 结构化编程、改进插入和更新函数以及对象和类等内容，然后在此基础上介绍如何创建一个可扩展的框架、如何进行 MySQL 管理以及如何用正则表达式进行内容格式化。

学完本书后，读者应能很好地理解 PHP，并能使所编写的代码更高效、更快速。本书要求读者掌握基本的 HTML 知识，适合从事服务器端编程的中级和高级 Web 设计师参考。

前　言

　　1998 年，我 12 岁，那一年，父母给家里购买了第一台现代 PC。没过多久，我就搞清楚了如何通过修改我所喜爱的第一人称射击游戏的代码来做一些小事情，例如让火箭弹发射器一秒发射 100 个火箭弹而不是一个火箭弹，然后，让它在每个方向上发射 100 个火箭弹，并且快速地搞垮游戏。我为此着迷，从此以后就开始编程。

　　这款游戏是多个玩家参与的。其他人也发现了修改代码的方法，并且"武装竞赛"很快升级。一些人也朝我发射了 100 个火箭弹。我还编写了一个脚本，它能够准备好随时在我面前建起一堵墙来阻止对手的攻击。

　　对手在我的下方埋下了十几个地雷。我必须摆脱重力，然后跳起来，立即逃离即将发生的爆炸。如果每个人都能飞来飞去，这就变得没有什么乐趣了。你进入一个游戏中，某人却编写了一段脚本将你送到地图上的另一端，立即杀死你并且迫使你再生，一秒之内重复这个过程十多次。当然，他们还会冻结你的控制。

　　我发现了阻止所有这些的方式，但是，最终双方进入了僵持状态。试图首先进入游戏的任何人都将完全控制游戏，不管你的脚本有多么好，你什么也做不了。

　　这就是我学习编程基础知识的方式，而唯一的限制是你的想象力和创造力。在那个时候，我还自学了HTML，并且建立了自己的 Web 站点来分享一些游戏黑客技术和脚本。

　　到了 2000 年，我自学了 PHP/MySQL 基础知识并且运行针对一组程序员的 Web 站点。我编写了一些粗糙的 PHP 脚本在 Web 站点上发布新闻、进行问卷调查，甚至编写了一个脚本来处理小型锦标赛的排名和赛程安排。

　　此后，我转向使用一种"恐怖"的语言 Delphi 来编写桌面应用程序，编写工具帮助人们来改装各种游戏。2007 年，我大学毕业并且拿到了软件工程的学位，在各种公司担任 PHP 开发者。在这些日子里，我回到大学拿到了博士学位，并开始作为一个演讲者来传播我对于编程的热情。

　　现在，我 31 岁了，并且已经在人生的很长一段时间内从事编程工作。这很有趣，有时候，我全身心地享受编程。我编写本书来分享我的知识，并帮助你清除那些容易掉进去的陷阱。学习编码是非常享受而又有成就感的事情。在编译自己的程序时，你可以看到它被赋予了生命。然而，这也可能是令人非常沮丧的体验。在本书中，我打算尝试用我自己的经验，带你走一段顺畅的旅程——要比我自己和很多程序员的旅程顺畅得多。我可以指导你起步，朝着正确的方向前进。

　　在介绍任何代码之前，我打算给你一些关于编程和学习编码的建议，这也是我给我的所有学生的建议。

读者对象

　　本书针对那些想要立即开始服务器端编程的中级和高级 Web 设计师。我期望你已熟悉简单的 HTML，因为我肯定会使用 HTML 并且不会给出太多说明。我不会假设或要求你拥有层叠样式表（CSS）或 JavaScript方面的知识，但是，如果你熟悉 JavaScript，你会发现这使得学习 PHP 更加容易，因为这些语言很相似。

　　在学完本书之后，你将能够掌握构建现代 PHP Web 站点所需的技能、PHP 的基础知识以及如今的开发者所使用的经过尝试和验证的技术。

编程已经发生了变化

　　和 2001 年时编写一个 Web 站点的那些程序员相比，现在才从头开始的新程序员需要学习比那时多得多的知识，才能够发布一个 Web 站点。当我开始学习的时候，那是一个相当简单的时代。例如，Web 站点安全性并不是需要太多考虑的问题。除非你是一家银行或者从事信用卡支付的公司，很少会有人以你的站点为攻击目标。

然而如今，每一个 Web 站点都会受到自动程序和脚本的轰炸，而这些程序和脚本专门探测你可能留下的甚至是最小的后门。

编写 PHP 脚本的方式也发生了显著的变化，肯定是更好了。现在，很容易下载其他人的代码，并用在你自己的项目中。这一点的缺点是，你需要对编程概念有更加广泛的理解，才能够做任何有用的事情。

为了跟得上竞争的需求，以及能够满足更多的项目需求，PHP 和 MySQL 也必须发展。和 2001 年相比，PHP 现在是一种更加复杂和强大的语言，MySQL 是一种更加复杂和强大的数据库。今天，学习 PHP 和 MySQL 将会打开更多的大门，而这些大门在 2001 年的时候对 PHP 和 MySQL 的专家也是关闭的。

这是好消息。坏消息是，切黄油的刀总是比瑞士军刀更容易搞清楚如何使用。同样的道理，这些耀眼的新功能和改进必然使得 PHP 和 MySQL 对于初学者来说变得更加难以学习了。

1万小时的练习才能成为专家

这种说法背后的科学道理是值得怀疑的，但是其感性认识是正确的。编程是一种技能，并且它肯定很难掌握。不要指望一夜就能变得技艺纯熟。在学习完本书后，你将会很好地理解 PHP，但是，不管你达到了什么层级，总是有很多知识要学习。

有一种说法是，在编程领域，一点点知识就可以用很长的时间。只需要掌握几样工具，就能够做如此之多的事情，你可能会对此感到惊讶。你会发现，在学习了非常基础的知识之后，你就可以实现几乎想要做的任何事情。即便你只是知道超出本书之外的一点点编程概念，不能做的事情非常少。较为高级的概念都是关于让你的代码变得更高效、更快速、更容易编写，并且能够更简单地在其上进行构建的。

稳扎稳打，莫贪走捷径

我再三对那些错过了讲课的学生强调这一点。一个编程概念总是构建在另一个概念之上。大多数时候，你需要学习前面的概念，然后才能继续学习后面的概念。如果你试图走得太快，很容易混淆所学的概念，并且使得自己的学习过程变得困难。

没有多少编程概念是独立存在的，如果你遇到困难，通常是没有完全理解前面的概念所导致的。不要害怕重新复习那些你认为之前已经知道的知识。当你遇到困难的时候，全面地掌握知识通常比费力地学新知识更有效。

协和谬误

20 世纪 70 年代末，英国和法国政府持续给协和飞机投入资金，即便它已经浪费了大量的金钱。他们的理由是，已经在该项目上花了这么多的钱，如果放弃该项目，那么之前投入的资金都会付之东流。当然，他们最终失去了更多，因为他们后来还投入了资金。如果他们早点停下来，从长远来讲，会节省很多的钱。这种现象通常称为"协和谬误"。很多时候，砍掉你失去的东西比继续在失败的项目上投入要好一些。

当你在某件事情上花了很多的时间但它还是不能工作的时候，就到了这种时候了。当发生这种情况时，退后一步并且尝试以一种不同的方式来解决问题。使用一些你所掌握的替代性的工具。解决方案可能不够优雅，但是一旦能让其工作，你就扭转了败局。

不要害怕放弃任何事情并重新开始。当你开始编程的时候，最终会编写很多的代码，尝试让它们和之前已经完成的工作协作，并且逐渐构建出了一个"怪物"。你并不是真的理解代码要做什么工作。代码将变得无法工作，并且你会垂头丧气。即便做出最少的修改，也是很困难的工作，因为这很可能会破坏其他的事情。

当发生这种情况的时候，不要害怕从头开始。我已经记不清有多少次这样的情况，当我已经完成了项目的一部分时，又不得不从头开始这个项目。通常在几个小时之内，你会遇到困难并面临相同的处境，但是，你有了更加整齐的代码以及对问题有更好的理解。然而，我强烈建议你使用原来的代码作为参照，而不是删除它。

每个人都是从编写难看的代码开始的。让任何程序员去看他们刚刚入门时编写的代码，他们都会感到尴尬，即便他们是几个月前才刚开始从事编程工作的。

你不是在学习 PHP

是的，没错。本书关注于 PHP 和 MySQL，但是，不要陷入认为你在学习 PHP 的思路中。好吧，你是在学习 PHP，但是，我只不过是在用 PHP 教你编程。

当你学习开车的时候，你不是在学习如何开福特车。你在学习开车的概念，并且可以把这些概念应用到你所驾驶的任何汽车上，即便有一些操控的位置是不同的。

我们在这里学习的概念，将适用于你未来想要学习的几乎任何语言。当然，这里有一些差异，但是，底层的概念是相同的。

一旦你能够用一种语言熟练地编程，只需要几天的时间，你就会对另一种语言的理解达到一个合理的标准。因此，不要抱着"我在学习 PHP"的思想阅读本书，相反，要这样想："我是在学习编程。"

更重要的是，记住概念而不是语法。你总是能够查找正确的语法，但是，理解底层的概念更难。这会把我们带到下一个重点……

把括号和分号放到正确的位置是容易的事情

在学习编程之初，你总是会把方括号、花括号、分号、点号和相当多的其他内容放错地方。你可能会忘记使用某个单个的字符，从而导致整个程序无法工作。

刚开始的时候，这可能特别令人沮丧。但是，一旦你掌握了它，很快会意识到让语法正确是很容易的事情。这很容易，因为它很严格。语法要么正确，要么不正确。代码要么有效，要么无效。

困难的部分实际上是编写逻辑，将一个问题分解为最小的部分，以便可以将其解释给计算机。计算机将会快速地告诉你语法是否正确，但是它无法告诉你是否给出了正确的解决问题的指令。

规划并不能做成任何事情

规划并不能做成任何事情。

——Karl Pilkington

如果你已经读过有关编程的图书，你可能已经听说过，需要花很多的时间来设计你的代码，因此在编写任何一行代码之前，应该仔细地规划程序的逻辑以及它将如何工作。你还将会遇到一些教授一种叫作"需求工程"的开发方法学的书和文章，可视化地表示代码的某种图，以及在编写代码之前如何规划代码的各种技巧。

我现在要说一些让大多数程序员感到痛苦的事情——完全忽视这些建议，并且直接投入到代码的编写中。

当我在讲课时这么说的时候，我的学生松了一口气。他们来这里是学习编写代码的，而学习编写代码最好的方法就是开始编写代码。

强调先规划设计的建议的基本问题是，它忘记了一个显著的事实：要设计软件，需要知道什么工具可用以及它们所能解决的问题。否则，如果你不知道哪些工具可用的话，所提出的设计将毫无意义。

假设你对于盖房子一无所知。你不知道如何使用锤子、锯子；不知道要支撑屋顶的话，一个房梁需要有多么的坚固；不知道地基需要挖多深；不知道浴室里如何安装水泵；甚至不知道房屋的每一个部分适合用什么样的材料来构建，等等。

只要你愿意，可以在设计上花费尽可能长的时间，并且尽可能仔细地规划事情，但是，除非你知道你的工具能够做什么以及它们的局限性，你最终得到的是一个无法完全利用工具的设计，或者说使用可用的工具/材料根本不可能实现这个设计。如果不知道 3 层楼的房子需要 6 米深的地基的话，你根本无法设计一栋 3 层的房子。

同样，如果你不知道如何编程的话，就无法设计计算机程序。为了说明我的观点，下面来讲讲来自"TED Talk"节目的一个故事，这是 Ernesto Strolli 讲的一个故事，故事的名字是"想要帮助别人吗？那就别说话并聆听"。

> 曾经有一个项目是意大利人决定教赞比亚人如何种植粮食的。我们带着意大利的种子到达了赞比亚南部一个非常大的山谷，这个山谷一直向下延伸到赞比西河。让我们感到惊讶的是，当地的人们位于这样一个土壤肥沃的山谷，却没有种植任何农作物。但是，我们并没有问他们为什么没有种植任何作物，而只是说："好在我们来到了这里。现在就是拯救赞比亚人于饥饿的历史性时刻了。"

> 当然，一切作物在非洲长得很好，并且我们种植了规模壮观的土豆。在赞比亚，土豆长得甚至比在意大利还要大。我们告诉赞比亚人，看看吧，种植农作物是多么容易啊。当土豆长势喜人，即将成熟时，到了晚上，200 多只河马从河里出来并且吃光了所有的东西。我们对赞比亚人说："天啊，这里有河马。"赞比亚人说："是的。这就是我们没有在这里种植农作物的原因"。

Ernesto 的团队完全知道自己要做什么。他们仔细地规划了一切，并且设法得到了想要的结果。然而，由于他们没有预见到的事情，所有的规划和设计都浪费了。程序员不会遇到河马，但是，有很多的障碍是他们所无法预料的，并且不可避免地会遇到这些障碍。任何时候，一旦相当于 200 只河马的事情发生了并且"吃掉了"你的代码，你花在设计上的所有时间也都白白浪费了。你必须放弃原来的设计并且重新开始。

在本书中，我会就你可能遇到的各种"河马"给出警示。但是，自行测试更好。你可以"做中学"，投入进去，编写一些代码。第一次的时候，这些代码几乎肯定无法工作，但是你会从这个过程中学到一些东西。用不同的方式再次尝试，有助于你提出一些能够让代码工作的解决方案。

只有意识到可能遇到的问题以及可用工具的局限性，你才有办法设计出程序来。

好吧，设计并非一无是处

对于专业程序员来说，在构建代码之前先进行设计，这是至关重要的。然而，专业人士要编写的代码，可能需要数年甚至十几年才能编写出来。他们编写的代码需要以这种方式来编写，即代码要具有可扩展性，并且让其他人容易理解。

在本书中，我将带你思考代码的架构以及如何编写可复用和可扩展的代码。但是，你在这里编写的代码并不是要用于真正的项目中并需要维护数年再交付使用。你是在这里学习编程。那就勇往直前并找出所有那些"河马"。你将从错误中学到很多知识，这比从那些立即就能工作的代码中学到的更多。

花费在代码设计上的时间，应该和你的编程能力成正比。如果你只是刚刚开始，只要你对于想要程序做什么有一个大致的理解，就可以投身进去并开始编写代码，直到它确实做你想要它做的事情。你可能会遇到困难，并尝试一种不同的方式，并且不会感觉到你在做错事，因为这和你花在设计上的时间是对应的。我前面说的"协和谬误"在这里也是适用的。

对于前几章，至少直接投入并尝试。运行你的代码，看看它是否能够工作。在我给出解决方案之前，请尝试解决一些我所设定的问题。通过找出自己的解决方案而不是闭着眼睛录入我给你的代码，你将会学到更多。

随着知识的增长，你将会对于哪些工具可用以及分解问题所需的方法都会有一个牢固的理解。一旦达到了这个级别，你就可以开始在编写代码之前更加详细地进行规划了。

本书所使用的体例

你将会注意到，本书使用了特定的排版样式，以强调不同类型的信息。注意如下的一些内容。

代码实例

本书中的代码用等宽字体显示，如下所示：

```
<h1>A Perfect Summer's Day</h1>
<p>It was a lovely day for a walk in the park.
The birds were singing and the kids were all back at
➡ school.</p>
```

如果这段代码可以在本书配套的示例代码文件中找到，将会在程序列表的顶部给出该示例的名称，如清单 0-1 所示：

清单 0-1　Layout

```
.footer {
        background-color: #CCC;
        border-top: 1px solid #333;
        }
```

有些代码行应该是在一行中输入，但是，由于页面宽度有限我们必须折行。➡表示为了版式的目的而进行换行，实际上，该换行应该被忽略：

```
URL.open("http://www.sitepoint.com/responsive-web-design-real
➡ -user-testing/?responsive1");
```

提示、注意和警告

提示将给出一些有用的知识点。

注意表示和讨论的主题相关，但不是至关重要的信息。可以将它们当作额外的相关信息。

请注意这些重要的知识点。

警告、强调任何你可能会犯错的陷阱。

资源与支持

本书由异步社区出品，社区（https://www.epubit.com/）为您提供相关资源和后续服务。

提交勘误

作者和编辑尽最大努力来确保书中内容的准确性，但难免会存在疏漏。欢迎您将发现的问题反馈给我们，帮助我们提升图书的质量。

当您发现错误时，请登录异步社区，按书名搜索，进入本书页面，单击"提交勘误"，输入勘误信息，单击"提交"按钮即可。本书的作者和编辑会对您提交的勘误进行审核，确认并接受后，将赠予您异步社区的 100 积分（积分可用于在异步社区兑换优惠券、样书或奖品）。

扫码关注本书

扫描下方二维码，您将会在异步社区微信服务号中看到本书信息及相关的服务提示。

与我们联系

我们的联系邮箱是 contact@epubit.com.cn。

如果您对本书有任何疑问或建议，请您发邮件给我们，并请在邮件标题中注明本书书名，以便我们更高效地做出反馈。

如果您有兴趣出版图书、录制教学视频，或者参与图书翻译、技术审校等工作，可以发邮件给我们；有意出版图书的作者也可以到异步社区在线提交投稿（直接访问 www.epubit.com/selfpublish/submission 即可）。

如果您是学校、培训机构或企业，想批量购买本书或异步社区出版的其他图书，也可以发邮件给我们。

如果您在网上发现有针对异步社区出品图书的各种形式的盗版行为，包括对图书全部或部分内容的非授权传播，请您将怀疑有侵权行为的链接发邮件给我们。您的这一举动是对作者权益的保护，也是我们持续为您提供有价值的内容的动力之源。

关于异步社区和异步图书

"异步社区"是人民邮电出版社旗下 IT 专业图书社区，致力于出版精品 IT 技术图书和相关学习产品，为作译者提供优质出版服务。异步社区创办于 2015 年 8 月，提供大量精品 IT 技术图书和电子书，以及高品质技术文章和视频课程。更多详情请访问异步社区官网 https://www.epubit.com。

"异步图书"是由异步社区编辑团队策划出版的精品 IT 专业图书的品牌，依托于人民邮电出版社近 30 年的计算机图书出版积累和专业编辑团队，相关图书在封面上印有异步图书的 LOGO。异步图书的出版领域包括软件开发、大数据、AI、测试、前端、网络技术等。

异步社区

微信服务号

目　　录

第 1 章 安　　装

在本书中，我们将帮助你跨出超越静态页面构建的第一步。静态页面是使用 HTML、CSS 和 JavaScript 这样的纯客户端技术构建的。我们将一起探索数据库驱动的 Web 站点的世界，看看令人眼花缭乱的动态工具、概念以及它们所带来的各种可能。

在开始构建第一个动态 Web 站点之前，你必须收集完成这项工作所需的工具。这就像是在烘焙蛋糕之前，你需要准备好制作蛋糕的配料，然后才能按照菜谱来制作。在本章中，我们将介绍如何下载和安装所必需的软件包。

如果你过去经常使用 HTML 和 CSS，甚至是用更加智能化的 JavaScript 来构建 Web 站点，你可能很熟悉将文件上传到某个位置以组成站点的方式。这可能是你已经付费的虚拟主机服务，由你的互联网服务提供商（Internet Service Provider，ISP）提供的 Web 空间，也可能是由你所在的公司的 IT 部门搭建的 Web 服务器。在任何情况下，一旦你将自己的文件复制到这些目的地中的任何一个，当 Internet Explorer、Google Chrome、Safari 或 Firefox 这样的 Web 浏览器请求这些文件的时候，常用的 Web 服务器的软件程序就能够找到并提供这些文件的副本。你可能听说过的 Web 服务器软件程序，包括 Apache HTTP Server（Apache）、NGINX 和 Internet Information Services（IIS）。

PHP 是一种服务器端脚本编程语言。你可以将 PHP 看作 Web 服务器的一个插件，它使得 Web 服务器能够做更多的工作，而不只是准确地发送 Web 浏览器所请求的文件副本。安装了 PHP 之后，Web 服务器将能够运行小程序（叫作 PHP 脚本），执行诸如此类的任务：从数据库提取最新的信息，用这些信息生成一个实时的 Web 页面，然后将其发送给请求该页面的浏览器。本书的大部分内容将集中介绍如何编写 PHP 脚本来做这样的事情。PHP 可以完全免费地下载和使用。

要让 PHP 脚本从数据库获取信息，必须首先有一个数据库。这就是 MySQL 的用武之地。MySQL 是一种关系数据库管理系统（Relational DataBase Management System，RDBMS）。稍后，我们将介绍 MySQL 的具体角色以及它是如何工作的。简言之，它是一种软件程序，能够高效地组织和管理众多的信息片段，同时记录这些信息片段之间是如何彼此关联的。MySQL 还使得诸如 PHP 这样的服务器端脚本编程语言能够非常容易地访问那些信息，并且和 PHP 一样，MySQL 也是完全免费使用的。

本章的目标是建立配备了 PHP 和 MySQL 的一个 Web 服务器。我将一步一步地指导你在最新的 Windows 和 Mac OS X 系统上工作，因此，不管你喜欢使用什么样的计算机，这里都有你所需要的内容。

1.1 属于自己的 Web 服务器

如果你当前的虚拟主机的 Web 服务器已经安装了 PHP 和 MySQL，那么，你很幸运。大多数虚拟主机确实会这么做，这也是 PHP 和 MySQL 如此流行的原因之一。如果是这样，那么，好消息是，你可以发布自己的第一个数据库驱动 Web 站点，而不必购买任何支持相应技术的虚拟主机服务

在开发静态 Web 站点时，你可以直接从硬盘将 HTML 文件加载到自己的浏览器中，预览它们的显示效果。当你这么做的时候，没有 Web 服务器软件也没问题，因为 Web 浏览器自身就能够阅读和理解 HTML 代码。

然而，当使用 PHP 和 MySQL 来构建动态 Web 站点时，Web 浏览器则需要一些帮助。虽然 Web 浏览器无法理解 PHP 脚本，然而，PHP 脚本包含了针对能够理解 PHP 的 Web 服务器的指令，通过执行这些指令可以生成浏览器能够理解的 HTML 代码。

即便你已经有了一个支持 PHP 的 Web 主机，你仍然想要能够自己运行 PHP 脚本，而不需要使用其他人的服务器。为此，你需要安装自己的 Web 服务器。"服务器"这个术语可能使你想到一个较大的带有空

调的房间，其中的机架上装满了很大的计算机。但是不要担心，你不需要任何全新的硬件。笔记本电脑或台式机就能很好地工作了。

要在自己的 Web 主机上运行 PHP 脚本，你需要在编辑器中编写它们，打开 FTP 或 SSH 客户端并且将它们上传到服务器上。然后，才可以导航到你所创建的文件的 URI，以便在浏览器中看到结果。如果你犯了一个错误并且脚本有错的话，你将需要修改代码，回到 FTP 程序，再次上传文件，然后重新加载页面。这个过程很烦琐，并且占用你本可以用来编写代码的宝贵时间。通过在自己的 PC 上运行服务器，你将能够在编辑器中保存文件，并且通过直接刷新页面在浏览器中查看修改，而不需要上传文件。即便你已经有了一个完美的 Web 主机，在 PC 上运行服务器也真的很节省时间，并且也是其最大的一个优点（尽管还不是唯一的优点）。

那么，该如何在你的 PC 上运行 Web 服务器呢?有 3 种方法可以做到这一点，每一种方法都有其自己的优点和缺点。

1.1.1 服务器安装方法 1：手动安装所有的软件

Apache 是一个 Web 服务器，像大多数的软件一样，它带有一个安装程序，使你可以很容易地将其安装到自己的 PC 上。不需要费太多的力气，你就可以用它提供 Web 页面了。然而，有成百的配置选项，并且，除非你知道自己在做什么，否则要让其可供开发 PHP Web 站点使用还是颇费时间并且容易令人混淆的。

要运行 PHP 脚本，只有一个 Web 服务器是不够的。要进行手动安装，你还需要安装 PHP（它并没有一个安装程序）并配置它。和 Apache 一样，PHP 也有很多的选项，并且它默认地针对你想要运行一个真实的 Web 站点而安装。对于开发代码来说，这很糟糕，因为不会显示出错误。如果你犯了一个错误，将会得到一个空白的页面，而不会有任何指示表明哪里出错了。即便只是错了一个字符（例如，漏掉了一个花括号或者分号），也会得到一个空白页面，不会提示是什么导致了这个问题。要解决这个问题，你需要手动配置 PHP 安装，并且将设置调整为显示错误消息且支持其他的工具，从而使得开发成为更为愉快的任务。

还需要将 Apache 配置为能够和 PHP 通信，以便当某人连接到服务器并请求一个扩展名为.php 的文件时，该文件首先发送给 PHP 以进行处理。

为了学习本书内容，你还需要用到 MySQL，这意味着也要进行手动安装和配置。

Apache、MySQL 和 PHP 每一个都有数十项配置，并且除非你知道自己在做什么，这些配置是很难设置的。即便你是一位专家，也至少要花 1 个小时才能让一切都能工作。

手动安装需要大量的知识和研究工作，这些已经超出了本书的讨论范围。尽管能够配置服务器是一项有用的技能，但这对于帮助你学习如何使用 PHP 编程并没有帮助，而当你阅读本书时，真正感兴趣的正是如何使用 PHP 编程。

这种选择不仅适合于胆怯的新手，对于有经验的专业人士来说也是适合的，因为很容易漏掉一些重要的设置。好在我们并不需要关心所有这些软件的单个安装和配置工作。

1.1.2 服务器安装方法 2：预打包安装

多年以来，开发者组织认识到了手动安装的问题所在，并且他们编译了预打包安装程序，这是一个单个的安装程序，它可以安装 PHP、Apache、MySQL 和其他的相关软件，所有的预配置都针对你这样的开发者做了适当的配置。预打包的安装包的一些示例如 XAMPP（X、Apache、MySQL、PHP、Perl）、WAMP（Windows、Apache、MySQL、PHP）和 LAMP（Linux、Apache、MySQL、PHP）。

显然，这比手动安装每一个软件要容易多了，并且不需要学习如何配置服务器。这比手动安装要快很多，也要容易很多，尽管使用这种方法的时候，你仍然可能会遇到如下的问题。

（1）你的 Web 托管主机可能运行 Linux，但是，你的 PC 可能并不是这样的。尽管 Apache、MySQL 和 PHP 能够在 Windows、Linux 或 MacOS 下工作，但是，操作系统的工作方式有很大的差异。在 Windows 上，文件名是不区分大小写的，这意味着，FILE.PHP 与 file.php 和 fllE.pHp 是相同的。在你的 Web 托管主机上，几乎肯定不是这种情况。这经常引发这样的问题——一段脚本在 Windows 开发服务器上工作得很好，但是在上传以后却无效了，因为在代码中引用文件的大小写方式不对。

（2）Apache 和 MySQL 都是服务器，并且它们在后台运行。即便是当你并不开发软件的时候，它们仍将会运行，耗尽你的计算机的 RAM 和处理能力。

（3）预打包的软件总是会略微有些过时。尽管对于开发用计算机来说，安全修复并不是首要的问题（你不应该允许人们通过 Web 访问该机器），开发者坚持使用最新版本的软件总是很有用的，这样能够检查 Web 托管主机上的软件更新时可能遇到的问题。如果你的 Web 托管主机使用的 PHP 版本，比你的开发服务器上的 PHP 版本还要新，这可能会由于某些功能已经修改或删除了而导致问题。最后，开发者很喜欢在新的功能发布时就使用它。如果你没有使用最新的版本的话，就不能做到这一点。

尽管预打包安装要比手动安装更好，这些问题并不会使得它们成为理想的解决方案。好在，还有更好的办法。

1.1.3 服务器安装方法 3：虚拟服务器

安装并运行服务器的第 3 种方法是使用虚拟服务器。虚拟服务器的行为就像是在另一台不同的计算机上的 Web 服务器。你可以在这台计算机上运行任意的操作系统，并且可以从你的 PC 连接到它，就好像它真的在世界上的某个地方一样。

诸如 VMWare 和 VirtualBox 这样的虚拟化软件很常见。作为一名 Web 开发人员，你可能熟悉诸如 modern.ie 这样的工具，这是 Microsoft 提供的一种有用的服务，可以下载运行在 Windows、Microsoft Edge 和 Microsoft Edge 的各种版本之上的虚拟机。如果你想要看看自己的 Web 站点在 Windows XP 上的 Internet Explorer 8 中的样子，可以下载相关的虚拟机并且在你的 Window10、macOS 或 Linux 桌面的计算机上一个窗口中运行它，而不需要真正地在已有的 Window 10、macOS 或 Linux 之中再安装并运行 Windows XP 和 Internet Explorer 8。

像 VirtualBox 这样的软件，允许你在一个操作系统之中运行另一个操作系统，如图 1-1 所示。要测试 Internet Explorer 8，你可以在一个虚拟机中运行 Windows 7。然而，我们需要运行 PHP 脚本，这就允许我们做一些更炫酷的事情——我们可以运行一个带有 PHP、Apache 和 MySQL 的 Linux Web 服务器，而这个服务器是安装有 Windows 或 macOS 的 PC。

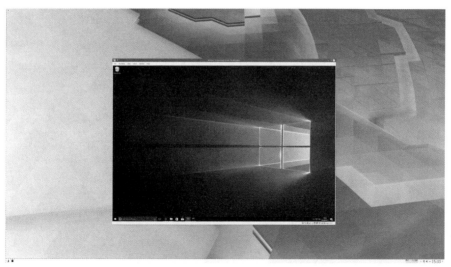

图 1-1　在 Arch Linux 中运行的 Windows 10

这就允许你运行和 Web 托管主机上所运行的完全相同版本的 PHP、MySQL 和 Apache，而且让它们运行于完全相同的操作系统之上，这就防止了由于所采用的操作系统的版本差异而导致的任何问题。

最大的一个优点是，你可以下载预配置的虚拟机，例如，微软所提供的 Windows XP 和 Internet Explorer 8 虚拟机，或者将 PHP、Apache 和 MySQL 安装和配置为一起工作的一个虚拟机。这就像是预配置的软件包在 Linux 上运行，就好像这是你的网络上的一个真正的 Web 服务器一样。

所有这些做法的缺点是，要运行你的代码，你必须下载一个完整的操作系统。这意味着要进行更多的下载，但是，在 10Mbit/s 的互联网带宽和太字节的硬盘空间的时代，这真的是无须担忧的问题。因为这是一种两全其美的方法，并且比其他两种方法更有优越性。我将向你介绍如何安装和运行一个虚拟机。这比你想象的要容易很多。

1.2　你自己的虚拟机

在编写任何的 PHP 代码和开发自己的 Web 站点之前，你需要通过安装如下软件来运行一个虚拟机。

- Git——它允许你快速而容易地下载其他人的代码。
- VirtualBox——运行虚拟机的软件。
- Vagrant——允许快速并容易地配置虚拟机的一款工具。它和 VirtualBox 一起创建你的服务器。

1.2.1　在 Windows 上安装

首先，下载并安装如下软件的最新版本。

- Git。
- VirtualBox。
- Vagrant。

一旦安装了所有这些软件，通过"开始"菜单打开一个名为"Git Bash"的新的安装程序，并且找到下面的 Getting Started with Vagrant 部分。给出的所有命令，都应该在 Git Bash 程序中录入，而不是在 Windows Command Prompt 中录入。

1.2.2　在 macOS 上安装

首先，下载并安装如下软件的最新版本。

- Git。
- VirtualBox。
- Vagrant。

一旦安装了所有这些软件，打开 Terminal 程序并且找到下面的 Getting Started with Vagrant 部分。

1.2.3　在 Linux 上安装

Linux 使得安装过程非常简单。在大多数的发布版本上，要通过你的包管理器程序来安装。
Debian/Ubuntu:

```
sudo apt-get install git dkms virtualbox virtualbox-dkms
➥ vagrant
```

Fedora/Red Hat:

```
sudo dnf install git VirtualBox vagrant vagrant-libvirt
```

Arch Linux:

```
sudo pacman -S git virtualbox vagrant
```

一旦安装了所有这些软件，打开 Terminal 程序并进行如下的步骤。

1.3　启动 Vagrant

现在，你已经安装了所有的软件，该下载一个虚拟服务器了。不管你使用的是 Windows、macOS 还是 Linux，所使用的命令都是一样的。要了解这里所做事情的详细说明，请参阅 SitePoint 的文章《Quick Tip: Get a

Homestead Vagrant VM Up and Running》。

我们将使用一个名为 Homestead Improved 的预编译的虚拟机（或者称之为 box）。它包含了已经配置为供开发使用的 PHP、MySQL 和 NGINX。要下载它，首先从终端提示符导航到你想要把 Web 站点的文件存储到其中的目录，然后运行如下的命令：

```
git clone https://github.com/swader/homestead_improved
➥ my_project
cd my_project; mkdir -p Project/public
bin/folderfix.sh
```

使用命令提示符窗口导航

如果你不知道如何使用命令提示符来导航，就使用 CD（Change Directory）命令。Git Bash 使用 UNIX 样式的路径，因此，C:\Users\Tom\Desktop 变成了/c/Users/Tom/Desktop。如果你想要将文件存储到 Documents 目录中，例如，Documents/Website，你可以使用 cd /c/Users/[Account Name]/Documents/Website 导航到该目录。

如果在目录名中有任何的空格，直接用引号将整个路径包围起来，例如，cd "/c/Users/[Account Name]/Documents/MyWebsite"。

当运行完这条命令之后，将会在你的项目目录下创建几个文件。这些文件包含了创建和配置虚拟服务器的指令。最后，你只需要使用如下的这一条命令来启动服务器：

```
vagrant up
```

在正确的位置运行命令

必须从存储了之前用 git clone 命令下载的那些文件的目录，来运行 vagrant up 命令。如果你输入了 ls，应该会看到列出了 Vagrantfile。如果你没有看到它，你需要使用 cd 命令导航到正确的目录。

服务器将会启动，并且你将会看到图 1-2 所示的界面。

图 1-2　运行 vagrant up 命令

如果 vagrant up 命令挂起

如果 vagrant up 命令在 Connection timed out. Retrying…这一行挂起了几分钟的时间，很可能是你的 PC 没有针对虚拟化进行配置，而这一配置是运行虚拟机所需要的。要修正这个问题，你需要进入到 PC 的 BIOS 中并打开一种叫作 VT-x（如果你使用的是 Intel 的处理器）或 AMD-V（针对 AMD 的处理器）的功能。要做到这一点，请查阅你的计算机手册，或者使用 Google 找到关于如何进入 PC 的 BIOS 的说明。根据 PC 生产商的不同，这一设置有时称为虚拟化技术（virtualization technology）、VT-x、SVM 或硬件虚拟化（hardware virtualization）。

vagrant 初次运行时，要花几分钟的时间加载，因为它需要下载一个相当大的文件。不要担心，并不是每次你想要启动服务器的时候都要花这么长的时间。以后启动的时候，所有的下载和初始配置工作已经完成了。

与在你的 PC 上直接使用手动的 NGINX/PHP/MySQL 安装不同，通过运行 vagrant up，只有在你想要服务器启动时，它才会启动。通过运行 vagrant halt，你随时可以停止服务器，并且在需要时可以使用 vagrant up 再次启动它。

也可以使用 vagrant suspend，它的作用就像是合上了笔记本电脑。它会暂停虚拟机，以便下次你运行 vagrant up 时不需要重新启动它。除非磁盘空间不够，应优先使用 suspend，因为虚拟机将会相当快地启动。

所创建的目录之一名为 Project。打开这个目录以及其中的 public 目录。这是我们存储 PHP 脚本、HTML 文件、CSS 文件和图像的地方。放在 public 目录中的任何文件，在虚拟机上都是可以访问的。

使用你喜欢的文本编辑器，创建一个名为 index.html 的文件，它包含如下的代码：

```
<!DOCTYPE html>
<html>
    <body>
        <h1>Hello World!</h1>
    </body>
</html>
```

现在可以浏览服务器上的 Web 页面了。服务器的行为就像是本地网络上的一台计算机，并且它使用的 IP 地址为 192.168.10.10。如果你打开浏览器并且导航到 http://192.168.10.10/，应该会看到 Hello World 测试页面。如果你看到了这个页面，意味着服务器在运行中，并且你已经将自己的文件写到了正确的目录中。

数字组成的 IP 地址看上去有点奇怪。通常，访问一个 Web 站点时，都是连接到诸 URL 地址。然而，在幕后，所有的站点都使用一个 IP 地址。如果你在浏览器中输入某个 IP 地址，可能将会看到对应的主页。

记住你想要访问的每个 Web 站点的地址是很难的。因此，我们通常购买一个域名并且将其和一个 IP 地址关联起来。在 Web 浏览器中输入某个网址时，浏览器会查看相应的 IP 地址，并且真正地连接到后台。你可以认为这有点像电话簿。你可以通过较为容易编排的名字，来查找一个联系人列表并找到某个人的电话号码，而不是牢牢记住这个号码。对你所访问的每一个站点来说，都会发生这个过程，并且，每个 Web 站点都有一个类似 129.168.10.10.1 的 IP 地址[①]。

我们本来也可以购买一个域名并将其与 192.168.10.10 关联起来，但是，在本书中，我们坚持使用 IP 地址，因为我们不需要经常输入它。

———————————

① 现在或者在不久的将来（这取决于你的 ISP），你可能开始看到格式为 2001:0db8:85a3:0000:0000:8a2e:0370:7334 的 IP 地址。这是一个 IPv6 地址，它的工作方式和本章中的表示方式是完全相同的。格式为 0.0.0.0（IPv4）的 IP 地址的问题在于，只有大约 40 亿个可能的地址。这听上去很多，但是连接到互联网的每一个单独的 Web 地址、电话或计算机都需要唯一的 IP 地址，并且 IP 地址真的很快就要用完了。新的 IPv6 地址将会让我们能够继续使用相当长的一段时间。

Linux 的问题

如果你使用 Linux 并且 vagrant up 命名无效，或者你无法连接到 http://192.168.10.10/上的 Web 服务器，请参阅本书附录 B。

文本编辑器

操作系统所提供的文本编辑器，诸如 Notepad 或 TextEdit，通常并不适用于编辑 HTML 和 PHP 脚本。然而，有大量稳定的文本编辑器，具有支持 PHP 脚本的丰富功能，你可以免费下载它们。如下是在 Windows、macOS 和 Linux 上工作的几款文本编辑器：

- Atom；
- Sublime Text；
- Brackets。

这些都是非常相似的文本编辑器。在学习本书的过程中，其中的任何一款都是很好的选择，并且会让你的开发生涯变得简单很多，它们和 Notepad 或 TextEdit 是一样的。

在本章中，我们已经学习了如何使用 Homestead Improved 安装一个 Web 服务器，以及如何在服务器上托管一个 HTML 文件。我只是介绍了基础的知识，以便能够快速地了解本书的主要内容，即用 PHP 编程。然而，拥有一款好的开发工作流，是 PHP 开发者自己应该具备的一项技能。要了解关于 Homestead Improved 和 PHP 工作流的更多信息，参见 Bruno Škvorc 的《Jump Start PHP Environment》一书。然而，对我们来说，服务器已经安装并启动了，并且你已经准备好编写自己的 PHP 脚本了。

第 2 章　PHP 简介

现在，虚拟机服务器已经安装好并运行起来了，是时候来编写第一段 PHP 脚本了。

PHP 是一种服务器端编程语言（server-side language）。这个概念可能有点难以理解，如果你过去只是用 HTML、CSS 和 JavaScript 这样的客户端语言来设计 Web 站点，那么就更难以理解它。

服务器端语言类似于 JavaScript，它们允许在 Web 页面的 HTML 代码中嵌入小程序（脚本）。和只使用 HTML 相比，当执行时，这些程序使你对浏览器窗口中显示的内容有更大的控制权。JavaScript 和 PHP 的关键区别在于：执行这些嵌入程序时，所处的 Web 页面加载的阶段有所不同。

像 JavaScript 这样的客户端语言，是在 Web 页面（嵌入的程序及其他内容）从 Web 服务器下载之后，由 Web 浏览器读取并执行的。相反，像 PHP 这样的服务器端语言，是在 Web 页面发送给浏览器之前，由 Web 服务器运行的。一旦浏览器显示一个页面之后，客户端语言允许你控制该页面的行为。而服务器语言则允许你实时地生成定制的页面，这些页面甚至还没有发送给浏览器。

一旦 Web 服务器执行了 Web 页面中嵌入的 PHP 代码，执行的结果将替代页面中 PHP 代码的位置。浏览器在接收页面时，看到的全部是标准的 HTML 代码，因此，这种语言叫作"服务器端语言"。让我们看看 PHP 的一个简单示例，它生成 1～10 的一个随机数，并且将其显示到屏幕上，如清单 2-1 所示。

清单 2-1　PHP-RandomNumber

```
<!DOCTYPE html>
<html lang="en">
    <head>
        <meta charset="utf-8">
        <title>Random Number</title>
    </head>
    <body>
        <p>Generating a random number between 1 and 10:
            <?php

            echo rand(1, 10);

            ?>
        </p>
    </body>
</html>
```

除了<?php 和?>之间的那些行是 PHP 代码，其他大部分都是普通的 HTML。<?php 表示嵌入的 PHP 脚本的开始，?>表示其结束。由服务器来解释这两个分隔符之间的所有内容，并且将其转换为常规的 HTML 代码，然后再把 Web 页面发送给请求的浏览器。如果你在自己的浏览器中点击鼠标右键，并且选择 View Source（根据你所使用的浏览器的不同，这个选项名称可能有所不同），将会看到浏览器中出现如下的内容：

```
<!DOCTYPE html>
<html lang="en">
    <head>
        <meta charset="utf-8">
        <title>Random Number</title>
    </head>
    <body>
        <p>Generating a random number between 1 and 10:
            5
        </p>
```

```
        </body>
</html>
```

注意，PHP 代码中的所有标记都消失了。替代它们的是这段脚本的输出结果，而且它们看上去就像标准的 HTML 一样。这个示例展示了服务器端脚本编程的几个优点。

● 无浏览器兼容性问题

PHP 脚本是由 Web 服务器独自解释的。因此，无须担心访问者的浏览器是否支持你所使用的语言功能。

● 可访问服务器端资源

在上面的示例中，我们根据 Web 服务器来确定日期并将其放置到 Web 页面中。如果使用 JavaScript 插入日期，则我们只能显示根据运行 Web 浏览器的计算机所确定的日期。当然，还有更加显著的例子可以说明对服务器端资源的利用。例如，从一个 MySQL 数据库提取内容并插入到 Web 页面。

● 减少客户端的负担

JavaScript 可能会显著地延迟 Web 页面的显示（特别是在移动设备上），因为浏览器必须先运行脚本，然后才能显示 Web 页面。对于服务器端代码来说，这个负担转嫁给了 Web 服务器，我们可以很好地满足应用程序的需求（成本并不高）。

● 可选择性

当编写在浏览器中运行的代码时，你必须让浏览器"理解"如何运行给它的代码。所有现代浏览器都"理解" HTML、CSS 和 JavaScript。要编写一些在浏览器中运行的代码，必须使用这些语言中的一种。要在服务器端运行生成 HTML 的那些代码，必须在多种语言中做出选择，其中之一就是 PHP。

2.1 基本的语法和语句

理解 JavaScript、C、C++、C#、Objective-C、Java、Perl 等语言中的任何一种或其他 C 家族语言的人，都会熟悉 PHP 语法。如果你不熟悉这些语言，或者你是初次接触编程，那么也不必担心。

PHP 脚本包含一系列的命令（或者叫作语句，statement）。每条语句都是一条指令，Web 服务器必须执行该指令，然后才能处理下一条指令。和上面提及的那些语言一样，PHP 语句总是以一个分号（;）结束。

下面是一条典型的 PHP 语句：

```
echo 'This is a <strong>test</strong>!';
```

这是一条 echo 语句，它用来生成内容（通常是 HTML 代码）以发送给浏览器。echo 语句直接接受传递给它的文本，并且将其插入到页面的 HTML 中——包含 echo 语句的 PHP 脚本所在的位置。

在这个例子中，我们提供了一个文本字符串用以输出，也就是'This is a test!'。注意，这个文本字符串包含了 HTML 标签（和），这是完全可以接受的。因此，如果将这条语句放入一个完整的 Web 页面中，将会产生清单 2-2 所示的代码。

清单 2-2   PHP-Echo

```
<!DOCTYPE html>
<html lang="en">
    <head>
        <meta charset="utf-8">
        <title>Test page</title>
    </head>
    <body>
<p><?php echo 'This is a
➥ <strong>test</strong>!'; ?></p>
    </body>
</html>
```

如果将这个文件放到 Web 服务器上，然后用 Web 浏览器请求它，浏览器将会接收到如下的 HTML 代码：

```
<!DOCTYPE html>
<html lang="en">
    <head>
        <meta charset="utf-8">
        <title>Test page</title>
    </head>
    <body>
<p>This is a
➥ <strong>test</strong>!</p>
    </body>
</html>
```

前面的 random.php 示例就包含了一条略微复杂的 echo 语句：

```
echo rand(1, 10);
```

你将会注意到，在第一个示例中，给了 PHP 一些文本以直接打印出来；在第二个示例中，给了 PHP 一条指令去执行。PHP 尝试将引号之外的任何内容当作它必须执行的一条指令来读取。引号之中的任何内容会作为一个字符串（string）对待，这意味着，PHP 根本不会处理它，而只是将其传送给所调用的命令。因此，如下的代码将会把字符串 This is a <strong>test</strong>!直接传递给 echo 命令：

```
echo 'This is a <strong>test</strong>!';
```

用一个开始引号和一个结束引号来标记一个字符串。PHP 将会把第一个 "'" 看作字符串的开始，寻找下一个 "'" 并且用它作为字符串的末尾。相反，如下的代码将会先运行内建的 rand 函数来生成一个随机数，然后将该结果传递给 echo 命令：

```
echo rand(1, 10);
```

你可以将内建函数当作一种任务，无须详细说明，PHP 就知道如何执行该任务。PHP 有很多内建函数，它们允许你做任何事情，从发送 E-mail 到操作各种类型的数据库中所存储的信息。

PHP 不会试图运行字符串内的任何内容。如下的代码将不会得到你所期望的结果：

```
echo 'rand(1, 10)'
```

PHP 将会把单引号中的内容看作字符串，而不会运行内建函数 rand，并且它实际上会把文本 rand(1,10)发送给浏览器（这可能并不是你想要的结果），而不会打印出一个随机数。理解字符串和代码之间的不同是很重要的。PHP 将会把引号之外的任何文本都看作它应该执行的一系列的命令。引号之中的任何内容，都是一个字符串，并且是 PHP 将要使用的数据。

PHP 并不会尝试理解字符串。字符串可能以任何的顺序包含任何的字符，但代码实际上是一系列的指令，必须遵循计算机所能够理解的一种固定结构。

语法高亮显示

使用带有语法高亮显示功能的编辑器，你可以很容易快速看出某些内容是一个字符串或是代码。显示字符串的颜色，将会和需要处理的代码的颜色不同。

引号

PHP 支持使用单引号 (') 和双引号 (") 来包围字符串。对于大多数情况来说，它们是可以互相替代的。PHP 开发者倾向于支持单引号，因为我们会处理很多的 HTML 代码，而 HTML 往往包含很多的双引号。例如：

```
echo '<a href="http://www.sitepoint.com">Click
➥ here</a>';
```

如果这里使用了双引号，我们应该需要告诉 PHP——href=后面的引号不是字符串的末尾，我们通过在它前面放置一个\来做到这一点，对于想要作为 HTML 的一部分发送给浏览器的任何引号来说，我们也要做同样的事情。

```
echo "<a href=\"http://www.sitepoint.com\">Click
➥ here</a>";
```

为此，PHP 开发者使用单引号，尽管两种引号之间有一些区别。对我们来说，二者实际上是可以互换的。

当你在 PHP 中调用一个函数，也就是说要求它进行工作，我们称之为调用（calling）该函数。大多数函数在被调用时会返回（return）一个值，接着 PHP 照此执行，就好像实际上只是将这个返回值输入到了代码中。在这个例子中，echo 语句包含了一个对 date 函数的调用，date 会把当前的日期作为一个字符串返回（其格式已经由函数调用中的文本字符串指定了）。因此，echo 语句输出了函数调用所返回的值。

PHP 中的每一个函数都可能有一个或多个参数，它们允许你让函数的行为方式略有差异。rand 函数接受两个参数，分别是最小的随机数和最大的随机数。通过改变传递给该函数的值，我们就能够改变其工作方式。例如，如果想要 1 和 50 之间的一个随机数，可以使用如下的代码：

```
echo rand(1, 50);
```

你可能会问，为什么要将参数放到圆括号之中((1,50))。圆括号有两个作用：首先，它们表示 rand 是你想要调用的一个函数。其次，它们标志着你想要提供的参数（arguments）列表的开始和结束，这些参数告诉函数你希望它做什么。在 rand 函数的例子中，我们需要提供一个最小值和一个最大值。这两个值用逗号隔开。

稍后，我们将看到接受多个参数的函数，并且将用逗号把这些参数隔开。我们还会介绍根本不接受任何参数的函数。这些函数仍然需要圆括号，即便圆括号之间不输入任何内容。

2.2 变量、操作符和注释

2.2.1 变量

PHP 中的变量和其他大多数编程语言中的变量是一样的。对于初学者来说，可以把变量（variable）当作是给一个假想的盒子起了个名字，而这个盒子中可以放置任何直接量值（literal value）。以下的语句创建了一个名为\$testVariable（PHP 中的所有变量名都以一个美元符号打头）的变量，并且直接将量值 3 赋值给它：

```
$testVariable = 3;
```

PHP 是一种松散类型（loosely typed）的语言。这意味着，单个变量可能包含任意类型的数据（可能是一个数字、一个文本字符串或者其他类型的某个值）。而且，在变量的生命周期之内，它能够存储不同类型的值。如果在上述语句之后，输入如下的语句，则会将一个新的值赋值给已有的\$testVariable 变量。之前该变量包含了一个数字，而现在它包含了一个字符串：

```
$testVariable = 'Three';
```

2.2.2 操作符

我们在前面两条语句中使用的等号，叫作赋值操作符（assignment operator），这是因为它用来将值赋给变量。我们还可以使用其他的操作符，对数值进行各种数学运算：

```
$testVariable = 1 + 1; // assigns a value of 2
$testVariable = 1 - 1; // assigns a value of 0
$testVariable = 2 * 2; // assigns a value of 4
$testVariable = 2 / 2; // assigns a value of 1
```

通过这些例子，你可能明白了+是加法操作符（addition operator），−是减法操作符（subtraction operator），*是乘法操作符（multiplication operator），/是除法操作符（division operator）。因为它们均用于对数字进行算术运算，所以称其为算术操作符（arithmetic operator）。

2.2.3 注释

以上每行代码的最后都有一条注释（comment）。注释用于说明代码要做什么。它们在代码中插入说明性的文本，PHP 解释器会忽略这些文本。如果是单行注释，以"//"开头。如果注释要跨越多行，则以"/*"开头、以"*/"结尾。PHP 解释器会忽略这两个分隔符之间的所有内容。在本书后续的内容中，我们将使用注释来帮助说明所给出的一些示例代码。

回过头来看看操作符，将字符串连接起来的一个操作符叫作字符串连接操作符（string concatenation operator）如下所示：

```
$testVariable = 'Hi ' . 'there!'; // Assigns a value of 'Hi
➥ there!'
```

在使用一个值的所有地方，几乎都可以使用变量。考虑以下的语句：

```
$var1 = 'PHP';        // assigns a value of 'PHP' to $var1
$var2 = 5;            // assigns a value of 5 to $var2
$var3 = $var2 + 1;    // assigns a value of 6 to $var3
$var2 = $var1;        // assigns a value of 'PHP' to $var2
$var4 = rand(1, 12); // assigns a value to $var4 using
➥ the rand() function
echo $var1;           // outputs 'PHP'
echo $var2;           // outputs 'PHP'
echo $var3;           // outputs '6'
echo $var4;           // outputs the random number
➥ generated above
echo $var1 . ' rules!'; // outputs 'PHP rules!'
echo '$var1 rules!';    // outputs '$var1 rules!'
echo "$var1 rules!"     // outputs 'PHP rules!'
```

特别注意最后两行：如果将一个变量放到单引号之中，将会打印出变量的名称而不是变量的内容。相反，当使用双引号时，将会用变量的内容来替代字符串中的变量。

将变量放置到双引号中，这在简单情况下有效，但是，对于本书大部分内容来说，这种方法是不可用的，因为我们不会使用如此简单的代码。因此，熟练地使用字符串连接（就像上面的倒数第三行代码那样）是一种好的思路。

2.3 控制结构

到目前为止，我们见到的所有 PHP 代码示例或者是将字符串输出到 Web 页面的一条语句，或者是一条一条顺序执行的一系列语句。如果你已经用其他的语言（JavaScript、Objective-C、Ruby 或 Python）编写过程序，那么应该知道实际的程序很少会如此简单。

就像其他编程语言一样，PHP 也提供了工具以使你能够影响到流程控制（flow of control）。也就是说，这种语言包含了特殊的语句，可以用来改变到目前为止我们的示例所主要采用的那种依次执行的顺序。这样的语句叫作控制结构（control structure）。还不太明白？不要担心。通过几个示例，我们能够更好地说明它。

2.3.1 if 语句

最基本的也是最常使用的控制结构是 if 语句。一条 if 语句的程序流程如图 2-1 所示。

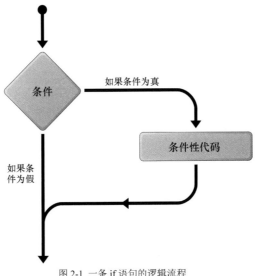

图 2-1 一条 if 语句的逻辑流程

PHP 代码中的 if 语句通常如下所示：

```
if (condition) {
    : conditional code to be executed if condition is true
}
```

这一控制结构允许我们告知 PHP，只有在满足了某些条件时，才去执行一组语句。

例如，我们可能想要开发一款模拟掷骰子的游戏，并且在游戏中我们必须要掷到 6 点才算赢。可以使用我们前面用到的 rand()函数来对掷骰子建模，并且将最小值和最大值分别设置为 1 和 6：

```
$roll = rand(1, 6);

echo 'You rolled a ' . $roll;
```

如果玩家掷到一个 6 并且获胜，需要打印出一条消息，我们可以使用一条 if 语句，如清单 2-3 所示。

清单 2-3 PHP-DiceRoll

```
$roll = rand(1, 6);

echo 'You rolled a ' . $roll;

if ($roll == 6) {
    echo 'You win!';
}
```

在上面的条件中，用到的 "=="是一个相等操作符，用于比较两个值并且看它们是否相等。

单个的等号=用来赋值，并且它不能用于比较。

这条 if 语句使用花括号{和}将那些想要在满足条件时运行的代码包围起来。在花括号之间，可以放置尽可能多的代码行，并且只有当条件满足时，才会运行这些代码。放置在结束花括号（}）后的代码，将总是会运行：

```
$roll = rand(1, 6);

echo 'You rolled a ' . $roll;

if ($roll == 6) {
  echo 'You win!'; // This line will only be printed if they
➥ rolled a 6
```

```
    }

    echo 'Thanks for playing'; // This line will always be
 ➥ printed
```

记住，请输入两个等号（==）。PHP 程序新手常犯的错误就是，输入条件时只用了一个等号，如下所示：

```
    if ($roll = 6) // Missing equals sign!
```

这个条件用了前面介绍过的赋值操作符（=），而不是相等操作符（==）。因此，它实际上将$roll 的值设置为 6，而不是将$roll 的值和 6 进行比较。

更为糟糕的是，if 语句将使用这个赋值操作作为条件，而这个条件将会被认为是真。那么，不管$roll 最初的值是什么，if 语句中的条件性代码将总是会执行。

如果运行 diceroll.php，将会看到所生成的随机数，并且如果你运行该程序直到自己获胜，将会在浏览器中看到如下消息：

```
    You rolled a 6You win!Thanks for playing
```

这并不是十分漂亮，但是由于 PHP 输出了 HTML，你可以添加一些段落标记，从而格式化输出结果，如清单 2-4 所示。

清单 2-4　example.css

```
$roll = rand(1, 6);

echo '<p>You rolled a ' . $roll . '</p>';

if ($roll == 6) {
    echo '<p>You win!</p>';
}

echo '<p>Thanks for playing</p>';
```

如果运行更新后的 diceroll-html.php 页面，将会看到它现在在浏览器中打印出如下的内容：

```
You rolled a 6

You win!

Thanks for playing
```

这要用户友好很多了。为了让游戏本身更加用户友好，你可能需要给那些没有掷到 6 并且没有获胜的人们显示一条不同的消息。可以使用一条 else 语句来做到这一点。else 语句必须跟在一条 if 语句的后面，并且，如果条件不满足，将会运行该语句，如清单 2-5 所示。

清单 2-5　PHP-DiceRoll-Else

```
$roll = rand(1, 6);

echo '<p>You rolled a ' . $roll . '</p>';

if ($roll == 6) {
    echo '<p>You win!</p>';
}
else {
 echo '<p>Sorry, you didn\'t win, better luck next
 ➥ time!</p>';
```

```
}

echo '<p>Thanks for playing</p>';
```

转义引号

由于单词 didn't 包含了一个单引号,这个单引号需要进行转义。通过在这个单引号前面放置一个反斜杠(\),告诉 PHP 不要将 didn't 中的'当作字符串的末尾来对待。

通过一条 else 语句,两个代码块中的一个(并且只有一个)确定会运行。如果条件满足,if 语句块中代码将会运行;如果条件不满足,else 语句块中的语句将会运行。

条件可能比只是检查一次相等性更为复杂。一个 if 语句可以包含多个条件。例如,想象一下,如果将游戏调整为 5 和 6 都算是获胜的数字。那么,if 语句将会修改为如清单 2-6 所示。

清单 2-6 PHP-DiceRoll-Or

```
if ($roll == 6 || $roll == 5) {
    echo '<p>You win!</p>';
}
else {
 echo '<p>Sorry, you didn\'t win, better luck next
➡ time!</p>';
}
```

双管道符号(||)操作符意味着"或"。如果任何一个表达式的结果为真,上面的条件现在就满足了。这可以读作"如果他们掷到了一个 6 点或者掷到了一个 5 点"。

然而,这也可以用一种甚至更好的方式来表示。If 语句并不仅限于使用相等操作符(==)。它们也可以使用大于(>)和小于(<)数学操作符。上面的 if 语句,也可以通过一个单个的表达式来完成,如清单 2-7 所示。

清单 2-7 PHP-DiceRoll-Greater

```
if ($roll > 4) {
    echo '<p>You win!</p>';
}
else {
 echo '<p>Sorry, you didn\'t win, better luck next
➡ time!</p>';
}
```

如果变量$roll 中存储的值大于 4,$roll > 4 将会计算为真,这就允许我们仅仅通过一个条件,就让掷到 5 和 6 成为获胜的数字。如果我们想要让 4、5 和 6 都作为获胜数字,则这个条件应该修改为$roll > 3。

和或表达式(||)相似,还有另一个叫作与(and)的表达式,只有当两个条件都为真时,才能满足其条件。我们可以扩展这个游戏以包含两个骰子,并且要求玩家掷到两个 6 才获胜,如清单 2-8 所示。

清单 2-8 PHP-DiceRoll-TwoDice

```
$roll1 = rand(1, 6);
$roll2 = rand(1, 6);

echo '<p>You rolled a ' . $roll1 . ' and a ' . $roll2
 . '</p>';

if ($roll1 == 6 && $roll2 == 6) {
    echo '<p>You win!</p>';
}
else {
    echo '<p>Sorry, you didn\'t win, better luck next
    time!</p>';
```

```
}

echo '<p>Thanks for playing</p>';
```

只有当 roll1 == 6 为真并且$roll2 == 6 为真时，表达式 if ($roll1 == 6 && $roll2 == 6)才会得真。这意味着，玩家必须将两个骰子都掷到 6 点才能赢得游戏。如果我们将与（&&）修改为或（||），也就是说，条件改为 if ($roll1 == 6 || $roll2 == 6)，那么，如果玩家在任何一个骰子上掷到一个 6 点，都将会获胜。

随着需求的增加，我们将会看到更为复杂的条件。在这种时候，通常熟悉 if ... else 语句的组合就够了。

or 和 and

PHP 还允许使用 or 来替代||，并使用 and 替代&&。例如：

```
if ($roll == 6 or $roll == 5) { … }
```

or 和||的工作方式有细微的差别，这可能会导致不可预期的行为。一般来讲，避免"可以拼读"的操作符而坚持使用双管道符号（||）和双& 符号（&&），这将会有助于避免出错。

2.3.2　循环

另一种非常有用的控制结构是循环（loop）。循环允许一次又一次地重复相同的代码行。两种重要的循环环是 for 循环和 while 循环。让我们来看看它们是如何工作的。

1. for 循环

当你提前知道需要运行相同的代码多少次时，使用 for 循环。图 2-2 展示了一个 for 循环的逻辑流程。

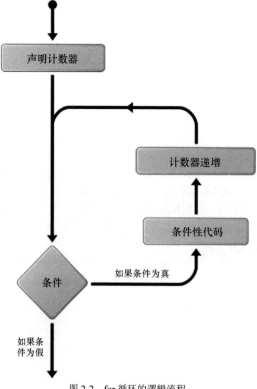

图 2-2　for 循环的逻辑流程

如下是代码中 for 循环的样子：

```
for (declare counter; condition; increment counter) {
   statement(s) to execute repeatedly as long as condition is
   true
}
```

声明计数器（declare counter）语句在循环开始处执行一次。每次经过循环，在执行循环体内的语句之前，检查条件（condition）语句。每次经过循环，在循环体内的语句执行之后，执行一次递增计数器（increment counter）语句。

要使用一个 for 循环来计数到 10，可以使用如下的代码：

```
for ($count = 1; $count <= 10; $count++) {
    echo $count . ' ';
}
```

这看上去有点吓人，因为有很多的事情要进行，但是，让我们来一一分开讲解。

- $count = 1;：将计数器的初始值设置为 1。
- $count <= 10;：这是条件。可以将其理解为："只要$count 小于或等于 10，就持续循环"。
- $count++：这条语句表示"每次将计数器加 1"。它等同于$count= $count + 1。
- echo $count .' ';：打印出计数器的值，后面跟着一个空格。

这个示例中的条件使用了<=操作符。其行为类似于<操作符，但是，如果要比较的数字小于或等于第二个数字的话，条件会得真。其他可用的操作符还包括>=（大于或等于）和!=（不等于）。

正如你所看到的，初始化和递增$count 变量的语句，和条件一起位于 for 循环的第 1 行。尽管如此，乍看上去，代码似乎还是有点难以阅读。一旦你习惯了这种语法，会发现将所有处理循环控制的代码放在同一位置，这实际上是使得代码更容易理解了。本书中的很多示例将用到 for 循环，因此，你有足够的机会来练习阅读它。

可以修改 for 循环的每一个部分，以得到不同的结果。例如，清单 2-9 展示了如何修改 for 循环，以便每次加 3。

清单 2-9 PHP-For

```
for ($count = 1; $count <= 10; $count = $count + 3) {
    echo $count . ' ';
}
```

这将会得到如下的结果：

```
1 4 7 10
```

for 循环可以和诸如 if 这样的其他语句组合起来，以便在每次迭代时执行特定的任务。例如，我们可能想要滚动骰子 10 次并且打印出结果，而不是在每次玩骰子游戏的时候都刷新页面，如清单 2-10 所示。

清单 2-10 PHP-DiceRoll-ManyDice

```
for ($count = 1; $count <= 10; $count++) {
    $roll = rand(1, 6);
    echo '<p>You rolled a ' . $roll . '</p>';

    if ($roll == 6) {
        echo '<p>You win!</p>';
    }
    else {
        echo '<p>Sorry, you didn\'t win, better
        luck next time!</p>';
    }
}

echo '<p>Thanks for playing</p>';
```

　　这允许我们滚动骰子 10 次而不需要每次都刷新页面。使用一个循环所实现的功能，等同于将代码复制/粘贴 10 次，并且将会得到和下面的代码完全相同的结果：

```
$roll = rand(1, 6);
echo '<p>You rolled a ' . $roll . '</p>';

if ($roll == 6) {
    echo '<p>You win!</p>';
}
else {
    echo '<p>Sorry, you didn't win, better luck
    next time!</p>';
}

$roll = rand(1, 6);
echo '<p>You rolled a ' . $roll . '</p>';

if ($roll == 6) {
    echo '<p>You win!</p>';
}
else {
    echo '<p>Sorry, you didn't win, better luck next
    time!</p>';
}

$roll = rand(1, 6);
echo '<p>You rolled a ' . $roll . '</p>';

if ($roll == 6) {
    echo '<p>You win!</p>';
}
else {
 echo '<p>Sorry, you didn't win, better luck next
➥ time!</p>';
}

// and so on …
```

　　计算机并不在乎你使用哪种方法，不管你是复制/粘贴还是使用循环，它只是运行代码。然而，作为一名开发者，你将很快意识到循环是更好的选择。如果你想要更新代码以便让 5 也成为获胜数字，你需要在 10 个不同的地方更新条件。使用一个循环，你可以只在一个地方修改代码，并且它将会影响到循环的每一次迭代。如果你发现自己曾经复制/粘贴过代码，那么，总会有一种更好的方法来实现你想做的事情。

2. while 循环

　　另一种常用的 PHP 控制结构是 while 循环。if … else 语句允许我们根据某一条件来选择是否执行一组语句，而 while 循环则允许我们使用一个条件来确定要重复地执行一组语句多少次。

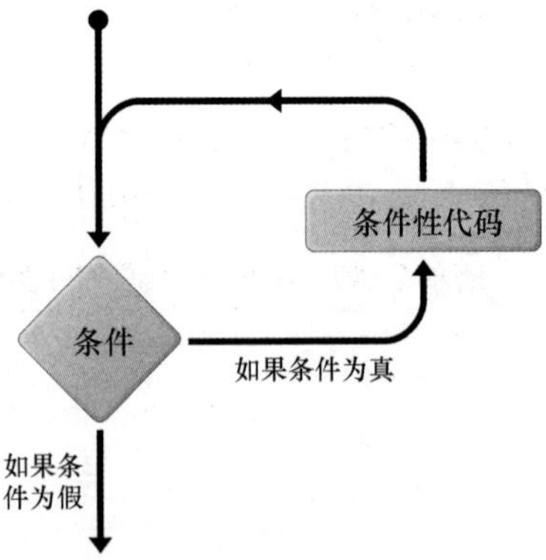

　　while 循环的执行过程如图 2-3 所示。

　　while 循环在代码中的形式如下所示。

图 2-3　while 循环的逻辑流程

```
while (condition) {
 ⋮ statement(s) to execute repeatedly as long as condition is
➥ true
}
```

　　while 循环的工作方式和 if 语句很相似，当条件为真并且语句执行时，才会出现不同之处。在 while 循环中，不是继续执行紧跟在结束花括号（}）之后的语句，而是再次检查条件。如果条件仍然为真，再次执行语句。并且，只要条件继续为真，还会再三地重复执行那些语句。如果条件的结果第 1 次为假（不管是第 1 次检查时为假，还是第 101 次检查时为假），执行就会立即跳转到紧跟在 while 循环后面的语句，也就是结束花括号之后的语句。

当你要处理一个长长的项目列表时（例如，数据库中存储的笑话等），这样的循环就派上了用场。但是，现在我们只是用一个计数到 10 的小例子来说明，如清单 2-11 所示。

清单 2-11　PHP-WhileCount

```
while ($count <= 10) {
    echo $count . ' ';
    ++$count;
}
```

这段代码和 for 循环一样有效，并且你会留意到，很多相同的语句位于不同的位置。这段代码看上去有点吓人，但是，让我们一行一行地来解释。

- 第一行创建了一个名为$count 的变量，并且给它赋值为 1。
- 第二行是 while 循环的开始，条件是$count 的值小于或等于（<=）10。
- { 开始花括号表示 while 循环的条件性代码块的开始。这段条件性代码通常叫作循环体（body），并且，只要条件保持为真，它会重复不断地执行。
- echo $count .''; 这一行直接输出$count 的值，后面跟着一个空格。
- ++$count; 行给$count 的值加 1（++$count 是$count = $count + 1 的缩写）。这里使用$count++也是可以的。++的位置很重要，但是，在这个例子中，其位置无关紧要。如果++在变量名之前，计数器会在读出该值之前就递增。当$count 为 0 时，echo ++$count;代码将会打印出 1，而 echo $count++;将会打印出 0。在使用++时要小心，因为将其放错了位置将会导致 bug。
- }结束花括号表示 while 循环体的结束。

这就是这段代码执行时所发生的事情。第一次检查条件时，$count 的值为 1。因此，条件肯定为真。输出$count（1）的值，$count 得到一个新的值为 2。第二次检查时，条件仍然为真。因此，输出值（2），并且赋给它一个新的值（3）。这个过程继续，输出了值 3、4、5、6、7、8、9，一直到 10。最后，$count 得到了值 11，发现条件为假了，循环由此结束。

1 2 3 4 5 6 7 8 9 10

图 2-4　while 循环代码的最终结果

这段代码的最终结果如图 2-4 所示。

通常，while 循环并不会用于像这样简单的计数，这通常是 for 循环的工作。尽管你可以使用一个 while 循环来创建一个计数器，但通常，它们用来运行代码直到发生某件事情。例如，我们可能想要持续滚动骰子直到得到一个 6 点。当我们编写代码时，无法得知需要滚动骰子多少次——可能是一次，也可能是 100 次，才能够得到一个 6 点。因此，我们将掷骰子的代码放入一个 while 循环中，如清单 2-12 所示。

清单 2-12　PHP-DiceRoll-While

```
$roll = 0;
while ($roll != 6) {
    $roll = rand(1, 6);
    echo '<p>You rolled a ' . $roll . '</p>';

    if ($roll == 6) {
        echo '<p>You win!</p>';
    }
    else {
        echo '<p>Sorry, you didn\'t win, better luck
        next time!</p>';
    }
}
```

这将会持续掷骰子，直至得到一个 6 点。每次运行这段代码，在玩家获胜之前，掷骰子的次数都不相同。

这里的 while 语句使用条件$roll != 6。为了让 while 循环在第一次时能够运行，$roll 变量必须设置为一个值以进行最初的比较。这就是 while 循环上面的$roll = 0 这一行的目的。通过将这个值最初设置为 0，初次运行 while 循环时，while ($roll != 6)将计算为真（因为$roll 等于 0，而不是 6），并且循环将会开始。如果没有这行代码，我们会得到一个错误，因为在使用$roll 变量之前，它没有设置为任何值。

while 循环还有一个变体，这就是 do … while，在如下这种情况下，它很有用：它允许无条件地运行一些代码，并且随后如果满足条件的话，会再次运行代码。do … while 的结构如下：

```
do {
 statement(s) to execute and then repeat if the condition is
➥ true
}
while (condition);
```

对于上面的掷骰子的示例，允许你忽略第一行代码，如清单 2-13 所示。

清单 2-13　PHP-DiceRoll-DoWhile

```
do {
    $roll = rand(1, 6);
    echo '<p>You rolled a ' . $roll . '</p>';

    if ($roll == 6) {
        echo '<p>You win!</p>';
    }
    else {
 echo '<p>Sorry, you didn\'t win, better luck next
➥ time!</p>';
    }
}
while ($roll != 6);
```

这一次，由于条件位于末尾，等到 while 语句运行时，$roll 变量已经给定一个值了，因此你不需要给它一个为 0 的初始值以强制循环在第一次时能够运行。

PSR-2

PHP 并不介意你如何格式化自己的代码，并且会忽略空白。你可以将前面的例子表示为：

```
do {
    $roll = rand(
    1,
    6);

    echo '
You rolled a ' .
      $roll .'

';

    if (
    $roll == 6
    )
    {
        echo '
You win!
';
    }
    else
    {
```

```
        echo '
Sorry, you didn\'t win, better luck next
            time!
';
    }
}
while ($roll != 6);
```

这段脚本将会以完全相同的方式执行。不同的程序员有不同的风格喜好,例如使用 Tab 键或者空格来进行缩进,在语句相同的一行或者在其之后的一行放置开始花括号。在整个本书中,我们将使用一种叫作 PSR-2 的惯例,但是你可以使用自己最为习惯的任何风格。

2.4 数组

数组(array)是一种包含了多个值的特殊变量。如果把变量当作一个包含了值的盒子,那么可以把数组当作一个带有隔层的盒子,其中每个隔层都能够存储一个值。

在 PHP 中,要创建数组,使用方括号[和]包含想要存储的值,值之间用逗号分隔开:

```
$myArray = ['one', 2, '3'];
```

array 关键字

在 PHP 中,也可以用 array 关键字来创建数组。如下的代码和上面的方括号表示法是等价的:

```
$myArray = array('one', 2, 3);
```

方括号表示法是在 PHP 5.4 中引入的,并且是 PHP 开发者喜爱的方式,因为它的录入较少,并且在 if 语句和 while 循环这样的控制结构的圆括号中,方括号更加显眼。

这段代码创建了一个名为$myArray 的数组,它包含了 3 个值:'one'、2 和'3'. 就像一个普通变量一样,数组中的每个空间都可以包含任意类型的值。在这个例子中,第一个和第三个空间包含了字符串,而第二个空间包含了一个数字。

要访问数组中存储的一个值,你需要知道其索引(index)。数组通常使用数字作为指向其所包含的值的索引,这个索引从 0 开始。也就是说,数组的第一个值(或元素)的索引为 0,第二个值的索引为 1,第三个值的索引为 2,依次类推。因此,数组的第 n 个元素的索引为 $n-1$。一旦知道了我们所需的值的索引,就可以在数组变量名后面放置一个方括号,把索引放到方括号中,从而获取这个值:

```
echo $myArray[0]; // outputs 'one'
echo $myArray[1]; // outputs '2'
echo $myArray[2]; // outputs '3'
```

存储在数组中的每一个值都叫作数组的一个元素(element)。可以在方括号中使用一个索引以添加新的元素,或者将新的值赋给已有的数组元素:

```
$myArray[1] = 'two';  // assign a new value
$myArray[3] = 'four'; // create a new element
```

也可以像往常那样使用赋值操作符。但必须让变量符号后面的方括号保持空白,从而在数组的末尾添加元素。

```
$myArray[] = 'five';
echo $myArray[4]; // outputs 'five'
```

可以像使用任何其他变量一样来使用数组元素,并且在很多情况下,选择使用一个数组还是多个变量,取决于程序员的喜好。然而，数组还可以用来解决常规变量所无法解决的问题。

还记得 2.3 节中的掷骰子游戏吗？如果该游戏能够通过英文单词而不是数字来显示结果的话，游戏会显得更加用户友好。例如，显示 "You rolled a three" 或 "You rolled a six" 而不是 "You rolled a 3" 或 "You rolled a 6"，要更好一些。

要做到这一点，我们需要一些方法将一个数字转换为英文单词。通过一系列 if 语句能够做到这一点，如清单 2-14 所示。

清单 2-14　PHP-DiceRoll-English-If

```php
$roll = rand(1, 6);

if ($roll == 1) {
    $english = 'one';
}
else if ($roll == 2) {
    $english = 'two';
}
else if ($roll == 3) {
    $english = 'three';
}
else if ($roll == 4) {
    $english = 'four';
}
else if ($roll == 5) {
    $english = 'five';
}
else if ($roll == 6) {
    $english = 'six';
}

echo '<p>You rolled a ' . $english . '</p>';

if ($roll == 6) {
    echo '<p>You win!</p>';
}
else {
echo '<p>Sorry, you didn\'t win, better luck next
➥ time!</p>';
}
```

这个解决方案有效，但是它的效率不高，因为我们需要针对每种可能的掷骰子结果来编写一条 if 语句。相反，我们也可以使用一个数组来存储每一个掷骰子的结果。

```php
$english = [
    1 => 'one',
    2 => 'two',
    3 => 'three',
    4 => 'four',
    5 => 'five',
    6 => 'six'
];
```

在创建数组时，=>表示法允许你定义键和值。这等价于：

```php
$english = [];
$english[1] = 'one';
$english[2] = 'two';
$english[3] = 'three';
$english[4] = 'four';
$english[5] = 'five';
```

```
$english[6] = 'six';
```

尽管这些形式是等价的，使用了快捷表示法的代码录入起来会更快一些，而且显然更容易阅读和理解。既然已经创建了数组，就可能从其中读取每一个英文单词了。

```
echo $english[3]; //Prints "three"
echo $english[5]; //Prints "five"
```

在 PHP 中，像 3 这样的一个数字，可以由包含该值的一个变量来代替，也可以使用数组的键来代替。例如：

```
$var1 = 3;
$var2 = 5;

echo $english[$var1]; //Prints "three"
echo $english[$var2]; //Prints "five"
```

知道了这一点，我们可以将其综合起来，并且调整掷骰子游戏，通过使用$roll 变量从数组读取相关的值，从而显示掷骰子的英文单词，如清单 2-15 所示。

清单 2-15　PHP-DiceRoll-English-Array

```
$english = [
    1 => 'one',
    2 => 'two',
    3 => 'three',
    4 => 'four',
    5 => 'five',
    6 => 'six'
];

$roll = rand(1, 6);

echo '<p>You rolled a ' . $english[$roll]
 . '</p>';

if ($roll == 6) {
    echo '<p>You win!</p>';
}
else {
    echo '<p>Sorry, you didn\'t win, better luck
    next time!</p>';
}
```

正如你所看到的，这比一长串的 if 语句更加清晰而整洁。它有两个主要的优点：

（1）如果你想要表示一个 10 面的骰子，向数组中添加内容要比为每个数字添加额外的 if 语句容易很多；

（2）数组是可以复用的。对于有两个骰子的版本，可以直接复用$english 数组，而不必像清单 2-16 那样针对每一个掷骰子结果重复所有的 if 语句。

清单 2-16　PHP-DiceRoll-English-If-TwoDice

```
$roll1 = rand(1, 6);
$roll2 = rand(1, 6);

if ($roll1 == 1) {
    $english = 'one';
}
else if ($roll1 == 2) {
    $english = 'two';
}
else if ($roll1 == 3) {
```

```
        $english = 'three';
    }
    else if ($roll1 == 4) {
        $english = 'four';
    }
    else if ($roll1 == 5) {
        $english = 'five';
    }
    else if ($roll1 == 6) {
        $english = 'six';
    }

    if ($roll2 == 1) {
        $englishRoll2 = 'one';
    }
    else if ($roll2 == 2) {
        $englishRoll2 = 'two';
    }
    else if ($roll2 == 3) {
        $englishRoll2 = 'three';
    }
    else if ($roll2 == 4) {
        $englishRoll2 = 'four';
    }
    else if ($roll2 == 5) {
        $englishRoll2 = 'five';
    }
    else if ($roll2 == 6) {
        $englishRoll2 = 'six';
    }

    echo '<p>You rolled a ' . $english . ' and a '
     . $englishRoll2 . '</p>';
```

相反，可以为两个滚动的骰子都使用数组，如清单 2-17 所示。

清单 2-17　PHP-DiceRoll-English-Array-TwoDice

```
$english = [
    1 => 'one',
    2 => 'two',
    3 => 'three',
    4 => 'four',
    5 => 'five',
    6 => 'six'
];

$roll1 = rand(1, 6);
$roll2 = rand(1, 6);

echo '<p>You rolled a ' . $english[$roll1] . ' and
a ' . $english[$roll2] . '</p>';
```

尽管最为常见的数组索引是数字，但还是有另一种可能性：也可以使用字符串作为数组索引，以创建所谓的关联数组（associative array）。之所以称之为关联数组，是因为它用有意义的索引把值关联了起来。在这个例子中，我们把一个日期（以字符串的形式）与 3 个名字分别关联起来。

```
$birthdays['Kevin'] = '1978-04-12';
$birthdays['Stephanie'] = '1980-05-16';
$birthdays['David'] = '1983-09-09';
```

就像数字索引一样，我们也可以针对关联数组使用快捷表示法：

```
$birthdays = [
    'Kevin' => '1978-04-12',
    'Stephanie' => '1980-05-16',
    'David' => '1983-09-09'
];
```

现在，如果想知道 Kevin 的生日，我们使用该名称作为索引来查看一下：

```
echo 'Kevin\'s birthday is: ' . $birthdays['Kevin'];
```

当需要与 PHP 交互时，这种类型的数组至关重要，我们将在下一节中看到这一点。我们还将在本书中展示数组的其他几种用法。

转义引号

由于 Kevin's 包含了一个单引号，并且 PHP 可能会将这个单引号当作是字符串的结束，必须使用一个\来转义它，以便 PHP 将其视为字符串的一部分，而不是字符串的结束。

2.5 用户交互和表单

对于如今大多数的数据库驱动的 Web 站点来说，我们需要做的远不止是根据数据库的数据动态地生成页面，还必须提供一定程度的交互，哪怕只是一个搜索框。

JavaScript 老手习惯于认为交互和事件监听器相关。事件监听器允许你直接对用户的动作做出反应。例如，光标移动到页面的一个链接之上这类的动作。像 PHP 这样的服务器端的脚本编程语言，在支持用户交互的同时，有一个更加有限的范围。由于只有向服务器请求时，PHP 代码才会被激活，用户交互只是以一种来回往复的形式进行：即用户向服务器发送请求，服务器以动态生成的页面进行回应[①]。

使用 PHP 创建交互的关键是，理解我们可以用来和针对新 Web 页面的请求一起发送相关用户交互信息的技术。实际上，PHP 使其变得很简单。

在链接中传递变量

和页面请求一起发送信息的最简单的方法，是使用 URL 查询字符串（URL query string）。如果你见过一个 URL 包含了一个问号，问号后面跟着文件名，那么你已经见到过这种技术的应用了。例如，在 Google 上搜索"SitePoint"，它将会给你一个如下所示的 URL 以便查看搜索结果：

```
http://www.google.com/search?hl=en&q=SitePoint
```

看到这个 URL 中的问号了吗？看看跟在问号后面的文本是如何包含搜索查询的（SitePoint）。这些信息将会同对 http://www.google.com/search 的请求一起发送。

让我们来编写一个简单的示例。创建一个名为 name.html 的常规 HTML 文件（并不要求必须有.php 扩展文件名，因为这个文件里没有 PHP 代码），并插入这个链接：

```
<a href="name.php?name=Kevin">Hi, I&rsquo;m
➥ Kevin!</a>
```

这是到 name.php 文件的一个链接，但是在链接到该文件时，我们还和页面请求一起传递了一个变量。这个变量作为查询字符串的一部分传递，它是 URL 中跟在问号后面的那个部分。这个变量叫作 name，其

---

① 从某种程度上说，近年来 JavaScript 领域的 Ajax 技术的兴起改变了这一点。对于 JavaScript 代码来说，现在有可能向 Web 服务器发送一个请求，调用一段 PHP 脚本，以响应鼠标移动这样的一个用户动作了。但是，就本书而言，我们坚持使用非 Ajax 应用。如果你想要了解有关 Ajax 的知识，请阅读 Earle Castledine 和 Craig Sharkie 编写的《jQuery: Novice to Ninja》一书。

值为 Kevin。你已经创建了一个加载 name.php 的链接，并且告诉该文件中的 PHP 代码，name 等于 Kevin。

要真正地理解这个链接的作用，我们需要来看看 name.php。但是，这一次要注意.php 扩展文件名：这是告诉 Web 服务器，它期待解释文件中的某些 PHP 代码。在这个新 Web 页面的<body>中，输入如清单 2-18 所示的内容。

清单 2-18 PHP-GET

```
$name = $_GET['name'];
echo 'Welcome to our website, ' . $name . '!';
?>
```

现在，将这两个文件（name.html 和 name.php）放到 Project 目录中，并且在浏览器中加载第一个文件。
单击第一个页面中的链接以请求 PHP 脚本。最终的页面应该会显示"Welcome to our website, Kevin!"，如图 2-5 所示。

让我们进一步观察实现这一点的代码。以下是最重要的一行：

```
$name = $_GET['name'];
```

如果学习了前面关于数组的小节，你应该知道这行代码做了什么。它将名为$_GET 的数组中的

图 2-5   在浏览器中看到的欢迎消息

'name'元素中存储的值，赋值给了一个叫作$name 的新变量。但是，$_GET 数组是从哪里来的呢？

实际上，$_GET 是 PHP 接收到来自浏览器的请求时，自动创建的多个变量之一。PHP 将$_GET 创建为一个数组变量，其中包含了在 URL 查询字符串中所传递的任何值。$_GET 是一个关联数组，因此，可以通过$_GET['name']来访问查询字符串中所传递的 name 变量的值。name.php 脚本将这个值赋给一个普通的 PHP 变量（$name），然后使用 echo 语句，将其作为一个文本字符串的一部分来显示。

```
echo 'Welcome to our website, ' . $name . '!';
```

使用字符串连接操作符（.）（我们在 2.2 节介绍过），将$name 变量的值插入到输出字符串中。

但是要小心，这段代码中有一个潜在的安全漏洞（security hole）。尽管 PHP 是一种容易学习的编程语言，但实际上，如果你不注意提防的话，使用 PHP 也很容易将安全性问题引入到 Web 站点中。在继续介绍该语言之前，我想要确保你已经发现并修正了这个特殊的安全性问题，因为在当今的 Web 中它可能很常见。

这里的安全性问题源自于这样一个事实：name.php 产生了一个包含内容的页面，而该内容处于用户的控制之下。在这个例子中，所谓的内容就是$name 变量。尽管$name 变量通常从 name.html 页面上的链接中的 URL 查询字符串接受其值，但恶意的用户可能会编辑这个 URL，以向 name 变量发送一个不同的值。

要看看这是如何发生的，请再次单击 name.html。当你见到结果页面时（欢迎消息包含了名称"Kevin"），看一下浏览器的地址栏中的 URL。它可能如下所示：

```
http://192.168.10.10/name.php?name=Kevin
```

编辑该 URL，在名称前插入一个<b>标签，并且，名称后面跟着一个</b>标签：

```
http://192.168.10.10/name.php?name=<b>Kevin</b>
```

按下 Enter 键以加载这个新的 URL。注意，页面中的名称现在变成了粗体，如图 2-6 所示[1]。

看看这里发生了什么？用户可以将任何 HTML 代码输入 URL 中，而且 PHP 脚本都毫无疑问地将其包含到所生成的页面的代码中。如果代码像<b>一样没什么恶意，那就没有问题。但是，一个恶意用户可能会乘机导入复杂的 JavaScript 代码以执行一些糟糕的操作，例如窃取用户的密码。攻击者只需要在某个

---

[1] 你可能注意到，某些浏览器会自动将<and>字符转换为 URL 转义序列（分别是%3C 和%3E），但是，不管哪种方式，PHP 都将接收到相同的值。

受自己控制的站点发布修改后的链接，然后诱使你的某位用户去单击它就可以了。攻击者甚至可以将该链接嵌入到一封 E-mail 中，并将其发送给你的用户。如果一个用户单击了这个链接，攻击者的代码可能会导入你的页面并伺机发起攻击。

恶意的黑客通过修改你的 PHP 代码来攻击你的用户并和你作对，可我并不希望因为讨论这个主题而让你受到惊吓，尤其是你只是在学习 PHP 语言。事实上，作为一种语言，PHP 最大的弱点就在于它很容易导致这样的安全性问题。有些人可能会说，学习编写 PHP 以便达到专业水准所花费的大部分精力，都用来避免安全性问题了。然而，你越早知道这些问题，就能够越早地养成习惯以避免它们，将来遇到的困难也会更少。

图 2-6　名称现在以粗体显示了

那么，如何生成这样一个页面：它既包含了用户的名字，而打开它时又不会被攻击者滥用？解决方案是：把提供给$name 变量以显示在页面上的值当作纯文本来对待，而不是当作要包含到页面代码中的 HTML 来处理。这二者有细微的区别，因此，让我们来解释下其含义。

再次打开 name.php 文件并编辑它所包含的 PHP 代码，使其如清单 2-19 所示。

清单 2-19　PHP-GET-Sanitized

```php
<?php
$name = $_GET['name'];
echo 'Welcome to our website, ' .
    htmlspecialchars($name, ENT_QUOTES, 'UTF-8') . '!';
?>
```

这段代码中有很多变化，让我们一一分解说明。第一行和前面的版本相同，将$_GET 数组中的'name'元素的值赋给了$name。然而，紧随其后的 echo 语句则有很大的变化。在之前的版本中，我们直接将$name 变量放入到 echo 语句中，而这个版本的代码使用内建的 PHP 函数 htmlspecia lchars 来执行一次关键的转换。

记住，之所以在 name.html 中出现安全漏洞，是因为将$name 变量中的 HTML 代码直接放入到了生成页面的代码中。由此一来，HTML 代码做些什么，该程序就会做什么。htmlspecialchars 所做的是将<and>这样的"特殊的 HTML 字符"转换为"<"和">"这样的实体，以防浏览器将它们解释为 HTML 代码。稍后我将为你展示这一点。

首先，让我们进一步查看新代码。对 htmlspecialchars 函数的调用，是接受多个参数的 PHP 函数在本书中的第一个例子。以下是这个函数调用的部分：

```php
htmlspecialchars($name, ENT_QUOTES, 'UTF-8')
```

第一个参数是$name 变量（要转换的文本），第二个参数是 PHP 常量[①]。

文本编码

你可能已经注意到，本书中所有的 HTML 页面示例，在接近顶端的地方都包含如下的<meta>标签：

```html
<meta charset="utf-8">
```

这个标签告诉浏览器，所接受的页面的 HTML 代码是按照 UTF-8 文本编码的。

UTF-8 是将文本表示为计算机内存中的一系列 1 和 0 的众多标准中的一种，而这个表示过程叫作字符编码。如果你很想了解关于字符编码的所有内容，可以访问 Sitepoint 的官方网站。

---

① PHP 常量就像是无法更改其值的一个变量。和变量不同的是，常量不会以一个美元符号开始。PHP 带有很多诸如 ENT_QUOTES 的内建常量，它们可以用来控制 htmlspecialchars 这样的内建函数。它告知 htmlspecialchars，除了其他的特殊字符之外，还要转换单引号和双引号。第三个参数是字符串'UTF-8'，它告知 PHP 使用何种字符编码来解释传递给它的文本。

在稍后的 2.6 节中，我们将介绍关于构建 HTML 表单的内容。通过将页面编码为 UTF-8，用户可以提交包含了数千外语字符的文本。否则，站点将无法处理它们。

遗憾的是，很多 PHP 内建的函数（诸如 htmlspecialchars）会假设你默认地使用更为简单的 ISO-8859-1（或 Latin-1）字符编码。因此，在使用这些函数时，你需要让它们知道你要使用 UTF-8。

如果可以的话，还应该告诉文本编辑器将 HTML 和 PHP 文件保存为 UTF-8 编码文本；如果你想在 HTML 或 PHP 代码中输入高级字符（例如引号或斜杠）或外语字符（例如"é"），则必须这么做。本书中的代码很安全，并且使用 HTML 字符实体（例如, ’表示右引号），所以无论如何都能工作。

在浏览器中打开 name.html，并且单击现在指向了更新的 name.php 的链接。再一次，你将会看到欢迎消息"Welcome to our website, Kevin!"。和之前所做的一样，修改这个 URL，用和标签把名字包围起来。

```
http://192.168.10.10/name.php?name=<b>Kevin</b>
```

这一次，当你按下 Enter 键时，应该会看到所输入的实际文本，而不是名字变为粗体，如图 2-7 所示。

如果你查看该页面的源代码，可以确认 htmlspecialchars 函数完成了自己的任务，并将所提供的名字中的<and>字符分别转换为 HTML 字符实体<和>。这防止了恶意用户在站点中注入我们不希望出现的代码。如果他们试图做任何类似的事情，这些代码会无伤大雅地作为纯文本显示在页面上。

在本书中，我们将广泛地使用 htmlspecialchars 函数以防止这种安全漏洞。如果你目前对于如何使用它还未能掌握所有的

图 2-7   这确实很难看，但是很安全

细节，也不需要太过担心。不久之后，你将会发现使用它已经变成了一种习惯。现在，让我们来看看在请求 PHP 脚本时向其传递值的一些更为高级的方式。

在查询字符串中传递一个单个的变量是很不错的。但实际上，如果你愿意的话，可以传递多个值。让我们来看看前面例子的一个更为复杂的版本。再次打开 name.html 文件，并且使用下面这个更为复杂的查询字符串，以修改指向 name.php 的链接：

```
<a
➥ href="name.php?firstname=Kevin&amp;lastname=Yank">
Hi, I&rsquo;m Kevin Yank!</a>
```

这一次，我们的链接传递了两个变量：firstname 和 lastname。在查询字符串中，使用&符号（在 HTML 中，必须写成&。没错，即便在链接的 URL 中也是如此）分隔开这些变量。你可以用&符号分隔开每个 name=value 对，从而传递更多的变量。

和前面一样，我们可以在 name.php 文件中使用这两个变量值，如清单 2-20 所示。

清单 2-20   PHP-GET-TwoVars

```
$firstName = $_GET['firstname'];
$lastName = $_GET['lastname'];
echo 'Welcome to our website, ' .
    htmlspecialchars($firstName, ENT_QUOTES, 'UTF-8') . ' ' .
    htmlspecialchars($lastName, ENT_QUOTES, 'UTF-8') . '!';
?>
```

echo 语句现在变得相当长了，但是，你应该还是能够看懂它的。通过使用一系列字符串连接符（.），它输出了"Welcome to our website"，后面跟着$firstName 的值（使用 htmlspecialchars 以使显示更为安全）、一个空格、$lastName 的值（再次使用 htmlspecialchars 来处理），最后是一个叹号。

结果如图 2-8 所示。

这已经很不错了，但是，我们仍然还没有实现真正的用户交互这一目标。其中，用户应该可以输入任意的信息，并且让 PHP 来处理它。为了继续个性化的欢迎页面的示例，我们想邀请用户输入他们的名字，并使其出现在结果页面中。为了让用户能够输入一个值，我们需要使用 HTML 表单。

图 2-8　响应的欢迎消息

2.6　在表单中传递变量

从 name.html 中删除链接，并用这段 HTML 代码替换它，以创建表单，如清单 2-21 所示。

清单 2-21　PHP-GET-Form

```
<form action="name.php" method="get">
    <label for="firstname">First name:</label>
    <input type="text" name="firstname" id="firstname">

    <label for="lastname">Last name:</label>
    <input type="text" name="lastname" id="lastname">

    <input type="submit" value="GO">
</form>
```

这段代码生成的表单如图 2-9 所示。

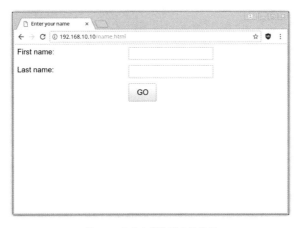

图 2-9　表单在浏览器中的样子

添加一些 CSS

　　我已经给这个表单添加了一些 CSS（在示例代码中的 form.css 文件中），以使得它看上去更漂亮一些。我所使用的 CSS 非常通用，并且可以用这种常见的格式显示任何表单。我将会在包含一个表单的任何页面上，包含这个 CSS 文件。

　　由于本书是关于 PHP 和 MySQL 的图书，因此，我坚持使用普通的外观。如果你想要用 CSS 样式化表单，请阅读 SitePoint 的《The CSS3 Anthology》一书以找到相关的建议。

这个表单与我们在 2.5 节的"在链接中传递变量"中所看到的第二个链接（查询字符串中带有 firstname= Kevin& amp;lastname=Yank）具有相同的效果，只不过我们现在可以输入任意想要的名字。当单击了提交按钮后（该按钮的标签是 Go），浏览器将会加载 name.php，并且将变量及其值自动添加到查询字符串中。它通过<input type="text">标签的 name 属性获取变量的名称，并通过用户输入到文本字段中的文本来获取其值。

<form>标签的 method 属性用来告知浏览器如何随请求一起发送变量及其值。一个 get 值（如同我们在上面的 name.html 中所使用的那样）将导致它们通过查询字符串来传递（并且出现在 PHP 的$_GET 数组中），但也有其他的选择。让值出现在查询字符串中，这可能不是人们期望的，甚至从技术上是不可行的。如果我们在表单中包含一个<textarea>标签，那么让用户输入一段较大的文本会怎么样呢？如果一个 URL 的查询字符串包含了几段文本，这恐怕有些太长了，而且可能超出了当今的浏览器针对 URL 的最大长度的限制。对浏览器来说，替代方法是在幕后不可见地传递信息。

再次编辑 name.html 文件。修改表单的 method，将其设置为 post，如下所示：

```
<form action="name.php" method="post">
    <label for="firstname">First name:</label>
    <input type="text" name="firstname" id="firstname">

    <label for="lastname">Last name:</label>
    <input type="text" name="lastname" id="lastname">

    <input type="submit" value="GO">
</form>
```

method 属性的这个新值会通知浏览器不可见地发送表单变量，以作为页面请求的一部分，而不是将其嵌入到 URL 的查询字符串中。

由于我们不再将变量作为查询字符串的一部分发送了，它们也不再出现在 PHP 的$_GET 数组中。相反，它们放置在了专门为"posted"表单变量保留的另一个数组，即$_POST 中。因此，我们必须修改 name.php，以便从这个新的数组获取值，如清单 2-22 所示。

清单 2-22   PHP-POST-Form

```php
<?php
$firstname = $_POST['firstname'];
$lastname = $_POST['lastname'];
echo 'Welcome to our website, ' .
    htmlspecialchars($firstname, ENT_QUOTES, 'UTF-8') . ' ' .
    htmlspecialchars($lastname, ENT_QUOTES, 'UTF-8') . '!';
?>
```

图 2-10 展示了这个新的表单提交之后，显示其结果的页面。

这个表单的功能与前面的表单相同，唯一的区别在于：当用户单击 Go 按钮时，所加载页面的 URL 不带有一个查询字符串。一方面，这允许我们在表单所提交的数据中包含较大的值（或者是像密码这样的敏感信息），而不会让它们出现在查询字符串中。另一方面，如果用户收藏了由表单提交所产生的结果页面，这个书签将是无用的，因为它缺少所提交的值。顺便说一下，这也就是搜索引擎使用查询字符串提交关键词的主要原因。如果你收藏 Google 上的一个搜索结果页面，你稍后可以使用该书签来执行同样的搜索，因为搜索关键词已经包含在了 URL 中。

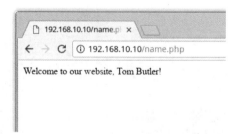

图 2-10   一旦表单提交后的结果页面

Get 还是 Post?

首要的原则是，当提交表单时，服务器上不会有任何改变时（例如，当你请求搜索结果的一个列表），只应该使用 Get 形式。因为搜索关键字在 URL 中，用户可以标记搜索结果页面，并且不需要再次输入搜索关键字就能够返回到该结果页面。但是，如果在提交表单之后，删除了一个文件、更新了一个数据库，或者插入了一条记录，应该使用 POST。主要原因在于，如果用户标记了该页面（或者至少在他们的浏览器中按下了 Back 按钮），将不会再次触发表单提交并且潜在地创建一条重复的记录。

这里只是介绍使用表单产生和 PHP 的冗余用户交互的基础知识。我们将在稍后的示例中介绍较为高级的话题和技术。

2.7　弥补缝隙

现在，我们已经了解了 PHP 编程语言的基本语法。你知道可以使用任意的 HTML Web 页面，将其重命名为带有扩展名.php 的文件，并将 PHP 代码注入其中，以实时生成页面内容。一天下来，这是不错的收获。

在继续学习之前，我想要驻足回望到目前为止讨论过的示例。假设你的目标是创建一个达到专业标准的数据库驱动的 Web 站点，那么，还有一些瑕疵需要处理一下。

本章剩下的内容所介绍的技术，将会为你的作品添加一件漂亮的专业外衣，可以使其从众多业余的 PHP 开发者的作品中脱颖而出。在本书剩余的部分中，我都将依靠这些技术，以确保无论示例多么简单，你都会对所发布的产品的质量充满信心。

2.7.1　使用 PHP 模板

目前为止，在我们所见到过的简单示例中，直接将 PHP 代码插入 HTML 页面中是一种合理的方法。然而，随着产生页面的 PHP 代码量的增长，维护 HTML 代码和 PHP 代码的混合体，可能会变得越来越难。

特别是，如果你在一个并不是很了解 PHP 的 Web 设计师团队中工作，让大段难懂的 PHP 代码和 HTML 交互，很容易引发灾难性的结果。设计师会偶然地轻易修改了 PHP 代码，而由此产生的错误是他们自己所无法修正的。

一种更加健壮的方式是，将 PHP 代码分隔出来，使其位于自己单独的文件中，让 HTML 尽可能地不受 PHP 代码的影响。

这么做的关键是 PHP 的 include 语句。使用一条 include 语句，我们可以将另一个文件的内容插入 PHP 代码中该 include 语句所在的位置。为了展示这是如何工作的，让我们重新构建前面所看到的"计数到 10"的 for 循环示例。

首先，在这个目录下创建一个名为的 count.php 新文件。打开该文件进行编辑，并输入以下代码：

```php
<?php
$output = '';
for ($count = 1; $count <= 10; $count++) {
    $output .= $count . ' ';
}

include 'count.html.php';
```

好了，这就是该文件的完整代码。它没有包含任何的 HTML 代码。现在，你应该已经熟悉 for 循环了。但是，让我们指出这段代码的有趣部分。

- 这段脚本还将数字 1～10 加到一个名为$output 的变量上，而不是 ehco 输出数字 1～10。然而，在这段脚本的起始处，我们将该变量设置为一个包含空的字符串。
- 然后，$output .= $count . ' ';这一行将每个数字（后面跟着一个空格）添加到$output 变量的末尾。你在这里看到的.=操作符，是将一个值添加到已有的字符串变量末尾的一种快捷方式，它将赋值操作符和字符串连接操作符合二为一。这一行代码的较长版本是$output = $output . $count . ' ';,,

　　　　但是，.=操作符能够使你少输入一些内容。

● 这是一条 include 语句，它告诉 PHP 在这里执行 count.html.php 文件的内容[①]。你可以把 include 语句当作是一种复制并粘贴。打开 count.html.php，将其内容复制并粘贴到 count.php 中，以覆盖 include 这行代码，也可以得到相同的结果。

● 最后，你可能注意到了这个文件并没有以一个?>结尾，用以匹配开始的<?php。如果你想要的话，可以放置一个，但是，这并非是必需的。如果一个 PHP 文件以 PHP 代码结尾，那么没有必要表明代码在哪里结束，文件的结尾已经起到这个作用了。对于只包含 PHP 代码的文件来说，PHP 高手通常习惯于用文件的结束来表示代码的结束。

既然这个文件的最后一行包含了 count.html.php，我们应该如清单 2-23 所示来创建它。

清单 2-23　PHP-Count-Template

```
<!DOCTYPE html>
<html lang="en">
    <head>
        <meta charset="utf-8">
        <title>Counting to Ten</title>
    </head>
    <body>
        <p>
            <?php echo $output; ?>
        </p>
    </body>
</html>
```

　　这个文件完全是普通的 HTML，除了输出变量$output 的值的那一行。这个$output 变量和 index.php 文件所创建的$output 是同一个变量。

　　我们在这里所创建的是一个 PHP 模板（PHP template），即只有很少量的 PHP 代码的一个 HTML 页面，这些 PHP 代码则会把动态生成的值插入到一个静态的 HTML 页面中。我们将生成这些值的复杂的 PHP 代码放入到一个单独的 PHP 脚本中（在这个例子中，是 index.php），而不是将这些代码嵌入页面中。

　　像这样使用 PHP 模板，使得我们能够将模板转交给熟悉 HTML 的设计师，而不必担心他们可能会对 PHP 代码做些什么。这也使得我们可以专注于 PHP 代码，而不会被周围的 HTML 代码所影响。

　　我喜欢将 PHP 模板文件命名为.html.php 的形式。对于你的 Web 服务器来说，这仍然是.php 文件。.html.php 后缀则充当一个有用的提示，表明这些文件既包含 HTML 代码，也包含 PHP 代码。

2.7.2　安全性问题

　　将 HTML 和 PHP 代码分隔到不同的文件中带来的一个问题是，某些人可能潜在地运行.html.php 代码，而没有从一个相应的 PHP 文件来 include 它。这不是一个大问题，但是，任何人都可能访问 count.html.php 目录。如果你在自己的 Web 浏览器中输入"http://192.168.10.10/count.html.php"，你不会看到从 1 计数到 10，而是会看到一条错误消息——"Notice: Undefined variable: output in/home/vagrant/Code/Project/public/count.html.php on line 9."。

　　最好不要让人们按照你所不期望的方式来运行代码。根据页面要做些什么，这可能会让他们绕过你设置好的安全性检查，并且浏览他们不应该访问的内容。例如，考虑如下的代码：

```
if ($_POST['password'] == 'secret') {
    include 'protected.html.php';
}
```

　　看看这段代码，看上去你需要提交一个表单，并且在密码框中输入 secret 以查看 protected.html.php 中

[①] 在本书之外，你经常看到使用圆括号包含着文件名的 include 代码，就好像 include 是一个像 htmlspecialchars 一样的函数。当使用这个圆括号的时候，它只是将文件名表达式复杂化了。因此，本书中将避免这么做，对于 echo 也是这样的。

的受保护的内容。然而，如果某人直接导航到 protected.html.php 并且看到了页面的内容，这就使得安全性检查成为冗余的了。让所有的文件通过一个 URL 就可以访问，还会引发其他的潜在安全性问题。实际上，你可以包含 public 目录以外的一个目录中的文件。

你可能会问，早前为什么要创建一个 Project 目录，然后将所有的文件写入到 Project 目录内部的 public 目录中。好吧，这个安全性问题就是要这么做的原因。在 public 目录之外的文件，都不可以通过一个 URL（由某人在他的 Web 浏览器中输入文件名）来访问。Include 命令可以调整为包含来自另一个目录的文件。在我们的例子中，这个目录将会是 Project 目录，它包含了我们目前为止所操作的文件。

那么，问题就是，当包含的文件在一个不同的目录时，PHP 脚本如何找到这个目录？最显而易见的方法是以绝对路径来指定要包含的文件位置。如下是这种方法在 Windows 服务器上的样子：

```
<?php include 'C:/Program Files/Apache Software
➥ Foundation/Apache2.2/protected.html.php'; ?>
```

如下是使用 Homestead Improved box 时的样子：

```
<?php include
➥ '/home/vagrant/Code/Project/protected.html.php'; ?>
```

尽管这种方法有效，但却不是人们想要的方法，因为它将你的站点的代码和 Web 服务器的配置绑定到一起。理想情况下，你应该能够将自己的基于 PHP 的 Web 站点放到任何支持 PHP 的 Web 服务器上，并且只是看着它运行。这一点实际上特别重要，因为很多开发者将会在一个服务器上构建站点，然后将其公开部署到另一个不同的服务器上。如果你的代码引用的硬盘和目录都是针对一个特定服务器的，这将是不切实际的事情。即便你确实具备在单个的服务器上工作的奢侈条件，如果你需要将 Web 站点移动到该服务器上的其他硬盘/目录的话，仍然会出错。

一种更好的方法是使用相对路径。相对路径就是一个文件相对于当前文件的位置。当你使用 include 'count.html.php'时，实际上，这是一个相对路径，count.html.php 是从和所执行的脚本相同的目录包含进来的。

要包含来自上一级目录的一个文件，可以使用如下的代码：

```
include '../count.html.php';
```

../告诉 PHP 在当前脚本所在的目录的上边一级的目录中查找该文件。这将会在 Project 目录而不是 public 目录中查找 count.html.php。

继续前进并且将 count.html.php 向上移动一个层级，放入到 Project 目录中，并且修改 count.php 以引用这个新的位置，如清单 2-24 所示。

清单 2-24　PHP-Count-Template-Secured

```
<?php
$output = '';
for ($count = 1; $count <= 10; $count++) {
    $output .= $count . ' ';
}


include '../count.html.php';
```

如果运行上面的代码，它能够工作。但是，当你用这种方式包含文件时，有一个潜在的问题。相对路径是相对于所运行的脚本的，而不是相对于每一个文件的。

也就是说，如果你打开 Project/count.html.php 并且添加 include 'count2.html.php';这行，你期待着包含 Project 目录中的 count2.html.php。然而，这个路径是相对于所谓的当前工作目录（current working directory）的，而当你运行一个 PHP 脚本时，当前工作目录最初设置为存储该脚本的目录。因此，通过 count.html.php 运行 include 'count2.html.php';，实际上会加载 public 目录中的 count2.html.php。

当前工作目录在脚本的开始处设置，并且适用于所有的 include 语句，不管这些 include 语句在哪个文件之中。使用 chdir()函数是可以修改当前工作目录的，而这使得情况更加容易令人混淆。

因此，我们可以依赖于下面的语句：

```
include '../count.html.php';
```

这是有效的，但是如果目录改变了，或者 count.php 自身是一个包含文件，它将不会得到我们所预期的结果。

为了克服这个问题，我们确实需要使用相对路径。好在，PHP 提供了一个名为 __DIR__ 的常量（这里有两个下画线，在 DIR 的前后各有一个），它将总是包含一条路径，而该路径包含了当前文件（current file）。例如，使用如下的代码，你可以在 public 目录中创建一个名为 dir.php 的文件：

```
echo __DIR__;
```

这将会显示/home/vagrant/Code/Project/public，这是到包含 dir.php 的目录的完整路径。要从 public 上一级的目录中读取 count.html.php，将/../操作符和 __DIR__ 常量组合使用就可以了：

```
include __DIR__ . '/../count.html.php';
```

现在，这将会包含文件/home/vagrant/Code/Project/public/../count.html。也就是说，PHP 将会在 public 目录中查找，然后向上一级进入到 Project 并且包含 count.html.php。

这种方法在任何服务器上都有效，因为根据文件存储位置的不同，__DIR__ 将会有所不同，并且就算修改了当前工作目录也没有关系。在整个本书中，我将使用这种方法来包含文件。

从现在开始，我们将只是把那些我们实际上想要让用户能够从 Web 浏览器直接访问的文件写入 public 目录中。public 目录将包含用户需要通过浏览器请求直接访问的任何 PHP 脚本，以及图像文件、JavaScript 和 CSS 文件。只是通过一条 include 语句引用的任何文件，都将放置在 public 目录之外，以使得用户无法直接访问它们。

随着本书的进行，我将向你介绍包含几种不同类型的文件。为了让事情更有条理，明智的做法是将不同类型的包含文件存储到不同的目录中。我们将在 Project 目录下一个名为 templates 的目录中存储模板文件（其扩展名为.html.php）。然后，我们可以使用 include __DIR__ .'../templates/file.html.php';在一条 include 语句中引用它们。

2.7.3 多个模板，一个控制器

使用 include 语句来加载 PHP 模板文件的好处在于：可以在单个的一段 PHP 脚本中使用多条 include 语句，从而让它在各种不同条件下显示不同的模板。

通过从几个 PHP 模板中选择一个来填写并发送回去，从而响应一个浏览器请求，这样的一段 PHP 脚本，通常叫作控制器（controller）。控制器包含了控制向浏览器发送哪个模板的逻辑。

让我们重新回顾本章前面的一个例子，即提示访问者输入姓氏和名字的欢迎表单。

我们从该表单的 PHP 模板开始。为此，我们只是重用前面所创建的 name.html。创建一个名为 welcome 的目录，并且将 name.html 的一个副本（名为 form.html.php）保存到该目录中。在这个文件中，唯一需要修改的代码是<form>标签的 action 属性，如清单 2-25 所示。

清单 2-25 PHP-Form-Controller

```html
<html>
    <head>
        <title>Enter your name</title>
        <link rel="stylesheet" href="form.css" />
        <meta charset="utf-8">
    </head>
    <body>
        <form action="" method="post">
            <label for="firstname">First name:</label>
            <input type="text" name="firstname" id="firstname">

            <label for="lastname">Last name:</label>
```

```
        <input type="text" name="lastname" id="lastname">

        <input type="submit" value="GO">
    </form>
    </body>
</html>
```

正如你所看到的，我们让 action 属性保持空白。这就是告诉浏览器，将这个表单提交给接受该表单的同一个 URL。在这个例子中，也就是包含了这个模板文件的控制器的 URL。

让我们看一下这个例子的控制器。在表单模板旁边的 welcome 目录中创建一个 index.php 脚本。在该文件中输入如下代码：

```php
<?php
if (!isset($_POST['firstname'])) {
    include __DIR__ . '/../templates/form.html.php';
} else {
    $firstName = $_POST['firstname'];
    $lastName = $_POST['lastname'];

    if ($firstName == 'Kevin' && $lastName == 'Yank') {
        $output = 'Welcome, oh glorious leader!';
    } else {
        $output = 'Welcome to our website, ' .
        htmlspecialchars($firstName, ENT_QUOTES, 'UTF-8') . ' ' .
        htmlspecialchars($lastName, ENT_QUOTES, 'UTF-8') . '!';
    }

    include __DIR__ . '/../templates/welcome.html.php';
}
```

这段代码乍看起来有些眼熟，它很像我们前面编写的 name.php。让我们说明一下不同之处。

● 控制器的第一个任务是确定当前请求是否为 form.html.php 中的表单提交。可以通过检查该请求是否包含一个 firstname 变量来做到这点。如果是，PHP 将会把该值存储到$_POST['firstname']中。

● isset 是一个内建的 PHP 函数，它将会告诉你一个特定的变量（或数组元素）是否已经分配了一个值。如果$_POST['firstname']有一个值，isset($_POST['firstname'])将为真。如果没有设置$_POST['firstname']，isset($_POST['firstname'])将为假。

● 为了保证代码的可读性，我将发送该表单的代码到控制器中。我们需要这条 if 语句来检查$_POST['firstname']是否为未设置状态。为了做到这点，我们使用非操作符（!）。通过将这个操作符放在一个函数名称的前面，我们可以将该函数的返回值取反，使其从真变为假，或者从假变为真。

● 因此，如果该请求没有包含一个 firstname 变量，那么!isset($_REQUEST['firstname'])将返回真，并且将会执行 if 语句块。

● 如果请求不是一个表单提交，控制器包含了 form.html.php 文件以显示该表单。

● 如果该请求是一个表单提交，将会执行 else 语句块。

这段代码从$_POST 数组中提取了 firstname 和 lastname 变量，然后针对提交的名字，生成相应的欢迎消息。

● 控制器将消息存储在一个名为$output 的变量中，而不是 echo 输出欢迎消息。

● 在生成了相应的欢迎消息之后，控制器会包含 welcome.html.php 模板。它将显示欢迎消息。

剩余的只是把 welcome.html.php 写入 templates 目录中了，如下所示：

```html
<!DOCTYPE html>
<html lang="en">
    <head>
        <meta charset="utf-8">
        <title>Form Example</title>
```

```
    </head>
    <body>
        <p>
            <?php echo $output; ?>
        </p>
    </body>
</html>
```

好了。启动浏览器，并且指向 http://192.168.10.10/index.php。

接着，将会提示你输入自己的名字。当你提交了表单之后，将会看到相应的欢迎消息。这个 URL 应该在整个过程中保持一致。

你可能注意到了，我让你将文件命名为 index.php 而不是 name.php 或者类似的名称。我使用 index.php 的原因是，它具有特殊的含义。index.php 又称为目录索引（directory index）。当你在浏览器中访问 URL 时，如果没有指定一个文件名，服务器将会查找 index.php 并显示它。尝试在你的浏览器中只是输入 http://192.169.10.10，你将会看到这个索引页面。

Web 服务器配置

Web 服务器可以有不同的配置，并且指定一个不同的文件作为目录索引。然而，在大多数 Web 服务器上，不需要进行任何额外的配置，index.php 就是有效的。

在提示用户输入名称并显示欢迎消息的整个过程中，保持相同的 URL 的好处之一是：用户可以在该过程中的任何时刻收藏该页面，并且得到一个有意义的结果。不管收藏的是其表单页面还是欢迎消息，当用户返回时，该表单将会再次出现。在这个示例之前的版本中，欢迎消息有其自己的 URL。如果返回该 URL 而没有提交表单的话，那么，根据你的服务器配置，将会生成一条不完整的欢迎消息（"Welcome to our website, !"），或者产生一条 PHP 错误消息。

记住用户的名字

在第 11 章中，我们将展示如何在两次访问之间记住用户名。

2.8 接触数据库

在本章中，通过介绍 PHP 所有的基本语言功能（语句、变量、操作符、注释和控制结构），我们看到了 PHP 服务器端脚本语言的实际应用。我们目前所看到的示例程序都相当简单。但是，我们仍然要花时间来保证它们拥有吸引人的 URL，并保证用于它们所产生的页面的 HTML 模板不会被控制它们的 PHP 代码所搞乱。

你可能已经开始猜想，PHP 的真正力量在于其成百（甚至上千）的内建函数，这些函数允许你访问一个 MySQL 数据库中的数据、发送邮件、动态地生成图像，甚至临时创建 Adobe Acrobat PDF 文件。

在第 3 章中，我们将深入 PHP 中所内建的 MySQL 函数，并且看看如何创建笑话数据库。在第 4 章中，我们将介绍如何将这个笑话数据库发布到 Web 上。这些任务将为本书的终极目标做好准备——使用 PHP 和 MySQL 为你的 Web 站点创建一个完整的内容管理系统。

第 3 章　MySQL 简介

在第 1 章中，我们启动了 Homestead Improved 虚拟机。这个虚拟机包含了我们所需的软件，包括一个 MySQL 服务器。

正如我在第 1 章中提到的，PHP 是一种服务器端脚本编程语言，它允许你将指令插入到 Web 页面中。而 Web 服务器软件将会先执行这些指令，然后再将这些页面发送给请求它们的浏览器。我们已经介绍了一些基础的示例，包括生成随机数以及使用表单来捕获用户的输入。

现在，一切都很好了，但是只有当加入数据库时，才会真正变得有趣起来。在本章中，我们将学习什么是数据库，以及如何使用结构化查询语言（SQL）来操作 MySQL 数据库。

3.1　数据库简介

数据库服务器（在我们的例子中，也就是 MySQL）是一个程序，它可以以一种有序的格式来存储大量的信息，而这种格式易于通过 PHP 这样的编程语言来访问。例如，你可以让 PHP 从数据库中找出你想要在自己的 Web 站点上显示的笑话的列表。

在这个例子中，笑话全部存储在数据库中。这种方式有两个优点：首先，我们可以编写一段单独的 PHP 脚本从数据库获取任意的笑话，并通过为其实时地生成一个 HTML 页面来显示它，而不必为每个笑话都编写一个 HTML 页面。其次，将笑话添加到 Web 站点将会变成一件简单的事情，只需要将其插入到数据库中就可以了。PHP 代码将负责剩余的事情，当它从数据库获取列表时，将会自动显示新的笑话和其他的笑话。

让我们通过这个示例来观察，数据是如何存储到一个数据库中的。数据库包括一个或多个表（table），每个表包含了一系列的项（item，或事物）。对于笑话数据库来说，我们可能从一个名为 joke 的表开始，这个表包含了笑话的列表。数据库中的每个表都有一个或多个列（column）或字段（field）。每个列包含了关于表中的每一项的一些的信息。在这个示例中，笑话表可能有一个列用来表示笑话的文本内容，另一个列用来表示该笑话添加到数据库中的日期。每个笑话以所谓的行（row）或条目（entry）的方式存储在数据库中。表的行和列如图 3-1 所示。

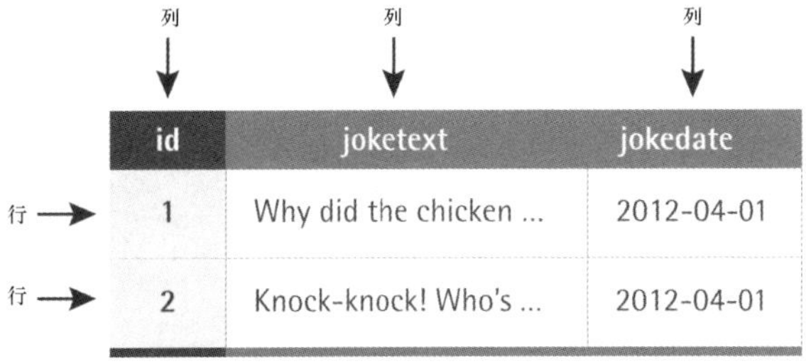

图 3-1　一个典型的数据库的表，它包含了一系列笑话

注意，除了表示笑话文本的列（joketext）和表示笑话日期的列（jokedate），还包含了一个叫作 id 的列。实际上，作为一种良好的设计，数据库的表应该总是提供一种方式以便我们可以唯一地识别每一行。由于同一天有可能输入两个内容相同的笑话，我们不能够依赖 joketext 和 jokedate 列来区分所有的笑话。因此，id 列的功能是为每个笑话分配一个唯一的编号，以使我们以一种简单的方式来引用它们并且记录这个笑话是哪一个。我们将会在第 5 章中更进一步地介绍数据库的设计问题。

图 3-1 中的表是一个 3 列 2 行（或条目）的表。表中的每一行包含了 3 个字段，每个字段表示表中的一列：笑话的 ID、笑话的文本以及笑话的日期。理解了这些基本的术语，我们就准备开始使用 MySQL 了。

3.2　使用 MySQL Workbench 运行 SQL 查询

如同 Web 服务器设计响应来自客户端（一个 Web 浏览器）的请求一样，MySQL 数据库服务器会响应来自客户端程序（client programs）的请求。在本书稍后的内容中，我们将以 PHP 脚本的形式编写自己的 MySQL 客户端程序。但是现在，我们可以使用编写 MySQL 的人为我们编写好的一个客户端程序——MySQL Workbench。你可以免费下载 MySQL Workbench。

有很多不同的 MySQL 客户端程序可供使用，并且本书之前的版本使用的是 phpMyAdmin，这是一款基于 Web 的 MySQL 客户端程序，它拥有很多的功能。然而，它并不像 MySQL Workbench 那样易于使用，并且常常会很慢。

一旦下载并安装了 MySQL Workbench，打开它，你应该会看到图 3-2 所示的界面。

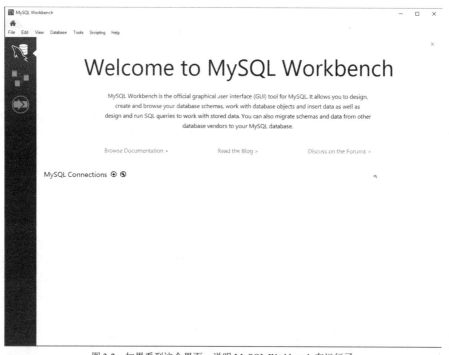

图 3-2　如果看到这个界面，说明 MySQL Workbench 在运行了

首先，需要连接到数据库，然后才能向其中添加数据。MySQL 是运行在 Vagrant box 中的一个服务器（我们在第 1 章中介绍过如何下载、安装 Vagrant box），并且可以使用 MySQL Workbench 这样一个 MySQL 客户端程序连接到服务器。

连接到一个数据库，需要 3 部分信息：

- 服务器地址；
- 用户名；
- 密码。

对于 Homestead Improved Vagrant box 来说，这些信息如下所示。

- Server: 192.168.10.10。
- Username: homestead。

● Password: secret。

你将会注意到,这个服务器的 IP 和我们在 Web 浏览器中连接以查看 PHP 脚本的 IP 是相同的。这个虚拟机既运行 Web 服务器,也运行数据库服务器,因此,你只需要记住一个 IP 地址就可以了。

要在 MySQL Workbench 中连接到一个数据库,按下窗口中央的 MySQL Connections 标签旁的加号按钮,如图 3-3 所示(必须承认,这不是一个很清晰的标签,并且其作用也不是很清晰,但不要介意这些)。

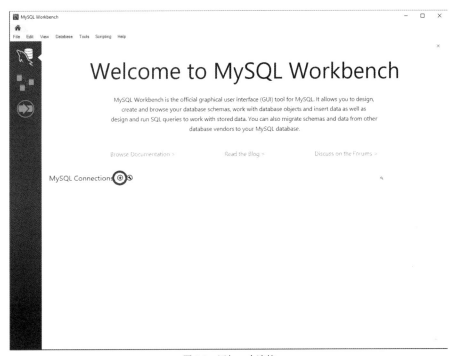

图 3-3 添加一个连接

当按下加号按钮时,你将会看到一个新的窗口,如图 3-4 所示。

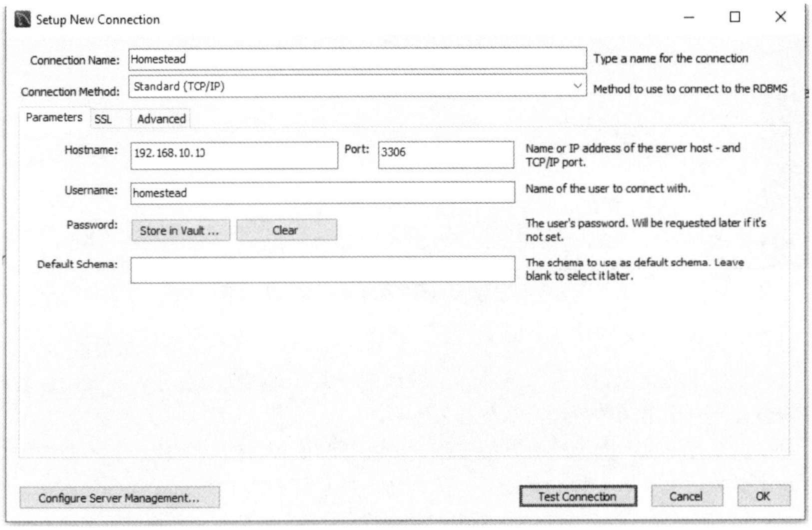

图 3-4 添加一个连接

输入服务器的地址和用户名。你还需要给连接起一个名字。我已经将其命名为"Homestead",但是,你可以给它起任何你喜欢的名字。这只是一个名字，这里列出它是为了将来在 MySQL Workbench 中引用。一旦输入了用户名和服务器，可以通过按下窗口底部的"Test Connection"按钮，尝试连接到数据库。你应该会看到一个密码提示框，如图 3-5 所示。

如果没有看到这个提示框，按照如下步骤进行。

（1）仔细检查确认 Vagrant box 在运行中（如果你由于安装重启了机器，需要在项目的目录下再次运行 vagrant up 以启动它）。

（2）确保用户名和服务器地址正确。

在密码框中输入密码 secret，并选中 Save Password in vault 复选框。通过选中该复选框，将不必在每次连接时都输入密码。然后按下 OK 按钮。

图 3-5　密码提示框

区分大小写

用户名和密码是区分大小写的，因此，确保都以小写字母形式输入它们。

如果正确地输入了密码，将会看到一条消息，告诉你成功连接了。在 Set up new connection 窗口中按下 OK 按钮，并且，你将会看到在主 MySQL 窗口中出现了一个对话框，其中带有你所输入的一些信息，如图 3-6 所示。

图 3-6　主 MySQL 窗口显示了所输入的信息

既然已经建立了连接，那么每次你打开 MySQL workbench 时，将不需要每次都添加连接。

我们终于准备好真正地连接到数据库了。为了做到这一点，直接在新创建的、表示你的连接的窗口上双击，并且你将会看到一个不同的界面，如图 3-7 所示。

这乍看上去有点令人畏惧，因为这里有很多不同的按钮和面板，它们都代表着不同的内容。在左下方是带有很多不同选项的一个菜单。唯一需要关心的内容，就是标题为 Schemas 部分的按钮。

模式（Schema）只不过是"数据库"的一个有趣的叫法。MySQL 是一个数据库服务器（database server）。实际上，数据库服务器这个术语表示它可以容纳很多不同的数据库，这就像是一个 Web 服务器能够容纳很多不同的 Web 站点。

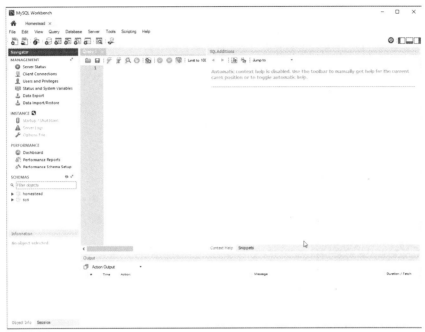

图 3-7　初始界面

3.3　创建数据库

首先需要创建一个数据库，然后才能够向数据库中添加信息。Schemas 面板中已经有了两个条目，分别是 homestead 和 sys。它们是 Homestead 自带的，尽管你可以使用它们，但是，最好是使用一个更加合适的名称来创建一个数据库。

要创建一个数据库，在 Schemas 面板中单击鼠标右键，并且选择 Create schema。这会打开一个窗口，其中有几个选项，但是，你只需要输入一个选项，也就是 schema 名称，如图 3-8 所示。

图 3-8　创建一个 schema

我选择将该数据库命名为 ijdb，表示这是网络笑话数据库（Internet Joke Database）。因为这符合我在本章开始时给出的示例：显示笑话数据库的一个 Web 站点。你也可以给这个数据库起一个自己喜欢的名字。

在你学习本书的过程中，将需要很频繁地输入这个数据库名称，因此，不要选择太复杂的名称。

一旦输入了名称，可以安全地让其他选项保留为其默认值，并单击 Apply 按钮。当你这么做时，MySQL Workbench 将会要求你确认你的操作（要习惯这些对话框。MySQL Workbench 坚持几乎对你做的每一件事情都要确认）。在这个界面上，再次按下 Apply 按钮，如图 3-9 所示。

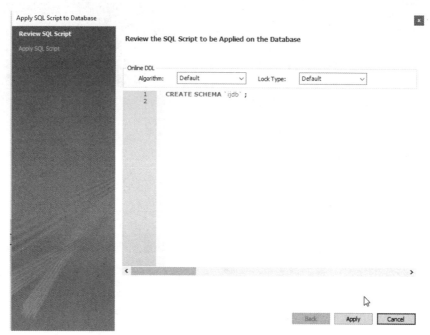

图 3-9　确认创建模式

一旦单击 Apply 按钮，你将需要在下一个界面单击 Finish 按钮。这是 MySQL Workbench 恼人的事情之一，它迫使你确认然后 Finish 每一个操作。然而，它还是比其他的软件要好一些，很快我们将会看到这一点。

在图 3-9 中，你可以看到一个带有 CREATE SCHEMA Ijdb 的白色面板。这是一个 SQL Query（SQL 查询），并且在本书中，你将会看到很多这样的查询。你可以自行输入这条命令并且运行它，以避开 GUI 并且不必经过 MySQL Workbench 的那些配置对话框。对于像 CREATE SCHEMA Ijdb 这样简单的命令，GUI 可能有点牛刀杀鸡了。然而，稍后你将会看到，并非所有的命令都这么简单，并且使用 MySQL Workbench 的 GUI 来执行一些较为复杂的查询将是很容易的事情。

如果你想要能够删除数据库（这可能是一项很好的功能，因为在本书中，我鼓励你去做大量的试验），MySQL Workbench 使其很容易做到。在主窗口的 Schemas 面板中，在想要删除的模式上点击鼠标右键，并且选择 DROP Schema 就可以了。MySQL 使用 DROP 来删除内容（有点不一致的是，Delete 键也用于一些其他事情）。

3.4　SQL 语言

在本书剩余部分的内容中，我们将介绍操作 MySQL 的那些命令（就像 CREATE SCHEMA 命令一样），这是一种叫作结构化查询语言（Structured Query Language，SQL，读作"sequel"或"ess-cue-ell"）标准的一部分。SQL 中的命令也叫作查询（queries），我们将交替地使用这两种术语。

SQL 是与大多数数据库进行交互的一种标准语言。因此，即便将来你从 MySQL 转向诸如 Microsoft SQL Server 等其他的数据库，你将会发现大多数命令是相同的。理解 SQL 和 MySQL 之间的区别是很重要的：

MySQL 是我们将要使用的一种数据库服务器软件，而 SQL 是用来和数据库交互的语言。

这些命令中的大多数，都可以通过 MySQL Workbench 生成，而我们将要使用 MySQL Workbench 来创建数据库的结构。然而，你还是需要学习一些命令，因为你将要从 PHP 脚本中执行这些命令，而不是通过 MySQL Workbench 执行它们。

深入学习 SQL

在本书中，我将介绍每个 PHP 开发者都需要知道的 SQL 基础知识。如果你决定以构建数据库驱动的 Web 站点作为自己的职业，那么，了解更多 SQL 的高级知识是很有必要的。特别是当你需要让站点运行的更快、更平稳时，更是离不开 SQL 的高级知识。要深入学习 SQL，我强烈推荐 Rudy Limeback 编著的《Simply SQL》一书。

SQL 查询区分大小写

大多数 MySQL 命令是不区分大小写的。这意味着，你可以输入 CREATE DATABASE、create database，甚至是 CrEaTe DaTaBaSe。而且，MySQL 都知道你的意思。但是，当运行 MySQL 服务器的操作系统的文件系统是区分大小写时（例如，Linux 或 Mac OS X，这要根据你的系统配置来确定），数据库名称和表名称是区分大小写的。

此外，在同一条查询命令中，当多次使用表名称、列名称以及其他名称时，必须保证它们的拼写完全一致。

为了保持一致性，本书将尊重广泛接受的惯例，即所有的数据库命令都以大写的方式输入，而数据库条目（数据库、表、列等）都以小写输入。

这也使得人们很容易阅读查询。MySQL 对此无所谓，但是你将能够快速且容易地识别出一条命令以及对表、列或数据库的引用，因为命令都是大写的，而这些引用都是小写的。

一旦创建了数据库，它将出现在左侧的 SCHEMAS 列表中，如图 3-10 所示。

既然有了数据库，还需要告知 MySQL Workbench 你要使用它。为了做到这一点，直接双击新创建的模式（schema），并且其名称将变成粗体的。你一次只能够选中一个模式，并且需要告诉 MySQL Workbench 你想要使用哪一个模式，如图 3-11 所示。

图 3-10　Internet Joke 数据库模式

图 3-11　选取 ijdb 模式

现在，我们已经准备好了使用数据库。在向数据库中添加表之前，数据库一直是空的。因此，我们的首要任务就是创建包含一个笑话的表（现在，可能是构想一些笑话的好时机）。

3.5　创建表

如果你通过按下 ijdb schema 前面的箭头展开它，你将会看到一些新的条目，如图 3-12 所示。

对于学习本书的内容，我们唯一关心的就是 Tables 条目。因为这个模式刚刚创建，它还没有任何的表。

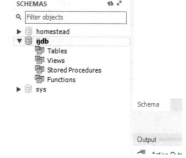

表描述了数据的格式。你需要知道你想要存储的数据的结构。在创建一个表之前，需要考虑到底想存储什么。对于笑话数据库的示例来说，我们想要存储如下的信息片段：

● 笑话的文本内容；
● 添加该笑话的日期。

除了文本和日期，我们还需要一些方式来识别每一个笑话。为了做到这一点，我们给每个笑话唯一的 ID。

每一个信息片段都放在表中的一个字段中，并且每个字段都有

图 3-12　展开 ijdb 模式

一个类型（type）。类型可以用来以不同的格式存储数据，如数字、文本和日期。

我们将会用到以下 3 种类型。

● 数字：用于存储数值。
● 文本：用于存储字符串。
● 日期/时间：用于存储时间戳。

MySQL 中有很多类型的列，但我们真的只需要理解这 3 个主要的类型。

要使用 MySQL Workbench 创建一个表，在 Schemas 列表中展开数据库，然后在 Table 条目上单击鼠标右键并且选择 Create Table。

窗口中间的面板将会变为如图 3-13 所示。

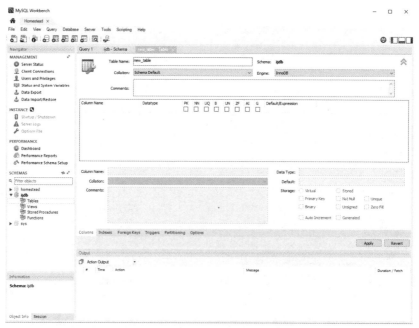

图 3-13　MySQL Workbench 的 New Table 窗口

每个表都有一个用来识别它的名称，并且还有一系列的列。首先，输入"joke"作为表的名称，并且在列的列表中添加如下的列，如图 3-14 所示。

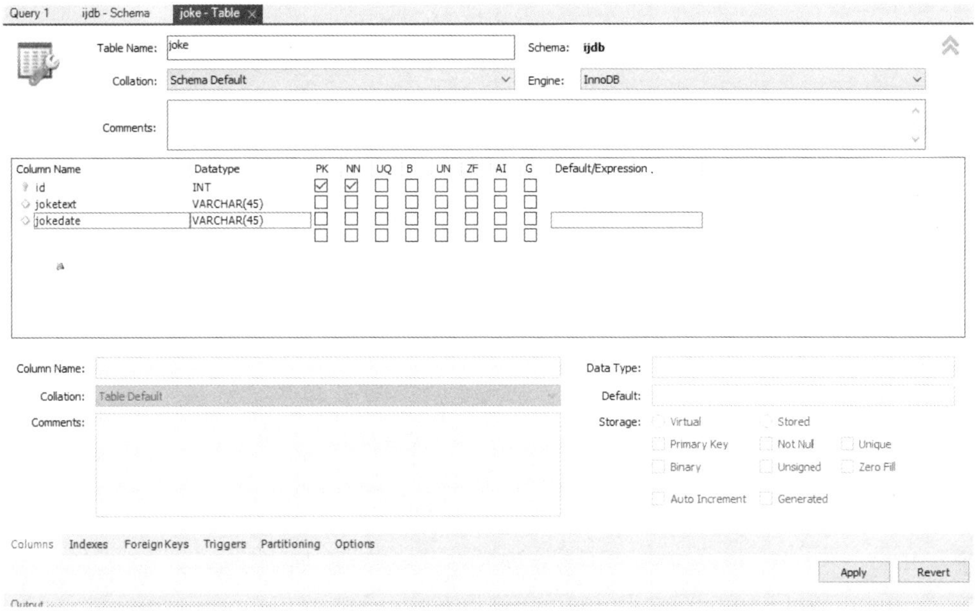

图 3-14 创建 joke 表

- id，这将会充当每个笑话的唯一的标识符，以便我们随后能够检索到该笑话。
- joketext，它将存储笑话的文本内容。
- jokedate，它将存储添加该笑话的日期。

你将注意到这里还有一个名为 Datatype 的列。数据库中的表的每一列，都必须分配一个类型。所需要的 3 种类型如下。

- INT：表示"整数"，用于数值型的 jokeid。
- TEXT：用于存储笑话的文本。
- DATE：用于存储发布该笑话的日期。

这将有助于你对数据进行组织，并且允许你以强大的方式来比较一个列中的值，稍后我们将会看到这一点。

如果此时停止设置表，可以开始向表中添加一些记录了（并且稍后我将向你展示如何做到这一点）。然而，你必须提供所有这 3 部分信息：笑话 ID、笑话文本和笑话日期。这意味着，要添加下一个笑话，你需要记录已经有了多少个笑话，以便分配下一个 ID。

这听起来像是额外的工作，但是好在 MySQL Workbench 提供了一种方便的方式来避免做额外的工作。除了存储列的名称和数据类型，你将注意到，对于表中的每一个字段，还有一系列的复选框。

对于 ID 字段，这里有 3 个我们感兴趣的复选框。

- PK。这个的含义是"主键"（primary key）。勾选这个复选框，会指定该列作为表中条目的一个唯一的标识符，因此，该列的所有的值都必须是唯一的，以确保不会有两个笑话共享相同的 ID。
- NN。这表示"不为空"（Not Null），意味着当添加一条记录时，这个字段必须放置一个值。对于我们的 ID 列来说，勾选这个复选框就告诉 MySQL，不接受没有一个 ID 的笑话。
- AI。这是为我们减少工作量的选项。"AI"不是表示"人工智能"（Artificial Intelligence），那是指计算机"大脑"为我们做了一些工作。在这里，它表示"自动递增"（Auto Increment），一旦勾选这个复选框（并且只有在 INT 字段上才允许勾选该复选框），无论何时向表中添加一条记录（在我们的例子中，就是笑话），该记录都将会自动被赋予下一个可用的 ID。这真的很节省时间，并且是值得记住的一项功能。

现在的表应该如图 3-15 所示。

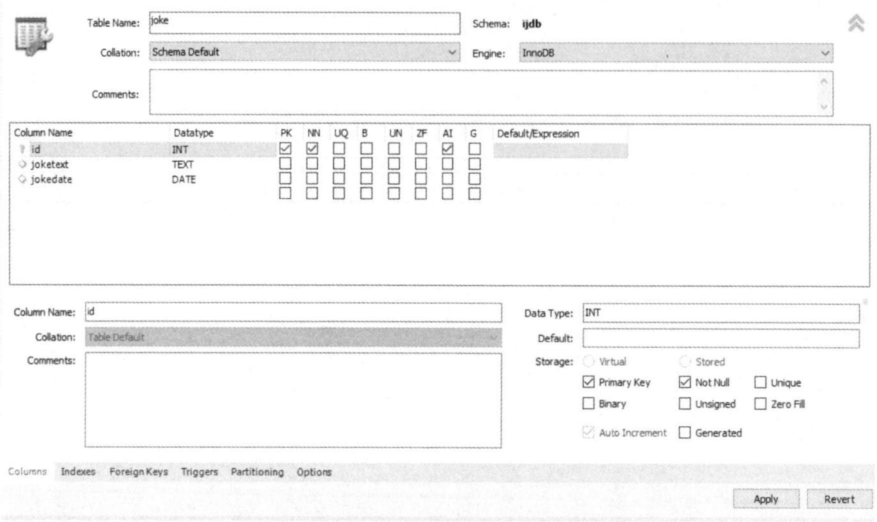

图 3-15　完成后的 joke 表

单击 Apply 按钮就会创建 joke 表。你将会看到，窗口中出现了如下的查询：

```
CREATE TABLE `ijdb`.`joke` (
`id` INT NOT NULL AUTO_INCREMENT,
`joketext` TEXT NULL,
`jokedate` DATE NULL,
PRIMARY KEY (`id`));
```

你将会看到，我们在 GUI 中所输入的很多相同信息，在这里重复出现了。GUI 只是为我们生成了这些代码，和自己去记住编写查询所需的所有语法和词汇相比，这是一种快得多也容易得多的方法。

作为一名开发者，你不需要经常创建表。然而，你将需要和表进行交互，例如添加和删除记录以及从数据库查询记录，因此，花些时间来学习如何编写查询来做这些事情是值得的。但是，对于创建表来说，使用 MySQL Workbench GUI 通常要快得多也容易得多，因为一旦创建了一个表，你就不需要再编写另一条创建表的语句了。

在做这件事情之前，我们还有一个任务：删除一个表。这个任务很简单，因此删除表的时候要小心，你是不能再恢复它的。

在 Schemas 列表中，在想要删除的表上单击鼠标右键并选择 Drop Table。除非你真的想要删除 joke 表，否则不要对它运行这条命令。如果你真的想要删除它，那么准备好从头开始创建 joke 表吧。当你删除一个表时，这个表以及其中存储的所有数据都永久地删除了。在删除表之后，没有办法恢复数据，因此，在使用这条命令时要非常小心。

3.6　将数据插入表中

既然已经创建了表，现在该来给它添加一些数据了。尽管可以使用 MySQL Workbench 的 GUI 来做到这一点，但这一次，我打算自己编写一些查询。最终，我们将需要能够直接使用 PHP 编写自己的数据库查询。因此，练习一下编写查询也是很好的。

要运行一个查询，需要打开一个查询窗口。做到这一点的最简单的方法，就是在 Schema 列表中展开你的数据库。展开 Tables 条目，将会看到已经添加的 joke 表。在该表上点击鼠标右键并且点击最上方的 Select Rows - Limit 1000 选项。

这将会打开一个略微不同的界面，它分为两个面板，如图 3-16 所示。

图 3-16　一个新的查询面板

在上半部分的文本框中，你可以输入命令来问你的数据库服务器几个问题，或者让它执行任务。下半部分是查询的结果。你将会看到，上边的面板中已经有了这样一条查询：

```
SELECT * FROM `ijdb`.`joke`;
```

稍后我们将回来介绍其含义。当这样一条查询位于上边面板时，底部的面板中有一些行的列表，或者也可能什么也没有（如果表中没有什么内容的话）。因为表是刚刚才创建的，它当前还是空的。我们需要向表中添加一些记录，然后才能看到表中的内容。

数据库创建好了，表也创建好了，剩下的工作就是将笑话放入数据库中。将数据插入数据库中的命令叫作 INSERT，名字相当贴切。这条命令有两种基本形式：

```
INSERT INTO tableName SET
column1Name = column1Value,
column2Name = column2Value,
…
INSERT INTO tableName
(column1Name, column2Name, …)
VALUES (column1Value, column2Value, …)
```

因此，要向我们的表中添加一条笑话，可以使用如下命令中的任何一个：

```
INSERT INTO joke SET
 joketext = "A programmer was found dead in the shower. The
➥ instructions read: lather, rinse, repeat.",
jokedate = "2017-06-01"

INSERT INTO joke
(joketext, jokedate) VALUES (
 "A programmer was found dead in the shower. The instructions
➥ read: lather, rinse, repeat.",
"2017-06-01")
```

注意，列/值对的顺序并不重要，但是正确的值和正确的列要成对地出现，其位置是一一对应的。如果括号中的第 1 组中提到的列是 joketext，那么，VALUES 列中的第 1 个条目必须是将要放入到 joketext 列的文本。第 1 个括号中的第 2 个列名，会从 VALUES 列表中相同的位置去获取它的值，否则列的顺序就没有意义了。继续进行，交换列和值对的顺序并尝试该查询命令。

　　输入查询时，你应该注意到，我们使用了双引号（"）来表明笑话的文本从哪里开始以及到哪里结束。像这样用引号括起来的一段文本，叫作文本字符串（text string）。这也是在 SQL 中表示大多数数据值的一种方式。例如，日期也是以"YYYY-MM-DD"的形式作为文本字符串输入的。

　　如果你愿意，可以输入单引号而不是双引号把文本字符串括起来：

```
INSERT INTO joke SET
joketext = '',
jokedate = '2017-06-01'
```

　　你可能会感到奇怪，当笑话文本中使用了引号，会发生什么情况。如果文本包含了单引号，你应该用双引号将文本括起来。相反，如果文本包含双引号，用单引号将文本括起来。

　　如果你想要包含在查询中的文本既包括单引号也包括双引号，那么，你必须在文本字符串中将冲突的符号进行转义（escape）。在 SQL 中，通过在一个字符的前面添加一个反斜杠（\）来进行转义。这会通知MySQL，忽略掉这个字符可能具有的任何"特殊含义"。在单引号或双引号的例子中，它告知 MySQL 不要将这个符号当作是文本字符串的结束符号。

　　为了让这一点尽可能清晰，下面给出用于一则包含单引号的笑话的 INSERT 命令的例子，即便单引号已经用于标记字符串了：

```
INSERT INTO joke
(joketext, jokedate) VALUES (
'!false - it\'s funny because it\'s true',
"2017-06-01")
```

　　如上所示，我使用单引号标记了笑话文本的文本字符串的开始和结束。因此，我必须将字符串中的那3 个单引号（即撇号）进行转义，可以通过在它们前面放置反斜杠来实现。MySQL 将会看到这些反斜杠，并且知道将字符串中的这些字符当作单引号，而不是当作字符串的结束标记。

　　现在你可能会问，如何在 SQL 文本字符串中包含真正的反斜杠呢？答案是，输入一个双反斜杠（\\），MySQL 会将其当作文本字符串中的一个单个的反斜杠。

　　在 MySQL Workbench 顶部的文本框中编写自己的 INSERT 查询，并且按下其上面的闪电图标来执行查询，如图 3-17 所示。

图 3-17　使用 MySQL Workbench 执行一个查询

　　执行该查询时，界面的底部出现一个面板，告诉你该查询是否成功地执行了，如图 3-18 所示。

　　如果你得到一条错误消息，并且查询没有成功执行，查看一下错误消息，它应该给出了提示，指出应该注意哪里。仔细检查语法，并且检查引号和括号的位置是否正确。

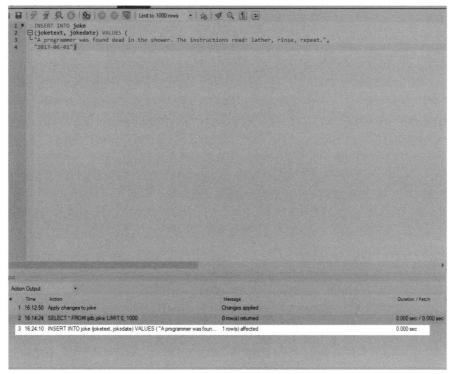

图 3-18　显示一个查询已经成功执行了

在低分辨率屏幕上显示底部面板

如果屏幕的分辨率比预期的要低，MySQL Workbench 会隐藏底部的面板。要显示底部的面板，将鼠标悬停到位于窗口底部的滚动条的下方，你就会看到一个用于调整大小的光标，然后就可以将该面板拖入到视野中了。

使用 INSERT 查询把两个笑话（你自己可以构思一下另一个笑话）都添加到数据库中。现在，你知道如何向表中添加条目了，让我们看看如何查看这些条目。

3.7　一点警告

你将会注意到，MySQL Workbench 所生成的查询有一点奇怪。查询看上去并不是如下所示的样子：

```
SELECT * FROM joke
```

而是：

```
SELECT * FROM `joke`
```

joke 被奇怪的引号括了起来。那实际上不是引号，或者说甚至都不是我们用来表示字符串的撇号。它们是反引号，这是一个安全性的预防措施。SQL 中有很多的单词对于这门语言是有含义的。我们已经看到过了其中的一些，如 SELECT、FROM 和 INSERT，但是还有数百个其他的，人们称之为保留字（reserved word）。想象一下，如果你将自己的表命名为 SELECT，你需要运行的查询将会是如下所示的样子：

```
SELECT * FROM SELECT
```

遗憾的是，这可能导致 MySQL 有点混乱。它可能会把 SELECT 看作一条命令，而不是一个表的名称。更为糟糕的是，date 也是保留字之一。要想在自己的表中创建一个名为 date 的列，这是不太可能的事情。当运行如下查询时，你期望会发生什么事情呢？

```
INSERT INTO joke
(joketext, date) VALUES (
'!false - it\'s funny because it\'s true',
"2012-04-01")
```

由于单词 date 已经在 SQL 中有一定的含义了，它不会被当作列名，而是被当作查询的一部分，就像那个 VALUES 或 INTO 一样。

MySQL 通常很善于猜测你指的是一个表名/列名还是要让它执行的一条指令，但是，有的时候，它无法做出区分。为了避免这种混淆，用反引号将所有的表名和列名包围起来，这是一种很好的做法。反引号告诉 MySQL，把这个字符串当作一个名称而不是一条指令对待。在一开始的时候就养成这种习惯，这是一种很好的做法，因为它避免了随后出现问题却不能立刻发现。

从现在开始，我将使用反引号把所有的表、模式和列名都括起来。这有助于帮助作为程序员的你很好地区分命令和列名。例如，上面的 INSERT 查询将会写成如下所示：

```
INSERT INTO `joke`
(`joketext`, `date`) VALUES (
'!false - it\'s funny because it\'s true',
"2012-04-01")
```

反引号的按键在哪里

在很多英文键盘布局中，反引号键位于数字键 1 的左边和 Esc 键下方。在 Macs 计算机上，它通常位于 Z 键的左边。在非英语键盘上或者笔记本电脑或平板电脑这样的设备上，它的位置可能会有所不同。

3.8　查看存储的数据

SELECT 命令用来查看数据库表中存储的数据。在前面，我们见到过由 MySQL Workbench 生成的 SELECT 查询的一个示例。SELECT 查询是 SQL 语言中最复杂的一条命令。这条语句之所以复杂，是因为数据库的主要强大之处就是数据访问的灵活性。现在，我们对数据库的体验还处在一个早期阶段。这时，只需要关注相对简单的结果列表。因此，让我们考虑 SELECT 命令较为简单的形式。

以下这条命令，将会列出 joke 表中存储的所有内容：

```
SELECT * FROM `joke`
```

这条命令是说："找出 joke 表中的所有内容"，使用*表示"所有的列"。默认情况下，一条 SELECT 查询将会返回表中所有的记录。如果运行这条命令，结果将会如图 3-19 所示。

注意，在 id 列中有一些值，即便你在前面所运行的 INSERT 查询中并没有指定这些值。MySQL 自动地给笑话分配一个 ID。这是因为，我们在创建表时选中了"AI"（Auto Increment）复选框。如果没有选中这个复选框，则必须在插入笑话时为每个笑话指定一个 ID。

假设要对这样一个数据库做一些较为正式的操作。此时，你可能要尝试避免从数据库读取所有可笑的笑话。为了不让自己分心，你可能想要告诉 MySQL 忽略 joketext 列。实现这一点的命令如下所示：

```
SELECT `id`, `jokedate` FROM joke
```

此时，我们确切地告知数据库想要看到哪些列，而不是告诉它"选择所有的内容"。结果如图 3-20 所示。

图 3-19　MySQL Workbench 查询结果

如果想要看到一些笑话文本怎么办呢？除了能够通过 SELECT 命令指定想要显示的列，我们还可以使用函数来修改每一列的显示。有一个名为 LEFT 的函数，可以用来通知 MySQL 显示一列的内容，直到达到一定数目的字符为止。例如，假设只想看到 joketext 列的前 20 个字符。应该使用如下命令，其结果如图 3-21 所示。

```
SELECT `id`, LEFT(`joketext`, 20), `jokedate` FROM `joke`
```

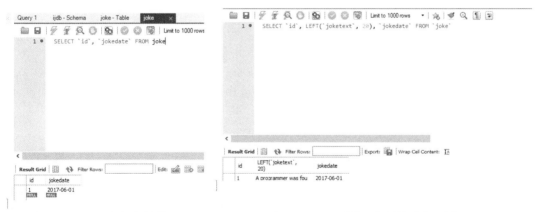

图 3-20　可以只是查询所需的数据　　　　图 3-21　LEFT 函数按照指定的长度截取文本

来看看这是如何工作的？另一个有用的函数是 COUNT，它允许我们计算返回结果的数目。例如，如果想要弄清楚表中存储了多少个笑话，我们可以使用以下的命令：

```
SELECT COUNT(`id`) FROM `joke`
```

如图 3-22 所示，表中只有一个笑话。

使用*替代

可以使用 COUNT(*)得到相同的结果，但是这种方法更慢，因为这将要从表中查询所有的列。通过使用主键，我们只需要访问一列。

目前为止，我们已经看到了如何获取表中所有条目的示例。不过，还可以将结果限制为：只拥有我们想要的特定属性的那些数据库条目。通过给 SELECT 命令添加一条 WHERE 子句（WHERE clause），我们可以设置这些限制。考虑以下的例子：

图 3-22   COUNT 函数统计记录数目

```
SELECT COUNT(*) FROM `joke` WHERE `jokedate` >=
➥ "2017-01-01"
```

这条查询将会统计日期大于或等于 2017 年 1 月 1 日的笑话。就日期而言，"大于或等于"意味着"刚好在那天或在那天之后"。关于这一主题的另一种形式是，让你搜索包含了一段特定文本的条目。留意以下这条查询：

```
SELECT `joketext` FROM `joke` WHERE `joketext` LIKE
➥ "%programmer%"
```

这条查询显示了 joketext 列中包含文本"programmer"的所有笑话的完整文本。LIKE 关键字告诉 MySQL，指定的列必须匹配给定的模式①。在这个例子中，我们使用的模式是"%programer%"。%符号表示文本"programmer"可能位于任何文本之前或之后，又或者前后都有。

也可以在 WHERE 子句中组合条件，以进一步限制结果。例如，要显示仅仅在 2017 年 4 月添加的 knock-knock 笑话，可以使用如下的查询：

```
SELECT `joketext` FROM `joke` WHERE
`joketext` LIKE "%knock%" AND
`jokedate` >= "2017-04-01" AND
`jokedate` < "2017-05-01"
```

在表中再多输入几个笑话（例如，Why did the programmer quit his job? He didn't get arrays."），并且试验一下 SELECT 查询（要了解更多思路，请查阅第 4 章内容）。

你可以使用 SELECT 命令做很多事情，我鼓励你去熟悉它。随后需要用到一些 SELECT 更高级的功能时，我们会继续介绍。

3.9   修改存储的数据

将数据输入表中之后，可能还要对其进行修改。不管是修正拼写错误，还是修改添加笑话的日期，这些都要使用 UPDATE 命令来完成。这条命令包含了 SELECT 和 INSERT 命令的元素，因为后两条命令都是用来挑选出条目以便修改和设置列的值。UPDATE 命令的一般形式如下所示：

---

① 你可能会感到好奇。注意，LIKE 是区分大小写的。因此，这个模式也会匹配包含"Programmer"的一个笑话。

```
UPDATE `tableName` SET
    `colName` = newValue, …
WHERE conditions
```

例如，想要更改我们之前输入的一条笑话的日期，使用如下的命令：

```
UPDATE `joke` SET `jokedate` = "2018-04-01" WHERE id = "1"
```

id 列在这里发挥了作用，它使得我们很容易挑选出要修改的笑话。这里所用到的 WHERE 子句，就像它在 SELECT 命令中一样工作。例如，下一条命令更改了包含单词"programmer"的所有条目的日期：

```
UPDATE `joke` SET `jokedate` = "2018-04-01"
WHERE `joketext` LIKE "%programmer%"
```

WHERE 子句是可选的

信不信由你，UPDATE 命令中的 WHERE 子句是可选的。因此，当输入这条命令时，你应该非常小心。如果漏掉了 WHERE 子句，UPDATE 命令将会应用于表中的所有条目。

如下的命令将会设置表中所有记录的日期。

```
UPDATE `joke` SET `jokedate` = "2018-04-01"
```

3.10 删除存储的数据

在 SQL 中删除条目非常容易，你可能已经注意到了，这是一个重复的话题。以下是该命令的语法：

```
DELETE FROM `tableName` WHERE conditions
```

要从表中删除所有关于 programmer 的笑话，使用以下的查询：

```
DELETE FROM `joke` WHERE `joketext` LIKE "%programmer%"
```

WHERE 还是可选的

和 UPDATE 一样，DELETE 命令中的 WHERE 子句是可选的。因此，当输入这条命令时，你应该非常小心。如果漏掉了 WHERE 子句，DELETE 命令将会应用于表中的所有条目。

如下的命令将会一次清空 joke 表：

```
DELETE FROM 'joke'
```

很可怕，不是吗？

3.11 让 PHP 进行输入

MySQL 数据库服务器软件和 SQL 包含了很多的命令，远不止我在这里介绍的这些基本命令。但是，这些命令是目前为止最为常用和有用的。

现在，你可能会认为数据库有一点难度。SQL 往往有点儿不太好输入，因为其命令通常很长，而且和其他的计算机语言相比，它比较啰嗦。你可能会觉得，以 INSERT 命令的形式来输入整个笑话库简直太可怕了。

不要担心这一点！随着我们继续往后阅读本书，你会感到惊讶的是，真正需要你手动输入的 SQL 语句是如此之少。通常，你会编写 PHP 脚本，它们负责为你输入 SQL。例如，若想将一些笑话插入到数据库中，你通常会创建一段 PHP 脚本来添加笑话。这个脚本中包含了必需的 INSERT 查询，还带有笑话文本的一个占位符。然后，在需要添加笑话的任何时刻，可以运行这段 PHP 脚本。这段 PHP 脚本提示你输入笑话，然后对 MySQL 服务器执行相应的 INSERT 查询。

但是现在，重要的是你对于手动输入 SQL 能够得到一种好的感觉。这将使你对于 MySQL 数据库的内部工作原理有进一步的理解，也将会使你深刻认识到 PHP 有多么的令人省力。

到目前为止，我们只是操作单个的表。但是，要认识到关系数据库的真正强大，你需要学习如何将多个表一起使用，以表示数据库所存储的项之间的复杂关系。我将会在第 5 章中更详细地介绍这些内容。其中，我们将介绍数据库的设计原理，并展示一些更为高级的示例。

与此同时，我们已经实现了目标，并且你可以通过使用 MySQL Workbench 查询窗口与 MySQL 很好地进行交互。第 4 章仍然很有趣，我们将深入 PHP 语言，并且使用它创建一些动态生成的 Web 页面。

如果你喜欢，在继续学习之前，可以创建一个一定规模的 joke 表（对我们来说，5 条数据就够用了）来练习一下 MySQL。后面将会继续使用这个笑话库。

第 4 章 在 Web 上发布 MySQL 数据

在本章中，我们将学习如何获取 MySQL 数据库中存储的信息，并且将其显示于 Web 页面上，以供所有的人查看。

到目前为止，我们已经编写了第一段 PHP 代码，并且学习了 MySQL（一种关系数据库引擎）和 PHP（一种服务器端脚本编程语言）的基础知识。

现在，我们已经准备好学习如何通过综合运用这些工具来创建一个 Web 站点，以便用户可以查看数据库中的数据甚至添加自己的数据。

4.1 蓝图

在继续前进之前，花一些时间来搞清楚我们最终的目标是值得的。我们有两个强大的工具可供使用，这就是 PHP 脚本语言和 MySQL 数据库引擎。重要的是理解如何将二者结合起来。

Web 站点使用 MySQL 的目的是：允许站点的内容存储在数据库中，从而可以从数据库中动态地提取这些内容，以创建在常规浏览器上查看的 Web 页面。因此，在系统的一端，站点的访问者使用浏览器来请求一个页面。该浏览器期望接收到返回的一个标准的 HTML 文档。在系统的另一端，拥有站点的内容，这些内容保存在 MySQL 数据库的一个或多个表中，而数据库只知道如何响应 SQL 查询（命令）。

如图 4-1 所示，PHP 脚本编程语言是一个会说两种语言的翻译者。它处理页面请求并且从 MySQL 数据库获取数据（使用 SQL 查询，就好像我们在第 3 章中用来创建笑话表的那些 SQL 查询一样）。然后，它动态地将其输出为浏览器所期待的、经过很好的格式化的 HTML 页面。

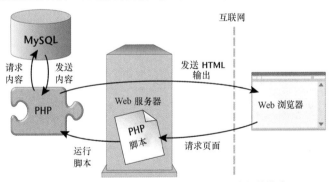

图 4-1 Web 服务器、浏览器、PHP 和 MySQL 之间的关系

这样一来，当数据库驱动的 Web 站点上的一个页面有一个访问者时，会发生如下事情。

（1）访问者的 Web 浏览器向 Web 服务器请求 Web 页面。

（2）Web 服务器软件（通常是 Apache）识别到请求的文件是一个 PHP 脚本。因此，服务器启动 PHP 解释器来执行文件中所包含的代码。

（3）某些 PHP 命令（本章将会介绍这些命令）连接到 MySQL 数据库并请求属于该 Web 页面的内容。

（4）MySQL 数据库通过将请求的内容发送给 PHP 脚本而做出响应。

（5）PHP 脚本将内容存储到一个或多个 PHP 变量中，然后使用 echo 语句将内容作为该 Web 页面的一部分输出。

（6）PHP 解释器将它所创建的 HTML 的一个副本传递给 Web 服务器。

（7）Web 服务器将 HTML 发送给 Web 浏览器，如同一个纯 HTML 文件一样，只不过这个页面是 PHP 解释器所提供的输出，而不是直接源自于一个 HTML 文件。然而，浏览器无法获知这一点。从它的角度来看，其请求并接受这个 Web 页面的过程与其他的 Web 页面没什么不同。

4.2　创建 MySQL 用户账户

为了让 PHP 能够连接到 MySQL 数据库服务器，我们需要使用一个用户名和密码。到目前为止，笑话数据库所包含的是一些连珠妙语。但是，不久之后，它可能还要包含一些敏感信息，例如 E-mail 地址以及你的 Web 站点用户的其他相关的私人信息等。为此，MySQL 设计得非常安全，使你能够严格地控制它要接受什么连接，以及允许这些连接做些什么。

第 3 章中介绍过，Homestead Improved box 已经包含了一个 MySQL 用户，你已经使用该用户登录到了 MySQL 服务器。

你也可以使用相同的用户名（homestead）和密码（secret），从 PHP 脚本中连接到数据库，但是，创建一个新的账户是有用的，因为如果你有一个 Web 服务器的话，你可能想要使用它来托管多个站点。通过给每个站点一个自己的用户账户，你将能够更好地控制谁能够访问来自任何给定站点的数据。如果你和其他的开发者一起工作，你就可以允许他们访问所工作的站点，而无法访问其他的站点。

你应该创建一个新的用户账户，并且只授予它操作你的 Web 站点所使用的 ijdb 数据库的特定权限。具体操作过程如下。

要创建一个用户，打开 MySQL Workbench 并且连接到你的服务器。

- 在窗口左边的面板中，有一个标签为 Users and Privileges 的选项，如图 4-2 所示。

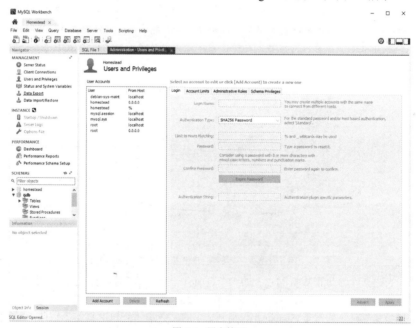

图 4-2　用户管理

- 在单击该链接之后，你将能够添加一个用户。在中间的面板中，已经有一些用户列在其中，包括你用于登录的 homestead 用户。
- 要添加一个新的用户，单击靠近窗口底部的 **Add Account** 按钮。这将会在右边激活一个字段。你将会注意到这里有 4 个标签页，并且提供了一些选项。好在，你可以让几乎所有这些选项都保留其默认值。
- 你需要添加的主要内容，就是想要用来登录的用户名和密码。使用如下的信息填充第一个表单，保留其他的所有内容为默认选项：

```
Login name | ijdbuser
---------- | ---------- |
```

如果你愿意，可以只是将用户命名为 ijdb。对于那些被限制只能访问单个数据库的用户来说，用该数据库的名字作为其用户名，这是很常见的做法。在本书中，我选择使用名称"ijdbuser"，从而有助于将数据库的名称（ijdb）和允许访问它的用户账户的名称（ijdbuser）区分开来。

```
Limit to Hosts Matching | localhost
---------- | ---------- |
```

这个选项使得你只允许来自一个特定位置的连接，而不是允许任何人从互联网上的任何地方连接到数据库，从而增加了额外的安全性。通过将 localhost 输入到框中，我们将只能够从运行 MySQL 的计算机来连接。即便某人确实设法获取了你的数据库用户名和密码，如果不访问运行 MySQL 的服务器，他还是无法登录到数据库。

```
Password | mypassword
---------- | ---------- |
```

这只是我们将要在本书中使用的密码。你应该总是有自己的唯一的密码，并且记住它，以便随后在你要编写的 PHP 脚本中使用它。

```
Confirm Password | mypassword
---------- | ---------- |
```

再次输入你的密码，只是为了验证你第一次输入的密码是正确的。

- 按下 Apply 按钮，并且你的新用户将出现在面板中间。在该用户上点击并且选择 Schema Privileges。默认情况下，用户不能够读取或写入任何模式。他们所能做的只是登录。为了允许新用户访问 jokes 数据库，你需要点击 Add Entry 按钮，这会打开一个新的窗口。选择 Selected Schema 并且从列表中选择 ijdb schema 并且不要选中其他的。如果某人确实设法使用 ijdbuser 账户访问了数据库，他也无法看到你在该服务器上运行的任何其他 Web 站点的数据。
- 单击 OK 按钮时，将会看到很多的复选框。其中的一些复选框是我们在上一章中见过的 SQL 命令。通过点击 Select All 并且最终再次按下 Apply 按钮，让你的用户能够访问所有的数据库。

用户现在设置好了，并且你将会在复选框上面的框中看到权限，如图 4-3 所示。

图 4-3　用户和权限

既然已经创建了用户 idjbuser，我们可以使用它来连接到数据库。在 MySQL Workbench 中，可以使用该用户建立一个连接，但是，既然许可权限受到限制，最好让 MySQL Workbench 继续使用 homestead 账户。相反，当从一个 PHP 脚本连接时，我们将使用新的用户。

4.3 使用 PHP 连接 MySQL

在能够从 MySQL 数据库获取内容以将其包含到 Web 页面中之前，你必须知道如何在 PHP 脚本中建立到 MySQL 的连接。目前为止，我们使用一款叫作 MySQL Workbench 的应用程序来连接到数据库。就像 MySQL Workbench 能够直接连接到一个运行的 MySQL 服务器一样，你自己的 PHP 脚本也可以做到这点。

从 PHP 连接到一个 MySQL 服务器，有以下 3 种方法。

- MySQL 库。
- MySQLi 库。
- PDO 库。

这些基本上是相同的工作，连接到数据库并向其发送查询，但是它们使用不同的代码来实现这一点。MySQL 库是连接到数据库的最古老的方法，并且在 PHP 2.0 就引入了。它包含的功能最少，并且在 PHP 5.0（2004 年发布）中被 MySQLi 所取代。

要使用古老的 MySQL 库连接和查询数据库，要使用诸如 mysql_connect()和 mysql_query()这样的函数。这些函数从 PHP 5.5 开始已经废弃了（这意味着应该避免使用它们），并且从 PHP 7.0 开始已经完全删除了。

尽管随着 PHP 5.0 的发布，大多数开发者看到了这一改变的原因，但 Web 上还是有数以百计的文章和代码示例使用这些现在已经不存在的 mysql_*函数，尽管 MySQLi 实际上已经在过去的 10 年里成为首选。

如果你遇到包含 mysql_connect()代码行的代码示例，查看一下该文章的日期。文章可能是 2000 年以前的，并且在编程方面，你不应该相信任何旧的东西。事情随时在变化，这可能就是为什么本书现在出到了第 6 版了。

在 PHP 5.0 中，MySQLi 库表示"MySQL Improved"，它用于解决最初的 MySQL 库中的一些局限性。你可以识别出 MySQLi 的使用，因为这些代码将会使用诸如 mysqli_connect()和 mysqli_query()这样的函数。

在 PHP 5.0 中的 MySQLi 发布后不久，PHP 5.1 就发布了，它做出了很多的改变，这些改变帮助形成了今天编写 PHP 的方式（主要是和面向对象编程有关，在本书稍后，我们将会看到大量的面向对象编程）。PHP 5.1 的一个主要的变化是，它引入了又一个库 PDO（PHP Data Objects），以连接到 MySQL 数据库。

PDO 和 MySQLi 之间有几点区别，但是，主要的区别是，你可以使用 PDO 库连接到几乎任何的数据库服务器，例如一个 Oracle 服务器，或者一个 Microsoft SQL Server。对于开发者来说，这种通用的方法的最大好处是，一旦你学会了如何使用库来与 MySQL 数据库交互，那么和其他数据库服务器的交互也非常简单。

毫无疑问，编写用于 PDO 的代码比较简单，并且有一些细微的差别，它们使得 PDO 的代码更具有可读性，预处理语句中的具名参数是一个主要的好处（不要担心，我稍后将会说明这意味着什么）。

由于这些原因，大多数较新的 PHP 项目使用 PDO 库，并且在本书中，我们就是想要向你展示如何使用这个库。要了解这个库的更多信息，看一下 SitePoint 的文章《Re-introducing PDO——the Right Way to Access Databases in PHP》。

在了解了一些 PHP 发展历史之后，你可能想要回来编写代码了。这里展示了如何通过使用 PDO 建立到 MySQL 服务器的一个连接：

```
new PDO('mysql:host=hostname;dbname=database', 'username',
    'password')
```

现在，将 new PDO 看作一个内建函数，就像我们在第 2 章中使用的 rand 函数。"可是，函数名中不能有空格啊"，如果想到了这一点，说明你比较聪明。稍后我将说明这是为什么。无论如何，这个函数接受了以下 3 个参数。

（1）一个字符串指明了数据库的类型（mysql:）、服务器的主机名（host=hostname;）以及数据库的名称（dbname=database）。

（2）你想要让 PHP 使用的 MySQL 用户名。

（3）该用户名的 MySQL 密码。

你可能还记得，第 2 章中提到，PHP 函数通常在被调用时返回一个值。这个 new PDO "函数" 返回一个叫作 PDO 对象的值，它表示连接已经建立了。由于想要使用这个连接，我们应该将这个值存储到一个变量中。添加了连接数据库所必需的值以后，代码如下所示：

```
$pdo = new PDO('mysql:host=localhost;dbname=ijdb',
    'ijdbuser',
    'mypassword');
```

正如前面所提到的，函数的这 3 个参数的具体值可能因 MySQL 服务器的不同而不同。至少，你需要替换成自己为 ijdbuser 用户所设置的密码（假设你使用的密码和我所选择的 mypassword 不同）。这里要注意的重要一点是，new PDO 所返回的值存储到了一个名为$pdo 的变量中。

MySQL 服务器是与 Web 服务器完全分离的一个软件。因此，我们必须考虑如下的可能性：由于网络中断或者我们提供的用户名/密码组合被服务器拒绝，而导致该服务器不可用或者无法访问。在这样的情况下，new PDO 将不会运行，并且会抛出一个 PHP 异常。

如果不知道 "抛出一个 PHP 异常" 这句话的意思，你可能需要更多地了解 PHP 语言的一些特性。

PHP 异常（PHP exception）是在这种情况下发生的事情：当通知 PHP 执行一项任务时，它无法完成该任务。PHP 将会试图（try）做你让它做的事情，但是将会失败，为了告诉你失败的消息，它会向你抛出（throw）一个异常。异常不仅仅是 PHP 崩溃了并抛出一条具体的错误消息，当抛出一个异常时，PHP 代码停止了，该错误之后的代码将不会执行。

作为一个积极响应的开发者，你的工作是捕获（catch）该异常并对其进行处理。

未捕获的异常

如果没有捕获异常，PHP 将会停止运行 PHP 脚本，并且显示一条错误消息。该错误消息将会显示抛出错误的脚本的代码。在这种情况下，这段代码包含了你的 MySQL 用户名和密码。因此，避免让用户看到这样的错误消息是非常重要的。

要捕获异常，应该使用一条 try-catch 语句，将可能抛出一个异常的代码包含起来：

```
try {
    ⋮ do something risky
}
catch (ExceptionType $e) {
    ⋮ handle the exception
}
```

可以把一条 try … catch 语句看作一条 if … else 语句，只不过当第一个代码块无法运行时，将会运行第二个代码块。

还是有点混淆？我知道正在向你抛出很多新的概念。但是，我相信，如果将这些概念放在一起介绍，会更加有效。

```
try {
    $pdo = new PDO('mysql:host=localhost;dbname=ijdb',
        'idjbuser', 'mypassword');
    $output = 'Database connection established.';
}
catch (PDOException $e) {
    $output = 'Unable to connect to the database server.';
}
```

```
include __DIR__ . '/../templates/output.html.php';
```

如上所示，这段代码是一条 try … catch 语句。在顶部的 try 语句块中，我们试图使用 new PDO 连接到数据库。如果成功的话，我们把最终的 PDO 对象存储到$pdo 中，以便可以使用新的数据库连接。如果连接成功，$output 变量设置为稍后将要显示的一条消息。

重要的是，在 try … catch 语句的内部，被抛出一个异常之后的任何代码都将不会执行。在这个例子中，如果连接数据库抛出了一个异常（可能是密码错误，或者服务器没有响应），$output 变量将不会设置为"Database connection established"。

但是，如果连接数据库的尝试失败了，PHP 将会抛出一个 PDOException 异常，这是 new PDO 所抛出的异常类型。因此，catch 语句块会告知它捕获了一个 PDOException 异常（并且将其存储到名为$e 的一个变量中）。在该语句块中，我们设置变量$output，使其包含一条关于哪里出错了的消息。然而，这条错误消息并不是特别有用。它告诉我们的只是 PDO 无法连接到数据库服务器。如果有些关于为什么会出错的信息，例如，由于用户名或密码错误，那么会更好。

$e 变量包含了和所发生的异常相关的细节，包括描述问题的一条错误消息。我们可以使用字符串连接将这条消息添加到输出变量中：

```
try {
    $pdo = new PDO('mysql:host=localhost;dbname=ijdb',
        'idjbuser', 'mypassword');
    $output = 'Database connection established.';
}
catch (PDOException $e) {
    $output = 'Unable to connect to the database server: ' . $e;
}

include __DIR__ . '/../templates/output.html.php';
```

$e 变量

*　　　$e 变量实际上并不是一个字符串，而是一个对象。我们稍后将介绍其含义。现在，你只需要知道可以把$e 变量当作一个字符串对待，并且使用它来打印出一条比较具有描述性的错误消息。*

就像一条 if … else 语句一样，一条 try … catch 语句的两个分支中的一个保证会运行。要么 try 语句块中的代码将会运行，要么 catch 语句块中的代码将会运行。不管数据库是否连接成功，$output 变量中都将会有一条消息，要么是错误消息，要么是表示连接成功的消息。

最后，不管 try 语句块成功了，还是 catch 语句块运行了，模板 output.html.php 都将被包含。这是一个通用的模板，它只是向页面显示一些文本：

```
<!doctype html>
<html>
    <head>
        <meta charset="utf-8">
        <title>Script Output</title>
    </head>
    <body>
        <?php echo $output; ?>
    </body>
</html>
```

完整的代码可以在 Example: PHPMySQL-Connect 中找到。

当包含了这个模板时，它将会显示一条错误消息或者"Database connection established"消息。

希望你现在能够理解上面提到的代码。如果没有完全理解，可以返回到本节开始并再次阅读，这里确实有一些比较难懂的概念。一旦很好地理解了这段代码，你可能会意识到还有一个神秘之处未做出说明，这就是 PDO。我提到了 new PDO，并且说过它返回一个新的"PDO 对象"。那么，这个对象到底是什么呢？

模式

　　所有下载示例代码都包含了一个名为 ijdb_sample 的模式和一个名为 ijdb_sample 的用户，以便你能够运行示例代码，而不管你的模式和用户叫什么名字。包含了数据库的一个文件是 database.sql，可以将其导入。

　　如果你使用所提供的基于 Web 的示例代码查看器，idbj_sample 数据库将随着你加载示例的过程而创建，但是，查看另一个示例时，对这个模式的任何修改将会丢失（可以把事情搞得一团槽，然后切换到另一个示例并且再切换回来以重新设置，但是，如果想要保存所做的任何修改，需要在所创建的模式中做出这些修改）。

　　如果想用 MySQL Workbench 把示例数据加载到模式中，则应选择 Data Import/Restore，再选择 Import from self-contained file，浏览并找到 database.sql，并且在 default 目标模式中选择模式名称，从而将 project 目录中的 database.sql 导入。如果已经用相同的名称创建了任何的表，它们将会被覆盖，并且所有记录都会丢失。

4.4　面向对象编程一瞥

　　你可能注意到了，在前面的一节中，"对象"这个词开始悄悄地进入了我们的词汇表。例如，PDO 是一个 PHP 数据**对象**扩展，而 new PDO 返回一个 PDO **对象**。在本节中，我们来看看对象是什么。

　　在自学 PHP 语言或者其他编程语言时，你可能已经遇到过术语"面向对象编程"（Object Oriented Programming，OOP）。OOP 是一种高级的编程风格，特别适用于使用很多可移动的部分来构建真正复杂的程序。如今，大多数普遍应用的程序设计语言都支持 OOP，其中的一些语言甚至要求必须以 OOP 的方式工作。PHP 在这方面更加温和一些，它让开发者自己决定是否使用 OOP 的方式来编写脚本。

　　到目前为止，我们都在使用一种叫作**过程式编程**（procedural programming）的较为简单的风格来编写 PHP 代码，并且到目前为止，我们一直都是这么做的，稍后才会详细介绍对象。过程式风格很适合我们这里所要处理的相对简单的项目，然而，几乎我们遇到的所有复杂的项目，都是使用 OOP 的，并且我们将会在本书后面详细介绍 OOP。

　　也就是说，我们将要用来连接并使用 MySQL 数据库的 PDO 扩展，是按照面向对象的风格设计的。这意味着，我们首先必须创建一个 PDO 对象来表示数据库连接，然后使用该对象的功能来操作数据库；而不是直接调用一个函数来连接到 MySQL，然后调用其他函数来使用该连接。

　　创建一个对象和调用一个函数很相似。实际上，我们已经看到过如何创建对象：

```
$pdo = new PDO('mysql:host=localhost;dbname=ijdb',
    'ijdbuser', 'mypassword');
```

　　new 关键字告诉 PHP，我们想要创建一个新的对象。然后，留出一个空格并指定了一个**类名**（class name），告知 PHP 我们要创建什么类型的对象。**类**（class）是 PHP 创建一个对象时将要遵从的一组指令。你可以把类当作一个菜谱，如做蛋糕的菜谱，而把对象当作按照这个菜谱做出来的真正的蛋糕。不同的类可以产生不同的对象，就像不同菜谱会做出不同的菜式一样。

　　就像 PHP 带有很多内建的函数可供调用一样，PHP 还带有很多的类可供我们创建其对象。因此，new PDO 通知 PHP 创建一个新的 PDO 对象，也就是内建的 PDO 类的一个新对象。

　　在 PHP 中，一个对象就是一个值，就像一个字符串、一个数字或数组一样。你可以将一个对象存储到一个变量中，或者将其作为参数传递给函数，这和能够对其他 PHP 值所做的事情是完全相同的。然而，对象还有一些额外的有用功能。

　　首先，对象的行为很像一个数组，因为它充当其他值的容器。正如我们在第 2 章中所见到的，可以通过指定索引来访问数组中的值（例如，birthdays['Kevin']）。对于对象来说，这些概念是相似的，但是具体的叫法和代码是不同的。我们说访问对象的一个**属性**（property），而不是访问存储在数组索引中的值。我们使用**箭头符号**（arrow notation）→来指定想要访问的属性的名称，而不是使用方括号。

```
$myObject->someProperty:
$myObject = new SomeClass();    // create an object
$myObject->someProperty = 123; // set a property's value
echo $myObject->someProperty;  // get a property's value
```

数组通常用来存储一列类似的值（例如，代表生日的一个数组），对象则用来存储一列相关的值（例如，数据库连接的各种属性）。当然，如果对象只是用来存储值，那它就没有太大的存在价值了。我们也可以使用数组来存储这些值。当然，对象所做的事情更多。

除了存储属性及其值的集合，对象还可以包含一组 PHP 函数。这些函数设计用来带给我们一些更有用的功能。存储在对象中的函数叫作**方法**（method）（这是编程领域较为令人混淆的名称之一）。方法只是类中的一个函数。比较容易令人混淆的是，在开始编写自己的类时，我们要使用关键字 function 来定义方法。即便是有经验的开发者，常常也错误地将 function 和 method 互换地使用。

要调用一个方法，我们再次使用箭头符号：$ myObject->someMethod()。

```
$myObject = new SomeClass(); // create an object
$myObject->someMethod();     // call a method
```

就像独立的函数一样，方法也可以接收参数并返回值。

现在，这听起来可能有点复杂和无意义，但是将变量（属性）和函数（方法）的集合一起放到一个叫作对象的小包裹里，会使得执行特定任务（操作数据库只不过是这类任务之一）的代码更加整齐和易读。或许有一天，你甚至想要开发定制的类，以用来创建自己所设计的对象。

然而现在，我们只是坚持使用 PHP 所包含的类就好了。让我们继续研究已经创建的 PDO 对象，看看可以通过调用它的方法来做些什么。

配置连接

目前为止，我已经介绍了如何创建一个 PDO 对象以建立到 MySQL 数据库的连接，以及在出现错误时，如何显示一条有意义的错误消息，如下所示：

```
<?php
try {
    $pdo = new PDO('mysql:host=localhost;dbname=ijdb',
     'ijdbuser', 'mypassword');
    $output = 'Database connection established.';
} catch (PDOException $e) {
    $output = 'Unable to connect to the database server: ' . $e;
}

include __DIR__ . '/../templates/output.html.php';
```

假设连接成功，在使用它之前，还需要对它进行配置。可以通过调用新的 PDO 对象的某些方法来配置连接。

第一项任务是配置 PDO 对象如何处理错误。我们已经学习了如何使用一条 try … catch 语句来处理 PHP 在连接数据库时可能遇到的任何错误。然而，默认情况下，在建立了一次成功的连接之后，PDO 会切换到"故障沉默"的模式[①]。

"故障沉默"模式使我们很难发现错误并从容地处理它。大多数时候，我们只是看到了一个空白页面，但并没有指明任何事情出错了（或者说，我们期望出现在页面上看到的信息并没有出现）。

我们想要让 PDO 对象在没能成功执行任务的任意时刻都能抛出一个 PDOException。这可以通过调用 PDO 对象的 setAttribute 方法来配置它，以使其做到这一点：

```
$pdo->setAttribute(PDO::ATTR_ERRMODE,
```

---

① 可以通过 PHP 官方网站了解关于 PDO 错误处理模式的更多细节。

➡ PDO::ERRMODE_EXCEPTION);

作为参数传递的两个值都是常量，就像我们在第 2 章中见到过的传递给 htmlspecialchars 函数的 ENT_QUOTES 常量一样。不要被变量名开头的 PDO:: 吓到，它只是表示这些变量是我们所使用的 PDO 类的一部分，而不是 PHP 语言自身内建的变量。实际上，这一行只是表示，我们想要将控制错误模式的 PDO 属性（PDO::ATTR_ERRMODE）设置为抛出异常的模式（PDO::ERRMO DE_EXCEPTION）。

接下来，需要配置数据库连接的字符编码。正如我在第 2 章中提到的，你应该在 Web 站点中使用 UTF-8 编码的文本，以使得用户在你的站点上填写表单时，他们所能够处理的字符的范围最大化。默认情况下，当 PHP 连接到 MySQL 时，它使用较为简单的 ISO-8859-1（或 Latin-1）编码，而不是 UTF-8。因此，现在我们需要将新的 PDO 对象设置为使用 UTF-8 编码。

如果我们保留它不变，将无法很容易地插入中文、阿拉伯数字以及大多数的非英语字符。

即便你百分之百地确定自己的 Web 站点只是供说英语的人们使用，如果不设置字符集，还是会引发其他的问题。如果你的 Web 页面并没有设置为 UTF-8，当人们在文本框中写入中文引号（" ）时，将会遇到问题，因为它们在数据库中会作为一个不同的字符出现。

因此，我们现在需要设置新的 POD 对象以使用 UTF-8 编码。查询数据库时，通过在连接字符串的后面添加;charset=utf8，我们可以让 PHP 使用 UTF-8 编码。假设你的 PHP 脚本也作为 utf8 发送给浏览器的话（这在当前的 PHP 版本中是默认的），这么做也并没有什么缺点。

```php
$pdo = new PDO('mysql:host=localhost;dbname=ijdb;
 charset=utf8', 'ijdbuser', 'mypassword');
```

设置字符集的其他方法

如果你搜索一下，会发现一些设置字符集的不同方法，并且本书之前的版本也介绍了使用如下的代码：

```php
$pdo->exec('SET NAMES "utf8"');
```

这是因为直到 PHP 5.3.6，PHP 都还没有正确地应用字符集选项。因此，在你真正将要使用的任何 PHP 版本中，这些方法都能起到修复作用，将字符集作为连接字符串的一部分设置是优先的选择。

我们用于连接 MySQL，然后配置该连接的完整代码，如清单 4-1 所示。

清单 4-1 MySQL-Connect-Complete

```php
<?php
try {
    $pdo = new PDO('mysql:host=localhost;dbname=ijdb;
    charset=utf8', 'ijdbuser', 'mypassword');
    $pdo->setAttribute(PDO::ATTR_ERRMODE,
     PDO::ERRMODE_EXCEPTION);
    $output = 'Database connection established.';
} catch (PDOException $e) {
    $output = 'Unable to connect to the database server: ' . $e;
}

include __DIR__ . '/../templates/output.html.php';
```

在浏览器中启动这个示例（如果你已经将自己的数据库代码放到了 public 目录的 index.php 中以及 templates 目录中的 output.html.php 文件中，该页面的 URL 将会是 http://192.168.10.10/）。如果启动了服务器并且在运行中，那么一切都能很好地工作，你应该会看到一条表示成功的消息，如图 4-4 所示。

如果 PHP 无法连接到 MySQL 服务器，或者所提供的用户名和密码不正确，你将会看到图 4-5 所示的界面。为了确保错

图 4-4 一次成功的连接

误处理代码能够正确地工作，你可能需要故意拼错密码以测试是否会出现这个界面。

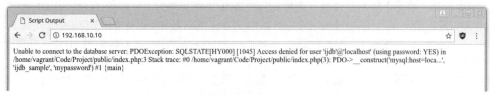

图 4-5 连接失败

得益于 catch 语句块，来自数据库的错误消息已经包含在了该页面中：

```
catch (PDOException $e) {
    $output = 'Unable to connect to the database server: ' . $e;
}
```

记住，我说过$e 实际上是一个对象。一些对象可以转换为字符串。也就是说，如果将它们包含到一条 echo 语句中，该对象将会提供一个字符串。并不是所有的对象都支持这种行为（实际上，大多数的对象是不支持这种行为的）。PDOException 类也有一个 getMessage()方法，它包含了错误消息。如果你想要更加明确，可以将 catch 语句块修改为如下所示：

```
catch (PDOException $e) {
    $output = 'Unable to connect to the database server: ' .
     $e->getMessage();
}
```

还有一些其他的方法，包括 getFile()和 getLine()，它们会返回导致异常抛出的文件名和行号。你可以产生一条非常详细的错误消息，如下所示：

```
catch (PDOException $e) {
    $output = 'Unable to connect to the database server: ' .
    $e->getMessage() . ' in ' .
    $e->getFile() . ':' . $e->getLine();
}
```

如果你有一个很大的网站，其中有大量的包含文件，这非常有用。这个错误消息将会告诉你要查找哪个文件以及错误发生在哪一行。

如果你感到好奇，可以尝试在数据库连接代码中插入一些其他的错误（例如，数据库名称拼写错了），并且观察所产生的详细错误消息。当你完成了这些尝试且数据库连接能够正确工作以后，还是回过头去使用简单的错误消息吧！这样一来，当数据库服务器遇到一个真正的问题时，访问者就不会遭到各种技术术语的狂轰滥炸。

在建立了连接并选择了数据库之后，我们就准备好开始使用数据库中存储的数据了。

脚本完成之后发生了什么？

你可能会问，当脚本执行完成之后，MySQL 数据库的连接怎么办？如果你真的愿意，可以丢弃表示你的连接的 PDO 对象，从而迫使 PHP 从服务器断开连接。我们将包含该对象的变量设置为 null 以做到这点。

```
$pdo = null; // disconnect from the database server
```

也就是说，PHP 在运行完脚本之后，会自动关闭任何打开的数据库连接。因此，通常只要让 PHP 负责清理就可以了。

4.5 用 PHP 发送 SQL 查询

在第 3 章中，我们使用 MySQL Workbench 连接到 MySQL 数据库服务器。它允许我们输入 SQL 查询（命令）并立即查看这些查询的结果。PDO 对象提供了类似的机制，这就是 exec 方法，如下所示：

```
$pdo->exec($query)
```

在这里，query 是一个字符串，包含了想要执行的任何 SQL 查询。

正如你所知道的，如果在执行查询时遇到问题（例如，在 SQL 查询中有输入错误），这个方法将抛出一个 PDOException 供你捕获。

考虑清单 4-2 所示的例子，它试图生成我们在第 3 章中所创建的 joke 表。

清单 4-2　MySQL-Create

```
try {
    $pdo = new PDO('mysql:host=localhost;dbname=ijdb;
    charset=utf8', 'ijdbuser', 'mypassword');
    $pdo->setAttribute(PDO::ATTR_ERRMODE,
     PDO::ERRMODE_EXCEPTION);

    $sql = 'CREATE TABLE joke (
    id INT NOT NULL AUTO_INCREMENT PRIMARY KEY,
    joketext TEXT,
    jokedate DATE NOT NULL
    ) DEFAULT CHARACTER SET utf8 ENGINE=InnoDB';

    $pdo->exec($sql);

    $output = 'Joke table successfully created.';
}
catch (PDOException $e) {
    $output = 'Database error:' . $e->getMessage() . ' in ' .
    $e->getFile() . ':' . $e->getLine();
}

include __DIR__ . '/../templates/output.html.php';
```

需要再次注意的是，我们使用了相同的 try … catch 语句技术来处理该查询可能产生的错误。我们也可以使用多个 try … catch 语句块来显示不同的错误消息，一个语句块用于连接，一个语句块用于查询，但这样做的话，可能导致相当多的额外代码。

相反，我们选择使用同一条 try 语句，既包含连接也包含查询。一旦发生了一个错误，try … catch 语句块将停止执行，因此，如果在数据库连接时发生了错误，$pdo->exec($run)这一行将不会运行，这保证了必须在连接已经建立了以后，才能够将一个查询发送到数据库。

这种方法使得我们对要显示的错误消息少了一些控制，但是避免了对每一种数据库操作都需要输入一条 try … catch 语句。在本书稍后，我们将会把这些分解为不同的语句块，但是现在，让所有数据库操作都保持在相同的一个 try 语句块中。

这个示例还使用了 getMessage 方法，以从 MySQL 服务器获取一条详细的错误消息。图 4-6 展示了错误发生时的样子，例如 joke 表已经存在时。

对于 DELETE、INSERT 和 UPDATE 查询（它们要修改存储的数据），exec 方法返回了查询所影响到的表中的行（条目）的数目。思考如下的 SQL 命令，我们在第 3 章中曾用它来设置包含单词 "programmer" 的所有笑话的日期，如清单 4-3 所示。

清单 4-3　MySQL-Update

```
try {
    $pdo = new PDO('mysql:host=localhost;dbname=ijdb;
    charset=utf8', 'ijdbuser', 'mypassword');
    $pdo->setAttribute(PDO::ATTR_ERRMODE,
     PDO::ERRMODE_EXCEPTION);
```

```
    $sql = 'UPDATE joke SET jokedate="2012-04-01"
        WHERE joketext LIKE "%programmer%"';

    $affectedRows = $pdo->exec($sql);

    $output = 'Updated ' . $affectedRows .' rows.';
}
catch (PDOException $e) {
    $output = 'Database error: ' . $e->getMessage() . '
     in ' .$e->getFile() . ':' . $e->getLine();
}

include __DIR__ . '/../templates/output.html.php';
```

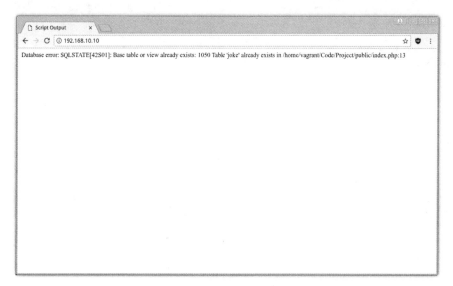

图 4-6　由于表已经存在了，CREATE TABLE 查询失败了

通过将 exec 方法返回的值存储到$affectedRows 中，我们可以显示这次更新所影响到的行的数目。
图 4-7 给出了这个例子的输出，我们假设数据库中只有两条包含"programmer"的笑话。

如果你刷新页面以再次运行同一查询，应该每次都会看到图 4-8 所示的消息。它表明没有进行更新，因为要用于该笑话的新日期与已有的日期是相同的。

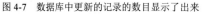

图 4-7　数据库中更新的记录的数目显示了出来

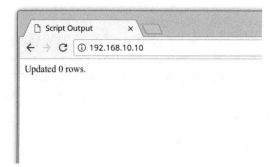

图 4-8　当你浪费了时间，MySQL 会告诉你

与 SELECT 查询的处理有点不同，因为它们可以获取很多数据，并且 PHP 提供了方法来处理这些信息。

4.6 处理 SELECT 结果集

对于大多数 SQL 查询，exec 方法工作得很好。查询对数据库做一些事情，并且，我们从 exec 方法的返回值得到受影响的行（如果有的话）的数目。然而，SELECT 查询需要比 exec 更理想一些的内容。你还记得吧，SELECT 查询用来浏览数据库中存储的数据。SELECT 查询得到结果，而不只是影响数据库。我们需要一个方法来返回这些结果。

query 方法看上去就像 exec 方法一样，因为它也接受发送到数据库服务器的一条 SQL 查询作为参数。然而，它返回的是一个 PDOStatement 对象。该对象表示一个结果集，其中包含了通过该查询返回的所有行（条目）的一个列表，如下所示。

```php
<?php
try {
    $pdo = new PDO('mysql:host=localhost;dbname=ijdb;
    charset=utf8', 'ijdbuser', 'mypassword');
    $pdo->setAttribute(PDO::ATTR_ERRMODE,
     PDO::ERRMODE_EXCEPTION);

    $sql = 'SELECT `joketext` FROM `joke`';
    $result = $pdo->query($sql);
} catch (PDOException $e) {
    $output = 'Unable to connect to the database server: '
     . $e->getMessage() . ' in ' .
    $e->getFile() . ':' . $e->getLine();
}
```

如果在处理查询的过程中没有遇到错误，这段代码将会把一个结果集（以一个 PDOStatement 对象的形式）存储到变量$result 中。这个结果集包含了 joke 表中所存储的所有笑话的文本。实际上，由于对数据库中的笑话的数目没有限制，这个结果集可能会很大。

第 2 章介绍过，当我们需要循环但是不知道具体的次数时，while 循环是一种有用的控制结构。我们无法使用 for 循环，因为我们不知道查询会返回多少条记录。实际上，你可以在这里使用一个 while 循环一次性地处理结果集中的行。如下所示：

```php
while ($row = $result->fetch()) {
    ┊ process the row
}
```

这个 while 循环的条件可能与你所熟悉的条件不同。因此，让我来说明一下它是如何工作的。将这个条件自身看作一条语句，如下所示：

```php
$row = $result->fetch();
```

PDOStatement 对象的 fetch 方法将数据集中的下一行作为一个数组返回（我们在第 3 章中介绍过数组）。当结果集中再也没有行时，fetch 返回 false[①]。

现在，上面的语句将一个值赋给了$row 变量。但是，同时作为一个整体，该语句获取相同的值。这就是为何允许你使用该语句作为 while 循环中的一个条件。如果 while 循环将保持循环进行直到它的条件计算为 false，那么这个循环所发生的次数和结果集中的行数相同。每次循环执行时，使用$row 来获取下一行的值。剩下还需要弄清楚的就是：每次循环运行时，如何从$row 变量取出值来。

fetch 返回的结果集的行，表示为关联数组。其中，索引的命名使用的是结果集中表的列名。如果$row

---

① 这是要求一个 PDO 对象去做一些它无法做到的事情而不会抛出一个 PDOException 的一种情况（当结果集中没有其他的行时，fetch 无法返回下一行）。如果 fetch 方法抛出异常了，我们将不能像在这里这样，在一个 while 循环中使用 fetch。

是结果集中的一行，那么$row['joketext']是该行的 joketext 列的值。

这段代码的目标是获取并存储所有的笑话文本，以便在一个 PHP 模板中显示它们。做到这一点最好的方法是，将每个笑话存储为数组$jokes 中的一个新的项。如下所示：

```
while ($row = $result->fetch()) {
    $jokes[] = $row['joketext'];
}
```

把笑话从数据库中取出来之后，现在我们可以将其传递给一个 PHP 模板（jokes.html.php)以进行显示。概括起来，该示例的控制器的完整代码如下所示：

```
<?php

try {
    $pdo = new PDO('mysql:host=localhost;dbname=ijdb;
    charset=utf8', 'ijdbuser', 'mypassword');
    $pdo->setAttribute(PDO::ATTR_ERRMODE,
     PDO::ERRMODE_EXCEPTION);

    $sql = 'SELECT `joketext` FROM `joke`';
    $result = $pdo->query($sql);

    while ($row = $result->fetch()) {
        $jokes[] = $row['joketext'];
    }
} catch (PDOException $e) {
    $output = 'Unable to connect to the database server: ' .
    $e->getMessage() . ' in ' .
    $e->getFile() . ':' . $e->getLine();
}

include __DIR__ . '/../templates/jokes.html.php';
```

$jokes 变量是存储笑话列表的一个数组。如果你用 PHP 写出了数组的内容，它看上去将如下所示：

```
$jokes = [];
 $jokes[0] = 'A programmer was found dead in the shower. The
➥ instructions read: lather, rinse, repeat.';
$jokes[1] = '!false - it\'s funny because it\'s true';
 $jokes[2] = 'A programmer\'s wife tells him to go to the
➥ store and "get a gallon of milk, and if they have eggs, get a
➥ dozen." He returns with 13 gallons of milk.';
```

然而，必须从数据库获取数据，而不是手动地在代码中输入数据。

你将会注意到，根据 try 语句块是否执行成功，这里设置了两个不同的变量，$jokes 和$error。

在 jokes.html.php 模板中，我们需要显示出$jokes 数组的内容，或者$error 变量中包含的错误消息。

要检查是否已经给一个变量赋了一个值，我们可以使用 isset 函数，之前我们曾使用该函数来检查一个表格是否已经提交。这个模板可以包含一条 if 语句，来判断是显示错误还是显示笑话列表。

```
if (isset($error)) {
    ?>
    <p>
    <?php
    echo $error;
    ?>
    </p>
}
else {
    : display the jokes
}
```

这里没有什么新的东西，只不过为了显示笑话，我们需要显示$jokes 数组的内容。和到目前为止我们所使用的其他变量不同的是，$jokes 数组中包含了不止一个变量。

在 PHP 中，处理一个数组的最常用的方式是使用循环。我们已经见过 while 循环和 for 循环，而 foreach 循环对于处理数组特别有用，如下所示：

```
foreach (array as $item) {
    : process each $item
}
```

foreach 循环顶部的圆括号内包含的是一个数组，而不是一个条件。数组的后面跟着关键字 as，然后是新变量的名称，该变量用来依次存储数组中的每个项。然后，循环体针对数组中的每个项执行一次，每次都把该项存储到指定的变量中，以便代码可以直接访问它。

在一个 PHP 模板中，使用 foreach 循环来依次显示一个数组的每个项，这种做法是很常见的。对$jokes 使用 foreach 的代码示例如下所示：

```
<?php
foreach ($jokes as $joke) {
    ?>
    : HTML code to output each $joke
<?php
}
?>
```

PHP 代码描述循环，HTML 代码显示输出，二者结合到一起，这段代码看起来不太整齐。因此，在一个模板中使用 foreach 循环时，常常以另一种方式来编写它。如下所示：

```
foreach (array as $item):
    : process each $item
endforeach;
```

这两段代码的作用是相同的，但是，后者混合了 HTML 代码后，看上去更加友好一些。这种形式的代码在一个模板中如下所示：

```
<?php foreach ($jokes as $joke): ?>
    : HTML code to output each $joke
<?php endforeach; ?>
```

可以用 if 语句做相同的事情，通过避免使用花括号，让它在 HTML 模板中更好看一些：

```
<?php if (isset($error)): ?>
    <p>
    <?php echo $error; ?>
    </p>
<?php else: ?>
    : display the jokes
<?php endif; ?>
```

掌握了这种新的工具，我们就可以编写自己的模板来显示笑话的列表了，如清单 4-4 所示。

清单 4-4　MySQL-ListJokes

```
<!doctype html>
<html>
    <head>
        <meta charset="utf-8">
        <title>List of jokes</title>
    </head>
    <body>
        <?php if (isset($error)): ?>
        <p>
            <?php echo $error; ?>
```

```
        </p>
        <?php else: ?>
        <?php foreach ($jokes as $joke): ?>
        <blockquote>
            <p>
            <?php echo htmlspecialchars($joke,
            ENT_QUOTES, 'UTF-8') ?>
            </p>
        </blockquote>
        <?php endforeach; ?>
        <?php endif; ?>
    </body>
</html>
```

每个笑话都显示在一个块引用（<blockquote>）所包含的段落（<p>）中，因为我们要在这个页面中有效地引用每个笑话的作者。

由于笑话肯定会包含无法解释为 HTML 代码的字符（例如，<、>或&），我们必须使用 htmlspecialchars 来确保这些字符可以转换为 HTML 字符实体（也就是，<、>和&），以便能够正确地显示它们。

图 4-9 显示了我们给数据库添加了几条笑话之后该页面的样子。

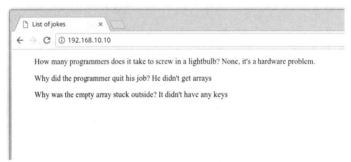

图 4-9　数据库中的笑话的列表

使用 foreach

还记得我们如何在控制器中使用一个 while 循环，一次一条地从 PDOStatement 结果集取出行吗？如下所示：

```
while ($row = $result->fetch()) {
    $jokes[] = $row['joketext'];
}
```

这证明了，当我们将 PDOStatement 对象传递给一个 foreach 循环时，它是设计成像数组一样工作的。因此，你可以使用 foreach 循环而不是 while 循环，以便略微简化数据库处理代码。

```
foreach ($result as $row) {
    $jokes[] = $row['joketext'];
}
```

在本书剩下的部分中，我将使用这种更加整齐的 foreach 形式。

PHP 提供的另一个漂亮的工具是称为 echo 命令的一种快捷方式，正如我们已经看到的，我们需要经常使用它。echo 语句如下所示：

```
<?php echo $variable; ?>
```

也可以使用如下的形式：

```
<?=$variable?>
```

所做的事情完全相同。<?=的含义就是 echo，并且给了你一种较为简洁的方式来打印变量。但这种方法有一个局限性，如果使用<?=，只能够打印，不能够包含 if 语句、for 语句等，尽管你还是可以用字符串连接，并且其后面可以跟着一个函数调用。

使用 echo 快捷方式的一个更新后的模板，如清单 4-5 所示。

清单 4-5 MySQL-ListJokes-Shorthand

```
<!doctype html>
<html>
    <head>
        <meta charset="utf-8">
        <title>List of jokes</title>
    </head>
    <body>
        <?php if (isset($error)): ?>
        <p>
            <?=$error?>
        </p>
        <?php else: ?>
        <?php foreach ($jokes as $joke): ?>
        <blockquote>
            <p>
            <?=htmlspecialchars($joke, ENT_QUOTES, 'UTF-8')?>
            </p>
        </blockquote>
        <?php endforeach; ?>
        <?php endif; ?>
    </body>
</html>
```

从现在开始，我们将使用这种快捷表示法。

使用快捷表示法

在 PHP 5.4 之前的版本中，这种快捷表示法需要一种相当不寻常的 PHP 设置才能够使用，因此，出于兼容性的原因，不鼓励使用它。使用一种快捷表示法，当要从支持该表示法的一台服务器迁移到不支持该表示法的另一台服务器时，可能会导致你的代码无法工作。

对于 PHP 5.4 来说（以及你如今可能会真正碰到的任何版本），echo 的快捷方式都能够工作，而不管 PHP 设置如何，因此，你可以很安全地在任何服务器上使用它们，而不必担心其无法工作。

4.7 提前考虑

在我们刚刚看到的那个示例中，我们创建了一个名为 jokes.html.php 的模板，它包含了显示该页面所需的所有 HTML。然而，随着 Web 站点逐渐变大，我们将添加更多的页面。我们肯定想要有一个页面来让人们把笑话添加到 Web 站点中，并且还需要一个主页（其中带有一些介绍性的文本），还需要有关于 Web 站点所有者的详细联系方式的一个页面，并且，随着站点变大，可能还需要有一个页面让人们能够登录到 Web 站点。

我跳过了一些内容，但是考虑一下项目如何成长总是值得的。如果我们将刚才对 jokes.html.php 使用的方法应用于模板剩下的内容时，如 addjoke.html.php、home.html.php、contact.html.php、login.html.php 等，最终，将会得到很多重复的代码。

每一个模板将会如下所示：

```
<!doctype html>
<html>
    <head>
        <meta charset="utf-8">
        <title>IJDB - Internet Joke Database</title>
        </head>
    <body>
        <?php if (isset($error)): ?>
        <p>
            <?=$error?>
        </p>
        <?php else: ?>
            : do whatever is required for this page: show text,
            : show a form, list records from the database, etc.
        <?php endif; ?>
    </body>
</html>
```

作为一名程序员，重复编写代码是最糟糕的事情之一。实际上，程序员常常将这称为 DRY（Don't Repeat Yourself）原则，即"不要重复你自己"。如果你发现自己有重复的代码片段，那么，几乎肯定有更好的解决方案。

所有优秀的程序员都不愿意重复编写代码，并且重复编写代码意味着重复工作。使用这种针对模板的复制/粘贴方法，导致 Web 站点很难维护。让我们想象一下，有一个页脚和一个导航区域，我们希望它们出现在每一个页面上。现在，我们的模板应该如下所示：

```
<!doctype html>
<html>
    <head>
        <meta charset="utf-8">
        <title>IJDB - Internet Joke Database</title>
    </head>
    <body>
        <nav>
            <ul>
 <li><a
➥ href="index.php">Home</a></li>
 <li><a href="jokes.php">Jokes
➥ List</a></li>
            </ul>
        </nav>

        <main>
            <?php if (isset($error)): ?>
            <p>
                <?=$error?>
            </p>
            <?php else: ?>
                : do whatever is required for this page: show text,
                : show a form, list jokes, etc.
            <?php endif; ?>

        </main>

        <footer>
            &copy; IJDB 2017
        </footer>
    </body>
```

```
</html>
```

如果对 Web 站点上的所有页面应用这个模板，例如 jokes.html.php addjoke.html.php、home.html.php、contact.html.php 和 login.html.php，它们都将代码包含于上述的结构之中，如果要将版权声明中的年份更新为 "2018"，我们将需要打开每一个模板并修改日期。

我们可以让这个日期保持从服务器的时钟动态读取（就是 echo date('Y')），从而避免这一问题，但是，如果我们想要在每一个页面中添加一个<script>标签，又该如何呢？或者要给菜单添加一个新的链接呢？我们还是需要打开每一个模板文件并且修改它。

修改五六个模板可能稍微有点令人烦恼，但是还不会引起大的问题。然而，如果 Web 站点的规模增加到数十个或者上百个页面呢？每次你想要给菜单添加一个链接，都必须要打开每个的模板并修改它。

可以通过一系列的 include 语句来解决这个问题。例如：

```
<!doctype html>
<html>
    <head>
        <meta charset="utf-8">
        <title>IJDB - Internet Joke Database</title>
    </head>
    <body>
        <nav>
            <?php include 'nav.html.php'; ?>
        </nav>

        <main>
            <?php if (isset($error)): ?>
            <p>
                <?=$error?>
            </p>
            <?php else: ?>
                : do whatever is required for this page: show text,
                : show a form, list jokes, etc.
            <?php endif; ?>

        </main>

        <footer>
            <?php include 'footer.html.php'; ?>
        </footer>
    </body>
</html>
```

但是，这个方法需要一定的洞察力，我们需要预料到未来可能需要做出哪些具体的修改，并且在我们预见到修改将会发生的地方使用相关的 include 语句。

例如，在上面的示例中，通过将新菜单条目添加到 nav.html.php 中，可以很容易地添加新菜单选项，但是给每个页面添加一个<script>标签，甚至给 nav 元素添加一个 CSS 类这样琐碎的一些事情，还是意味着要打开每个模板并做出修改。

没有办法能够准确地预料到在 Web 站点的整个生命周期中需要进行的所有修改，因此，实际上，我在本章开头的时候展示的方法要更好一些：

```
<!doctype html>
<html>
    <head>
        <meta charset="utf-8">
        <link rel="stylesheet" href="jokes.css">
        <title><?=$title?></title>
    </head>
    <body>
```

```
            <header>
                <h1>Internet Joke Database</h1>
            </header>
            <nav>
                    <ul>
 <li><a
➥ href="index.php">Home</a></li>
 <li><a href="jokes.php">Jokes
➥ List</a></li>
                    </ul>
            </nav>

            <main>
                <?=$output?>
            </main>

            <footer>
                &copy; IJDB 2017
            </footer>
        </body>
    </html>
```

如果总是包含这个名为 layout.html.php 模板，那么就有可能将$output 变量设置为一些 HTML 代码，并且让它出现在带有导航和页脚的页面上。

我还偷偷插入了一个$title 变量，以便每一个控制器都能够定义一个值，这个值会出现在<title>和</title>标签之间，并且带有一些 CSS（像示例代码中的 jokes.css 一样可用），以使得页面更好看一些，如图 4-10 所示。

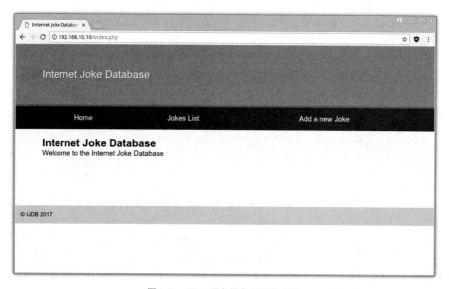

图 4-10　IJDB 现在带有 CSS 样式了

任何控制器现在可以使用 include __DIR__ . '/../templates/layout.html.php';并且为$output 和$title 提供值了。使用了 layout.html.php 的 jokes.php 如清单 4-6 所示。

清单 4-6　MySQL-ListJokes-Layout-1

```
<?php

try {
    $pdo = new PDO('mysql:host=localhost;dbname=ijdb;
```

```
    charset=utf8', 'ijdbuser', 'mypassword');
    $pdo->setAttribute(PDO::ATTR_ERRMODE,
        PDO::ERRMODE_EXCEPTION);

    $sql = 'SELECT `joketext` FROM `joke`';
    $result = $pdo->query($sql);

    while ($row = $result->fetch()) {
        $jokes[] = $row['joketext'];
    }

    $title = 'Joke list';

    $output = '';

    foreach ($jokes as $joke) {
        $output .= '<blockquote>';
        $output .= '<p>';
        $output .= $joke;
        $output .= '</p>';
        $output .= '</blockquote>';
    }
} catch (PDOException $e) {
    $title = 'An error has occurred';

    $output = 'Database error: ' . $e->getMessage() . '
      in ' .$e->getFile() . ':' . $e->getLine();
}

include __DIR__ . '/../templates/layout.html.php';
```

但是再等一下。try 语句中的$output 变量起到了什么作用呢？实际上，$output 变量包含了一些 HTML
代码，该循环构建了一个字符串，而这个字符串包含了笑话列表的 HTML 代码。

基本上，我们想要做到的就是：$output 变量包含了将要插入到 layout.html.php 中的导航和页脚之间的
HTML 代码，但是，这些代码真的很难看，我觉得你也会这么认为。

我已经展示了如何通过 include 语句来避免将 HTML 和 PHP 代码混合起来。和我们前面所做的一样，将用于
显示笑话的 HTML 代码放入自己的文件中会比较好，但是这一次，只有 HTML 代码对于笑话列表页面是不同的。

templates 目录中的 jokes.html.php 应该包含如下的代码：

```
<?php foreach ($jokes as $joke): ?>
<blockquote>
    <p>
    <?=htmlspecialchars($joke, ENT_QUOTES, 'UTF-8')?>
    </p>
</blockquote>
<?php endforeach; ?>
```

重要的是，这是显示笑话的唯一的代码。它并不包含导航、页脚、<head>标签以及我们想要在每个页
面上重复的所有内容；只有 HTML 对于笑话列表页面来说是不同的。

要使用这个模板，可能要试着像下面这样编写代码：

```
    while ($row = $result->fetch()) {
        $jokes[] = $row['joketext'];
    }

    $title = 'Joke list';

    include 'jokes.html.php';
}
```

或者，你可以更聪明一些：

```
    while ($row = $result->fetch()) {
        $jokes[] = $row['joketext'];
    }

    $title = 'Joke list';

    $output = include 'jokes.html.php';
}
```

通过这种方法，你的逻辑将会完整而全面。我们需要包含 jokes.html.php。遗憾的是，include 语句只是在调用它时才执行包含文件中的代码。如果运行上面的代码，输出实际上会如下所示：

```
<blockquote>
    <p>
 A programmer was found dead in the shower. The instructions
➥ read: lather, rinse, repeat.
    </p>
</blockquote>
<blockquote>
    <p>
    !false - it's funny because it's true
    </p>
</blockquote>
<!doctype html>
<html>
    <head>
        <meta charset="utf-8">
        <title>Joke List</title>
    </head>
    <body>
    …
```

由于首先包含了 jokes.html.php，先将它发送到浏览器。我们需要做的是加载 jokes.html.php，但是，我们需要捕获它并将其存储到$output 变量中，以便稍后能够供 layout.html.php 使用，而不是将输出直接发送到浏览器。

include 语句并没有返回一个值，因此$output = include 'jokes.html.php';并不会有想要的效果，并且 PHP 也没有一条替代性的语句能够做到这一点。然而，这并不意味着不可能做到。PHP 确实有一个有用的功能，叫作"输出缓存"。这可能听上去有点复杂，但是其概念实际上非常简单：当你使用 echo 来打印某些内容时，或者使用 include 来包含一个文件，而这个文件包含有 HTML 时，通常，它会直接发送给浏览器。通过使用输出缓存，HTML 代码会存储在服务器上的一个"缓存"中而不是直接发送给浏览器，缓存实际上只是包含到目前为止的所有打印内容的一个字符串。

甚至更好的是，PHP 允许你随时打开缓存并读取其内容。如下是我们所需的两个函数：

● ob_start()开始输出缓存，在调用这个函数之后，通过 echo 打印的任何内容或者通过 include 打印的 HTML，都将存储到一个缓存中，而不是发送给浏览器；

● ob_get_clean()返回缓存中的内容并清除缓存。

你可能猜到了，函数名中的"ob"表示"output buffer"（输出缓存）。

要捕获一个包含文件中的内容，我们只需要使用如下的两个函数：

```
while ($row = $result->fetch()) {
    $jokes[] = $row['joketext'];
}

$title = 'Joke list';

// Start the buffer
```

```
ob_start();

// Include the template. The PHP code will be executed,
// but the resulting HTML will be stored in the buffer
// rather than sent to the browser.

include __DIR__ . '/../templates/jokes.html.php';

// Read the contents of the output buffer and store them
// in the $output variable for use in layout.html.php

$output = ob_get_clean();
}
```

运行这段代码时，$output 变量将包含 jokes.html.php 模板中生成的 HTML。

从现在开始，我们将使用这种方法。每个页面都由两个模板构成。

● layout.html.php 包含了每个页面都需要的所有常用的 HTML。

● 唯一的模板只包含特定页面独特的 HTML 代码。

完整的 jokes.php 如下所示：

```
try {
    $pdo = new PDO('mysql:host=localhost;dbname=ijdb;
    charset=utf8', 'ijdbuser', 'mypassword');
    $pdo->setAttribute(PDO::ATTR_ERRMODE,
        PDO::ERRMODE_EXCEPTION);

    $sql = 'SELECT `joketext` FROM `joke`';
    $result = $pdo->query($sql);

    while ($row = $result->fetch()) {
        $jokes[] = $row['joketext'];
    }

    $title = 'Joke list';

    ob_start();

    include __DIR__ . '/../templates/jokes.html.php';

    $output = ob_get_clean();
}
catch (PDOException $e) {
    $title = 'An error has occurred';

    $output = 'Database error: ' . $e->getMessage() . ' in '
    . $e->getFile() . ':' . $e->getLine();
}

include __DIR__ . '/../templates/layout.html.php';
```

让我们通过添加一个 index.php 来让 "Home" 链接有效。我们可以将任何内容放到这个页面中：最新的笑话、月度最佳笑话或者我们喜欢的任何内容。现在，我们将保持它简单并且只在其中放置一条消息——"Welcome to the Internet Joke Database"。

在 templates 目录中创建一个名为 home.html.php 的文件：

```
<h2>Internet Joke Database</h2>

<p>Welcome to the Internet Joke Database</p>
```

我们的 index.php 比 jokes.html.php 要简单很多。它并不会从数据库获取任何信息，因此它不需要一个数据库连接，而且我们也不需要 try … catch 语句，因此，我们将只是添加两个模板并且设置$title 和$output
变量，如清单 4-7 所示。

清单 4-7 MySQL-ListJokes-Layout-3

```
<?php

$title = 'Internet Joke Database';

ob_start();

include __DIR__ . '/../templates/home.html.php';

$output = ob_get_clean();

include __DIR__ . '/../templates/layout.html.php';
```

只有在需要时才连接数据库

只有在需要时才连接数据库，这是一种好的做法。在大多数的 Web 站点上，数据库是最
常见的性能瓶颈，因此，应该保持尽可能少的连接。

在浏览器上测试，确保两个页面都能工作。访问 http://192.168.10.10/jokes.php 时，你应该会看到笑
话的一个列表，并且访问 http://192.168.10.10 时，应该会看到欢迎页面。这两个页面都应该包含导航栏
和页脚。

尝试修改 layout.html.php。你所做的修改将会在两个页面上都出现。如果站点有数十个页面，修改页
面的布局将会影响到每一个页面。

4.8 将数据插入数据库

在本节中，我们将介绍如何使用你所能控制的工具，允许 Web 访问者将他们自己的笑话添加到数据库中。

如果你希望站点的访问者输入新的笑话，显然需要一个表单。如下所示是符合这一要求的表单的
模板。

```
<form action="" method="post">
    <label for="joketext">Type your joke here:
    </label>
    <textarea id="joketext" name="joketext"
        rows="3" cols="40">
    </textarea>
    <input type="submit" name="submit" value="Add">
</form>
```

将这段代码保存为 templates 目录下的 addjoke.html.php。

<form>元素最重要的部分是 action 属性。action 属性告诉浏览器，一旦表单提交了，将数据发送到哪
里。这可能是一个文件的名称，例如"addjoke.php"。

然而，如果你通过将该属性设置为""而使其保持为空，那么，用户提供的数据将会发送回你当前正在
浏览的页面。如果浏览器的 URL 将该页面显示为 addjoke.php，这就是当用户按下提交按钮时所要发送的
数据。

让我们将这个表单放到前面的示例中，该示例显示了数据库中的笑话的列表。打开 layout.html.php 并
且给 Add a new Joke 添加一个链接，该链接将指向 addjoke.php。

```
<!doctype html>
<html>
```

```
<head>
    <meta charset="utf-8">
    <link rel="stylesheet" href="jokes.css">
    <title><?=$title?></title>
</head>
<body>
    <nav>
        <header>
            <h1>Internet Joke Database</h1>
        </header>
        <ul>
<li><a
➥ href="index.php">Home</a></li>
<li><a href="jokes.php">Jokes
➥ List</a></li>
<li><a href="addjoke.php">Add a new
➥ Joke</a></li>
        </ul>
    </nav>

    <main>
        <?=$output?>
    </main>

    <footer>
        &copy; IJDB 2017
    </footer>
</body>
</html>
```

既然打开了 layout.html.php，在其中包含我们在第 2 章中使用的 form.css 样式表。现在，在布局中显示的任何表单，都将拥有我们在前面使用过的样式。

当提交这个表单时，该请求将会包含一个 joketext 变量，它包含了输入文本区域中的笑话的文本。然后，这个变量将出现在 PHP 所创建的$_POST 数组中。

让我们在 public 目录中创建 addjoke.php。这个控制器基本的逻辑是：

● 如果没有设置 joketext POST，显示一个表单；

● 否则，将所提供的笑话插入到数据库中。

创建 addjoke.php 的框架如下：

```php
<?php
if (isset($_POST['joketext'])) {
    try {
        $pdo = new PDO('mysql:host=localhost;dbname=ijdb;
        charset=utf8', 'ijdbuser', 'mypassword');
        $pdo->setAttribute(PDO::ATTR_ERRMODE,
            PDO::ERRMODE_EXCEPTION);
    } catch (PDOException $e) {
        $title = 'An error has occurred';

        $output = 'Database error: ' . $e->getMessage() . ' in '
        . $e->getFile() . ':' . $e->getLine();
    }
} else {
    $title = 'Add a new joke';

    ob_start();

    include __DIR__ . '/../templates/addjoke.html.php';
```

```
        $output = ob_get_clean();
    }
    include __DIR__ . '/../templates/layout.html.php';
```

这条 if 语句用来检测$_POST 数组是否包含一个名为 joketext 的变量。如果设置了该变量，已经提交了该表单；否则，来自 addjoke.html.php 的表单将会加载到$output 变量中，以便在浏览器中显示。

如果你此时真的在浏览器中打开了 addjoke.php，将会看到该表单，但是输入一个笑话并且按下提交按钮的话，将不会起作用，因为我们还没有对$_POST['joketext']中包含的数据做任何事情。

要将提交的笑话插入到数据库中，必须执行一条 INSERT 查询，使用$_POST['joketext']中存储的值来填充 joke 表的 joketext 列。这可能会让你编写如下所示的代码：

```
$sql = 'INSERT INTO `joke` SET
    `joketext` ="' . $_POST['joketext'] . '",
    `jokedate` ="2017-02-04"';

$pdo->exec($sql);
```

然而，这段代码有一个严重的问题：$_POST['joketext']的内容完全在提交表单的用户的控制之下。如果恶意用户在表单中输入一些不好的 SQL 代码，这段脚本将毫无疑问地提交给 MySQL 服务器。这种类型的攻击叫作 SQL 注入式攻击（SQL injection attack）。在 PHP 的早期，对基于 PHP 的 Web 站点来说，这是黑客最经常发现并利用的安全漏洞之一。

如果用户在文本框中输入 "How many programmers does it take to screw in alightbulb? None, it's a hardware problem."，发送到数据库的查询将会是：

```
INSERT INTO `joke` SET
    `joketext` ="How many programmers does it take to screw
    in a lightbulb? None, it's a hardware problem.",
    `jokedate` ="2017-02-04
```

但是，如果用户输入了一个笑话：A programmer's wife tells him to go to the store and "get a gallon of milk, and if they have eggs, get a dozen." He returns with 13 gallons of milk.。

在这种情况下，发送到数据库的查询将会是：

```
INSERT INTO `joke` SET
    `joketext`="A programmer's wife tells him to go to the store
    and "get a gallon of milk, and if they have eggs, get
    a dozen."
    He returns with 13 gallons of milk.",
    `jokedate`="2017-02-04
```

这个笑话包含了一个引号字符，因此 MySQL 将会返回一个错误，因为它将会把 get 前的引号看作字符串的结束。

为了让其成为一个有效的查询，我们需要转义文本中所有的引号，以使得发送到数据库的查询变为：

```
INSERT INTO `joke` SET
    `joketext`="A programmer's wife tells him to go to the store
 and \"get a gallon of milk, and if they have eggs, get a
➥ dozen.\"
    He returns with 13 gallons of milk.",
    `jokedate`="2017-02-04
```

如果数据包含引号，则无法插入，这对用户来说是一个恼人的问题。他们将会丢掉所输入的内容。但是，恶意用户能够滥用这一点。在 PHP 较早的版本中，将多个查询用一个分号（;）隔开，从而用 PHP 运行多个查询，这是可能的。

假设用户在文本框中输入如下内容：

```
"; DELETE FROM `joke`; --
```

这可能会把如下的查询发送到数据库：

```
INSERT INTO `joke` SET
        `joketext`="";

DELETE FROM `joke`;

--`jokedate`="2017-02-04
```

--在 MySQL 中是单行注释，因此，最后一行会被忽略掉，并且 INSERT 查询将会运行，然后是用户在文本框输入的 DELETE 查询。实际上，用户可能在文本框中输入他们想要的任何查询，并且它都将在数据库上运行。

在早期的 PHP 中，这种攻击是如此令人担心，以至于 PHP 的支持团队添加了一些内建的保护来防止针对 PHP 的 SQL 注入式攻击。在如今很多的 PHP 安装中，这种保护还是默认可用的。PHP 的这种保护功能叫作**魔术引号**（magic quotes），它会自动分析浏览器提交的所有的值，并且在诸如撇号这样的任何"危险"字符的前面插入一个反斜杠（\）。如果这些符号不小心包含到一个 SQL 查询中的话，将会引发问题的产生。

魔术引号功能的问题在于：它能预防问题，但同样也会导致很多问题。首先，它所检测的字符以及它用来使得这些字符安全化的方法（加一个反斜杠前缀），只在某些情况下有效。根据你的站点的字符编码以及你所使用的数据库服务器，这些方法可能完全无效。

其次，当一个提交值用于其他的用途**而不是**创建一条 SQL 查询时，这些反斜杠可能真的很困扰。在第 2 章的欢迎消息示例中，我曾简单地提到过：如果用户的姓氏包含一个撇号，魔术引号功能可能会在其中插入一个不正确的反斜杠。

总之，魔术引号是一种糟糕的方法，以至于从 PHP 5.4 开始，已经删除了此功能。然而，由于 PHP 的版本很多并且已经有了大量的代码，你可能会遇到一些引用它的情况，因此，基本了解一下使用魔术引号的目的是值得的。

一旦魔术引号被认定为是一种糟糕的思想，PHP 开发者给出的建议是关闭掉该功能。然而，这意味着有些 Web 服务器关闭了此功能，而另一些仍然支持此功能。这对开发者来说，是一个令人头疼的问题：他们要么必须告诉将要使用自己的代码的每一个人关闭掉该功能（而在一些共享的服务器中，这是不可能的事情），要么为此编写额外的代码。

大多数开发者选择后一种做法，并且你可能会遇到如下的一些代码：

```
if (get_magic_quotes_gpc()) {
    // code here
}
```

如果在让你去处理的遗留代码中看到诸如这样的一条 if 语句，你可以很安全地删掉整个语句块，因为在最新的 PHP 版本中，这个 if 语句块中的代码都不会执行。

如果你确实看到这样的代码，这意味着最初的开发者了解魔术引号的问题，并且想要尽力防止这个问题。对于 PHP 5.4 来说（你将不会遇到这个版本，因为它已经不再得到支持了），get_magic_quotes_gpc() 将总是返回 false，并且这段代码不会执行。

虽然你只需要知道魔术引号是一个糟糕的解决方案，但没有魔术引号的话，你需要为问题找一个不同的解决方案。好在，使用一些预处理语句（prepared statement），PDO 类能够为我们完成所有困难的工作。

预处理语句（prepared statement）是提前发送给数据库服务器的一种特殊的 SQL 查询，给服务器一个机会以准备好执行它，但并不是真正执行它。这就像编写了一个.php 脚本，代码已经在那里了，但是，你在 Web 浏览器中访问页面之前，它并不会真正地运行。预处理语句中的 SQL 代码可以包含占位符（placeholder），稍后在查询将要执行时，我们再为占位符提供值。在填充这些占位符时，PDO 能够足够聪明地自动预防"危险的"字符。

下面展示如何准备一条 INSERT 查询。然后，使用$_POST['joketext']作为笑话的文本来安全地执行该查询。如下所示：

```
$sql = 'INSERT INTO `joke` SET
    `joketext` = :joketext,
    `jokedate` = "today's date"';

$stmt = $pdo->prepare($sql);

$stmt->bindValue(':joketext', $_POST['joketext']);
$stmt->execute();
```

让我们每次分解一条语句。首先，我们把 SQL 查询写成一个 PHP 字符串，并将其存储到一个普通的变量（$sql）中。然而，这条 INSERT 查询的不寻常之处在于：它没有为 joketext 列指定值。相反，它为包含了该值的一个占位符（:joketext）。现在不要担心 jokedate 字段，我们稍后将回顾它。

接下来，我们调用 PDO 对象（$pdo）的 prepare 方法，将自己的 SQL 查询作为参数传递给它。这会把该查询发送到 MySQL 服务器，要求它准备好运行该查询。MySQL 还不会运行它，因为 joketext 列没有值。Prepare 方法返回一个 PDOStatement 对象（是的，这和给一条 SELECT 查询的结果的对象是同一类型的对象），我们将其存储到$stmt 中。

既然 MySQL 已经准备好了要执行的语句，我们可以通过调用 PDOStatement 对象（$stmt）的 bindValue 方法来发送给它所缺的值。对于要提供的每个值（在这个例子中，我们只需要提供一个值，也就是笑话的文本），我们都调用一次该方法，将自己想要填充的占位符（':joketext'）以及想要用来填充它的值（$_POST['joketext']）作为其参数。由于 MySQL 知道我们要向其发送一个单独的值而不是需要解析的 SQL 代码，因此，它要解释为 SQL 代码的值中没有危险的字符。使用预处理语句，SQL 注入式攻击的漏洞直接变得不可能。

最后，调用 PDOStatement 对象的 execute 方法来告诉 MySQL，使用我们已经提供的值来执行该查询[①]。

这段代码中有趣的一点是，我们没有在笑话文本的周围放置引号。:joketext 存在于没有任何引号的一个查询中，并且当我们调用 bindValue 时，我们将来自$_POST 数组的纯笑话文本传递给它。当使用预处理语句时，你不需要引号，因为数据库（在这里是 MySQL）足够聪明，知道文本是一个字符串，并且当执行查询时将会把它当作字符串来处理。

这段代码中遗留的问题是：如何将今天的日期赋值给 jokedate 字段。我们可以编写一些很好的 PHP 代码，以 MySQL 所要求的 YYYY-MM-DD 格式生成今天的日期。但实际上，MySQL 自身有一个函数能够做到这一点，这就是 CURDATE。如下所示：

```
$sql = 'INSERT INTO `joke` SET
    `joketext` = :joketext,
    `jokedate` = CURDATE()';

$stmt = $pdo->prepare($sql);
$stmt->bindValue(':joketext', $_POST['joketext']);
$stmt->execute();
```

MySQL 函数 CURDATE 在这里用来将当前日期赋值给 jokedate 列。MySQL 实际上有很多这样的函数，但我只是在需要用到时才介绍它们。

既然有了查询，现在可以完成前面开始时的那条 if 语句，用它来处理"Add Joke"表单的提交，如下所示：

```
if (isset($_POST['joketext'])) {
    try {
        $pdo = new PDO('mysql:host=localhost;dbname=ijdb;
        charset=utf8', 'ijdbuser', 'mypassword');
        $pdo->setAttribute(PDO::ATTR_ERRMODE,
```

---

① 是的，这个 PDOStatement 方法叫作 execute，和 PDO 对象的类似方法不同，后者叫作 exec。PHP 有很多优点，但在一致性方面乏善可陈。

```
        PDO::ERRMODE_EXCEPTION);

    $sql = 'INSERT INTO `joke` SET
        `joketext` = :joketext,
        `jokedate` = CURDATE()';

    $stmt = $pdo->prepare($sql);

    $stmt->bindValue(':joketext', $_POST['joketext']);

    $stmt->execute();
    }
    catch (PDOException $e) {
    $title = 'An error has occurred';

    $output = 'Database error: ' . $e->getMessage() . ' in '
    . $e->getFile() . ':' . $e->getLine();
    }
}
```

等等！这条 if 语句还有更多的技巧没有介绍。一旦向数据库添加了新的笑话，我们想要将用户的浏览器重定向到笑话的列表，而不是像以前一样显示 PHP 模板。这种方式可以让用户看到，新添加的笑话已经位于其中。这就是上面的 if 语句最后两行粗体显示的代码所做的事情。

要实现期望的结果，我们的第一直觉是：在添加了新笑话之后，要允许控制器直接从数据库获取笑话的列表，并且像通常一样使用 jokes.html.php 模板来显示该列表。这么做的问题在于，从浏览器的角度，笑话的列表应该提交了 "Add Joke" 表单后的结果。如果用户随后再刷新该页面，浏览器可能会重新提交表单，这会导致新笑话的另一个副本又添加到了数据库之中。这肯定不是我们想要的结果。

相反，我们希望浏览器把更新后的笑话列表当作一个常规的 Web 页面，没有重新提交表单的话，也可以重新载入它。做到这一点的方式是，用一个 HTTP 重定向（HTTP redirect）[①] 来应答浏览器的表单提交。这是一种特殊的响应，它告诉浏览器导航到一个不同的页面。

PHP header 函数提供像这样的发送特殊服务器响应的方法，它允许你在发送给浏览器的响应中插入特定的标头（headers）。要表示一次重定向，必须发送一个 Location 标头的 URL，这个 URL 指向了你想要将浏览器导向的页面。

```
header('Location: URL');
```

在这个例子中，我们想要把浏览器导向 jokes.php。在向数据库添加了新笑话之后，如下面两行代码所示，将浏览器重定向到控制器。

```
header('Location: jokes.php');
```

控制器的完整代码如清单 4-8 所示。

清单 4-8　MySQL-AddJoke

```
<?php
if (isset($_POST['joketext'])) {
    try {
        $pdo = new PDO('mysql:host=localhost;dbname=ijdb;
        charset=utf8', 'ijdbuser', 'mypassword');
        $pdo->setAttribute(PDO::ATTR_ERRMODE,
            PDO::ERRMODE_EXCEPTION);

        $sql = 'INSERT INTO `joke` SET
```

---

① HTTP 表示超文本传输协议（HyperText Transfer Protocol），是描述访问者 Web 浏览器和 Web 服务器之间的请求/响应通信的一种语言。

```
                `joketext` = :joketext,
                `jokedate` = CURDATE()';

            $stmt = $pdo->prepare($sql);

            $stmt->bindValue(':joketext', $_POST['joketext']);

            $stmt->execute();

            header('location: jokes.php');
        } catch (PDOException $e) {
            $title = 'An error has occurred';

            $output = 'Database error: ' . $e->getMessage() . ' in '
            . $e->getFile() . ':' . $e->getLine();
        }
    } else {
        $title = 'Add a new joke';

        ob_start();

        include __DIR__ . '/../templates/addjoke.html.php';

        $output = ob_get_clean();
    }
    include __DIR__ . '/../templates/layout.html.php';
```

浏览这些代码，以确保你理解其含义，注意，通过创建一个 new PDO 对象来连接到数据库的代码，必须位于任何运行数据库查询的代码之前。然而，要显示 Add Joke 表单，并不需要数据库连接。只有在表单已经提交后，才需要进行连接。

再次启动浏览器，并通过浏览器添加一两个新的笑话。

好了。有了一个单个的控制器来（index.php）来提取字符串，我们就能够看到 MySQL 数据库中已有的笑话，并且可以向其中添加新笑话了。

4.9 从数据库删除数据

在本节中，我们将对笑话数据库站点进行最后一点改进。在页面上的每个笑话的后面，我们放置一个名为 Delete 的按钮。单击该按钮，将从数据库中删除该笑话，并显示更新后的笑话列表。

如果你喜欢挑战，那么在阅读和查看我的解决方案之前，你可能想要尝试自己编写这一功能。尽管要实现一个全新的功能，但我们主要还是使用与本章前面示例中所用的相同工具。这里给出一些提示，以帮助你开始。

- 仍然需要一个新的控制器（deletejoke.php）来实现它。
- 需要 SQL DELETE 语句，我们在第 3 章中介绍过该语句。
- 要在控制器中删除一个特定的笑话，我们需要唯一地识别它。
  joke 表中创建的 id 列是用来实现这一目的的。在请求删除一个笑话时，必须传递要删除的笑话的 ID。做到这一点的最简单的方式是使用一个隐藏的表单字段。

请至少花一点时间思考下如何做到这些。当你准备好了看看解决方案时，请继续阅读。

首先，我们需要修改从数据库获取笑话列表的 SELECT 查询。除了 joketext 列，我们还必须获取 id 列，以便可以唯一地识别每个笑话。如下所示：

```
try {
    $pdo = new PDO('mysql:host=localhost;dbname=ijdb;
    charset=utf8', 'ijdbuser', 'mypassword');
```

```
$pdo->setAttribute(PDO::ATTR_ERRMODE,
    PDO::ERRMODE_EXCEPTION);

$sql = 'SELECT `id`, `joketext` FROM `joke`';
$result = $pdo->query($sql);
// …
```

我们还必须修改将数据库结果存储到$jokes 数组的 while 循环。我们要将每个笑话的 ID 和文本都存储到数组，而不只是简单地把笑话的文本作为一项存储到该数组。做到这一点的方式之一是，让$jokes 数组中的每个项自身也成为一个数组。如下所示：

```
while ($row = $result->fetch()) {
    $jokes[] = ['id' => $row['id'], 'joketext' =>
    $row['joketext']];
}
```

使用 foreach 循环替代

如果你已经转换到使用 foreach 循环来处理数据库结果的行，那么如下所示的代码也能很好地工作。

```
foreach ($result as $row) {
    $jokes[] = array('id' => $row['id'], 'joketext' =>
    $row['joketext']);
}
```

一旦这个循环开始运行，我们将有一个$jokes 数组。这个数组中的每个项都是一个关联数组，并且它又有两个项，分别是笑话的 ID 及其文本。于是，对于每个 joke（$jokes[n]），我们可以获取其 ID（$jokes[n]['id']）及其文本（$jokes[n]['text']）。

下一步是更新 jokes.html.php，以从这个新的数组结构来获取每个笑话的文本，并且为每个笑话提供一个 Delete 按钮。如下所示：

```
<?php foreach ($jokes as $joke): ?>
<blockquote>
    <p>
    <?=htmlspecialchars($joke['joketext'],
        ENT_QUOTES, 'UTF-8')?>
    <form action="deletejoke.php" method="post">
 <input type="hidden" name="id"
➡ value="<?=$joke['id']?>">
        <input type="submit" value="Delete">
    </form>
    </p>
</blockquote>
<?php endforeach; ?>
```

这里突出显示了需要修改的代码。

- 每个笑话都将显示在一个表单中，如果提交该表单的话，将会删除该笑话。我们使用表单的 action 属性向一个新的控制器 deletejoke.php 表明这一点。
- 由于$jokes 数组中的每个笑话现在都是用包含两项的一个数组而不是一个简单的字符串来表示，我们必须更新这行代码以获取笑话的文本。我们使用$joke['text']而不是$joke 来做到这一点。
- 当提交了该表单以删除该笑话时，我们将要删除的笑话的 ID 一起发送。为了做到这点，我们需要包含了笑话 ID 的一个表单字段。但是，我们想要对用户隐藏这个字段，这就是为什么要使用隐藏的表单字段（input type="hidden"）。该字段的 name 是 id，其 value 是要删除的笑话的 ID（$joke['id']）。

    和笑话的文本不同，ID 不是用户提交的一个值。因此，没必要担心用 htmlspecialchars 使其成为安全的 HTML。我们可以很好地保证它是一个数字，因为在笑话添加到数据库时，它是由 MySQL 为 id 列自动生成的。

● 单击这个提交按钮（input type="submit"）时，会提交表单。其 value 属性给了它一个名为 Delete 的标签。

● 最后，我们关闭该笑话的表单。

为什么不把表单和输入标记放在块引用之外？

如果你熟悉 HTML，可能会认为这些<input>标签属于 blockquote 元素之外，因为它们不是引用的文本（笑话）的一部分。

严格来讲，是这样的。表单及其输入确实应该在 blockquote 之前或之后。遗憾的是，清楚地显示这样的标签结构需要一些层叠样式表（Cascading Style Sheets，CSS）代码，而这真的超出了本书的范围。

我决定继续使用这一不完美的标记，而不是在一本关于 PHP 和 MySQL 的图书中介绍 CSS 布局技术。如果你打算在现实中使用这段代码，应该花一些时间来学习 CSS（或者至少请一位 CSS 高手帮忙）。通过这种方式，你可以完全控制 HTML 标记，而且可以通过所需的 CSS 使得页面更加好看一些。

将如下的 CSS 添加到 jokes.css，以使得按钮显示于笑话的右边，并且在按钮之间画一条线。

```
blockquote {display: table; margin-bottom: 1em;
➥ border-bottom: 1px solid #ccc; padding: 0.5em;}
blockquote p {display: table-cell; width: 90%;
➥ vertical-align: top;}
blockquote form {display: table-cell; width: 10%;}
```

添加 Delete 按钮后，笑话列表的样式如图 4-11 所示。

图 4-11　每个按钮都可以删除对应的笑话

等等！在我们继续让 Delete 按钮工作之前，先简单地退后一步，仔细看看下面这行代码：

```
$jokes[] = ['id' => $row['id'], 'joketext' =>
$row['joketext']];
```

这里，我们循环遍历 PDOStatement 对象，它给我们一个$row 变量，其中包含了键 id 和 joketext 以及对应的值，并且我们将使用它以相同的键和值来构建另一个数组。

你可能已经意识到这样做的效率很低。我也可以使用如下的代码来做相同的事情：

```
while ($row = $result->fetch()) {
    $jokes[] = $row;
}
```

但是我们知道，这也可以用一个 foreach 循环来实现：

```
foreach ($result as $row) {
    $jokes[] = $row;
}
```

在这个例子中，我使用了 foreach 来遍历数据库中的记录并构建一个数组。然后，我们在模板中使用另一个 foreach 循环来遍历该数组。我们也可以只是这样写：

```
$jokes = $result;
```

现在，当在模板中遍历$jokes 时，它不是一个数组而是一个 PDOStatement 对象。然而，这对于输出没有影响，并且也不会节省一些代码量。实际上，我们可以一起忽略掉$result 变量，并且直接将该 PDOStatement 对象加载到$jokes 变量中。完整的 jokes.php 控制器现在如下所示：

```
try {
    $pdo = new PDO('mysql:host=localhost;dbname=ijdb;
    charset=utf8', 'ijdbuser', 'mypassword');
    $pdo->setAttribute(PDO::ATTR_ERRMODE,
    PDO::ERRMODE_EXCEPTION);

    $sql = 'SELECT `joketext`, `id` FROM joke';

    $jokes = $pdo->query($sql);

    $title = 'Joke list';

    ob_start();

    include __DIR__ . '/../templates/jokes.html.php';

    $output = ob_get_clean();
}
catch (PDOException $e) {
    $title = 'An error has occurred';

    $output = 'Database error: ' . $e->getMessage() . ' in '
    . $e->getFile() . ':' . $e->getLine();
}

include __DIR__ . '/../templates/layout.html.php';
```

现在，我们甚至不用再在控制器中通过一个 while 循环来遍历记录了，而只是直接在模板中遍历记录，这减少了代码量，并且使得页面执行略微快了一些，因为现在只需要遍历记录一次。

回到新的 Delete 按钮，要让这一新功能有效，所要做的只是添加一个相关的 deletejoke.php 以向数据库发布一个 DELETE 查询。

```
try {
 $pdo = new
➥ PDO('mysql:host=localhost;dbname=ijdb;charset=utf8',
    'ijdbuser', 'mypassword');
    $pdo->setAttribute(PDO::ATTR_ERRMODE,
    PDO::ERRMODE_EXCEPTION);
```

```
    $sql = 'DELETE FROM `joke` WHERE `id` = :id';

    $stmt = $pdo->prepare($sql);

    $stmt->bindValue(':id', $_POST['id']);
    $stmt->execute();

    header('location: jokes.php');
}
catch (PDOException $e) {
    $title = 'An error has occurred';

 $output = 'Unable to connect to the database server: ' .
➡ $e->getMessage() . ' in '
    . $e->getFile() . ':' . $e->getLine();
}

include __DIR__ . '/../templates/layout.html.php';
```

更新后的 jokes.php 和 deletejoke.php 的完整代码在 MySQL-DeleteJoke 中可以找到。

这段代码和我们在本章前面添加的用来处理 "Add Joke" 的代码确实很相似。首先，我们准备了一个 DELETE 查询，它带有一个占位符，用于想要删除的笑话的 ID①。其次，将提交的值$_POST['id']绑定到该占位符，并执行该查询。一旦完成了该查询，我们通过使用 PHP 的 header 函数来要求浏览器发送一个新的请求，以浏览更新后的笑话列表。

不要使用超链接来执行动作

如果你自己处理这个例子，首先会本能地为每个笑话提供一个 Delete 超链接，而不是那么麻烦地编写整个 HTML 表单——其中包含了针对页面上的每个笑话的一个 Delete 按钮。实际上，实现这样的一个链接的代码要简单很多，如下所示：

```
<?php foreach ($jokes as $joke): ?>
    <blockquote>
    <p>
        <?=htmlspecialchars($joke['joketext'],
            ENT_QUOTES, 'UTF-8')?>
        <a href="deletejoke.php&amp;
        id=<?=$joke['id']?>">Delete</a>
    </p>
    </blockquote>
<?php endforeach; ?>
```

总而言之，超链接不应该用来执行动作（例如，删除一个笑话）。它们必须用于提供到某些相关内容的一个链接。对于带有 method="get" 的表单来说，也是一样的，它只应该用来执行已有数据的查询。动作只能够作为带 method="post" 的一个表单提交后的结果来执行。

这是因为，浏览器和相关的软件对于带有 method="post" 的表单会区别对待。例如，如果你提交了带有 method="post" 的一个表单，然后在浏览器中单击了 Refresh 按钮，浏览器将会询问你是否确定想要提交该表单。对于链接以及带有 method="get" 的表单，浏览器则没有类似的防范重复提交的机制。

---

① 你可能会认为，在这个示例中，为了保护数据免受 SQL 注入式攻击而使用预处理语句是不必要的。因为笑话 ID 是通过用户无法看到的一个隐藏表单字段来提供的。实际上，所有表单字段（即便是隐藏的），最终也都是在用户的控制之下。例如，有很多广为使用的浏览器插件，可以使用户能够看到隐藏的字段并且可以编辑该字段。记住，涉及保护站点的安全性时，浏览器所提交的任何值最终都是可疑的。——作者注

　　类似地，Web 加速器软件（以及其他的现代浏览器）将在后台自动地打开页面上所显示的超链接。一旦用户点击了这些链接之一，目标页面立即变得可用。搜索引擎也会跟踪你的站点上的所有链接，以便能够搞清楚何时在搜索结果中显示你的站点页面。

　　如果站点删除笑话的功能作为一个超链接而打开，那么，你可能会发现，笑话将会被用户的浏览器自动删除。

4.10　完成任务

　　在本章中，我们学习了关于 PDO 的所有知识，这是 PHP 内建类（PDO、PDOException 和 PDOStatement）的一个集合，允许你通过创建对象、调用其方法来与 MySQL 数据库服务器交互。此外，我们还学习了面向对象编程的基础知识，这对 PHP 初学者来说绝非易事。

　　使用 PDO 对象，你构建了自己的第一个数据库驱动的 Web 站点。它在线发布了 ijdb 数据库，并且允许访问者添加和删除笑话。

　　从某种程度上，我们可以说本章实现了本书所描述的任务，即教会读者如何构建数据库驱动的 Web 站点。当然，本章中的示例只是包含一些基础知识。在本书剩余的部分中，我们将介绍如何去充实自己在本章中学习和构建的框架。

　　在第 5 章中，我们将回到 MySQL Workbench 中的 SQL 查询窗口。我们将学习如何使用关系数据库的原理和高级的 SQL 查询来表达更为复杂的信息，并且让访问者为他们添加的笑话署名。

第 5 章 关系数据库设计

从第 3 章开始，我们用了一个非常简单的笑话数据库，其中包含单个的、名副其实的表 joke。尽管作为对 MySQL 数据库的介绍，这个数据库已经足够用了，但还是有更多必要学习的、关于关系数据库设计的知识是这个简单示例所无法展示的。在本章中，我们将扩展这一数据库，并且学习 MySQL 的一些新功能，以认识和欣赏关系数据库所提供的真正强大的能力。

提前说明，我将只是以一种非正式的、非严格的方式来介绍几个主题。因为任何计算机科学专业都会告诉你，数据库设计是一个正规的研究领域，其中充斥着经过测试和数学证明的原理。尽管这些东西很有用，但是超出了本书的范围。

要更加完整地、全面地了解数据库设计概念和 SQL 知识，可以阅读《Simply SQL》一书。如果你真的想要学习关系数据库背后的复杂原理，《Database in Depth》（Sebastopol 著，O'Reilly 2005 出版）是一本值得阅读的书。

5.1 该署名时署名

首先，让我们回顾一下 joke 表的结构。它包含了 3 列：id、joketext 和 jokedate。这些列综合在一起，允许我们识别笑话（id）、记录其文本（joketext）以及录入它们的日期（jokedate）。为了便于参考，我们给出了创建这个表并插入几条记录的 SQL 代码[①]。

```
# Code to create a simple joke table

CREATE TABLE `joke` (
    `id` INT NOT NULL AUTO_INCREMENT PRIMARY KEY,
    `joketext` TEXT,
    `jokedate` DATE NOT NULL
) DEFAULT CHARACTER SET utf8 ENGINE=InnoDB;

# Adding jokes to the table

INSERT INTO `joke` SET
 `joketext` = 'Why was the empty array stuck outside? It
➥ didn\'t have any keys',
 `jokedate` = '2017-04-01';

INSERT INTO `joke`
(`joketext`, `jokedate`) VALUES (
'!false - It\'s funny because it\'s true',
"2017-04-01"
);
```

现在，假设要记录关于笑话的另外一部分信息，即提交笑话的人的名字。为此给 joke 表添加一列，这是很正常的事情。SQL 的 ALTER TABLE（我们还没有介绍）恰恰允许我们这么做。

---

① 如果你需要重新创建数据库，可以使用 MySQL Workbench 删除所有的表。然后，选择 Data Import/Restore 并从示例代码中选择 database.sql。注意，database.sql 文件将会根据你在浏览哪个示例而有所不同。通过这种方式，当你需要本书中的代码包中的.sql 文件时，可以将其作为数据库快照加载。

正如前面所介绍的，你可以自己输入这些查询，或者是使用诸如 MySQL Workbench 这样的工具来为你做到这一点。当你使用 MySQL Workbench 的 GUI 来与数据库交互时，它会为你生成查询。它甚至会在你把查询应用于数据库之前向你展示查询。如果你不是很确定如何编写一个查询，可以总是让 MySQL Workbench 为你生成它，然后，根据自己的需要来修改它。

SQL 查询可以分为两类。

- 数据定义语言（Data Definition Language，DDL）查询。这些查询描述了将如何存储数据。这些查询包括我在第 3 章中介绍的 CREATE TABLE 和 CREATE DATABASE 查询，以及后面将要介绍的 ALTER TABLE 查询。
- 数据操作语言（Data Manipulation Language，DML）查询。这些是你用来操作数据库中的数据的查询。我们已经见到过其中的一些，如 INSERT、UPDATE、DELETE 和 SELECT。

PHP 开发者学习一下 DML 查询的语法以及其不同的变体是值得的，因为他们经常需要在 PHP 脚本中录入这些查询。知道幕后发生了什么，也是很有用的。也就是说，作为一名开发者，让 MySQL Workbench 生成 DDL 查询而不是自己录入它们，没有什么坏处。用工具来生成查询可能会节省时间，因为这样一来你不必学习那么多语法，并且 DDL 查询的格式可能也比大多数 DML 查询要难以掌握。

要给数据表添加一个新的列，打开 MySQL Workbench，连接到你的数据库，在我们在第 3 章中创建的名为 ijdb 的模式上双击，并且展开数据库条目。你将会看到 joke 表。

可能需要重新启动服务器

如果你在第 4 章中已经退出或者重新启动了 PC，你将需要使用 vagrant up 命令重新启动服务器，就像在第 1 章中所做的一样。

要添加新的一列，用鼠标右键单击表名并且选择 Alter Table 命令。这将会打开熟悉的表编辑界面。在这里，可以按照和第 3 章相同的方式来添加列。

添加一个新的、名为 authorname 的列，它将会存储每个笑话的作者的名字。将其类型设置为 VARCHAR(255)。这个类型声明了一个最多 255 个字符的、可变长度的字符串（variable-length character string）。对任何名字来说，VARCHAR(255)的存储空间都够了。让我们再给作者的 E-mail 地址添加一列，将列名设置为 authoremail，并将其类型设置为 VARCHAR(255)。

一旦单击 Apply 按钮，将会看到一个确认对话框，其中有如下的 DDL 查询：

```
ALTER TABLE `joke` ADD COLUMN `authorname` VARCHAR(255)
ALTER TABLE `joke` ADD COLUMN `authoremail` VARCHAR(255)
```

你也可以自己输入这些内容，但是 MySQL Workbench 中的 GUI 提供了一些有用的错误检查，并且它将总是生成有效的查询。要确保这两个列都正确地添加了，在 Schemas 面板中的表名上单击鼠标右键，并且选择 Select Rows - Limit 1000 命令。你应该会看到列出了两个额外的列。当然，此时，还没有笑话在这些字段拥有值。

这会产生图 5-1 所示的一个结果表。

图 5-1 joke 表现在包含 5 个列

看上去不错吧？显然，为了适应这一扩展后的表结构，我们需要对第 4 章所编写的、允许我们向数据库添加新的笑话的 HTML 和 PHP 表单代码进行一些修改。通过使用 UPDATE 查询，现在我们可以为表中的所有笑话添加作者信息。但是，在花较多的时间进行这些修改之前，我们应该先驻足思考，这个新的表的设计是否是正确的选择。在这个例子中，它显然不是。

5.2 首要原则：保持实体分离

随着关于数据库驱动的 Web 站点的知识的增长，你可能觉得一个人的笑话列表太有限了。实际上，你想要接收更多人提交的笑话，而不只是你自己原创的笑话。假设你决定发布一个 Web 站点，来自世界各地的人都可以在上面分享彼此的笑话。为每个笑话添加作者名和 E-mail 地址肯定是很有意义的，但是我们上面所采用的方法将会导致潜在问题的产生。

- 如果你的站点有一个叫作 Joan Smith 的频繁撰稿者，她修改了自己的 E-mail 地址，那该怎么办呢？她可能开始使用新的邮件地址提交新的笑话，但是其旧的邮件地址仍然附加在她过去提交的笑话之上。看一下自己的数据库，你可能会认为有两个名为 Joan Smith 的人提交了笑话。她可能告知你她更改了邮件地址，并且你可能尝试修改所有旧笑话以使其带有新的邮件地址。但如果你只是漏掉了一个笑话，数据库将仍然包含错误的信息。数据库设计专家将这种问题叫作**异常更新**（update anomaly）。
- 依靠数据库提供一个曾经向你的站点提交笑话的所有人的列表，这对你来说是很自然的事情。实际上，你可以使用如下所示的查询，会很容易地获取一个邮件列表。

```
SELECT DISTINCT `authorname`, `authoremail`
FROM `joke`
```

上面查询中的 DISTINCT 是为了防止 MySQL 输出重复的结果行。例如，Joan Smith 向你的站点提交了 20 条笑话，使用 DISTINCT 选项将会导致她的名字在列表中只出现 1 次，而不是 20 次。

那么，由于某些原因，你决定删除某个特定作者向你的站点提交的所有笑话。在此过程中，你应该从数据库删除此人的任何记录，也不能再向他发送关于自己的站点信息的 E-mail。数据库设计专家将这种情况叫作**异常删除**（delete anomaly）。由于你的邮件列表可能是站点的主要收入来源，只是因为你不喜欢某个作者提交的笑话，就删除他的 E-mail 地址，这显然是不明智的做法。

- 你无法保证 Joan Smith 每次都按照相同的方式输入自己的名字，考虑以下几种不同的情况：Joan Smith、J. Smith、Smith 和 Joan，你就明白我的意思了。这会使得记录一个特定的作者变得很困难，特别是，如果 Joan Smith 还有多个喜欢使用的 E-mail 地址的话。

这些问题（以及更多问题）可以通过运用已有的数据库设计原则来很容易地解决。我们将为作者列表创建一个新表，而不是将作者的信息都存储到 joke 表中。就像 joke 表中有一个 id 列，它能够用唯一的数字来识别每个笑话一样，我们也在新表中使用一个相同名称的列来识别作者。然后，我们可以在 joke 表中使用那些作者的 ID 以便于将作者和他们的笑话关联起来。完整的数据库设计如图 5-2 所示。

这些表显示了这里有 3 条笑话和 2 个作者。joke 表的 authorid 列建立了两个表之间的一个关系（relationship），指明 Kevin Yank 提交了笑话 1 和笑话 2，而 Joan Smith 提交了笑话 3。注意，由于每个作者现在只在数据库中出现一次，并且提交的笑话也是彼此独立的，因此我们避免了上面提到的所有的潜在问题。

关于这个数据库的设计，真正需要注意的重要一点是，我们存储了两种类型的**事物**（笑话和作者）的相关信息。因此，有两个表是最合适不过的。在设计一个数据库时，我们应该总是记住的一条首要原则：**我们要存储其相关信息的每种类型的实体（或事物），都应该有自己的一个表。**

要重新创建前面提到的数据库是相当简单的（只需

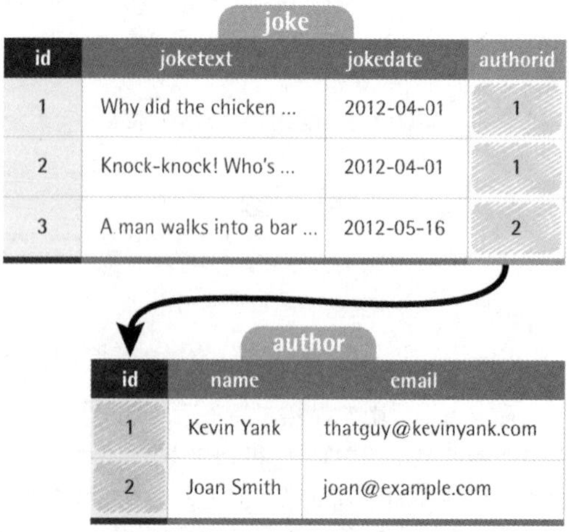

图 5-2　joke 表和 author 表之间的关系

要用 2 条 CREATE TABLE 查询）。但是，由于自己想要用一种没有破坏性的方式（也就是说，不会丢掉之前的任何宝贵的笑话），我将使用 MySQL Workbench 来删除 authorname 和 authoremail 列。为了做到这一点，在 Schema 列表中的 joke 表上单击，并且选择 Alter Table 命令。再一次，这将给出一个可编辑的栅格，其中包含了表中的所有列。要删除这两列，在列名上单击鼠标右键，并且选择 Delete Selected 命令。你需要对这两个列都这么做。一旦单击了 Apply 按钮，将会看到 MySQL Workbench 为你生成了如下这条查询：

```
ALTER TABLE `ijdb`.`joke`
DROP COLUMN `authoremail`,
DROP COLUMN `authorname`;
```

这是一条 DDL ALTER TABLE 查询，用来删除列。和所有其他的 DDL 查询一样，你可以手动将其输入到查询面板中并执行它，但是，我们已经使用了 GUI 来避免必须记住所有的不同命令。

现在，我们需要创建一个新的表来存储作者。为了做到这一点，按照用来创建 joke 表的相同过程进行，在 Schemas 面板的 Tables 条目上单击，并且选择 Create Table 命令。

将表的名称设置为 author，并且添加如下的字段。

（1）id，并且选中 PK、AI 和 NN 复选框。

（2）name，VARCHAR(255)。

（3）email，VARCHAR(255)。

单击 Apply 按钮，MySQL Workbench 将会生成如下所示的一个 CREATE TABLE 查询：

```
CREATE TABLE `author` (
    `id` INT NOT NULL AUTO_INCREMENT PRIMARY KEY,
    `name` VARCHAR(255),
    `email` VARCHAR(255)
) DEFAULT CHARACTER SET utf8 ENGINE=InnoDB
```

最后，给 joke 表添加 authorid 列。编辑 joke 表并且添加一个类型为 INT 的、名为 authorid 的列。

这里给出从头创建两个表的 CREATE TABLE 命令，如下所示：

```
# Code to create a simple joke table that stores an author
➡ ID

CREATE TABLE `joke` (
    `id` INT NOT NULL AUTO_INCREMENT PRIMARY KEY,
    `joketext` TEXT,
    `jokedate` DATE NOT NULL,
    `authorid` INT
) DEFAULT CHARACTER SET utf8 ENGINE=InnoDB;

# Code to create a simple author table

CREATE TABLE `author` (
    `id` INT NOT NULL AUTO_INCREMENT PRIMARY KEY,
    `name` VARCHAR(255),
    `email` VARCHAR(255)
) DEFAULT CHARACTER SET utf8 ENGINE=InnoDB;
```

剩下要做的事情，就是给新表添加一些作者，并且通过填写 authorid 列[①]为数据库中所有已有的笑话分配作者。如果你愿意的话，现在继续来做这些事情，这样可以练习使用 INSERT 和 UPDATE 查询。然而，如果你从头开始重新创建了数据库，如下所示是完成这些工作的一系列 INSERT 查询。

```
# Adding authors to the database
 # We specify the IDs so they're known when we add the jokes
➡ below.

INSERT INTO `author` SET
```

---

① 现在，你将手动完成这些工作。但是在第 9 章中，我们将看到 PHP 如何自动使用正确的 ID 插入条目，以反映出表之间的关系。

```
    `id` = 1,
    `name` = 'Kevin Yank',
    `email` = 'thatguy@kevinyank.com';

INSERT INTO `author` (`id`, `name`, `email`)
VALUES (2, 'Tom Butler', 'tom@r.je');

# Adding jokes to the database

INSERT INTO `joke` SET
 `joketext` = 'How many programmers does it take to screw in
➥ a lightbulb? None, it\'s a hardware problem.',
    `jokedate` = '2017-04-01',
    `authorid` = 1;

INSERT INTO `joke` (`joketext`, `jokedate`, `authorid`)
VALUES (
 'Why did the programmer quit his job? He didn\'t get
➥ arrays',
    '2017-04-01',
    1
);

INSERT INTO `joke` (`joketext`, `jokedate`, `authorid`)
VALUES (
 'Why was the empty array stuck outside? It didn\'t have any
➥ keys',
    '2017-04-01',
    2
);
```

两种 INSERT

　　我想用这个机会来刷新你对于两种 INSERT 查询语法的认识。它们都做完全相同的工作，并且有相同的结果，因此，由你来决定使用哪一种，并且最终主要是个人的喜好而不是出于任何实际的原因。

5.3　查询多个表

　　现在，数据分到了两个表中，似乎获取数据的过程复杂化了。例如，思考一下我们最初的目标是显示一个笑话列表，每个笑话的后面带有作者名字和 E-mail 地址。在单个表的解决方案中，在 PHP 代码中使用一条 SELECT 查询，就可以获取所需的所有信息，来生成如下所示的这样一个列表：

```
try {
    $pdo = new PDO('mysql:host=localhost;dbname=ijdb;
    charset=utf8', 'ijdb', 'mypassword');
    $pdo->setAttribute(PDO::ATTR_ERRMODE,
    PDO::ERRMODE_EXCEPTION);

    $sql = 'SELECT `id`, `joketext` FROM `joke`';

    $jokes = $pdo->query($sql);

    $title = 'Joke list';

    ob_start();
```

```
    include __DIR__ . '/../templates/jokes.html.php';

    $output = ob_get_clean();
}
catch (PDOException $e) {
    $title = 'An error has occurred';

    $output = 'Database error: ' . $e->getMessage() . ' in '
    . $e->getFile() . ':' . $e->getLine();
}

include __DIR__ . '/../templates/layout.html.php';
```

对于新的数据库设计来说，这似乎不太可能了。由于每条笑话的作者的详细信息已经不再存储在joke表中了，你可能想到了需要针对想要显示的每个笑话，分别获取这些详细信息。所需的代码包括针对要显示的每一个笑话调用一次PDO query方法。这可能会很杂乱，并且涉及相当多的冗余代码。

考虑到所有这些，似乎"老办法"是较好的解决方案，尽管它有一些缺点。好在像MySQL这样的关系数据库，在设计时就使得操作在多个表中存储的数据很容易！使用SELECT语句的一种叫作**连接**（join）的新形式，我们可以很好地利用两个表。连接允许我们处理多个表中相关联的数据，就好像它们存储在单独的一个表中一样。一个简单的连接的语法如下所示：

```
SELECT columns
FROM `table1`
INNER JOIN `table2`
    ON condition(s) for data to be related
```

在你的例子中，感兴趣的列是joke表中的id和joketext，以及author表中的name和email。joke表中的一个条目和author表中的一个条目相关联的条件是：joke表中的authorid的值等于author表中id列的值。

我们来看一个关于连接的例子。前两个查询展示了两个表中包含了什么，它们并非执行连接所必需的查询。第三个查询执行连接操作，如下所示：

```
SELECT `id`, LEFT(`joketext`, 20), `authorid` FROM `joke`
```

这条查询现在应该会给出图5-3所示的结果。

图 5-3 joke 表查询的结果

```
SELECT * FROM `author`
```

并且这条查询像你预期的一样，将会显示所有的作者，如图5-4所示。

图 5-4 authors 表中的所有作者

使用SQL JOIN语句从两个表中查询数据，也是可能的：

```
SELECT `joke`.`id`, LEFT(`joketext`, 20), `name`, `email`
FROM `joke` INNER JOIN `author`
    ON `authorid` = `author`.`id`
```

这将会显示两个表中的所有数据，如图 5-5 所示。

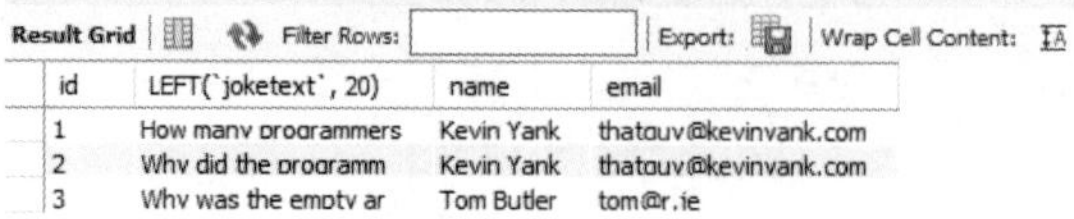

id	LEFT(`joketext`, 20)	name	email
1	How many programmers	Kevin Yank	thatguy@kevinyank.com
2	Why did the programm	Kevin Yank	thatguy@kevinyank.com
3	Why was the empty ar	Tom Butler	tom@r.ie

图 5-5 第一条 join 语句的结果

看到了吧？第三条 SELECT（一个连接）的结果，将分别存储在两个表中的值组织到了一个单独的结果表中，相关的数据正确地出现在一起。即便这些数据存储在两个表中，我们只需要用一条数据库查询，就能够访问到生成 Web 页面上的笑话列表所需的所有信息。注意，在该查询中，由于两个表中都有 id 列，在表示任何 id 列时，我们都必须指定表的名字。joke 表的 id 列表示为 joke.id，而 author 表的 id 表示为 author.id。如果没有指定表的名字，MySQL 就无法知道你说的是哪一个 id，并且会产生如下的错误：

```
Error Code: 1052. Column 'id' in field list is ambiguous
```

既然已经了解了如何高效率地访问两个表中存储的数据，我们就可以利用连接的优点来重新编写笑话列表的代码了，如下所示：

```
try {
    $pdo = new PDO('mysql:host=localhost;dbname=ijdb;
    charset=utf8', 'ijdb', 'mypassword');
    $pdo->setAttribute(PDO::ATTR_ERRMODE,
    PDO::ERRMODE_EXCEPTION);

    $sql = 'SELECT `joke`.`id`, `joketext`, `name`, `email`
    FROM `joke` INNER JOIN `author`
        ON `authorid` = `author`.`id`';

    $jokes = $pdo->query($sql);

    $title = 'Joke list';

    ob_start();

    include __DIR__ . '/../templates/jokes.html.php';

    $output = ob_get_clean();
}
catch (PDOException $e) {
    $title = 'An error has occurred';

    $output = 'Database error: ' . $e->getMessage() . ' in '
    . $e->getFile() . ':' . $e->getLine();
}

include __DIR__ . '/../templates/layout.html.php';
```

然后，我们可以更新模板 jokes.html.php 以便为每个笑话显示作者信息，如下所示：

```
<?php foreach($jokes as $joke): ?>
<blockquote>
    <p>
    <?=htmlspecialchars($joke['joketext'],
        ENT_QUOTES, 'UTF-8')?>

    (by <a href="mailto:<?php
    echo htmlspecialchars($joke['email'], ENT_QUOTES,
        'UTF-8'); ?>"><?php
```

```
echo htmlspecialchars($joke['name'], ENT_QUOTES,
    'UTF-8'); ?></a>)

<form action="deletejoke.php" method="post">
    <input type="hidden" name="id"
    value="<?=$joke['id']?>">
    <input type="submit" value="Delete">
</form>
</p>
</blockquote>
<?php endforeach; ?>
```

如果运行这段脚本，将会看到如图 5-6 所示的结果。

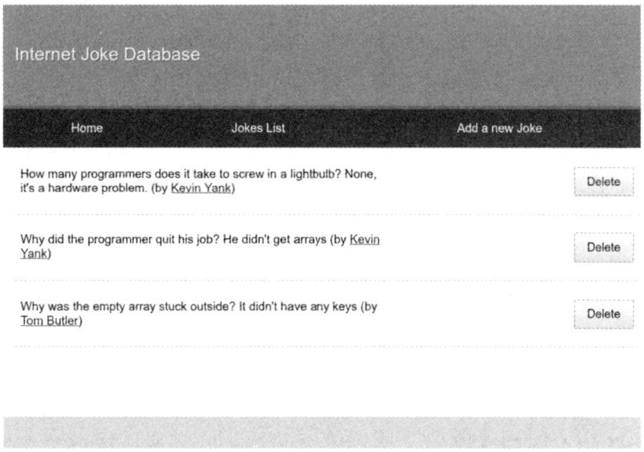

图 5-6　笑话及其作者

对数据库的操作越多，你就越能够意识到将单个表中的数据组合到一个结果表中的强大力量所在。例如，思考如下所示的查询，它们显示 Tom Butler 所编写的所有笑话的一个列表。

```
SELECT `joketext`
FROM `joke` INNER JOIN `author`
    ON `authorid` = `author`.`id`
WHERE `name` = "Tom Butler"
```

这个查询的输出结果如图 5-7 所示。尽管结果只是源自于 joke 表，但是该查询使用了一个连接，以允许根据 author 表中存储的一个值来搜索笑话。在本书中，有很多像这样聪明的查询例子。但是，这个例子只是说明了连接的实际应用有很多且情况各不相同。而且，几乎在任何情况下，它都省去了你的很多工作。

图 5-7　Tom Butler 编写的笑话

5.4   简单关系

针对一种给定情况的数据库设计，通常以需要存储的数据之间存在的关系的形式来说明。在本节中，我们将介绍典型的关系类型，并且说明在关系数据库中如何以最好的方式表示它们。

在一个简单的**一对一关系**中（one-to-one relationship），只需要一个单独的表。一对一的关系的一个典型例子，就是笑话数据库中每个作者的 E-mail 地址。由于每个作者都有一个 E-mail 地址，并且每个 E-mail 地址对应一个作者。所以，没有理由将 E-mail 地址放入一个单独的表中①。

多对一（many-to-one relationship）的关系要稍微复杂一些。但是，你也已经看到过一些例子。数据库中的每个笑话都只有一个作者相关联，但是，可能有很多个笑话都是同一个作者编写的。笑话-作者之间的这种关系就是多对一的关系。我已经提到过将笑话作者的相关信息和笑话本身存储在同一个表中所导致的问题。简而言之，这可能会导致产生相同数据的多个版本，从而很难保持同步并且会浪费空间。如果我们将数据分隔到两个表中，并且使用一个 ID 列将它们联系起来（可能像前面介绍的那样连接），所有这些问题就会迎刃而解。

一对多的关系（one-to-many relationship）只不过是从相反的方向来看多对一的关系。笑话-作者的关系是多对一的关系，所以作者-笑话的关系就是一对多的关系（有一个作者，可能会写多个笑话）。从理论上，这很容易理解。但如果从相反的方向来看具体问题，就没那么容易理解了。在笑话和作者的例子中，我们有了一组笑话（"多"的那一方），然后想要为其中每个笑话都分配一个作者（"一"的那一方）。现在来看一个假设的设计问题，其中我们从"一"那一方开始并且想要添加"多"的那一方。

假设我们想要允许数据库中的每个作者（"一"的那一方）都有多个 E-mail 地址（"多"的那一方）。当一个缺乏数据库设计经验的人遇到这样的一个一对多的关系时，他往往会首先考虑尝试在一个单个的数据库字段中存储多个值，如图 5-8 所示。

author		
id	**name**	**email**
1	Kevin Yank	thatguy@kevinyank.com, kyank@example.com
2	Joan Smith	joan@example.com, jsmith@example.com

图 5-8   一个表字段带有多个值

这能够工作，但是要从数据库中获取一个单独的 E-mail 地址，我们需要通过搜索逗号（或者你选择用作分隔符的任何其他特殊符号）来分解字符串。这是比较复杂而且颇费时间的操作。尝试想象一下要从一个特定作者删除一个 E-mail 地址所需的 PHP 代码吧！此外，我们还需要考虑让 email 列允许很长的值。这可能会导致磁盘空间的浪费，因为大多数作者只有一个 E-mail 地址。

现在，我们退回一步，意识到一对多的关系与我们所遇到的笑话和作者之间的多对一的关系是相同的。因此，解决方案也是相同的：将新的实体（在这个例子中，是 E-mail 地址）分隔到它们自己的表中。最终的数据库结构如图 5-9 所示。

对这种结构使用一个连接，我们可以很容易地列出与一个特定作者相关联的所有 E-mail 地址，如下所示：

```
SELECT `email`
FROM `author` INNER JOIN `email`
```

---

① 这条规则也有例外。例如，如果有一个单个的表很大并且有很多的列，其中的一些列还很少在 SELECT 查询中使用。那么，将那些列分隔到各自的表中将会是有意义的。这可以使得在变小后的表上执行查询的性能得到提高。

```
    ON `authorid` = `author`.`id`
WHERE `name` = "Kevin Yank"
```

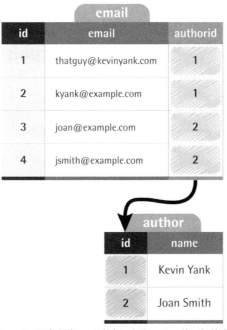

图 5-9　authorid 字段将 email 的每一行和 author 的一行关联起来

5.5　多对多关系

好了，现在我们已经让 Web 站点上发布的笑话数据库持续增长了。实际上，它增长得如此之快，以至于笑话的数量太多，变得难以管理了。站点访问者面对如此庞大的一个页面——其中包含上百个笑话，却没有任何结构。我们需要做些改变。

你可以决定将笑话分为如下几类：敲门笑话（knock-knock joke）[①]、过马路笑话（crossing the road joke）、律师笑话（lawyer joke）、换灯泡笑话（light bulb joke）和政治笑话（political joke）。还记得我们前面提到的首要原则吗？将笑话的类别当作一个新的实体，并且为它们创建表，要么通过 MySQL Workbench 创建，要么通过执行 CREATE TABLE 查询创建。

```
CREATE TABLE `category` (
    `id` INT NOT NULL AUTO_INCREMENT PRIMARY KEY,
    `name` VARCHAR(255)
) DEFAULT CHARACTER SET utf8 ENGINE=InnoDB
```

这个表将为每一个分类存储一个名称和一个 ID，这和 joke 表拥有一个 authorid 以便给每个笑话一个作者属性的方式是完全相同的。我们可以给 joke 表添加一个 categoryid 列，以便将每一个笑话和一个分类关联起来。这样一来，甚至可以使用如下语句来查询某一个特殊分类的所有笑话：

```
SELECT `joketext`, `jokedate` FROM `joke` WHERE `categoryId`
➡ = 2
```

---

① 敲门笑话（knock-knock joke），是一种英语笑话。以双关语作为笑点，通常都是由两人对答而组成。这也是一个角色扮演练习，训练对答者们的反应能力。——译者注

现在，我们遇到了一个可怕的任务，就是为笑话指定分类。你可能会碰到这样的情况：一个"political"笑话也是一个"crossing the road"笑话，并且一个"knock-knock"笑话同时也是一个"lawyer"笑话。一个笑话可能属于多个分类，并且每个分类都包含很多个笑话。这就是多对多（many-to-many）的关系。

再一次，很多有经验的开发者开始考虑将几个值存储到一个单个列中的方法。因为显而易见的解决方法是：给 joke 表添加一个 category 列，并且使用它列出每个笑话所属的那些分类的 ID。在这里，第二条原则有了用武之地：如果需要在单个字段中存储多个值，那么你的设计可能存在缺陷。

表示多对多关系的正确方法，应该是使用**查找表**（lookup table）。这是一个不包含实际数据的表，但它列出了相关的成对条目。笑话分类的数据库设计如图 5-10 所示。

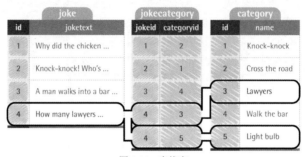

图 5-10　查找表

jokecategory 表把笑话 ID（jokeid）和分类 ID（categoryid）关联了起来。在这个例子中，我们可以看到，以"How many lawyers…"开头的那个笑话，既属于 Lawyers 分类又属于 Light bulb 分类。

查找表也按照和任何其他表一样的方式来创建。不同之处在于主键的选择。到目前为止，我们所创建的每一个表，在创建时都指定了一个名为 id 的列作为主键（PRIMARY KEY）。指定一个列作为主键，就是告诉 MySQL，禁止两个条目在该列具有相同的值。根据该列进行连接，也可以加速连接操作。

在查找表中，没有一个单个的列是我们想要强制要求具有唯一值的。每个笑话 ID 可能会出现多次，因为一个笑话可能属于多个分类。每个分类 ID 也可能会出现多次，因为一个分类可能包含多个笑话。我们想要防止的情况是，同样的一对值在表中出现两次。而且，由于这个表的唯一目的是方便连接，主键所提供的速度优势将会有用武之地。因此，在创建查找表时，我们通常会指定多个主键，如下所示：

```
CREATE TABLE `jokecategory` (
    `jokeid` INT NOT NULL,
    `categoryid` INT NOT NULL,
    PRIMARY KEY (`jokeid`, `categoryid`)
) DEFAULT CHARACTER SET utf8 ENGINE=InnoDB
```

在 MySQL Workbench 中，可以通过针对两个列选中 PK 复选框而做到相同的事情。这条语句创建了一个表，它把 jokeid 和 categoryid 列组合到一起构成主键。这就在查找表上施加了相应的唯一性要求，以防一个特定的笑话被多次指定为一个特定的分类。而且，也加快了利用这个表进行连接的速度①。

现在，准备好了查找表并且包含了对分类的分配，我们可以使用连接来创建几个有趣和实用的查询了。这条查询列出了 Knock-knock 分类中的所有笑话，如下所示：

```
SELECT `joketext`
FROM `joke`
INNER JOIN `jokecategory`
    ON `joke`.`id` = `jokeid`
INNER JOIN `category`
    ON `categoryid` = `category`.`id`
WHERE name = "knock-knock"
```

正如你所看到的，这个查询使用了两个连接。首先，它把 joke 表和 jokecategory 表连接起来。然后，

---

① 如果你愿意，可以使用 CREATE TABLE 和 INSERT 命令从头来创建 jokecategory 表（以及其他内容，包括表中的笑话）。

它获取连接的数据，并将其与 category 表连接起来。随着数据库结构变得越来越复杂，这样的多连接查询会变得很常见。

如下所示的查询列出了包含以"How many lawyers..."开头的笑话的那些分类：

```
SELECT `name`
FROM `joke`
INNER JOIN `jokecategory`
    ON `joke`.`id` = `jokeid`
INNER JOIN `category`
    ON `categoryid` = `category`.`id`
WHERE `joketext` LIKE "How many lawyers%"
```

这条查询（也利用 author 表连接了 4 个表的内容）列出了编写过 knock-knock 笑话的所有作者的名字，如下所示：

```
SELECT `author`.`name`
FROM `joke`
INNER JOIN `author`
    ON `authorid` = `author`.`id`
INNER JOIN `jokecategory`
    ON `joke`.`id` = `jokeid`
INNER JOIN `category`
    ON `categoryid` = `category`.`id`
WHERE `category`.`name` = "knock-knock"
```

这里开始变得复杂了。尽管可以使用 JOIN，在本书的稍后，我们将看到一些不同的方法，这些方法能够帮助减少这种复杂性，尽管有时要付出效率的代价。我们还不仅仅是想要给 Web 站点添加分类，但是现在，你至少对于应该如何架构数据库以做到这一点有了一个基本的认识。

5.6　一对多和多对一

在本章中，我们介绍了设计好数据库所需的基础知识。而且，我们学习了 MySQL（实际上，是所有的数据库管理系统）如何提供支持，以表现实体之间的各种不同类型的关系。首先，要理解一对一的关系；然后，继续扩展知识面，理解多对一、一对多和多对多的关系。

在此过程中，我们学习了一些常用 SQL 命令的新功能。特别是，我们学习了如何使用一条 SELECT 查询，将分散在多个表中的数据连接到一个单独的结果集中。

随着多个数据库表所带来的丰富表现力，我们现在针对第 4 章中创建的简单"笑话列表"站点进行了扩展。这其中包含了作者和分类，并且这个示例将在第 9 章得到最终的完善。在处理这个项目之前，我们应该花一些时间来增强 PHP 技能。本章花了很多篇幅来介绍 MySQL 数据库设计的精细要点。同样，第 6 章将介绍 PHP 编程的一些微妙之处，这些细节将会使得构建一个更完善的笑话数据库站点的工作变得更为有趣。

第 6 章　PHP 结构化编程

在进一步扩展笑话数据库之前，让我们先花点时间来打磨"PHP 之斧"。特别是，我想要向你介绍一些更好地组织代码结构的技巧。

即便是在最简单的 PHP 项目中，代码结构化技术也很有用。在第 2 章中，我们已经介绍了如何将 PHP 代码分隔到多个文件：即通过一个控制器和一组相关联的模板。这允许我们将站点的服务器端逻辑和用来显示该逻辑所生成的动态内容的 HTML 代码分隔开来。为了做到这一点，我们学习了如何使用 PHP 的 include 命令。

PHP 语言提供了很多这样的工具，来为代码添加结构。毫无疑问，这些工具中最强大的是其对面向对象编程的支持。我们在第 4 章中已经简单介绍过这一点了。但是，要使用 PHP 构建复杂的（并且结构良好的）应用程序，不需要学习 OOP 的所有复杂的概念。好在，通过 PHP 较为基础的功能，也有机会组织好代码的结构。

在本章中，我们将介绍一些方法来使得 PHP 代码便于管理和维护。随着项目规模的增加，代码量也会增加。当你想要对某些内容做出修改时，你需要在代码中找到要修改的位置。这可能需要一些技巧，并且有时，需要在多个地方编辑代码。

程序员都很"懒惰"，并且我们不想在多个位置进行修改。通过将代码放到一个位置，并且通过 include 语句来使用它，这就允许我们避免重复。如果你发现自己在复制和粘贴代码，那么，将重复的代码放入到自己独立的文件中，并且通过一条 include 语句在多个地方使用它，这几乎一定是更好的做法。

计算机并不关心你如何组织代码结构，并且它只会盲目地遵从你给它的指令。程序员负责代码的结构，减少重复性，并且把代码完全分解为小的代码块，以使得自己的工作更容易。当分解为较小的任务时，代码要容易管理很多。尝试在一个 1000 行的 PHP 脚本中找出错误，要比只在几十行中找出错误难得多。

6.1　包含文件

即便是很简单的、基于 PHP 的 Web 站点，也常常会在数个地方需要用到相同的代码段。我们已经学习了如何使用 PHP 的 include 命令，来从控制器内部加载一个 PHP 模板。事实上，你可以使用相同的功能，从而避免一次又一次地编写相同的代码。就像我们对 layout.html.php 所做的一样，即编写一些 HTML 代码并且在每个页面中复用它。

包含文件（Include files，也叫作**包含**）中所包括的 PHP 代码，可供我们随后将其载入到其他的 PHP 脚本中，从而不必重新录入这些代码。

6.1.1　包含 HTML 内容

包含文件的概念远早于 PHP 的出现。如果你是和我一样的程序员（这意味着，你已经在 Web 世界里工作并超过 30 岁了），你可能体验过服务器端包含（Server-Side Includes，SSI）功能。SSI 这一功能涉及每一种 Web 服务器，它允许你将常用的 HTML（以及 JavaScript 和 CSS）片段放入包含文件中，以便随后可以在多个页面中使用它们。

在 PHP 中，包含文件最常用的方法是，包含纯 PHP 代码或者 PHP 模板（这种情况下，是 HTML 和 PHP 代码的混合体）。但是，不一定必须要把 PHP 代码放入包含文件中。如果愿意，包含文件可以包含严格的静态 HTML。这对于在整个站点中共享常用的设计元素非常有用，例如出现在每个页面底部的版权声明：

```
<footer>
    The contents of this web page are copyright &copy; 2017
    Example LLC. All Rights Reserved.
</footer>
```

这个文件是一个**模板片段**（template partial），即供 PHP 模板使用的一个包含文件。为了将这种类型的文件和非模板文件区分开来，我建议给它起一个以.html.php 结尾的名字。在以这种方式使用模板的项目中，这样的命名惯例很常见。

然后，可以在任何 PHP 模板中使用这个片段。如下所示：

```
<!DOCTYPE html>
<html lang="en">
    <head>
        <meta charset="utf-8">
        <title>A Sample Page</title>
    </head>
    <body>
        <main>
        This page uses a static include to display a standard
        copyright notice below.
        </main>
        <?php include 'footer.html.php'; ?>
    </body>
</html>
```

最后，如下所示是载入这个模板的控制器：

```
<?php
include 'samplepage.tpl.php';
?>
```

页面在浏览器中的样子如图 6-1 所示。

图 6-1　完成后的页面

现在，要更新版权声明，只需要编辑 footer.inc.html.php 就可以了。不用进行耗费时间、容易出错的查找和替换操作。

当然，如果你真的想要让生活更轻松，可以让 PHP 为你而工作，如下所示：

```
<p id="footer">
    The contents of this web page are copyright &copy;
    1998&ndash;<?php echo date('Y'); ?> Example LLC.
    All Rights Reserved.
</p>
```

6.1.2　包含 PHP 代码

在数据库驱动的 Web 站点上，几乎每一个控制器脚本都必须建立一个数据库连接，以此作为其第一项任务，最后再包含 layout.html.php 文件。按照这一做法的控制器如下所示：

```php
<?php
try {
    $pdo = new PDO('mysql:host=localhost;dbname=ijdb;
    charset=utf8', 'ijdbuser', 'mypassword');
    $pdo->setAttribute(PDO::ATTR_ERRMODE,
    PDO::ERRMODE_EXCEPTION);

    // do something unique for this page
    // setting the $title and $output variables
} catch (PDOException $e) {
    $title = 'An error has occurred';

    $output = 'Unable to connect to the database server: '
    . $e->getMessage() . ' in '
    . $e->getFile() . ':' . $e->getLine();
}

include __DIR__ . '/../templates/layout.html.php';
```

代码只有 12 行。虽然只是略微有点长的一段代码，但是如果要在每个控制器脚本的顶端都输入它的话，真的有点让人烦恼了。为了节省输入时间，很多 PHP 程序员新手常常会省略基本的错误检查（例如，在这段代码中，省略 try … catch 语句）。可是当错误真的发生，这将会导致花费很多时间来查找原因。另一些程序员则频繁地使用剪贴板，从已有的脚本中复制这样的代码段，然后在新的地方使用。有些人甚至使用文本编辑器软件的功能，将有用的代码片段存储起来，以便频繁地使用。

但是，当数据库密码或代码的其他某些细节发生变化时，会怎么样呢？突然，你就像寻找宝藏一样，开始在站点中查找出现这段代码的每一个位置，以进行必要的修改。对于需要追踪和更新的代码，如果你还曾经使用过其的几种变化形式的话，这项任务会特别令人沮丧。

在这种情况下，包含文件派上了用场。我们只需要在一个单独的文件（也就是包含文件）中编写这个代码片段一次，而不必在需要用到它的地方都重复录入。然后，这个文件可以包含在需要使用它的任何其他的 PHP 文件中。

让我们在笑话列表示例中应用这一技术来创建数据库连接，详细地观察它是如何工作的。

包含文件就像是常规的 PHP 文件一样，但是，通常它们包含只有在一个较大的脚本的环境中才有用的代码段。和模板一样，我们并不想要人们通过在浏览器中输入文件名而能够直接导航到这些文件，因为它们只包含了代码片段，无法自行产生任何有意义的输出。

我们将按照对模板相同的做法来解决问题，通过在 public 目录之外创建一个目录，以使得放在这个新目录中的任何文件，都只能由其他的 PHP 脚本访问。我们将这个目录命名为 includes，并且使用它来存储代码片段。

在这个新的 includes 目录中，创建一个名为 DatabaseConnection.php 的文件[①]，并且将数据库连接代码放在其中：

```php
<?php
$pdo = new PDO('mysql:host=localhost;dbname=ijdb;
charset=utf8', 'ijdbuser', 'mypassword');
$pdo->setAttribute(PDO::ATTR_ERRMODE,
PDO::ERRMODE_EXCEPTION);
```

现在，你可以在控制器中使用这个 db.inc.php 文件了，如下所示：

```
Amend each of your controllers—addjoke.php, deletejoke.php and
jokes.php—to include the new file.
```

---

① 在本书以前的版本中，数据库连接放在了一个名为 db.inc.php 的文件中，当时这是一种惯例——所有的包含文件都以.inc.php 扩展名来命名。这个惯例已经不那么普遍了，并且包含文件通常使用骆驼命名法来创建。一部分原因是 PSR-0 标准和面向对象编程在现代 Web 站点中的普遍采用。

修改你的每一个控制器，例如 addjoke.php、deletejoke.php 和 jokes.php，以包含这个新文件。
更新后的 jokes.php 如清单 6-1 所示。

清单 6-1　Structure-Include

```php
<?php

try {
    include __DIR__ . '/../includes/DatabaseConnection.php';

    $sql = 'SELECT `joke`.`id`, `joketext`, `name`, `email`
    FROM `joke` INNER JOIN `author`
        ON `authorid` = `author`.`id`';

    $jokes = $pdo->query($sql);

    $title = 'Joke list';

    ob_start();

    include __DIR__ . '/../templates/jokes.html.php';

    $output = ob_get_clean();
} catch (PDOException $e) {
    $title = 'An error has occurred';

    $output = 'Database error: ' . $e->getMessage() . ' in '
    . $e->getFile() . ':' . $e->getLine();
}

include __DIR__ . '/../templates/layout.html.php';
```

对 addjoke.php 和 delete.php 做同样的修改，以使它们包含一条 include 语句，而不是重复数据连接的代码。

如你所见，当控制器需要一个数据库连接时，我们可以使用一条 include 语句来包含 DatabaseConnection.php 文件，从而直接获得该文件。做到这一点的代码只是简单的一行，因此，我们可以在控制器中的每个 SQL 查询的前面使用一条单独的 include 语句，以使得代码更加可读。

当 PHP 遇到一条 include 语句时，它将当前的脚本暂停，并且开始运行指定的 PHP 脚本。在完成之后，它返回到最初的脚本并从停止的地方继续运行。

包含文件是组织 PHP 代码结构的最简单的方式。由于包含文件的简单性，它们也是最为广泛使用的方法。即便是非常简单的 Web 应用程序，也会通过使用包含文件而获益良多。

我们已经看到了如何在控制器中创建诸如 $title 的一个变量，并且该变量在诸如 layout.html.php 这样的包含文件中也可用。在这里，我们可以看到，反之亦然。在 DatabaseConnection.php 中创建了 $pdo 变量，但是它可以在控制器中使用。

一条 include 语句可以当作一次自动复制和粘贴。当 PHP 遇到 include __DIR__ . '/../includes/DatabaseConnection.php';这行代码，它从该文件中读取代码并且将其复制/粘贴到当前代码中 include 语句所在的位置。

当你修改了所有的控制器，使它们都有一条 include 语句之后，如果数据库密码更新了，你只需要编辑 DatabaseConnection.php，而不必在每一个控制器中更新密码。稍后，当我们有更多的控制器时，难道你不会为了做出这一改变而感到高兴吗？

6.1.3　包含的类型

到目前为止，我们使用过的 include 语句，实际上只是可以用来将其他 PHP 文件包含到一个当前运行的脚本中的 4 条语句之一：

- include
- require
- include_once
- require_once

二者唯一的区别在于，当指定的文件无法包含时（即文件不存在或者 Web 服务器不允许读取它），处理的方式不同。使用 include，将会显示一条警告信息并且脚本继续运行；使用 require，将会显示一条错误并且脚本停止运行①。

通常，当没有被包含的脚本主脚本就无法工作时，应该使用 require。然而，我推荐尽可能使用 include。例如，即便你的站点的 DatabaseConnection.php 文件无法载入，自己可能仍然想让主页的脚本继续加载。虽然数据库的内容无法显示出来，但是用户可以使用页面底部的 Contact Us 链接告诉你发生了问题！

include_once 和 require_once 分别像 include 和 require 一样工作。但是，如果指定的文件已经为了当前页面请求至少包含了一次的话（使用上面提到的 4 条语句中的任何一种），那么该语句将会被忽略。这对于包含文件执行一项任务仅一次的情况来说显得很方便。例如，连接数据库。

include_once 和 require_once 对于加载函数库也很有用，我们将在后面的小节中介绍。

6.2 定制函数和函数库

到目前为止，你可能已经很熟悉函数的概念了。在 PHP 中，你可以随意调用函数。这通常要提供一个或多个参数以供其使用，并且往往接受一个返回值（return value）作为结果。你可以使用 PHP 的巨大函数库，来完成可以要求 PHP 脚本做的任何事情，诸如从获取当前日期（date）到实时生成图形（imagecreatetruecolor）。

但是，你可能没有意识到，也可以创建自己的函数。**定制函数**（custom function）一旦定义了，就像 PHP 的内建函数一样工作，并且它们也可以做常规 PHP 脚本所能够做的任何事情。

让我们从一个简单的例子开始。假设你有一段 PHP 脚本，它需要计算给定了宽度（3）和高度（5）的矩形区域的面积。回想一下在学校中学习过的几何学基础知识，你可能还记得，一个矩形的面积等于其宽度乘以其高度，如下所示：

```
$area = 3 * 5;
```

但是，用一个名为 area 的函数来计算矩形的面积会更好，只要告诉它矩形的大小就行了。如下所示：

```
$area = area(3, 5);
```

巧的是，PHP 没有内建的 area 函数。但是，像你我这样聪明的 PHP 程序员可以自己动手来编写函数。如下所示：

```php
<?php
function area($width, $height)
{
    return $width * $height;
}
```

这个包含文件定义了一个单个的定制函数 area。<?php 标记可能是这段代码中你唯一一熟悉的一行。这里给出的是一个**函数声明**（function declaration），让我们一行一行地分解介绍。

```
function area($width, $height)
```

关键字 function 告诉 PHP，我们想要声明一个新的函数以在当前的脚本中使用。然后，我们为该函数

---

① 在产品环境中，警告和错误显示在 php.ini 中通常是关闭的。在这样的环境中，include 的失效将没有明显的效果（只不过正常情况下，应该由包含文件生成的内容将会缺失掉），而 require 语句的失效则会导致页面在失效时停止。如果在任何内容发送到浏览器之前发生了一次 require 失败，那么，不幸的用户将会看到一个空白页面。

提供了一个名字（在这个例子中，是 area）。函数的命名规则和变量的命名规则相同，它们都是区分大小写的，必须以一个字母或一个下画线（_）开头。并且，可以包含字母、数字和下画线。当然，不能以美元符号开头。此外，函数名称后面总是跟着一对圆括号，其中可能为空也可能不为空。

跟在函数名后面的圆括号，包含了一个函数将要接受的参数的列表。如果用过 PHP 的内建函数，你应该已经熟悉这种形式了。例如，用 date 来把当前日期作为一个 PHP 字符串获取时，我们在圆括号中提供了一个字符串，用来说明希望让日期写成什么样的格式。

在声明一个定制函数时，我们给出了参数变量名的列表而不是给出参数值的列表。在这个例子中，我们列出了两个变量：$width 和$height。因此，当调用该函数时，它期望接受两个参数。第一个参数的值将赋值给$width，第二个参数的值将赋值给$height。然后，这些变量可以在函数中用来执行运算。

```
{
```

提到计算，函数声明剩下的部分就是执行计算的代码，或者做想要该函数做任何其他事情的代码。这段代码必须包含在一组花括号中（{···}），因此，如上所示是开始花括号。

```
return $width * $height;
```

你可以把花括号中的代码看作一小段 PHP 脚本。这个函数是很简单的，因为它只包含了一条语句：return语句。

在函数的代码中，return 语句用来立即跳转回到主脚本中。当 PHP 解释器遇到一条 return 语句时，它立即停止运行这个函数的代码，并且返回到调用该函数的位置。这是函数的一种"弹跳座椅"。

除了跳出函数，return 语句还允许你为函数指定一个值，以返回给调用它的代码。在这个例子中，我们返回的值是$width * $height，这是将第一个参数和第二个参数相乘的结果。

```
}
```

结束花括号表示函数声明的结束，如上所示。

只是自己编写一个函数的话，什么也做不了。只有在调用函数时，函数中的代码才会运行。就像我们在本书开始时使用的 rand 函数，它只是静静地在那里等待调用。

你可以把编写函数看作在你的计算机或手机上安装一个 App。你需要使用它，但是一旦安装了，它处于待命状态，并且随时可供使用，但是在你运行它之前，它并不会真正地做些什么。要运行这个函数，我们必须首先包含这个带有函数声明的文件，如下所示：

```
include_once __DIR__ .
'/../includes/area-function.inc.php';

$area = area(3, 5);

include 'output.html.php';
```

从技术上讲，可以在控制器脚本自身之中编写函数声明。但是，将其放在一个包含文件中的话，就可以使得在其他脚本中重用这个函数变得容易很多，而且代码也更整齐。要在包含文件中使用函数，PHP 脚本只需要使用 include_once 包含它就行了（或者，如果这个函数对于脚本来说很重要，使用 require_once）。

尽量避免使用 include 或 require 来加载其中包括函数的包含文件。正如 6.1.3 节所介绍的，这会导致在库中多次定义函数的风险产生，并且会使得用户屏幕上布满了 PHP 警告。

标准的做法是（但这不是必需的），在脚本的顶部包含函数库，从而可以很快地看出哪个包含文件带有由任意特殊脚本所使用的函数。

我们在这里只是第一次提到函数库（function library），这是带有一组相关的函数声明的一个包含文件。如果你愿意，可以将该包含文件命名为 geometry.inc.php，并且向其中添加一组执行各种几何计算的函数。

变量作用域

定制函数和包含文件之间的一个很大的不同，就在于**变量作用域**（variable scope）的概念。主脚本中存在的任何变量，在包含文件中也都是可用和可修改的。有时候这很有用，但更多的时候，它令人头疼。在包含文件中，无意地覆盖了主脚本的一个变量，常常是导致错误的原因，并且人们可能要花很长时间才能找到问题并修复它。为了避免这样问题的出现，我们需要记住自己所操作的脚本中的变量名，并且还要记住脚本使用的包含文件中所存在的任何变量名。

函数使我们避免了出现这样的问题。在函数内部创建的变量（包括任何参数变量），只是在该函数中存在，并且当函数运行结束后，这些变量就会消失。此外，在函数外部创建的变量，在函数内是完全不可访问的。函数所能够访问的外部变量，只有作为参数提供给它的那些变量。

用编程的术语来讲，这些变量的**作用域**（scope）就是函数，我们说它们拥有**函数作用域**（function scope）。相反，在主脚本之中、在任何函数之外所创建的变量，在函数中是不可用的。

这些变量的作用域是主脚本，并且我们说它们拥有**全局作用域**（global scope）。好了，先不要注意这个有趣的名字，这对我们来说到底意味着什么呢？它的意思是，假设你在主脚本中有一个名为$width 的变量，在函数中拥有另一个叫作$width 的变量，PHP 会把它们当作两个完全不同的变量。可能更为有用的是，你可以拥有两个不同的函数，它们都使用相同的变量名，并且它们相互之间没有影响，因为这些变量有各自不同的作用域。

有时，我们想要在函数中使用全局作用域的变量（简称**全局变量**）。例如，db.inc.php 创建了一个数据库连接供脚本使用，并且将其存储在全局变量$pdo 中。随后，我们可能要在一个函数中使用这个变量来访问数据库。

我们来创建这样一个函数，它查询数据库，并且返回 joke 表中当前包含的笑话的数目。先不考虑变量作用域，我们可能按照如下所示来编写这个函数：

```
include_once __DIR__ .
'/../includes/DatabaseConnection.php';

function totalJokes() {
    $query = $pdo->prepare('SELECT COUNT(*) FROM `joke`');
    $query->execute();

    $row = $query->fetch();

    return $row[0];
}

echo totalJokes();
```

留意将你的文件放置何处

注意，这个控制器脚本的第一行使用了 includes 目录下的 DatabaseConnection.php 文件的一个共享版本。确保你已经将该文件的一个副本放到了服务器的文档根目录下的 includes 目录中，否则 PHP 将会抱怨它无法找到 DatabaseConnection.php 文件。DatabaseConnection.php 文件创建了$pdo 变量，我们将在函数中引用它。

这里的问题在于，在函数的作用域中，全局变量$pdo（粗体显示）是不可用的。如果你试图调用这个函数，将会接收到图 6-2 所示的错误。

发生这一错误的原因就是**作用域**。$pdo 变量在函数之外创建，因此，在函数内它不可用。

尽管有一种方法可以在函数中创建相同的$pdo 变量，但这是一种非常糟糕的想法。例如，如果函数偶然将$pdo 修改为一个字符串，例如$pdo = 'select * from joke';，在 PHP 脚本中的任何其他地方，$pdo 变量现在都是一个字符串。全局变量是很糟糕的想法，并且会导致很难跟踪和修复的问题。应该不惜代价避免全局变量。

为了避免这个问题，可以使用$pdo 作为一个参数，并且给函数传入所需的变量：

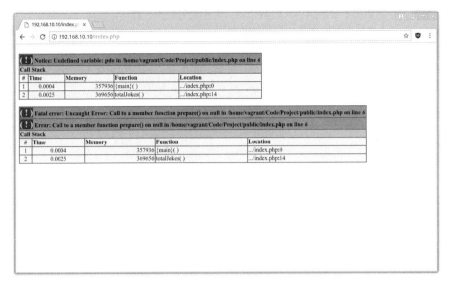

图 6-2 totaljokes 函数无法访问$pdo

```php
function totalJokes($pdo) {
    $query = $pdo->prepare('SELECT COUNT(*) FROM `joke`');
    $query->execute();

    $row = $query->fetch();

    return $row[0];
}
```

然后，当调用该函数时，传入在 DatabaseConnection.php 中创建的$pdo 对象：

```php
include_once __DIR__ .
 '/../includes/DatabaseConnection.php';
echo totalJokes($pdo);
```

通过将$pdo 作为一个参数传入，从而使其在 totalJokes 函数中可用。我们值得花一点时间来理解这里到底发生了什么。$pdo 变量是由 DatabaseConnection.php 在全局作用域中创建的，随后传入了 totalJokes 函数中。全局的$pdo 变量中存储的对象，随后复制到函数中名为$pdo 的局部变量中。$pdo 变量需要作为参数传入，因为函数只能够访问给它们的数据，而无法访问全局作用域中的变量。

重要的是，如果函数中有一个错误并且$pdo 变量被一个字符串覆盖，那么它将只会是函数中的一个字符串，而不会影响到整个脚本的其他地方。

这就意味着，实际上有两个不同的名为$pdo 的变量。我们可以将函数中的$pdo 变量重命名为$database，脚本仍然能够工作：

```php
function totalJokes($database) {
    $query = $database->prepare('SELECT COUNT(*)
    FROM `joke`');
    $query->execute();

    $row = $query->fetch();

    return $row[0];
}
```

这里，变量$database 中存储的 PDO 连接，和全局作用域中的变量$pdo 中存储的 PDO 连接是相同的。即便是仍然使用 totalJokes($pdo)调用该函数，在函数调用之外的$pdo 变量的内容，将会复制到函数中的

$database 变量中。尽管拥有不同的名字，但是它们引用相同的数据连接。

　　如果想要了解具体的技术，这个过程叫作**依赖性注入**（dependency injection），但是，在这里你只需要知道实际的术语就行了。这是使得单个变量在多个位置可用的一种方法。

　　将函数放到自己的文件之中，这是一个好主意。将 totalJokes 函数放入 include 目录中的一个名为 Database Functions.php 的文件中，然后，你可以如清单 6-2 所示来使用该函数。

清单 6-2　Structure-TotalJokes

```
 // Include the file that creates the $pdo variable and
➡ connects to the database
include_once __DIR__ .
'/../includes/DatabaseConnection.php';

// Include the file that provides the `totalJokes` function
include_once __DIR__ .
'/../includes/DatabaseConnection.php';

// Call the function
echo totalJokes($pdo);
```

　　将上面的代码保存为 public 目录下的 showtotaljokes.php 文件，并且在浏览器中导航到它。你应该会看到一个几乎空白的页面，但是它显示了数据库中笑话的总数。

　　你可能已经意识到了，如果像这样将程序分解为函数，那么在想要使用函数的每个地方都需要传入 $pdo 变量。正如你可能会怀疑的那样，这并非实现这一目标的最高效的方法，后面当我们介绍对象和类时，你将会看到这一点。

　　让我们在这个站点中使用新的函数。在笑话列表的上面，我们可以打印出"[number] jokes have been submitted to the Internet Joke Database"。

　　打开 jokes.php 并将其修改为如下所示：

```
<?php

try {
    include __DIR__ . '/../includes/DatabaseConnection.php';
    include __DIR__ . '/../includes/DatabaseFunctions.php';

    $sql = 'SELECT `joke`.`id`, `joketext`, `name`, `email`
    FROM `joke` INNER JOIN `author`
        ON `authorid` = `author`.`id`';

    $jokes = $pdo->query($sql);

    $title = 'Joke list';

    $totalJokes = totalJokes($pdo);

    ob_start();

    include __DIR__ . '/../templates/jokes.html.php';

    $output = ob_get_clean();
} catch (PDOException $e) {
    $title = 'An error has occurred';

    $output = 'Database error: ' . $e->getMessage()
    . ' in ' .$e->getFile() . ':' . $e->getLine();
}

include __DIR__ . '/../templates/layout.html.php';
```

这就创建了一个能够在 jokes.html.php 中使用的$totalJokes 变量，如清单 6-3 所示。

清单 6-3　Structure-TotalJokeList

```
<p><?=$totalJokes?> jokes have been submitted to
➥ the Internet Joke Database.</p>

<?php foreach ($jokes as $joke): ?>
<blockquote>
    <p>
    <?=htmlspecialchars($joke['joketext'], ENT_QUOTES,
        'UTF-8')?>

    (by <a href="mailto:<?php
    echo htmlspecialchars(
    $joke['email'],
    ENT_QUOTES,
    'UTF-8'
); ?>"><?php
    echo htmlspecialchars(
        $joke['name'],
        ENT_QUOTES,
        'UTF-8'
    ); ?></a>)

    <form action="deletejoke.php" method="post">
        <input type="hidden" name="id"
            value="<?=$joke['id']?>">
        <input type="submit" value="Delete">
    </form>
    </p>
</blockquote>
<?php endforeach; ?>
```

你可能会问，如果 totalJokes 函数中的查询包含一个错误，将会发生什么情况呢？我们也可以在函数中放置一条 try ... catch 语句，但是，由于该函数是在已有的 try ... catch 语句之中调用的，我们并不需要这么做。

异常冒泡这个术语，意味着即便在函数中抛出了一个异常，它仍然会被外围的 try ... catch 语句捕获。

最好避免在函数内部处理错误。假设我们在函数内部有一条 try ... catch 语句，如下所示：

```
function totalJokes($database) {
    try {
        $query = $database->prepare('SELECT COUNT(*)
        FROM `joke`');
        $query->execute();

        $row = $query->fetch();

        return $row[0];
    }
    catch {
        $title = 'An error has occurred';

            $output = 'Database error: ' . $e->getMessage()
            . ' in ' . $e->getFile() . ':'
            . $e->getLine();

        include __DIR__ . '/../templates/layout.html.php';
        die();
    }
}
```

我们不但有了重复的代码，而且现在不管从哪里调用 totalJokes，错误都将会以相同的方式处理。通过将错误处理保留在函数之外，在使用 totalJokes 函数的不同地方，我们可以使用不同的错误处理。例如，我们可能想要使用 Web 站点来把笑话列表生成为一个 PDF 或一个 Excel 文件，而不是一个 HTML 文档。如果是这种情况的话，我们肯定不希望显示为 HTML 的一条错误消息。

通过允许错误发生，我们可以在不同条件下以不同的方式处理错误。

6.3　将代码分解为可复用的函数

既然你已经熟悉了如何声明自己的函数，现在可以开始编写函数来执行每一项任务了。例如，我们不用在每次想要从数据库读取一条特定的笑话时，都写出一条 SELECT 查询，而是可以编写一个可复用的函数来完成此任务：

```
function getJoke($pdo, $id) {
    $query = $pdo->prepare('SELECT FROM `joke`
    WHERE `id` = :id');
    $query->bindValue(':id', $id);
    $query->execute();
    return $query->fetch();
}
```

这个函数的工作方式和前面的 totalJokes 函数相同。唯一的区别在于，这里有第二个参数$id，它将用来存储所要查找的笑话的 ID。

这就允许我们通过 ID 来快速查找一条笑话：

```
include __DIR__ . '/../includes/DatabaseConnection.php';

$joke1 = getJoke($pdo, 1);

echo $joke1['joketext'];

$joke2 = getJoke($pdo, 2);

echo $joke2['joketext'];
```

你可能已经注意到了，getJoke 函数和 totalJokes 函数之间有很多相似性。这两个函数都执行一条 prepare 和 execute，然后获取一条给定的记录。

不管你在哪里重复代码，将重复的代码取出来并将其放入到单独的函数之中，这通常都是一个好主意。在本书前面我提到了，这通常叫作 DRY（don't repeat yourself，不要重复自己）原则。如果你发现自己在复制并粘贴代码段，这很好地表明了，这段代码应该能够自成为一个函数。

如下是一个函数：

```
function totalJokes($pdo) {
    $query = $pdo->prepare('SELECT COUNT(*) FROM `joke`');
    $query->execute();

    $row = $query->fetch();

    return $row[0];
}
```

如下是另一个函数：

```
function getJoke($pdo, $id) {
    $query = $pdo->prepare('SELECT FROM `joke`
    WHERE `id` = :id');
```

```
$query->bindValue(':id', $id);
$query->execute();
return $query->fetch();
}
```

我们可以看到，它们做了非常相似的工作。两个函数中的如下代码行是相似的，或者说几乎完全相同的：

```
$query = $pdo->prepare('…');
$query->execute();
return $query->fetch();
```

如下是执行一个特定查询的代码。这段代码很容易就可以放入自己的函数之中：

```
function query($pdo, $sql) {
    $query = $pdo->prepare($sql);
    $query->execute();
    return $query;
}
```

这里有趣的部分是$query = $pdo->prepare($sql);这行代码。我们使用一个变量——$sql 参数，而不是把将要执行的查询写成一条字符串。

这使得 totalJokes 函数可以简化为如下所示：

```
function totalJokes($pdo) {
    $query = query($pdo, 'SELECT COUNT(*) FROM `joke`');
    $row = $query->fetch();
    return $row[0];
}
```

这里发生了一些相当聪明的事情。totalJokes 函数调用了 query 函数。实际上，我们可以从另一个函数调用任意的函数，只要我们将任务分解为越来越小的、可复用的代码段。现在，可以对 getJoke 函数做同样的事情，使用新的 query 函数以去除掉重复的代码。

```
function getJoke($pdo, $id) {
 $query = query($pdo, 'SELECT * FROM `joke` WHERE `id` =
➡  :id');
    return $query->fetch();
}
```

但是等等！这并没有像我们期望的那样工作。最初的 getJoke 函数包含了如下这行代码：

```
$query->bindValue(':id', $id);
```

这把 id 这个 SQL 参数绑定到了$id 变量，从而在查询 SELECT FROM joke WHERE id = :id 中正确地设置了:id 参数。query 函数并没有做到这一点，因此，它必须做出一些修改以绑定参数。可以像下面这样编写这个 query 函数：

```
function query($pdo, $sql, $id) {
    $query = $pdo->prepare($sql);
    $query->bindValue(':id', $id);
    $query->execute();
    return $query;
}
```

然后，可以使用如下的方式调用它：

```
function getJoke($pdo, $id) {
    $query = query($pdo, 'SELECT * FROM `joke`
    WHERE `id` = :id', $id);
    return $query->fetch();
}
```

　　然而，这不够灵活，只能够对拥有一个:id 参数的查询有效。相反，query 函数应该能够接受任意多个参数（包括用于 totalJokes 函数的 0 个参数）。好在，有一种简单的方法做到这一点。还记得吧，在第 2 章中，我介绍了如何创建数组。在这里，我们可以创建需要绑定的参数的一个数组，并且将其作为参数传递给 query 函数。

```
function getJoke($pdo, $id) {

  // Create the array of $parameters for use in the query
➥ function
    $parameters = [':id' => $id];

    // call the query function and provide the $parameters array
    $query = query($pdo, 'SELECT * FROM `joke`
WHERE `id` = :id', $parameters);

    return $query->fetch();
}
```

我们已经创建了一个名为$parameters 的数组来存储 query 的参数，并且将整个数组传递给了 query 函数。当你并不知道将要有多少个参数时，能够将数组传递到函数中，这是一种很好的技术。

　　显然，query 函数也需要修改为使用新的参数：

```
function query($pdo, $sql, $parameters) {
    $query = $pdo->prepare($sql);

    foreach ($parameters as $name => $value ) {
        $query->bindValue($name, $value);
    }

    $query->execute();
    return $query;
}
```

这里，聪明之处在于这个 foreach 循环：

```
foreach ($parameters as $name => $value ) {
    $query->bindValue($name, $value);
}
```

这会遍历所提供的每一个参数，并且将它们绑定到查询。这将会引发一个问题，totalJokes 函数并不会发送参数的一个列表，因为这里没有参数。这个查询并不需要一条 WHERE 语句或者任何的参数来替代：

```
function totalJokes($pdo) {
    $query = query($pdo, 'SELECT COUNT(*) FROM `joke`');
    $row = $query->fetch();
    return $row[0];
}
```

　　由于 query 函数期望 3 个参数，并且只传递了两个参数，这将会引发一个错误。避免这一错误的一种方法是，重新编写 totalJokes 函数以发送一个空的参数数组给 query 函数：

```
function totalJokes($pdo) {
    // Create an empty array for sending to the query function
    $parameters = [];

    // Call the query function and pass it the
    // empty $parameters array
    $query = query($pdo, 'SELECT COUNT(*)
FROM `joke`', $parameters);
    $row = $query->fetch();
    return $row[0];
}
```

然而，PHP 在这里有一个漂亮的、内建的处理方法。无论何时，当你声明一个参数时，可以给它一个"默认值"，也就是说，如果没有为该参数提供值，就会使用这个值，如下所示：

```php
function myFunction($argument1 = 1, $argument2 = 2) {
```

如果调用该函数而没有给出任何参数，例如，myFunction()，那么$argument1 变量设置为 1，而$argument2变量设置为 2。

这个功能可以用于 query 函数，以便在没有给$parameters 变量提供值时，将其设置为一个空的数组。

```php
function query($pdo, $sql, $parameters = []) {
    $query = $pdo->prepare($sql);

    foreach ($parameters as $name => $value ) {
        $query->bindValue($name, $value);
    }

    $query->execute();
    return $query;
}
```

通过给$parameters 设置一个默认值，可以调用该函数并为$pdo 和$sql 参数提供值。如果没有给第 3 个参数提供值，$parameters 将使用默认值，我们将这个默认值定义为一个空的数组。

现在，$parameters 有了一个默认值，totalJokes 函数可以保持不变了，并且不需要为 query 函数提供第 3 个参数。

```php
function totalJokes($pdo) {
    $query = query($pdo, 'SELECT COUNT(*) FROM `joke`');
    $row = $query->fetch();
    return $row[0];
}
```

当调用这个 query 函数时，第 3 个参数漏掉了，并且 PHP 将会自动为其赋值[]（一个空的数组）。当这个函数运行时，foreach 循环仍然会执行。然而，由于数组为空，它将会遍历 0 次，并且也不会调用 bindValue。

```php
foreach ($parameters as $name => $value ) {
    $query->bindValue($name, $value);
}
```

既然知道了这是如何工作的，我来介绍一种快捷方式。绑定所有参数的 foreach 语句实际上是可以移除的。execute 方法可选地以完全相同的方式，接受要绑定的一个参数的实参，让我们通过把$parameters 数组直接传递给 execute 方法，而不是一个接一个地手动绑定，从而减少 query 函数中的代码。

```php
function query($pdo, $sql, $parameters = []) {
    $query = $pdo->prepare($sql);
    $query->execute($parameters);
    return $query;
}
```

6.3.1　使用函数来替代查询

完成了 query 函数，我们就能够快速地查询数据库了。totalJokes 函数可以很容易地查询数据库，以得到表中笑话的数目。让我们采用相同的方法，并且应用它来通过一条 INSERT 语句为数据库添加笑话。

```php
function insertJoke($pdo, $joketext, $authorId) {
    $query = 'INSERT INTO `joke` (`joketext`, `jokedate`,
        `authorId`) VALUES (:joketext, CURDATE(), :authorId)';
```

```
$parameters = [':joketext' => $joketext, ':authorId'
    => $authorId];

query($pdo, $query, $parameters);
}
```

insertJoke 函数允许我们通过为其提供数据库连接（$pdo）、笑话的文本（$joketext）以及作者的 ID($authorId)，只用一行代码就可以快速地将一条记录插入 joke 表中。

```
insertJoke($pdo, 'Why did the programmer quit his job? He
➥ didn\'t get arrays', 1);
```

数据库中的每一列都是该函数的一个参数，现在可以重复地调用该函数，以快速执行相关的 INSERT 查询，这比我们之前所需的代码要少很多：

```
insertJoke($pdo, 'Why was the empty array stuck outside? It
➥ didn\'t have any keys', 1);

insertJoke($pdo, 'An SQL query goes into a bar, walks up to
➥ two tables and asks "Can I join you?"', 2);
```

和每次插入笑话时都要编写运行该查询的所有代码相比，这种方法相当快速且容易，准备好查询，绑定参数，然后最终执行查询就可以了。

现在，我们终于可以使用如下的控制器代码来添加一个笑话：

```
if (isset($_POST['joketext'])) {
    try {
    include __DIR__ . '/../includes/DatabaseConnection.php';

    $sql = 'INSERT INTO `joke` SET
        `joketext` = :joketext,
        `jokedate` = CURDATE()';

    $stmt = $pdo->prepare($sql);

    $stmt->bindValue(':joketext', $_POST['joketext']);

    $stmt->execute();

    header('location: jokes.php');
    }
    catch (PDOException $e) {
    $title = 'An error has occurred';

    $output = 'Database error: ' . $e->getMessage() . '
    in ' . $e->getFile() . ':' . $e->getLine();
    }
}
```

但是相反，我们可以把 insertJoke 和 query 函数放到 DatabaseFunctions.php 文件中，然后编写如清单 6-4 所示的这个更加简单的版本。

清单 6-4　Structure-AddJoke

```
if (isset($_POST['joketext'])) {
    try {
        include __DIR__ . '/../includes/DatabaseConnection.php';
        include __DIR__ . '/../includes/DatabaseFunctions.php';

        insertJoke($pdo, $_POST['joketext'], 1);
```

```
        header('location: jokes.php');
    }
    catch (PDOException $e) {
    $title = 'An error has occurred';

    $output = 'Database error: ' . $e->getMessage() . '
    in ' . $e->getFile() . ':' . $e->getLine();
    }
}
```

可以看到，我将 query、totalJokes 和 insertJoke 函数放到了一个名为 DatabaseFunctions.php 的文件中，并且将该文件作为必需的文件包含。现在，所有的笑话都将 1 设置为 authorId。稍后，我们将介绍如何处理登录，并且把笑话和当前登录用户关联起来。

6.3.2 更新笑话

除了插入笑话，能够更新一条记录也是很有用的。可能在一条笑话中有拼写错误，并且需要修改它。更新函数比插入函数需要更多的信息。它需要知道要更新的记录的 ID 以及每一列的新值：

```
function updateJoke($pdo, $jokeId, $joketext, $authorId) {
    $parameters = [':joketext' => $joketext,
     ':authorId' => $authorId, ':id' => $jokeId];

    query($pdo, 'UPDATE `joke` SET `authorId` = :authorId,
     `joketext` = :joketext WHERE `id` = :id', $parameters);
}
```

在需要更新笑话的任何地方，都可以调用 updateJoke 函数：

```
updateJoke($pdo, 1, '!false - It\'s funny because it\'s
➡ true', 1);
```

上面这行代码将使用所提供的 authorId 和 jokeText 来更新 id 为 1 的笑话。这等价于运行如下的所有代码：

```
$query = $pdo->prepare('UPDATE `joke`
SET `authorId` = :authorId, `joketext` = :joketext
WHERE id = :id');

$query->bindValue(':id', 1);
$query->bindValue(':authorId', 1);
$query->bindValue(':joketext', '!false - It\'s funny
➡ because it\'s true');

$query->execute();
```

这里有一个显著的优点，在任何需要更新笑话的地方，只需要在代码中调用一次函数就可以做到，这节省了很多的时间。

6.3.3 在 Web 站点上编辑笑话

让我们添加一个允许编辑已有笑话的页面，从而利用新的 getJoke 和 updateJoke 函数。实际上，这和 addjoke.php 相同。这个页面将显示一个表单，并且当提交该表单时，它将把数据发送到数据库。

然而，这里有两个主要的区别：

（1）当编辑页面加载时，它需要从数据库访问当前的笑话文本，以便用当前的笑话预先填充<textarea>，毕竟，如果这是一个简单的录入错误，你不想要让用户重新录入整个的笑话；

（2）当提交该表单时，需要运行一个 UPDATE 查询而不是一个 INSERT 查询。

在 public 目录中，创建如下所示的 editjoke.php：

```php
<?php
include __DIR__ . '/../includes/DatabaseConnection.php';
include __DIR__ . '/../includes/DatabaseFunctions.php';

try {
    if (isset($_POST['joketext'])) {
        updateJoke($pdo, $_POST['jokeid'], $_POST['joketext'], 1);

        header('location: jokes.php');
    } else {
        $joke = getJoke($pdo, $_GET['id']);

        $title = 'Edit joke';

        ob_start();

        include __DIR__ . '/../templates/editjoke.html.php';

        $output = ob_get_clean();

    }
} catch (PDOException $e) {
    $title = 'An error has occurred';

    $output = 'Database error: ' . $e->getMessage() . '
    in ' . $e->getFile() . ':' . $e->getLine();
}

include __DIR__ . '/../templates/layout.html.php';
```

这个新的 editjoke.php 页面和 addjoke.php 页面之间，还有几个主要的区别。

首先，你可能注意到了，在页面的顶部包含了两个包含文件。这是为了保证，不管表单是否已经提交，数据库函数都可以使用。

如果表单还没有提交，我们需要从数据库查询当前的笑话文本；如果表单已经提交了，我们需要运行相关的 UPDATE 查询。

其次，try 语句块包围了 if，而不是用 if 包围了 try。这么做的原因很简单：if 或 else 语句块中可能有一个错误。说到 else 语句块，它有如下的一些变化。else 语句块有如下这行代码，而不只是加载表单。

```php
$joke = getJoke($pdo, $_GET['id']);
```

这部分代码使用前面的 getJoke 函数，根据笑话的 ID 从数据库查询一个笑话。将要编辑的笑话的 ID 必须使用一个 GET 变量来提供，因此，假如访问 editjoke.php?id=4，将会执行查询 SELECT * FROMjoke WHEREid= 4，并且将得到的笑话存储到$joke 数组中。

现在，$joke 变量可以在相应的模板文件 editjoke.html.php 中使用：

```php
<form action="" method="post">
    <input type="hidden" name="jokeid"
    value="<?=$joke['id'];?>">
    <label for="joketext">Type your joke here:
    </label>
    <textarea id="joketext" name="joketext" rows="3"
    cols="40"><?=$joke['joketext']?></textarea>
    <input type="submit" value="Save">
</form>
```

这个模板和用于添加笑话的模板略有差异。最明显的改变是，当这个页面加载时，当前的笑话文本（通过$joke 变量）加载到了<textarea>中。然而，还有另外一个改变，当按下提交按钮时，总是有一个隐藏的输入，它把要编辑的笑话的 ID 发送回页面。

在 editjoke.php 中，当表单已经提交时，现在有两个$_POST 变量，$_POST['jokeid']表示将要编辑的笑话的 ID，$_POST['joketext']包含了笑话的新的文本。

随后，这些变量传递给我们的 updateJoke 函数：

```
updateJoke($pdo, $_POST['jokeid'], $_POST['joketext'], 1);
```

在能够自行测试这个示例之前，你需要给笑话列表中的每一个笑话的旁边添加一个链接，给我们一个到 editjoke.php 控制器的链接，以及将要编辑的笑话的 ID。如果直接打开 editjoke.php，将会看到一个错误，因为 editjoke.php 需要将要编辑的笑话的 ID，以便让 joketext 列中的当前值显示到<textarea>中。打开 templates 目录下的 jokes.html.php，并且为每个笑话添加一个到 editjoke.php 的链接。

```
 <p><?=$totalJokes?> jokes have been submitted to
➥ the Internet Joke Database.</p>

<?php foreach ($jokes as $joke): ?>
<blockquote>
    <p>
    <?=htmlspecialchars($joke['joketext'], ENT_QUOTES,
    'UTF-8')?>

    (by <a href="mailto:<?php
    echo htmlspecialchars(
    $joke['email'],
    ENT_QUOTES,
        'UTF-8'
); ?>"><?php
    echo htmlspecialchars(
        $joke['name'],
            ENT_QUOTES,
        'UTF-8'
        ); ?></a>)

    <a href="editjoke.php?id=<?=$joke['id']?>">
    Edit</a>

    <form action="deletejoke.php" method="post">
        <input type="hidden" name="id"
        value="<?=$joke['id']?>">
        <input type="submit" value="Delete">
    </form>
    </p>
</blockquote>
<?php endforeach; ?>
```

每个笑话都链接到 editjoke.php?id=，后面跟着想要编辑的笑话的 ID。尝试这个例子（Structure-EditJoke）并且加载笑话列表。每个笑话都会在作者名后有一个 Edit 链接，并且点击这个链接的话，笑话文本将会加载到表单中。当我们按下 Save 按钮时，将会调用 updateJoke 函数以触发笑话的更新。

6.3.4　删除函数

对于 delete 现在可以做同样的事情，以允许仅用一行代码就快速而容易地删除笑话。

```
function deleteJoke($pdo, $id) {
    $parameters = [':id' => $id];

    query($pdo, 'DELETE FROM `joke`
    WHERE `id` = :id', $parameters);
}
```

然后，调用该函数，从数据库删除具有特定 ID 的一条笑话。

```
// Delete a joke with the ID of 2
deleteJoke($pdo, 2);
```

将该函数添加到 DatabaseFunctions.php 中，并且修改 deletejoke.php 以使用这个新的函数。

```
<?php

try {
    include __DIR__ . '/../includes/DatabaseConnection.php';
    include __DIR__ . '/../includes/DatabaseFunctions.php';

    deleteJoke($pdo, $_POST['id']);

    header('location: jokes.php');
} catch (PDOException $e) {
    $title = 'An error has occurred';

    $output = 'Unable to connect to the database server: '
      . $e->getMessage() . ' in ' .
    $e->getFile() . ':' . $e->getLine();
}

include __DIR__ . '/../templates/layout.html.php';
```

6.3.5   选择函数

我们可以应用相同的逻辑，通过给 DatabaseFunctions.php 添加一个 alljokes 函数，并且相应地修改 jokes.php，以便从 joke 表中取出所有的笑话：

```
function allJokes($pdo) {
    $jokes = query($pdo, 'SELECT `joke`.`id`, `joketext`,
     `name`, `email`
            FROM `joke` INNER JOIN `author`
            ON `authorid` = `author`.`id`');

    return $jokes->fetchAll();
}
```

在这个例子中，该查询比 deleteJoke 和 updateJoke 所使用的单行代码要复杂得多。这和我们在 jokes.php 中用来选取笑话以及作者相关信息的查询相同。

这里用了 PDO 的 fetchAll 函数。它会返回该查询所访问的所有记录的一个数组。可以像下面这样使用这个新的 allJokes 函数：

```
$jokes = allJokes($pdo);

echo '<ul>';
foreach ($jokes as $joke) {
    echo '<li>' . $joke . '</li>';
}
echo '</ul>';
```

这将会打印出数据库中笑话的一个列表。更新 jokes.php 控制器以使用这个新函数，如清单 6-5 所示。

清单 6-5   Structure-AddJoke

```
try {
    include __DIR__ . '/../includes/DatabaseConnection.php';
    include __DIR__ . '/../includes/DatabaseFunctions.php';

    $jokes = allJokes($pdo);

    $title = 'Joke list';
```

```
    $totalJokes = totalJokes($pdo);

    ob_start();

    include __DIR__ . '/../templates/jokes.html.php';

    $output = ob_get_clean();
}
catch (PDOException $e) {
    $title = 'An error has occurred';

    $output = 'Database error: ' . $e->getMessage() . '
    in ' . $e->getFile() . ':' . $e->getLine();
}

include __DIR__ . '/../templates/layout.html.php';
```

现在，我们已经得到了一组可重用的函数，在需要与数据库表交互的任何地方，都可以使用它。不管是找出所有的笑话、找出一条笑话，还是执行一个 INSERT、UPDATE 或 DELETE 查询，都可以运行查询，而不需要我们每次都真正地录入所有的代码。在 Web 站点上，在我们需要和数据库表 jokes 交互的任何地方，都可以快捷而方便地使用新的函数。

6.4 最佳方法

在本章中，我们从"PHP 所能够为你做的事情"这一基本问题出发，开始探寻编写一个解决方案的最佳方法。当然，你可以编写很多简单的脚本以便让 PHP 执行一系列的操作。但是，当需要处理涉及站点的问题（例如数据库连接、共享的导航元素、访问者统计以及访问控制系统等）时，仔细地组织代码结构将会有所回报。

我们介绍了几种编写结构化 PHP 代码的简单而有效的工具。包含文件允许我们在站点的多个页面上重用一段单独的代码，当需要对这段代码进行修改时，会大大减轻我们的负担。编写自己的函数并将其放入包含文件中，我们就能够构建强大的函数库，这些函数可以执行所需的任务并且向调用它们的脚本返回值。在本书后续章节中，这些新的工具将发挥显著的作用。

在第 7 章中，我们将学习如何进一步优化这些函数，并且让它们更具有可复用性，并且我们会使用一些新的技术，包括编写你自己的对象和类。

第 7 章　改进插入和更新函数

在第 6 章中，我们介绍了如何将代码分解为容易复用的函数。这么做有两个优点：调用函数处的代码更加容易阅读；可以随处复用相同的代码。

在本章中，我们将更进一步，介绍如何让一个函数可以用于任何的数据库表，然后介绍面向对象编程如何更进一步地简化这一任务。

7.1　改进更新笑话的函数

```
 updateJoke($pdo, 1, 'Why did the programmer quit his job? He
➡didn\'t get arrays', 1);
```

要运行这个函数，必须提供该函数所需的所有参数。

● 笑话 ID。
● 笑话文本。
● 作者 ID。

如果你只想更新笑话文本，而不是更新笑话文本和作者 ID，该怎么办呢？或者说只想更新笑话的作者呢？使用上面的 updateJoke 函数，每次都需要提供所有的信息。

做到这一点的更好的方法是，以数组的形式接受字段值，用一个键表示字段的名称，而数组内容表示要存储到数据库中的数据。例如：

```
updateJoke($pdo, [
    'id' => 1,
    'joketext' => 'Why did the programmer quit his job?
    He didn\'t get arrays']
);
```

另一个例子如下所示：

```
updateJoke($pdo, [
    'id' => 1,
    'authorId' => 4
]);
```

这要好看很多，因为只有将要更新的信息（以及主键）才需要发送给函数。这还有一个优点，就是容易阅读，你可以阅读这段代码并且清晰地看到将要设置的每一个字段。使用之前的版本的话，你必须知道哪个参数表示哪个字段。如果将这个函数用于 10 个或 20 个字段的话，你必须完全正确地对参数排序，并且记住每个字段所在的位置。

要让函数接受一个数组，需要更新它。当前，它看上去如下所示，并且为每个字段接受一个参数：

```
function updateJoke($pdo, $jokeId, $joketext, $authorId) {
    $parameters = [':joketext' => $joketext,
    ':authorId' => $authorId, ':id' => $jokeId];

    query($pdo, 'UPDATE `joke`
    SET `authorId` = :authorId, `joketext` = :joketext
    WHERE `id` = :id', $parameters);
}
```

将该函数修改为接受一个数组作为另一个参数并运行该查询，这可能就没那么直接了，因为上面的查询期待的参数是:authored、:joketext 和:primaryKey。如果都不提供它们的话，将会发生什么？如果你尝试一下，会得到一条错误。

为了避免这个错误，我们需要动态地生成查询，以便它只包含相关的字段（只有那些我们真的想要更新的字段）。

foreach 循环（我们在第 2 章中介绍过）可以遍历一个数组。来看看如下的代码：

```
$array = [
    'id' => 1,
    'joketext' => 'Why was the empty array stuck outside?
    It didn\'t have any keys'
];

foreach ($array as $key => $value) {
    echo $key . ' = ' . $value . ',';
}
```

这段代码将打印出如下的内容：

```
 id = 1, joketext = Why was the empty array stuck outside? It
➥ didn't have any keys
```

可以使用一个 foreach 循环来产生 UPDATE 查询：

```
$array = [
    'id' => 1,
    'joketext' => '!false - it\'s funny because it\'s true'
];

$query = ' UPDATE `joke` SET ';

foreach ($array as $key => $value) {
    $query .= '`' . $key . '` = :' . $key . ','
}

$query .= ' WHERE `id` = :primaryKey';

echo $query;
```

.=操作符

注意，上面使用了.=操作符。它向已有的字符串的末尾添加内容，而不是覆盖该字符串。

上面的代码将会打印出如下的查询：

```
UPDATE `joke` SET `id` = :id, `joketext` = :joketext,
                    WHERE `id` = :primaryKey
```

这个查询是根据$array 的内容动态生成的，并且只有数组中的字段名才会出现在查询中。

你将会注意到，id 字段包含在了这条语句中。这是不需要的，但是，在这里保留它稍后可以简化一些事情。

如下的代码可以生成只带有 authorId 的查询：

```
$array = [
    'id' => 1,
    'authorid' => 4
];

$query = 'UPDATE `joke` SET ';

foreach ($array as $key => $value) {
    $query .= '`' . $key . '` = :' . $key . ','
```

```
}

$query .= ' WHERE `id` = :primaryKey';

echo $query;
```

上面的代码将会打印出如下的查询：

```
UPDATE `joke` SET `id` = :id, `authorId` = :authorId,
                    WHERE `id` = :id
```

当需要更新 joke 表中的任何字段或者任何一组字段时，这几乎都能让我们生成相应的查询。

我说"几乎"，是因为如果你把这条查询发送给数据库的话，将会得到一个错误。遗憾的是，生成的这个查询有一个细小的问题。你可能已经注意到了，每次循环运行时，它给 SET 子句的每一个部分添加了一个逗号，生成如下内容：

```
SET `id` = :id, `authorId` = :authorId,
```

在下一小节中，我们将介绍这是在做什么。

7.1.1　去除末尾的逗号

查询的这个部分的问题是，在 authorId 的末尾和 WHERE:子句之间，有一个额外的逗号。

```
UPDATE `joke` SET `id` = :id, `authorId` = :authorId,
                    WHERE `id` = :id
```

要成为一个有效的查询，它实际上应该是这样的：

```
UPDATE `joke` SET `id` = :id, `authorId` = :authorId
                    WHERE `id` = :id
```

只有一个字符的细微差异。然而，这就是一条有效查询和一条无效查询之间的区别。也可以调整 foreach 循环并在最后一次迭代时忽略逗号，但是，在字符串生成之后直接删除逗号要更加简单。

可以使用 rtrim 函数从字符串末尾删除（或去除）特定的字符。在这个例子中，我们想要从$query 字符串删除逗号，然后再添加 WHERE 子句：

```
$array = [
    'id' => 1,
    'authorid' => 4
];

$query = 'UPDATE `joke` SET ';

foreach ($array as $key => $value) {
    $query .= '`' . $key . '` = :' . $key . ','
}

$query = rtrim($query, ',');

$query .= ' WHERE `id` = :primaryKey';

echo $query;
```

$query = rtrim($query, ',');这行代码将会从$query 字符串的末尾删除最后的逗号，给我们一条有效的 SQL UPDATE 查询。这条没有额外逗号的查询如下所示：

```
UPDATE `joke` SET `id` = :id, `joketext` = :joketext
                    WHERE `id` = :primaryKey
```

通过将这段代码放到函数中，改进后的 updateJoke 函数的版本现在可以使用了：

```
function updateJoke($pdo, $fields) {
```

```
$query = ' UPDATE `joke` SET ';

foreach ($array as $key => $value) {
    $query .= '`' . $key . '` = :' . $key . ','
}

$query = rtrim($query, ',');

$query .= ' WHERE `id` = :primaryKey';

// Set the :primaryKey variable
$fields['primaryKey'] = $fields['id'];

query($pdo, $query, $fields);
}
```

你将会注意到，我用如下这行代码手动设置了 primaryKey 键：

```
// Set the :primaryKey variable
$fields['primaryKey'] = $fields['id'];
```

这就给查询中的 WHERE 子句提供了要更新的相关 ID。不能使用:id，因为在该查询中已经用过它了，并且每个参数都需要唯一的名字。

有了 updateJoke 函数的这个版本，现在可以像我们最初规划的那样来运行它了：

```
updateJoke($pdo, [
    'id' => 1,
    'joketext' => '!false - it\'s funny because it\'s true']
);
```

或者可以这样做：

```
updateJoke($pdo, [
    'id' => 1,
    'authorId' => 4]
);
```

编写函数

　　当你编写一个函数时，在编写函数本身中的代码之前，先写出一些你认为它应该如何调用的示例，这通常是比较容易的。这给了我们一个工作的目标以及一些可以运行来看看它是否能够正确工作的代码。

7.1.2 改进插入笑话的函数

使用这些知识，我们可以对 insertJoke 函数做同样的事情。INSERT 查询可能使用和 UPDATE 查询不同的语法，并且它像下面这样工作：

```
$query = 'INSERT INTO `joke` (`joketext`, `jokedate`,
`authorId`)
    VALUES (:joketext, CURDATE(), :authorId)';
```

这条语句有两个部分：字段名和值。首先，让我们处理列名。正如我们在 updateJoke 函数中所做的，可以使用一个循环和 rtrim 来为查询的第一行创建字段列表：

```
function insertJoke($pdo, $fields) {
    $query = 'INSERT INTO `joke` (';

    foreach ($fields as $key => $value) {
```

```
        $query .= '`' . $key . '`,';
    }

    $query = rtrim($query, ',');

    $query .= ') VALUES (';
}
```

这将会生成查询的第一部分，并且$query 将存储如下内容：

```
INSERT INTO `joke` (`authorId`, `joketext`) VALUES (
```

当使用如下的数组调用该函数时：

```
[
    'authorId' => 4,
    'joketext' => '!false - it\'s funny because it\'s true'
]
```

该查询的下一部分应该是值的占位符：

```
VALUES (:authorId, :joketext)
```

这些是带有一个冒号（:）前缀的键。同样，我们可以使用 foreach 来遍历列名，在把查询发送给数据库之前添加占位符：

```
function insertJoke($pdo, $fields) {
    $query = 'INSERT INTO `joke` ('

    foreach ($fields as $key => $value) {
        $query .= '`' . $key . '`,';
    }

    $query = rtrim($query, ',');

    $query .= ') VALUES (';

    foreach ($fields as $key => $value) {
        $query .= ':' . $key . ',';
    }

    $query = rtrim($query, ',');

    $query .= ')';

    query($pdo, $query);
}
```

insertJoke 函数现在可以用来把数据插入到任何的字段中：

```
insertJoke($pdo, [
    'authorId' => 4,
    'joketext' => '!false - it\'s funny because it\'s true'
    ]
);
```

当然，如果使用了错误的列名，将会出错，但是显然，任何人看到这段代码，都清楚是哪些数据将要插入到每一个列中。我们在后面将会看到，这使得针对表单来使用该函数也很容易。

现在，修改你的 Web 站点，替代 DatabaseFunctions.php 中已有的函数，从而使用这两个新的函数。

```
function insertJoke($pdo, $fields) {
    $query = 'INSERT INTO `joke` ('
```

```
    foreach ($fields as $key => $value) {
        $query .= '`' . $key . '`,';
    }

    $query = rtrim($query, ',');

    $query .= ') VALUES (';

    foreach ($fields as $key => $value) {
        $query .= ':' . $key . ',';
    }

    $query = rtrim($query, ',');

    $query .= ')';

    query($pdo, $query);
}

function updateJoke($pdo, $fields) {

    $query = ' UPDATE `joke` SET ';

    foreach ($fields as $key => $value) {
        $query .= '`' . $key . '` = :' . $key . ',';
    }

    $query = rtrim($query, ',');

    $query .= ' WHERE `id` = :primaryKey';

    // Set the :primaryKey variable
    $fields['primaryKey'] = $fields['id'];

    query($pdo, $query, $fields);
}
```

修改 editjoke.php，以使用新的 updateJoke 函数：

```
updateJoke($pdo, [
    'id' => $_POST['jokeid'],
    'joketext' => $_POST['joketext'],
    'authorId' => 1
]);
```

可以尝试修改 addjoke.php 以使用新的函数：

```
insertJoke($pdo, ['authorId' => 1, 'jokeText' =>
➥ $_POST['joketext']]);
```

可以在 Structure2-ArrayFunctions-Error 中找到这个示例的代码。如果你尝试该示例，将会得到一个错误：

```
Database error: SQLSTATE[HY000]: General error: 1364 Field
➥ 'jokedate' doesn't have a default value in
➥ /home/vagrant/Code/Project/includes/DatabaseFunctions.php:5
```

这个错误的原因是我们没有为 jokedate 列提供值。

7.2 处理日期

发生上面的错误的原因是，在插入一个笑话时，我们没有提供一个日期。

之前，我们使用 CURDATE()函数。使用新的 insertJoke 函数，你可能会试图像下面这样设置笑话：

```
insertJoke($pdo, ['authorId' => 1,
    'jokeText' => $_POST['joketext'],
    'jokedate' => 'CURDATE()'
]);
```

尽管这里的逻辑是没有问题的（我们想要把当前日期插入到 jokedate 列中），但这种方法不会像预期的那样有效。就像是存储在$_POST['joketext']变量中的任何文本将会插入到 joketext 列中一样，上面的代码将会尝试把值 CURDATE()插入到 jokedate 列中，而不是执行该函数并获取日期。

为了解决这个问题，我们可以使用 PHP 读取当前日期，而不是从 MySQL 来读取日期，即使用 PHP DateTime 类。

PHP DateTime 可以用来在 PHP 中用任何的格式来表示日期。例如：

```
$date = new DateTime();

echo $date->format('d/m/Y H:i:s');
```

默认情况下，如果没有提供参数，DateTime 的一个新的实例将表示当天的日期。因此，如果你在 2019 年 12 月 8 日晚上 7 点左右时生成这个类的实例，将会得到如下的内容：

```
08/09/2019 19:12:34
```

可以给 PHP 一个字符串以转换为一个日期，然后，以你想要的任何格式来格式化该日期。例如：

```
$date = new DateTime('5th March 2019');

echo $date->format('d/m/Y');
```

这里的字符串 d/m/Y 表示日期/月份/年份，它可能打印出 05/03/2019。PHP DateTime 类的功能非常强大，并且在 PHP 中处理日期时特别有用。格式化一个日期的可用方法的完整列表，可以参考 PHP 手册。

然而，我们需要使用的唯一的格式是 MySQL 所能够理解的格式。MySQL 中的日期和时间总是使用 YYYY-MM-DD HH:MM:SS 的格式。例如，MySQL 会把 2019 年 7 月 13 日存储为 2019-07-13。

DateTime 类可以用来表示任何日期。今天的日期可以以这种格式来包含，如下所示：

```
// Don't give it a date so it uses the current date/time
$date = new DateTime();

echo $date->format('Y-m-d H:i:s');
```

上面的语句将会打印出如下所示的内容：

```
2019-09-08 19:16:34
```

当你想要在 MySQL 中插入一个 DATETIME 字段时，这就是所需要的格式。插入函数已经能够处理这个了。我们可以只是将当前日期作为数组的一个键传递给该函数：

```
$date = new DateTime();

insertJoke($pdo, [
    'authorId' => 4,
 'joketext' => 'Why did the chicken cross the road? To get
➥ to the other side',
    'jokedate' => $date->format('Y-m-d H:i:s')
    ]
);
```

它工作得很好。然而，每次想要使用该函数时，我们都需要记住 MySQL 所采用的日期格式。这可能会有点痛苦，因为每次需要插入数据时，都需要重复用来格式化日期的代码（并且记住字符串 Y-m-d H:i:s）。

相反，一种较好的方法是用函数来为我们格式化日期，这在每次调用函数时节省了一些工作。

```php
function insertJoke($pdo, $fields) {
    $query = 'INSERT INTO `joke` (';

    foreach ($fields as $key => $value) {
        $query .= '`' . $key . '`,';
    }

    $query = rtrim($query, ',');

    $query .= ') VALUES (';

    foreach ($fields as $key => $value) {
        $query .= ':' . $key . ',';
    }

    $query = rtrim($query, ',');

    $query .= ')';

    foreach ($fields as $key => $value) {
        if ($value instanceof DateTime) {
            $fields[$key] = $value->format('Y-m-d');
        }
    }

    query($pdo, $query, $fields);
}
```

使用上面的函数版本，一个日期对象可以不必格式化而传入该函数中：

```php
insertJoke($pdo, [
    'authorId' => 4,
    'joketext' => '!false - it\'s funny because it\'s true',
    'jokedate' => new DateTime()
    ]
);
```

该函数将会查找给它的任何日期对象，并且自动地将其格式为 MySQL 所需的格式。当调用该函数时，你不需要记住 MySQL 所需要的具体格式，在函数内部已经为你完成了这些事情。该函数将会自动把它所遇到的任何 DateTime 对象，转换到 MySQL 所能够理解的一个字符串中：

```php
// Loop through the array of fields
foreach ($fields as $key => $value) {
    // If any of the values are a DateTime object
    if ($value instanceof DateTime) {
        // Then replace the value in the array with the date
        // in the format Y-m-d H:i:s
        $fields[$key] = $value->format('Y-m-d H:i:s');
    }
}
```

你还没有遇到过 instanceof 操作符。这是一个诸如==或!=这样的比较操作符。然而，它会检查左边的变量（$value）是否与右边的变量（DateTime）是同一种对象，而不是检查两个值是否相同。一个重要的区别是，这里检查的不是值，而只是类型。这就好像是在说，"这是一辆汽车吗"？而不是说，"这是一辆 E-Type Jaguar 的车吗"？

无论何时，当在数组中找到一个 DateTime 对象，它都会使用 MySQL 所需的格式的、对等的日期字符串来替代。这允许我们完全忘记 MySQL 真正需要的格式，而只是为 insertJoke 函数提供 DateTime 对象。

让我们也给 updateJoke 函数添加自动日期格式化功能：

```php
function updateJoke($pdo, $fields) {
```

```
    $query = ' UPDATE joke SET ';

    foreach ($fields as $key => $value) {
        $query .= '`' . $key . '` = :' . $key . ',';
    }

    $query = rtrim($query, ',');

    $query .= ' WHERE id = :primarykey';

    foreach ($fields as $key => $value) {
        if ($value instanceof DateTime) {
            $fields[$key] = $value->format('Y-m-d');
        }
    }

    // Set the :primaryKey variable
    $fields['primaryKey'] = $fields['id'];

    query($pdo, $query, $fields);
}
```

这将会采用和 insertJoke 中所使用的相同方法，并且将其应用于更新笑话的函数。在 $fields 数组中传递给该函数的任何 DateTime 对象，都将会被转换为 MySQL 理解的一个字符串。

当我们复制并粘贴代码时，一种较好的做法是，将重复的代码放到单独的函数中以避免重复，并且遵从 DRY 原则。

```
function processDates($fields) {
    foreach ($fields as $key => $value) {
        if ($value instanceof DateTime) {
            $fields[$key] = $value->format('Y-m-d');
        }
    }

    return $fields;
}
```

让我们将该函数放到 DatabaseFunctions.php 中，并且修改 updateJoke 和 insertJoke 函数以使用它：

```
function insertJoke($pdo, $fields) {
    $query = 'INSERT INTO `joke` (';

    foreach ($fields as $key => $value) {
        $query .= '`' . $key . '`,';
    }

    $query = rtrim($query, ',');

    $query .= ') VALUES (';

    foreach ($fields as $key => $value) {
        $query .= ':' . $key . ',';
    }

    $query = rtrim($query, ',');

    $query .= ')';

    $fields = processDates($fields);
```

```
        query($pdo, $query, $fields);
}

function updateJoke($pdo, $fields) {

    $query = ' UPDATE `joke` SET ';

    foreach ($fields as $key => $value) {
        $query .= '`' . $key . '` = :' . $key . ',';
    }

    $query = rtrim($query, ',');

    $query .= ' WHERE `id` = :primaryKey';

    // Set the :primaryKey variable
    $fields['primaryKey'] = $fields['id'];

    $fields = processDates($fields);

    query($pdo, $query, $fields);
}
```

最后，修改 addjoke.php 以便为 jokedate 列的值提供 DateTime() 对象：

```
insertJoke($pdo, ['authorId' => 1,
    'jokeText' => $_POST['joketext'],
    'jokedate' => new DateTime()
]);
```

你可以在 tructure2-ArrayFunctions-Dates 中找到这个示例。

显示笑话日期

既然处理了日期，就让我们将笑话发布的日期和作者的名称一起显示在模板中。这个页面现在将显示诸如这样的内容："By Tom Butler on 2019-08-04"。

首先，我们需要修改 allJokes 函数以从数据库获取日期：

```
function allJokes($pdo) {
    $jokes = query($pdo, 'SELECT `joke`.`id`, `joketext`,
      `jokedate`, `name`, `email`
        FROM `joke` INNER JOIN `author`
        ON `authorid` = `author`.`id`');

    return $jokes->fetchAll();
}
```

现在，我们可以在模板文件 jokes.html.php 中引用日期列：

```
 <p><?=$totalJokes?> jokes have been submitted to
➥ the Internet Joke Database.</p>

<?php foreach ($jokes as $joke): ?>
<blockquote>
    <p>
    <?=htmlspecialchars($joke['joketext'],
    ENT_QUOTES, 'UTF-8')?>

    (by <a href="mailto:<?=htmlspecialchars(
    $joke['email'],
    ENT_QUOTES,
        'UTF-8'
); ?>">
```

```
<?=htmlspecialchars(
        $joke['name'],
        ENT_QUOTES,
    'UTF-8'
    ); ?></a> on <?=$joke['jokedate']; ?>)
<a href="editjoke.php?id=<?=$joke['id']?>">
Edit</a>

<form action="deletejoke.php" method="post">
    <input type="hidden" name="id"
    value="<?=$joke['id']?>">
    <input type="submit" value="Delete">
</form>

</p>
</blockquote>
<?php endforeach; ?>
```

如果运行上面的代码，将会看到日期打印到了页面上。遗憾的是，日期将按照 MySQL 所使用的格式来打印，也就是说 2019-08-04 的格式，而不是按照浏览 Web 站点的人们所喜欢的一种更好的格式。

通过修改模板文件以创建 DateTime 类的一个实例，并且以一种更加好看的方式格式化日期，我们就可以使用 DateTime 类来做到这一点：

```
(by <a href="mailto:<?=htmlspecialchars(
    $joke['email'],
    ENT_QUOTES,
        'UTF-8'
); ?>">
    <?=htmlspecialchars(
            $joke['name'],
            ENT_QUOTES,
        'UTF-8'
        ); ?></a> on
<?php
$date = new DateTime($joke['jokedate']);

echo $date->format('jS F Y');
?>)
    <a href="editjoke.php?id=<?=$joke['id']?>">
    Edit</a>
```

DateTime 类可以接受一个日期作为参数，并且对我们来说，好在它理解 MySQL 所采用的格式，这就允许我们以所喜欢的任意方式来快速地格式化日期。

echo $date->format('jS F Y');这一行以一种更加好看的方式来格式化日期，并且将会这样显示内容：4th August 2019。

可以在 Structure2-ArrayFunctions-Dates2 中找到这个示例。

7.3　自己制作工具

铁匠的工作很独特，因为他们自己制作工具。木匠不会自己制作锯子和锤子，裁缝不会自己制作剪刀和针，管道工不会自己制作扳手，但是铁匠可以自己制作锤子、钳子和凿子。

——Daniel C. Dennet，《Intuition Pumps and Other Tools for Thinking》

这是一个有趣的观察——并且我将说明为什么要包含这句话，但是，它意味着一个小小的悖论。如果需要一个铁匠来制作铁匠的工具，那么第一个铁匠的工具是从哪里来的呢？实际上，这里有一个简单的解释：第一个工具非常原始，它只是一些可以用来敲打出金属棍子的石头。但是铁匠可以将两根棍子融合在一起制作成一把基本的锤子，然后再使用这个锤子来做出更好的锤子，进而逐渐地制作出更新、更好的工具。

通过把这些工具改进得更精确和更容易使用，铁匠可以更快地制作产品，创建高质量的产品，生产各种各样的产品，制作更加专业的工具，并且让学徒这样缺乏技能的工人也能够生产超出他们的技能水平的产品。

制作工具确实很耗费时间，但是，一旦做好了工具，铁匠就可以用它做出数以千计的产品。从长远来看，制作工具所花费的时间，很快就得到了回报。

你可能会问，所有这些和 PHP 编程有关系吗？我打算略微修改一下 Dennet 的话并这样来表示——铁匠不是唯一能够自己制作工具的人，因为程序员也拥有这种能力。

我上面介绍的铁匠能够自己创造工具的每一个机会，对于程序员来说，也有这样的机会。实际上，你在计算机上所使用的所有内容，都是其他程序员所编写的一款工具。即便你正在使用的 PHP 编程语言，也是最初由一名叫作 Rasmus Lerdorf 的程序员所编写的工具。

编程语言并不是横空出世的。计算机根本不理解 PHP。它们只是理解二进制编码而已。

和铁匠一样，程序员也是从制作原始的工具开始的，那是一些打孔卡，通过有孔和没孔来分别表示 1和 0。然后，人们手动地将这些打孔卡输入到计算机从而对它进行编程。那时候，编写和理解代码都需要很强的技能。计算机刚开发出来时，我们就是这样编程的。

程序员发明了一种工具，可以接受人类可以阅读的并且更容易理解的代码，然后将其转换（如果你对技术术语感兴趣的话，这叫作编译）为计算机能够理解的二进制代码，这就不必再用打孔卡来将所有内容表示为 1 和 0 了。这样一来，好像编程语言是供人类使用的，而不是给计算机使用的。

当你坐在计算机前使用自己喜欢的代码编辑器时，你当然可以认为自己在使用人类所能制作出的、最精致的榔头，并且你拥有所有的这些工具可供挑选使用。

编程语言只是一种工具，并且你可以使用它来制作你自己的工具。每次你编写一个函数时，都是在创造一个新的工具。你可以制作具有很多用途的工具，可以一遍一遍地重复使用它，或者可以制作用途有限的工具，从而只能用它来完成一种特定的工作。

你的厨房中就有很多的工具。每次做饭时，你可能都需要一把刀，而压蒜器可能并不常用。

如果一种工具能够用于各种不同的任务，那么它更有用一些。在厨房中，工具所能帮助制作的菜式越多，这个工具也就越有用。

当你用 PHP（或者任何编程语言）编写一个函数时，尽量编写像是刀那样的函数，而不是像压蒜器那样的函数。要编写在任何 Web 站点上都能够一次又一次重复使用的函数，而不是那些只能在一个 Web 站点的一种非常特定的场景中使用的函数。

在本章中，到目前为止，我们都是把那些需要确定的数目并按照特定顺序排列的参数的函数拿过来，将其重新编写为这样的函数——允许按照（几乎）任意的顺序来指定参数，不需要更新值的话则可选地完全忽略它。

现在，函数的问题在于它们更像是压蒜器，而不是像刀。压蒜器只是对需要大蒜的菜式才有用，同样，updateJoke 函数只有当我们想要更新 joke 中的一条记录时才有用。我们不想得到这样的函数并将其用于其他的 Web 站点，因为我们所要构建的下一个站点可能根本就没有一个名为 joke 的表。

下一步是将工具优化，以使得我们的函数更像刀——能够用于任何的数据库表。毕竟，刀也可以用来切大蒜。

7.4 通用型函数

在进行任何大规模的修改之前，我们先来扩展一下 Web 站点，并且添加一个函数，按照和 allJokes 函数相同的方式从数据库获取所有的作者。

```php
function allAuthors($pdo) {
    $authors = query($pdo, 'SELECT * FROM `author`');
```

```
    return $authors->fetchAll();
}
```

我们还添加了函数以便向 author 表插入作者以及从其中删除作者：

```
function deleteAuthor($pdo, $id) {
    $parameters = [':id' => $id];

    query($pdo, 'DELETE FROM `author`
    WHERE `id` = :id', $parameters);
}

function insertAuthor($pdo, $fields) {
    $query = 'INSERT INTO `author` (';

    foreach ($fields as $key => $value) {
        $query .= '`' . $key . '`,';
    }

    $query = rtrim($query, ',');

    $query .= ') VALUES (';

    foreach ($fields as $key => $value) {
        $query .= ':' . $key . ',';
    }

    $query = rtrim($query, ',');

    $query .= ')';

    $fields = processDates($fields);

    query($pdo, $query, $fields);
}
```

这些 deleteAuthor 和 insertAuthor 函数，几乎与其对应的笑话函数 deleteJoke 和 insertJoke 是相同的。创建一个能够用于任何数据库表的通用函数，似乎要好一些。通过这种方式，我们可以只编写函数一次，并将其用于任何的数据库表。如果我们继续沿着原来的路前进，针对每个数据库表都使用 5 个不同的函数，我们很快就会得到很多非常相似的代码。

这些函数的区别仅在于表的名称。通过用一个变量来替代表名，就可以使用该函数从任何数据库表获取所有的记录。通过这种方式，我们不再需要为每个表都编写一个不同的函数：

```
function findAll($pdo, $table) {
    $result = query($pdo, 'SELECT * FROM `' . $table . '`');

    return $result->fetchAll();
}
```

一旦编写了该函数，就可以使用这个新的工具从任何数据库表中获取所有的记录了：

```
// Select all the jokes from the database
$allJokes = findAll($pdo, 'joke');

// Select all the authors from the database
$allAuthors = findAll($pdo, 'author');
```

对于删除函数，也可以做相同的事情：

```
function delete($pdo, $table, $id) {
```

```
    $parameters = [':id' => $id];

    query($pdo, 'DELETE FROM `' . $table . '`
    WHERE `id` = :id', $parameters);
}
```

这就允许根据记录的 ID 从任何数据库删除一条记录：

```
// Delete author with the ID of 2
delete($pdo, 'author', 2);

// Delete joke with the id of 5
delete($pdo, 'joke', 5);
```

该函数有效，但是，它仍然有一点不够灵活的地方：它假设表中的主键字段叫作 id。这个函数只能用于那些主键是一个名为 id 的字段的表，而表的主键字段并非总是名为 id。例如，存储有关图书信息的一个表，可能用 isbn 字段作为主键。为了让我们的函数能够用于任何的数据库表结构，也可以用一个变量来代替主键：

```
function delete($pdo, $table, $primaryKey, $id ) {
    $parameters = [':id' => $id];

    query($pdo, 'DELETE FROM `' . $table . '`
    WHERE `' . $primaryKey . '` = :id', $parameters);
}
```

无论何时调用 delete 函数，现在都要为其提供 4 个参数：

- $pdo 数据库连接；
- 要从中删除一条记录的表的名称；
- 要删除的记录的 ID；
- 充当主键的字段。

并且，可以像下面这样调用它：

```
// Delete author with the ID of 2
delete($pdo, 'author', 'id', 2);

// Delete joke with the id of 5
delete($pdo, 'joke', 'id', 5);

// Delete the book with the ISBN 978-3-16-148410-0
delete($pdo, 'book', '978-3-16-148410-0', 'isbn');
```

有了删除和查询函数，让我们通过用一个函数参数来替代表名的方式，从而对 update 和 insert 函数做相同的事情：

```
function insert($pdo, $table, $fields) {
    $query = 'INSERT INTO `' . $table . '` (';

    foreach ($fields as $key => $value) {
        $query .= '`' . $key . '`,';
    }

    $query = rtrim($query, ',');

    $query .= ') VALUES (';

    foreach ($fields as $key => $value) {
        $query .= ':' . $key . ',';
    }

    $query = rtrim($query, ',');
```

```
    $query .= ')';

    $fields = processDates($fields);

    query($pdo, $query, $fields);
}

function update($pdo, $table, $primaryKey, $fields) {

    $query = ' UPDATE `' . $table .'` SET ';

    foreach ($fields as $key => $value) {
        $query .= '`' . $key . '` = :' . $key . ',';
    }

    $query = rtrim($query, ',');

    $query .= ' WHERE `' . $primaryKey . '` = :primaryKey';

    // Set the :primaryKey variable
    $fields['primaryKey'] = $fields['id'];

    $fields = processDates($fields);

    query($pdo, $query, $fields);
}
```

注意，在 update 函数中，我们还创建了一个名为 primaryKey 的变量。这是因为我们不能假设主键（用于查询的 WHERE id=:primaryKey 部分）将总是 id。

在第 6 章中，我们创建了一个名为 getJoke 的函数，它根据笑话的 ID 来找出一条特定的笑话。也可以让该函数对任何的数据库表都可用。这个 findById 函数使用主键从任何表中查找出单个的一条记录：

```
function findById($pdo, $table, $primaryKey, $value) {
    $query = 'SELECT * FROM `' . $table . '`
    WHERE `' . $primaryKey . '` = :value';

    $parameters = [
        'value' => $value
    ];

    $query = query($pdo, $query, $parameters);

    return $query->fetch();
}
```

现在，我们有了这样的一组函数，它们能够用来快速而容易地和任何的数据库表交互，并且使用 PHP 的 DateTime 类来表示日期：

```
// Add a new record to the database
$record = [
    'joketext' => '!false - it\'s funny because it\'s true',
    'authorId' => 2,
    'jokedate' => new DateTime()
];

insert($pdo, 'joke', $record);

// Delete from the author table where `id` is `2`
```

```
delete($pdo, 'author', 'id', 2);

$jokes = findAll($pdo, $joke);
```

最后，为了完整起见，我们还要对 totalJokes 函数做同样的修改，以允许获取任何表中记录的数目：

```
function total($pdo, $table) {
    $query = query($pdo, 'SELECT COUNT(*)
    FROM `' . $table . '`');
    $row = $query->fetch();
    return $row[0];
}
```

7.5 使用这些函数

既然已经得到了函数，让我们将其放入自己的控制器中。首先，我们修改 addjoke.php 控制器，以使用新的通用的 insert 函数。它现在看上去如下所示：

```
<?php
if (isset($_POST['joketext'])) {
    try {
        include __DIR__ . '/../includes/DatabaseConnection.php';
        include __DIR__ . '/../includes/DatabaseFunctions.php';

        insertJoke($pdo, ['authorId' => 1,
        'jokeText' => $_POST['joketext'],
        'jokedate' => new DateTime()]);

        header('location: jokes.php');

        // …
```

要使用通用的 insert 函数替代 insertJoke 函数，我们只需要修改函数名称并提供表的名称：

```
<?php
if (isset($_POST['joketext'])) {
    try {
    include __DIR__ . '/../includes/DatabaseConnection.php';
    include __DIR__ . '/../includes/DatabaseFunctions.php';

 insert($pdo, 'joke', ['authorId' => 1, 'jokeText' =>
➡ $_POST['joketext'], 'jokedate' => new DateTime()]);

    header('location: jokes.php');

    // …
```

现在，以相同的方式修改 editjoke.php 和 deletejoke.php 文件。先修改 editjoke.php 文件：

```
<?php
include __DIR__ . '/../includes/DatabaseConnection.php';
include __DIR__ . '/../includes/DatabaseFunctions.php';

try {
    if (isset($_POST['joketext'])) {
        update($pdo, 'joke', 'id', ['id' => $_POST['jokeid'],
            'joketext' => $_POST['joketext'],
            'authorId' => 1]);

        header('location: jokes.php');
    } else {
```

```
        $joke = findById($pdo, 'joke', 'id', $_GET['id']);

        $title = 'Edit joke';

        ob_start();

        include __DIR__ . '/../templates/editjoke.html.php';

        $output = ob_get_clean();
    }
}
// …
```

更新后的 deletejoke.php 如下：

```
<?php
try {
    include __DIR__ . '/../includes/DatabaseConnection.php';
    include __DIR__ . '/../includes/DatabaseFunctions.php';

    delete($pdo, 'joke', 'id', $_POST['id']);

    // …
```

下一个部分是笑话列表。当前，它使用 allJokes 函数，还会获取有关每个笑话的作者的信息。没有一种简单的方法来编写一个通用的函数，以从两个表中获取信息。必须要知道使用哪个字段来连接表，以及要连接哪些表。使用一个拥有很多参数的函数是有可能做到这一点的，但是，这个函数可能很难使用并且过于复杂。

相反，可以使用通用的 findAll 和 findById 函数来实现这一点：

```
$result = findAll($pdo, 'joke');

$jokes = [];
foreach ($result as $joke) {

    $author = findById($pdo, 'author', 'id', $joke['authorId']);

    $jokes[] = [
        'id' => $joke['id'],
        'joketext' => $joke['joketext'],
        'name' => $author['name'],
        'email' => $author['email']
    ];
}
```

完整的 jokes.php 如下所示：

```
<?php

try {
    include __DIR__ . '/../includes/DatabaseConnection.php';
    include __DIR__ . '/../includes/DatabaseFunctions.php';

    $result = findAll($pdo, 'joke');

    $jokes = [];
    foreach ($result as $joke) {
        $author = findById($pdo, 'author', 'id',
            $joke['authorId']);

        $jokes[] = [
            'id' => $joke['id'],
```

```
            'joketext' => $joke['joketext'],
            'jokedate' => $joke['jokedate'],
            'name' => $author['name'],
            'email' => $author['email']
        ];
    }

    $title = 'Joke list';

    $totalJokes = total($pdo, 'joke');

    ob_start();

    include __DIR__ . '/../templates/jokes.html.php';

    $output = ob_get_clean();
} catch (PDOException $e) {
    $title = 'An error has occurred';

    $output = 'Database error: ' . $e->getMessage() . '
    in ' . $e->getFile() . ':' . $e->getLine();
}

include __DIR__ . '/../templates/layout.html.php';
```

可以在 Structure2-GenericFunctions 中找到这个示例。该示例是这样工作的，先获取笑话的一个列表，然后遍历每一个笑话并根据其 id 找出对应的作者，然后，使用两个表中的信息将完整的笑话写入到一个 $jokes 数组中。这实际上就是 MySQL 中的一个 INNER JOIN 所做的事情。

每一个笑话现在都是由$author 变量中的值所构成的，这包括 author 表中的一条记录和 joke 表中的值。

你可能已经意识到，这种方法将会比较慢，因为有较多的查询发送给数据库。这是此类通用函数的一个常见问题，并且，这叫作 N+1 问题。有几种方法来减少这一性能问题，但是，对于较小的站点，我们要处理成百上千的记录，而不是数百万条记录。这不太可能导致任何真正的问题。时间上的差异可能在毫秒级的范围内。

7.6　重复的代码是敌人

不论何时，编写软件时，你都需要警惕重复的代码。不论何时，发现有两段或者更多的代码相同或者非常相似时，总是值得你回过头来看看，是否有一种方法把这些代码合并到一个可复用的函数中。

通过创建 insert、update、delete、findAll 和 findById 的通用函数，现在，我们可以快速而容易地创建一个能够处理任何数据库操作的 Web 站点。使用这些函数，我们可以在需要时非常容易地和任何数据库进行交互。

但是，总是还有改进的空间。addjoke.php 和 editjoke.php 文件所做的工作非常类似，它们显示一个表单，并且当提交表单时，它们把提交的数据发送给数据库。

类似地，模板文件 addjoke.html.php 和 editjoke.html.php 几乎是相同的。它们之间的区别非常小。唯一真正的区别是，编辑页面显示了一个预先填好的表单，而添加页面则显示了一个空的表单。

重复代码的问题在于，如果必须修改某些内容，那么，你必须在多个地方进行相同的修改。如果我们想要给笑话添加一个分类，而且当添加一个笑话或编辑一个笑话时，用户可以选择 "Knock-knock jokes" "Programming Jokes" "Puns" "One liners" 等，那该怎么做到呢？

我们可以通过给添加笑话页面增加一个<select>下拉框来做到这一点，但是，我们还需要对编辑笑话页面做同样的事情。每次我们对 addjoke.php 做出修改时，都需要对 editjoke.php 做出相应的修改。

　　如果你发现自己曾经处于类似的情况，也就是说，你需要在多个文件中做出类似的修改，那么，这是一个很好的标志，说明你应该将两组代码组合到一起。当然，新的代码需要能够处理两种情况。addjoke.php 和 editjoke.php 之间有几个不同之处：

　　（1）addjoke.php 执行一个 INSERT 查询，而 editjoke.php 执行一个 UPDATE 查询；

　　（2）editjoke.php 的模板文件有一个隐藏的输入，它存储了将要编辑的笑话的 ID。

　　但是，其他的所有内容几乎是相同的。

　　让我们把两段代码组合到一起，以便 editjoke.php 既能够编辑已有的笑话，也能够添加一个新的笑话。这段脚本将能够根据 URI 中是否给出了一个 ID，分辨出我们是要添加笑话还是编辑笑话。

　　访问 editjoke.php?id=12 将会从数据库中加载 ID 12 的笑话，并且允许我们编辑它。当提交该表单时，将会执行相关的 UPDATE 查询，而如果只是访问 editjoke.php（并没有指定一个 ID）的话，将会显示一个空的表单，并且当提交该表单时，将会执行一条 INSERT 查询。

创建一个用于添加和编辑的页面

　　让我们先来处理这个表单，它要么把笑话加载到字段中，要么显示一个空表单。当前，editjoke.php 假设 id GET 变量设置了，并且在加载模板文件之前，相应地加载该笑话：

```
else {
    $joke = findById($pdo, 'joke', 'id', $_GET['id']);

    $title = 'Edit joke';

    ob_start();

    include __DIR__ . '/../templates/editjoke.html.php';

    $output = ob_get_clean();
}
```

可以使用一条 if 语句来替换它，从而只有在真正提供了一个 id 时，才从数据库加载笑话：

```
else {
    if (isset($_GET['id'])) {
        $joke = findById($pdo, 'joke', 'id', $_GET['id']);
    }

    $title = 'Edit joke';

    ob_start();

    include __DIR__ . '/../templates/editjoke.html.php';

    $output = ob_get_clean();
}
```

　　如果你尝试上面的代码，并且访问 editjoke.php 而没有把一个 ID 作为 GET 变量，它将不会像期望的那样工作。实际上，你会看到一些奇怪的错误出现在<textarea>中。这是因为，当加载 editjoke.html.php 时，它引用了一个名为$joke 的变量，由于这条新的 if 语句，只有当提供了 ID 时才会创建该变量。

　　一个解决方案，如果有了 editjoke.html.php 并且没有设置 ID 时，也加载 addjoke.html.php 文件。遗憾的是，这并没有解决最初的问题：即如果使用这种方法给表单添加一个新的字段，我们仍然需要编辑两个文件。

　　相反，让我们修改 editjoke.html.php 以便它只是尝试把已有的数据打印到文本区域，并且如果设置了笑话变量的话，隐藏输入：

```
<form action="" method="post">
    <input type="hidden" name="jokeid"
        value="<?php if (isset($joke)): ?>
```

```
            <?=$joke['id']?>
        <?php endif; ?>
    ?>">
    <label for="joketext">Type your joke here:
    </label>
    <textarea id="joketext" name="joketext" rows="3"
        cols="40"><?php if (isset($joke)): ?>
        <?=$joke['joketext']?>
    <?php endif; ?></textarea>
    <input type="submit" name="submit" value="Save">
</form>
```

现在，只有在设置了$joke变量时，joketext和id才会写到页面上，并且只有当我们编辑一条已有的记录时，才会设置该变量。在继续之前，让我们稍微整理一下代码。之前，要将笑话的ID打印到隐藏的输入中，只需要一段较为简单的代码：

```
<input type="hidden" name="jokeid"
    value="<?=$joke[id]?>">
```

既然用了if语句，我们就需要完整的<?php开头，以及数行代码。

PHP 7引入的一个不错的功能就是空合并操作符（Null coalescing operator）。这是一个非常令人混淆的名字，但是，实际上，它只是如下内容的一种简便方式：

```
if (isset($something)) {
    echo $something;
}
else {
    echo 'variable not set';
}
```

可以使用空合并操作符（??）把上面的语句表示为：

```
echo $something ?? 'variable not set';
```

"??"操作符左边的是要检查的变量，其右边是如果没有设置该变量的话，将要使用的输出。在上面的例子中，如果设置了$something变量，将会打印出该变量的内容；如果没有设置该变量，将会打印出"variable not set"，甚至更好的是，该操作符也可以用于数组。

让我们在自己的模板中使用它，而不必再为每个字段编写完整的if语句：

```
<form action="" method="post">
    <input type="hidden" name="jokeid"
        value="<?=$joke['id'] ?? ''?>">
    <label for="joketext">Type your joke here:
    </label>
    <textarea id="joketext" name="joketext" rows="3"
 cols="40"><?=$joke['joketext'] ??
➡ ''?></textarea>
    <input type="submit" name="submit" value="Save">
</form>
```

在这个例子中，空合并操作符右边的部分是一个空字符串。要么所加载的笑话的文本将会显示在文本框中，要么如果没有设置$joke变量，将会在文本框中显示一个空字符串"。

要完成这个页面，我们需要修改当表单提交时所发生的事情。需要运行一个update或insert查询。最简单的方式是查看是否提交了ID字段：

```
if (isset($_POST['id']) && $_POST['id'] != '') {
    update(...);
}
else ;
```

```
        insert(...)
    }
```

尽管这会有效，再一次，这是让这一功能变得更为通用的一个机会。对于任何表单来说，"如果设置了 ID，就更新，否则就插入"的逻辑都是一样的。

如果有一个用于作者的表单，相同的逻辑也会有用：如果没有 ID，则执行一次插入；如果有 ID，则执行一次更新。实际上，对于有一个表单用于添加或编辑的任何情况都适用。对于以这种方式实现的任何表单，都需要重复上面的代码。

这种方法的另一个问题是，当主键是表单上的一个常规的字段，例如用于图书的 ISBN 时，这种方法将会无效。不管是需要一条 UPDATE 查询还是一条 INSERT 查询，都要提供 ISBN。相反，我们可以使用一条 try … catch 语句，先尝试插入一条记录，并且如果不成功的话，再进行更新。

```
try {
    insert(…);
}
catch(PDOException $e) {
    update(…);
}
```

现在，一条 INSERT 将会发送到数据库，但是当所提供的 ID 已经设置时，它可能会导致一个错误，即"重复的键（Duplicate key）"的错误。如果确实发生了错误，将会执行一条 UPDATE 查询来更新已有的记录。为了避免需要对每一个表单都重复这一逻辑，我们将编写另一个名为 save 的函数，它使用上面所示的 try …catch 来执行一次插入或更新。

```
function save($pdo, $table, $primaryKey, $record) {
    try {
        if ($record[$primaryKey] == '') {
            $record[$primaryKey] = null;
        }
        insert($pdo, $table, $record);
    }
    catch (PDOException $e) {
        update($pdo, $table, $primaryKey, $record);
    }
}
```

这对于任何表中的任何记录都将有效。当试图插入时，如果这里有一个错误，它将会执行相应的更新查询来替代。

这里的 save 函数需要 insert 函数和 update 函数所必需的所有参数，以便调用这两个函数。不需要重复这些函数中的任何逻辑，只是在相对较短的 save 函数中调用它们而已。

这里用了 if ($record[$primaryKey] == '') {这行代码，以便 INSERT 函数不会再试图向 ID 列中插入一个空的字符串。大多数时候，主键将会是一个只接受数字的 INT 列。通过用 NULL 来代替空字符串，这将会触发 MySQL 的 auto_increment 功能并生成一个新的 ID。

现在，可以修改 editjoke.php 以使用新的 save 函数了：

```
try {
    if (isset($_POST['joketext'])) {

        save($pdo, 'joke', 'id', ['id' => $_POST['jokeid'],
            'joketext' => $_POST['joketext'],
            'jokedate' => new DateTime(),
            'authorId' => 1]);

        header('location: jokes.php');
    }
```

最后，因为不再需要 addjoke.php 控制器和 addjoke.html.php 模板，所以我们将其删除。现在，添加和编辑都由 editjoke.php 来处理。修改 layout.html.php 中菜单的链接，以指向 editjoke.php 而不是 addjoke.php。

可以在 Structure2-GenericFunction-Save 中找到这个示例。

7.7 进一步打磨

新的 save 函数可以用来向数据库添加记录。它将会根据 id 是否设置为一个已有的 ID，而自动插入或更新。对于添加表单，其中的 ID 字段没有设置，$_POST 数组中仍然会有一个 id 键，因为隐藏的输入仍然在表单中存在。这就允许我们以相同的方式处理添加和编辑，省去了很多工作量。没有这个通用的 save 函数的话，我们将需要不同的 HTML 表单和不同的控制器逻辑来处理提交。

通过这种方法，一开始要编写的代码很少，并且没有 HTML 和 PHP 代码的重复是另外一个好处。要添加一个新的字段，我们需要做的就是给数据库添加该字段，修改模板，并且为 save 函数提供新的值。

添加新字段是一个非常简单的过程。由于 save 函数处理 INSERT 和 UPDATE 两个查询，并且 insert 和 update 函数都动态地生成查询，给该查询添加一个字段，现在就像是给数组添加一个元素一样容易。

和在上一章刚开始时的代码相比，更新后的代码令人难以置信地易于管理。然而，想一想是否能够进一步简化，总是值的。同样，答案是可以。

这里有一点点重复：

```
[
    'id' => $_POST['jokeid'],
    'authorId' => 1,
    'jokedate' => new DateTime(),
    'joketext' => $_POST['joketext']
];
```

$_POST 数组中的每一个字段都映射到$joke 数组中具有相同名称的一个键。

看一下'joketext' => $_POST['joketext']这行代码。这里实际上所做的是在$joke 数组中创建名为 joketext 的键，其值为$_POST 数组的 joketext 元素中的值。

实际上，我们只是将$_POST 数组中的数据复制到了$joke 数组中。如果表单拥有更多的字段，我们也需要复制。

使用如下这段代码，也能够做一些类似的事情：

```
$joke = $_POST;
$joke['authorId'] = 1;
$joke['jokedate'] = new DateTime();

save($pdo, 'joke', 'id', $joke);
```

这将会自动把该表单中的所有字段包含到$joke 数组中，而不需要手动复制它们。

现在，如果我们给表单添加一个新的字段，将只需要两个步骤：在数据库中添加该列，以及添加该表单；只要数据库中的列名和表单上的字段名相同，不需要打开控制器就能够给表单添加新字段。

这听起来很简单，如果你确实尝试了上面的代码，则会发现得到了一个错误。这是因为$_POST 变量也包含了提交按钮。当生成 INSERT 查询时，它实际上应该生成如下这个查询：

```
INSERT INTO `joke` (`joketext`, `jokedate`, `authorid`,
➥ `submit`)
```

这显然是一个问题：数据库表 joke 中没有 submit 列。修正这个问题的一种快速而简陋的方法是，使用 unset 从数组中删除提交按钮。

```
$joke = $_POST;
```

```
// Remove the submit element from the array
unset($joke['submit']);

$joke['authorId'] = 1;
$joke['jokedate'] = new DateTime();

save($pdo, 'joke', 'id', $joke);
```

尽管这种方法有效，但它的问题是，你必须删除任何不想要插入到数据库中的表单元素。例如，如果你在表单上有一个复选框，当选中它时会发送一封 Email，那么，在调用 save 函数之前，你还应该从$_POST 数组删除这个复选框。

和通常的情况一样，这里有一种更好的方法。当使用 HTML 表单时，你可以通过修改字段名称，来真正地把一个数组作为 post 数据发送。将 editjoke.html.php 修改为如下所示：

```
<form action="" method="post">
    <input type="hidden" name="joke[id]"
        value="<?=$joke['id'] ?? ''?>">
    <label for="joketext">Type your joke here:
    </label>
    <textarea id="joketext" name="joke[joketext]" rows="3
 " cols="40"><?=$joke['joketext'] ??
➥ ''?></textarea>
    <input type="submit" name="submit" value="Save">
</form>
```

表示笑话的一些数据的每一个字段，都已经略微修改了。每个表单字段的 name 属性都更新为表示一个数组：jokeid 现在是 joke[id]，并且 joketext 现在是 joke[joketext]。

这就告诉 PHP，提交表单时，把这些字段当作一个数组对待。如果提交了该表单，$_POST 数组将存储两个值：submit 和 joke。$_POST['joke']自身是一个数组，可以使用$_POST['joke']['id']从其中读取 id 值。

对我们来说，我们可以使用$joke = $_POST['joke']读取笑话的所有信息，并且它不会包含提交按钮条目，或者我们不想发送给 save 函数的任何其他数组键/值。

```
$joke = $_POST['joke'];
$joke['authorId'] = 1;
$joke['jokedate'] = new DateTime();
```

$joke 数组将包含$_POST['joke']中的所有值，以及我们想要添加的但并不来自于表单的任何值，在这个例子中，就是 authorId 和 jokedate。然而，按照这种方法，表单上的字段名直接和数据库中的列名保持一致是很重要的，因此我用了 joke[id]而不是 joke[jokeid]。后者将会尝试写到数据库中一个名为 jokeid 的列，而这个列是不存在的。

最后，你需要更新检测表单是否提交的 if 语句，以查找新的 joke 键，而不是并不存在的 joketext：

```
if (isset($_POST['joke'])) {
```

完整的控制器代码如清单 7-1 所示。

清单 7-1　Structure2-GenericFunctions-SaveArray

```
<?php
include __DIR__ . '/../includes/DatabaseConnection.php';
include __DIR__ . '/../includes/DatabaseFunctions.php';

try {
    if (isset($_POST['joke'])) {
        $joke = $_POST['joke'];
        $joke['jokedate'] = new DateTime();
        $joke['authorId'] = 1;
```

```
        save($pdo, 'joke', 'id', $joke);

        header('location: jokes.php');
    } else {
        if (isset($_GET['id'])) {
            $joke = findById($pdo, 'joke', 'id', $_GET['id']);
        }

        $title = 'Edit joke';

        ob_start();

        include __DIR__ . '/../templates/editjoke.html.php';

        $output = ob_get_clean();
    }
} catch (PDOException $e) {
    $title = 'An error has occurred';

    $output = 'Database error: ' . $e->getMessage() . ' in '
    . $e->getFile() . ':' . $e->getLine();
}

include __DIR__ . '/../templates/layout.html.php';
```

如果我们想要给 joke 表添加一个字段，并且现在想要修改表单，只需要做两处修改：把该字段添加到数据库然后编辑 HTML 表单。对 editjoke.html.php 的单独更新将允许我们添加一个表单字段，而该表单字段对编辑和添加页面也都有效。

7.8 继续前进

在本章中，我们介绍了如何减少重复的代码并且编写能够对任何数据库表使用的函数。我们从一些非常特定的函数，转向那些能够在几种不同的环境中使用的函数。

现在，我们有了一组工具，可以用来扩展这个 Web 站点，甚至是可以编写一个完全不同的站点。没有哪个函数会和诸如 jokes 或 authors 这样的概念绑定在一起，这意味着，在处理完全不同的概念的一个 Web 站点中，例如，books、products、blogs 或你能够想到的任何事情，我们也可以使用这些函数。现在，我们已经编写了这些工具，困难的部分已经完成了，并且在你的下一个项目中，你可以通过复用已经创建的工具来节省很多的时间。

第 8 章　对象和类

在第 7 章中，我们介绍了如何编写通用的、可复用的函数，可以用其操作任何的数据库表。在本章中，我们将把函数放到类中，以避免在使用它们的时候所需的一些重复。

函数最大的一个问题在于，执行它们所需的所有信息，都必须在参数中发送给它们。在我们编写的 delete 函数的例子中，有如下的 4 段信息：

- $pdo 数据库实例；
- 要删除的表的名字；
- 主键字段的名字；
- 要删除的值。

对于所有的函数来说，如 findById、findAll、update、insert 和 save 来说，都是这样的。我们创建的每一个函数，至少都需要传递给它一个$pdo 数据库实例和表的名字。所有这些函数，除了 findAll 和 insert 之外，还需要知道表示主键的列的名字。

例如，save 函数像下面这样使用：

```
if (isset($_POST['joke'])) {

    $joke = $_POST['joke'];
    $joke['jokedate'] = new DateTime();
    $joke['authorId'] = 1;

    save($pdo, 'joke', 'id', $joke);
    // …
```

每次调用这些函数中的一个，都必须传递$pdo 实例。对于每个函数来说，一共有 4 个参数的话，很难记住提供这些参数所需的顺序。

避免这个问题的一种较好的方法是，把这些函数放到一个类中。

8.1　类

由于每个类都需要一个名称，并且我们的类所包含的函数做的都是和数据库表相关的事情，我们将这个类称为 DatabaseTable。就像变量一样，类名可以包含任意的字母字符序列。然而，像-、+、{或空格这样的特殊字符是不允许的。

按照惯例，PHP 中的类使用**骆驼命名法**，即以一个大写字母开始，后面跟着小写字母，直到下一个单词开始。PHP 允许 databasetable、DATABASETABLE 这样的类名，或者类似的变体，但是，遵从几乎所有的 PHP 程序员都使用的命名惯例是一个好主意。

你可以把**类**当作函数和数据（变量）的一个集合。每个类都将包含一组函数以及这些函数可以访问的一些数据。我们的 DatabaseTable 类需要包含创建来与数据库交互的所有函数，以及这些函数需要调用的任何函数。

第一步，将所有的数据库函数移动到一个类包装器中：

```
<?php
class DatabaseTable
{
    private function query($pdo, $sql, $parameters = [])
    {
```

```
    $query = $pdo->prepare($sql);
    $query->execute($parameters);
    return $query;
}

public function total($pdo, $table)
{
    $query = $this->query($pdo, 'SELECT COUNT(*) FROM
     `' . $table . '`');
    $row = $query->fetch();
    return $row[0];
}

public function findById($pdo, $table, $primaryKey, $value)
{
    $query = 'SELECT * FROM `' . $table . '` WHERE
     `' . $primaryKey . '` = :value';

    $parameters = [
        'value' => $value
    ];

    $query = $this->query($pdo, $query, $parameters);

    return $query->fetch();
}

private function insert($pdo, $table, $fields)
{
    $query = 'INSERT INTO `' . $table . '` (';

    foreach ($fields as $key => $value) {
        $query .= '`' . $key . '`,';
    }

    $query = rtrim($query, ',');

    $query .= ') VALUES (';

    foreach ($fields as $key => $value) {
        $query .= ':' . $key . ',';
    }

    $query = rtrim($query, ',');

    $query .= ')';

    $fields = $this->processDates($fields);

    $this->query($pdo, $query, $fields);
}

private function update($pdo, $table, $primaryKey, $fields)
{
    $query = ' UPDATE `' . $table .'` SET ';

    foreach ($fields as $key => $value) {
        $query .= '`' . $key . '` = :' . $key . ',';
    }
```

```
    $query = rtrim($query, ',');

    $query .= ' WHERE `' . $primaryKey . '` = :primaryKey';

    // Set the :primaryKey variable
    $fields['primaryKey'] = $fields['id'];

    $fields = $this->processDates($fields);

    $this->query($pdo, $query, $fields);
}

public function delete($pdo, $table, $primaryKey, $id)
{
    $parameters = [':id' => $id];

    $this->query($pdo, 'DELETE FROM `' . $table . '` WHERE
        `' . $primaryKey . '` = :id', $parameters);
}

public function findAll($pdo, $table)
{
    $result = query($pdo, 'SELECT * FROM `' . $table . '`');

    return $result->fetchAll();
}

private function processDates($fields)
{
    foreach ($fields as $key => $value) {
        if ($value instanceof DateTime) {
            $fields[$key] = $value->format('Y-m-d');
        }
    }

    return $fields;
}

public function save($pdo, $table, $primaryKey, $record)
{
    try {
        if ($record[$primaryKey] == '') {
            $record[$primaryKey] = null;
        }
        $this->insert($pdo, $table, $record);
    } catch (PDOException $e) {
        $this->update($pdo, $table, $primaryKey, $record);
    }
}
}
```

就像模板和包含文件一样，将类存储在 public 目录之外是一种好的做法。在 Project 目录中创建一个名为 classes 的新目录，并且将以上的代码保存为 DatabaseTable.php。

命名类文件

将类文件按照和类名一样来命名，这是一种很好的做法。DatabaseTable 类将会放在 DatabaseTable.php 中，一个名为 User 的类将会放在 User.php 中。尽管现在这无关紧要，但是稍后当我们介绍一种叫作自动加载程序（autoloader）时，如果不遵从这个惯例的话，将无法使用该功能。

> **方法**
>
> 位于一个类中的函数叫作**方法**。尽管很多的开发者（以及 PHP 语言自身）使用单词 function（函数）来描述类中的子程序，但正确的术语应该是 method（方法），在整本书中，我们也将使用方法。然而，函数和方法之间的区别是，方法位于一个类之中，而函数并不是这样。
>
> 我们对一个函数所能做的任何事情（参数、返回值、调用其他函数等），对一个方法也可以做。

如果查看看下上面的代码，你将会看到我做出了两处修改，而不只是将函数粘贴到了类中。我所做的第一处修改是，当调用类中的函数时，它们要带有一个 $this-> 前缀。更新后的代码形如 $result =$this->query($pdo,....，而不是 $result = query($pdo,...。

你可以把 this 看作 "this class（这个类）"。我们不能只使用 query()，因为现在 query() 函数在类中了，不能再像全局函数那样调用它了，因为它已经在全局作用域之外了。位于一个类中的任何方法，我们只能够基于一个变量来调用它。和我们使用 $pdo->prepare() 的方式相同，query() 方法现在要在一个方法上来调用。从该类中，当前对象引用为 $this。这个 $this 变量是在任何方法内部自动创建的，并且即便没有声明的话，这个变量也总是存在。

8.2 公有和私有

在将函数转换为一个方法时，我所做的第 2 个修改是，在每个函数前面使用了一个 public 或 private 的前缀。这称为**可见性**（visibility），它允许程序员确定从哪里可以调用该方法。

标记为 private 的方法，只能够从该类中的其他方法中调用，而标记为 public 的方法，从类的内部和外部都可以调用。我们在本书中随处都使用 PDO 实例，你已经看到过一些 POD 实例上的公有方法了。调用 $pdo->prepare() 时，你在调用一个名为 prepare 的公有方法，如果该方法标记为 private 的，我们不能这样做。

那么，私有方法的关键是什么呢？我们来看看 DatabaseTable 类中标记为 private 的方法，也就是 query 和 processDates。它们之所以是 private 的，因为它们并不是非常有用。使用 DatabaseTable 类的人，应该都不需要直接调用 query 方法。这里的 query 方法，只是为了给类中的其他方法，如 save、findById 等提供一些共享的功能。对于 processDates 方法来说，也是如此。

乍一看，这好像没有什么意义。然而，这实际上是一个非常有用的工具。一旦像 query 这样的方法是私有的，你可以完全重新编写其工作方式，并且你可以确保，只能够从同一个类中的其他方法中来调用它。

在一个较大的团队中工作或者在线共享代码时，确切地知道从哪里调用一个方法是很有用的。你可以发布该类的一个新的版本，它不带有 query 方法，并且由此可以确保这个方法不会在任何其他的地方使用。其他的一些人可以使用这个新版本，而他们的代码不会有问题。

如果 query 方法是公有的并且你修改了代码，那么你不知道是否从任何其他的地方调用了这个 query 方法，当它导致其他人的代码出现问题时，你将需要操心去修改其工作方式。

8.3 对象

我们可以把类看作一个菜谱。就其自身而言，类只是一系列的指令。为了用类来制作出一些真正有用的东西（例如，某些能够吃的食物），你需要遵从这些指令。

类自身并不是很有用，它只是一系列的指令。如果不创建一个**对象**的话，没有办法调用类中的方法。对象是类的一个实例。

创建 DatabaseTable 类的一个实例，所采用的方法和我们在本书中见过的 pdo 实例相同，只要使用类的名称 DatabaseTable 就可以了：

```
$databaseTable = new DatabaseTable();
```

关键词 new 从所定义的类创建了一个对象，然后就可以使用该对象了。没有这个步骤的话，类中定义的函数都无法使用。在这里，这就像是一个额外的步骤，但并不做任何特殊的事情。但是，在后面我们将会看到，这对程序员来说是非常强大的工具，允许我们创建不同的实例来表示不同的数据库表。

一旦创建了对象，就可以按照我们在$pdo 对象上调用$pdo->prepare()相同的方式，在该变量上调用方法了。

```
$databaseTable = new DatabaseTable();
$jokes = $databaseTable->findAll($pdo, 'joke');
```

任何的 public 方法都可以按照这种方式调用。然而，如果你尝试调用任何一个 private 的方法，将会得到一个错误。

8.4　类变量

在本章开头，我们提到了使用对象和类的目的是减少重复的代码。然而，到目前为止，我实际上使得代码更长了。有了 DatabaseTable 类，每次我想要使用其中一个方法时，都需要在一个对象上调用它：

```
$databaseTable = new DatabaseTable();

$jokes = $databaseTable->findAll($pdo, 'joke');

$databaseTable->save($pdo, 'joke', 'id', $_POST['joke']);
```

在这个例子中，我增加了所需的代码量而不是减少了它。

每次调用类中的一个方法时，都需要相同的信息，至少需要数据库连接以及要交互的表的名称。

可以给该类一次性提供这些值，并且让这些值在方法中使用，而不是在每次调用一个方法时提供它们。每个类都可以有在任何的方法中都能够使用的变量。要声明将要在类中使用的一个变量，我们需要在类之中声明该变量。按照惯例，在类的顶部，在任何方法之前，定义变量。

要声明一个变量，必须让它可见并且给它一个名称。例如：

```
class MyClass {
    public $myVariable;
}
```

一旦声明了变量，当创建该类的一个实例时，就可以使用它。和方法一样，可以使用箭头操作符（->）来读取和写入变量：

```
$myInstance = new MyClass();
$myInstance->myVariable = 'A value';

echo $myInstance->myVariable; // prints "A value"
```

类变量（class variables）和常规变量之间的一个重要区别是，类变量都绑定到一个具体的**实例**。实际上，这意味着，对于同一个变量，每一个实例都可能有一个不同的值。例如：

```
$myInstance = new MyClass();
$myInstance->myVariable = 'A value';

$myInstance2 = new MyClass();
$myInstance2->myVariable = 'Another value';

echo $myInstance->myVariable;
echo $myInstance2->myVariable;
```

这将会打印出"A value"，然后是"Another value"，因为类的每一个**实例**，对于 myVariable 变量来说，都有其自己的值。稍后，这将对于 DatabaseTable 类特别有用，但是现在，我们只给该类添加用于$pdo 实例、表名称和主键的变量：

```
class DatabaseTable {
    public $pdo;
    public $table;
    public $primaryKey;

    // …
}
```

类不只是函数的集合。你可以把类看作用来创建对象的**蓝图**。类的每一个对象或实例，都可以针对这些变量存储它自己的值。

例如，当为数据库连接创建$pdo 变量时，$pdo 变量存储了连接信息，即数据库服务器的地址、用户名和密码等。在每次调用 prepare 或 execute 时，不需要发送这些信息，这些信息存储在了$pdo 对象中。

对 DatabaseTable 类可以做相同的事情。一旦声明了变量，就可以将它们写到每一个实例中去：

```
$databaseTable = new DatabaseTable();
$databaseTable->pdo = $pdo;
$databaseTable->table = 'joke';
$databaseTable->prmaryKey = 'id';
```

既然已经设置了变量，在该类的任何方法中，就可以使用它们而不是参数。例如，可以重新编写 findAll 方法和 query 方法以使用类变量，而不是显式地传递数据库连接和表名：

```
private function query($sql, $parameters = []) {
    $query = $this->pdo->prepare($sql);
    $query->execute($parameters);
    return $query;
}

public function findAll() {
    $result = $this->query('SELECT *
        FROM ' . $this->table);

    return $result->fetchAll();
}
```

我们可以按照函数使用$this 变量的相同方式，来访问类变量。现在，当调用 findAll()函数时，它并不需要任何参数，因为$pdo 连接和表的名称是从类变量读取的：

```
$jokesTable = new DatabaseTable();
$jokesTable->pdo = $pdo;
$jokesTable->table = 'joke';

$jokes = $databaseTable->findAll();
```

让我们继续前进，并且对所有这些方法做出修改。在把$pdo.$table 或$primaryKey 用作参数的任何地方，我们可以删除该参数并且使用对类变量的一个引用来代替该参数。

如下是 total 方法现在看上去的样子：

```
public function total() {
    $query = $this->query('SELECT COUNT(*)
        FROM `' . $this->table . '`');
    $row = $query->fetch();
    return $row[0];
}
```

save 方法如下所示：

```php
public function save($record) {
    try {
        if ($record[$this->primaryKey] == '') {
            $record[$this->primaryKey] = null;
        }
        $this->insert($record);
    }
    catch (PDOException $e) {
        $this->update($record);
    }
}
```

update 方法如下所示：

```php
private function update($fields) {
    $query = ' UPDATE `' . $this->table .'` SET ';

    foreach ($fields as $key => $value) {
        $query .= '`' . $key . '` = :' . $key . ',';
    }

    $query = rtrim($query, ',');

    $query .= ' WHERE `' . $this->primaryKey . '`
= :primaryKey';

    // Set the :primaryKey variable
    $fields['primaryKey'] = $fields['id'];

    $fields = $this->processDates($fields);

    $this->query($query, $fields);
}
```

insert 方法如下所示：

```php
private function insert($fields) {
    $query = 'INSERT INTO `' . $this->table . '` (';

    foreach ($fields as $key => $value) {
        $query .= '`' . $key . '`,';
    }

    $query = rtrim($query, ',');

    $query .= ') VALUES (';

    foreach ($fields as $key => $value) {
        $query .= ':' . $key . ',';
    }

    $query = rtrim($query, ',');

    $query .= ')';

    $fields = $this->processDates($fields);

    $this->query($query, $fields);
}
```

findById 方法如下所示：

```php
public function findById($value) {
    $query = 'SELECT * FROM `' . $this->table . '` WHERE
    `' . $this->primaryKey . '` = :value';

    $parameters = [
        'value' => $value
    ];

    $query = $this->query($query, $parameters);

    return $query->fetch();
}
```

Delete 方法如下所示：

```php
public function delete($id ) {
    $parameters = [':id' => $id];

    $this->query('DELETE FROM `' . $this->table . '` WHERE
     `' . $this->primaryKey . '` = :id', $parameters);
}
```

processDates 方法保持不变，因为它并不需要任何类变量。

现在，要和数据库交互，常用的变量只需要设置一次：

```php
$jokesTable = new DatabaseTable();
$jokesTable->pdo = $pdo;
$jokesTable->table = 'joke';
$jokesTable->primaryKey = 'id';
```

并且随后可以使用这些方法而不需要重复所有这些参数：

```php
// Find the joke with the ID `123`
$joke123 = $jokesTable->findById(123);

// Find All the jokes
$jokes = $jokesTable->findAll();

foreach ($jokes as $joke) {
    // …
}

// Delete the joke with the ID `33`
$jokesTable->delete(33);

$newJoke = [
    'authorId' => 1,
    'jokedate' => new DateTime(),
 'joketext' => 'A man threw some cheese and milk at me.
➥ How dairy!'
];

$jokesTable->save($newJoke);
```

这减少了每一个方法所需参数的数目，并且使得其他人可以很容易地使用这些方法。他们不必记住所有这些参数的顺序，例如，表名是第一个参数还是第二个参数等。

这是一个很大的改进，但是，还是有一些潜在的问题。如果在调用 **findAll**()方法前，没有设置变量，将会发生什么事情呢？如果$pdo 变量设置为一个字符串而不是一个对象，那会发生什么事情呢？

```php
$jokesTable = new DatabaseTable();
$jokes = $databaseTable->findAll();
```

如果运行这几行代码，将会得到一个错误，因为 findAll 方法期望将$pdo 和 table 变量设置为有效值。好在，有一种方法能够防止发生这种情况。

8.5 构造方法

作为类的编写者，我们想要告诉将要使用它们的人，类是如何工作的（如果你想要深入了解技术，这叫作 Application Programming Interface 或 API，即**应用程序接口**）。在运行任何函数之前，你要确保任何所需的变量都设置了。

有一个特殊的函数我们可以将其加入类中，它叫**作构造方法**（constructor）。当创建类的一个实例时，会自动运行这个方法。要给一个类添加一个构造方法，我们直接添加一个名为__construct()的方法。

神奇方法

单词 construct 的前面有两个下画线，如果只有一个的话，该函数将会无效。

在 PHP 中，带有两个下画线前缀的任何方法，叫作**神奇方法**（magic method）。在不同的情况下，这些方法通常是自动调用的。随着 PHP 语言的发展，人们添加了更多的神奇函数，因此，在给你自己的方法命名时，避免在开头使用两个下画线，这是一个好主意。

可用的神奇方法的列表，可以从 PHP 手册中找到。

这个方法和其他的任何方法类似，只不过它是自动调用的，例如：

```
class MyClass {
    public function __construct() {
        echo 'construct called';
    }
}

$myclass1 = new MyClass();
$myclass2 = new MyClass();
```

一旦创建了一个名为__construct()的方法，每次创建该类的一个新的实例时，都会调用该方法。上面的代码将会输出如下的内容：

```
construct called
construct called
```

即便我们没有使用$myclass1->__construct()直接调用该方法，你也能够看到它被调用了，因为字符串 construct called 已经打印了出来。

你还会注意到，该方法被调用了两次。这是因为每一次创建该类的一个**实例**时，都会调用这个构造方法。

就像任何其他的方法一样，构造方法也接受参数。例如：

```
class MyClass {
    public function __construct($argument1) {
        echo $argument1;
    }
}
```

当创建该类的一个实例时，可以提供参数：

```
$myclass1 = new MyClass('one');
$myclass2 = new MyClass('two');
```

如果你想要类的一个实例，而这个类需要一个构造方法参数，并且这个参数没有定义默认值，但是你却没有传入一个参数，那么将会导致一个错误。

让我们给 DatabaseTable 添加一个构造方法，该类定义了$pdo、$table 和$primaryKey 变量。

```
class DatabaseTable {
    public $pdo;
    public $table;
    public $primaryKey;

    public function __construct($pdo, $table, $primaryKey) {
        $this->pdo = $pdo;
        $this->table = $table;
        $this->primaryKey = $primaryKey;
    }

    // …
}
```

如果开始经常使用对象和类的话，你将会经常遇到这样的构造方法，因此，理解这里发生了什么是很重要的。这里有两个不同的变量，它们具有相同的名称，并且一开始搞混了。第一个版本是参数，是在public function __construct($pdo, $table, $primaryKEy) {这一行定义的。当创建一个函数参数时，该变量只是在具体函数的内部可用，而在类中的其他函数中不能使用。

放置构造方法

常见的做法是将构造方法放在类的顶部，放在变量之后，但是在任何其他方法之前。

当调用构造方法时，我们会将$pdo 实例发送给它，但是想要让$pdo 实例变量在类中的每一个函数中都可以使用。要让一个变量在类中的每一个函数中都可用，唯一的方法是像前面一样，让这个变量成为类变量。我们想要在类的构造方法中设置变量，而不是像$jokesTable->pdo = $pdo;这样，在类的外部设置类变量。

和前面一样，$this 变量表示当前实例，this->pdo= $pdo;所做的事情和$jokesTable->pdo = $pdo;相同，只不过它是从类的内部来做。$jokesTable 和$this 都引用相同的对象，并且，对其中一个做出的修改，将会在另一个之中反映出来。

可以认为这就像是英语一样。尽管你总是把自己称为"I"，但你的朋友总是使用你的名字。不管是你称呼自己，还是其他人用你的名字来称呼你，说的都是同一个人，也就是你，只不过是以不同的方式来称呼你。

这里的情况是一样的。$this 在当前的类中引用当前的实例，就像是英语中的"I"一样。然而，$jokesTable 在类的外部使用其名称来引用相同的实例。

不管是在类的外部使用$jokesTable->pdo = $pd，还是在类的内部使用$this->pdo =$pdo;，类变量$pdo 都将会设置，并且当在该实例上调用任何方法时，它在这些方法中都是可用的。

通过使用构造方法，当创建实例时，必须提供两个变量：

```
$jokesTable = new DatabaseTable($pdo, 'jokes', 'id');
```

如果试图创建 DatabaseTable 类的一个实例而没有传递两个参数，将会得到一个错误，因为这段代码要工作的话，必须有两个参数。

这种检查确保了代码是健壮的。它还帮助那些想要使用该类的任何人，因为一旦他们做错了事情，将会看到一个错误。

8.6 类型提示

如果我们试图让这个类便于使用，还是会有一个问题。如果使用 DatabaseTable 类的人，所得到的参数的顺序是错误的，会发生什么情况呢？考虑如下的两个例子：

```
$jokesTable = new DatabaseTable('jokes', $pdo, 'id');

$jokesTable = new DatabaseTable($pdo, 'jokes', 'id');
```

和第二个例子相比，人们可能更容易写成第一个例子的形式。这是一个无意识的错误，并且人们很容易偶然地犯这种错误。在调用类中的一个函数之前，我们不会看到一个错误。例如：

```
$jokesTable = new DatabaseTable('jokes', $pdo, 'id');
$jokes = $jokes->findAll();
```

上面的这段代码将会导致一个 "Call to function prepare on non-object" 错误，因为 findAll 函数包含了 $result =$this->query('SELECT * FROM ' . $this->table);这行代码，并且 query 函数包含了 $query = $this->pdo->prepare($sql);这行代码。

由于构造方法的参数顺序错误，$pdo 变量实际将会被设置为字符串 joke。字符串 joke 没有一个名为 prepare 的函数，因此引发了该错误。

"Call to function prepare on non-object" 错误并没有说清楚哪里出错了，对于犯了这个错误的人来说，如果不深入查看自己的类并且一行一行地检查其代码的话，也很难搞清楚哪里出错了。要帮助人们搞清楚，更好的做法是确保参数是正确的类型。PHP 是松散类型的语言，这意味着，一个变量可以是任何的类型，如一个字符串、一个数值、一个数组或者一个对象。甚至在创建一个函数时，你可以强制类型。对于构造方法来说，这特别有用，因为即便得到了错误顺序的参数，方法似乎也是有效的。例如，看看如下的代码：

```
$jokesTable = new DatabaseTable('jokes', $pdo);
```

这实际上不会导致任何错误。运行这行代码的人不会知道这里有错误。使用 if 语句来检查每个参数的类型也是可以的，但是，PHP 还提供了一种叫作"类型提示"的漂亮功能。

类型提示（type hinting）允许我们指定一个参数的类型。这个类型可以是类名，或者是某个基本类型，例如字符串、数组或整数。

类型提示的兼容性

基本类型（数字字符串、数组，以及非对象的任何类型）的类型提示只是在 PHP 7 中引入的功能。你的 Web 主机上可能仍在使用 PHP 5，因此，当使用这一功能的时候要小心。

要给一个参数提供类型提示，变量名应该带上一个前缀，表明该变量应该是什么类型。对于我们的数据库类来说，将会是这样：

```
public function __construct(PDO $pdo, string $table, string
➥ $primaryKey) {
```

这就告诉 PHP，当提供了参数时，检查每一个参数的类型。如果现在使用了错误的类型来构建该对象，例如，就像$jokesTable = new DatabaseTable('jokes', $pdo, 'id');中一样，PHP 将会检查，看每个参数的类型是否与提示一致。如果不一致，它将会产生一个错误。在这个例子中，这个错误将如下所示：

```
Uncaught TypeError: Argument 1 passed to
➥ DatabaseTable::__construct() must be an instance of PDO,
➥ string given
```

这个错误比前面的 "Call to function prepare on non-object" 给出了更多的说明，并且它阻止继续运行剩下的脚本。只要检测到一个错误，脚本就会停止，以便你能够修复错误。当你试图在对象上调用一个方法时，只是得到了一条含糊不清的错误消息，相比之下，这里要好很多。

通过像这样在构造方法上使用类型提示，你可以确保类变量设置为期望的类型。通过这种方式，当在类中的一个方法中运行$this->pdo->prepare 这样的代码时，$this->pdo 必须设置为$pdo 的一个实例，并且必须有一个 prepare 方法。$this->pdo 变量不能设置为一个字符串、一个数组，甚至不能设置为任何其他的东西。

　　这就是所谓的**防御性编程**（defensive programming），并且这是预防 bug 的一种非常有用的方法。通过阻止变量设置为错误的类型，我们可以去除很多潜在 bug 的可能性。

8.7　私有变量

　　DatabaseTable 类中的类变量和构造方法现在如下所示：

```
class DatabaseTable {
    public $pdo;
    public $table;
    public $primaryKey;

    public function __construct(PDO $pdo, string $table,
      string $primaryKey) {
        $this->pdo = $pdo;
        $this->table = $table;
        $this->primaryKey = $primaryKey;
    }

    // …
}
```

　　当创建该类的一个实例时，我们**必须**给它传递 3 个参数，并且这 3 个参数必须是指定的类型（一个$pdo实例，另外两个是字符串）。

　　现在，如果不提供正确的参数的话，将无法构造这个类。

```
$jokesTable = new DatabaseTable($pdo, 'jokes', 'id');
```

　　任何其他的组合，例如 new DatabaseTable($pdo, 'jokes');或 DatabaseTable('jokes', $pdo, 'id');，或者 new DatabaseTable();，都将会显示一个错误。一旦调用了其中一个方法（例如$jokesTable->findAll();），所有的类变量都必须设置为正确的类型，这就防止了$pdo 变量被设置为任何其他的内容，而只能是一个真正的数据库连接，也就是一个 PDO 实例。

　　然而，这段代码仍然有一个弱点。总是有一种方法能够让类中的$pdo 变量不是一个 PDO 实例。

　　这是因为$pdo 变量是**公有的**。就像是公有函数一样，这意味着该变量是可以从类的外部访问的，并且这意味着如下的代码是可能的：

```
// Correctly create the instance with a database connection
$jokesTable = new DatabaseTable($pdo, 'jokes', 'id');

$jokesTable->pdo = 'a string';

$jokes = $jokesTable->findAll();
```

　　尽管构造方法确保了在创建对象时，设置了一个有效的数据库连接，上面的代码在执行构造方法和调用 findAll 方法之间，覆盖了类变量$pdo。$jokesTable 对象中的$pdo 变量被设置为"一个字符串"。当运行 findAll()方法时，$this->pdo->prepare()将会抛出一个错误，因为$this->pdo 是一个字符串，而不是一个带有 prepare 方法的对象。

　　像这样的公有类变量会导致问题，因为它们允许变量在任何地方被覆盖。相反，较好的做法是，让变量成为**私有的**以防止这类问题：

```
class DatabaseTable {
    private $pdo;
    private $table;
```

```
    private $primaryKey;

    public function __construct(PDO $pdo, string $table, string
    $primaryKey) {
        $this->pdo = $pdo;
        $this->table = $table;
        $this->primaryKey = $primaryKey;
    }

    // …
}
```

当变量成为私有的，就像私有函数一样，我们不能从类的外部访问它们（包括进行读或写）。

将类型提示、构造方法和私有属性组合起来，我们在该类上施加了几个条件：

（1）要创建 DatabaseTable 类的一个实例而不传递给它一个$pdo 实例，这是不可能的；

（2）第一个参数必须是一个有效的 PDO 实例；

（3）在$pdo 变量设置之后，无法修改它。

作为这些条件的一个结果，当调用任何一个函数（例如 findAll()或 save()）时，变量$pdo、$table 和$primaryKey 都必须设置，并且必须是正确的类型。当调用$this->pdo->prepare()时，它不会引发错误，因为除非正确地设置了变量，否则将无法调用 findAll()。

这种类型的防御性可能会导致更多的思考，例如，哪些内容需要是公有的，哪些需要是私有的？但是，除了最简单的项目之外，这么做都是值得的。通过去除可能存在 bug 的条件，我们可以为后面节省很多寻找 bug 的时间。

8.8　使用 DatabaseTable 类

DatabaseTable 类的最终版本如下所示：

```php
<?php
class DatabaseTable
{
    private $pdo;
    private $table;
    private $primaryKey;

    public function __construct(PDO $pdo, string $table,
     string $primaryKey)
    {
        $this->pdo = $pdo;
        $this->table = $table;
        $this->primaryKey = $primaryKey;
    }

    private function query($sql, $parameters = [])
    {
        $query = $this->pdo->prepare($sql);
        $query->execute($parameters);
        return $query;
    }

    public function total()
    {
        $query = $this->query('SELECT COUNT(*) FROM
```

```
        `' . $this->table . '`');
        $row = $query->fetch();
        return $row[0];
}

public function findById($value)
{
        $query = 'SELECT * FROM `' . $this->table . '` WHERE `' .
        $this->primaryKey . '` = :value';

        $parameters = [
            'value' => $value
        ];

        $query = $this->query($query, $parameters);

        return $query->fetch();
}

private function insert($fields)
{
        $query = 'INSERT INTO `' . $this->table . '` (';

        foreach ($fields as $key => $value) {
            $query .= '`' . $key . '`,';
        }

        $query = rtrim($query, ',');

        $query .= ') VALUES (';

        foreach ($fields as $key => $value) {
            $query .= ':' . $key . ',';
        }

        $query = rtrim($query, ',');

        $query .= ')';

        $fields = $this->processDates($fields);

        $this->query($query, $fields);
}

private function update($fields)
{
        $query = ' UPDATE `' . $this->table .'` SET ';

        foreach ($fields as $key => $value) {
            $query .= '`' . $key . '` = :' . $key . ',';
        }

        $query = rtrim($query, ',');

        $query .= ' WHERE `' . $this->primaryKey . '` =
        :primaryKey';

        // Set the :primaryKey variable
        $fields['primaryKey'] = $fields['id'];
```

```
        $fields = $this->processDates($fields);

        $this->query($query, $fields);
    }

    public function delete($id)
    {
        $parameters = [':id' => $id];

        $this->query('DELETE FROM `' . $this->table . '` WHERE
        `' . $this->primaryKey . '` = :id', $parameters);
    }

    public function findAll()
    {
        $result = $this->query('SELECT * FROM ' .
        $this->table);

        return $result->fetchAll();
    }

    private function processDates($fields)
    {
        foreach ($fields as $key => $value) {
            if ($value instanceof DateTime) {
                $fields[$key] = $value->format('Y-m-d');
            }
        }

        return $fields;
    }

    public function save($record)
    {
        try {
            if ($record[$this->primaryKey] == '') {
                $record[$this->primaryKey] = null;
            }
            $this->insert($record);
        } catch (PDOException $e) {
            $this->update($record);
        }
    }
}
```

让我们将其保存为单独的 DatabaseTable.php 文件。记住，要在文件的顶部放置<?php 标签。

省略文件中的结束标签

　　无论何时，在创建一个 PHP 文件时，你需要记住将 PHP 代码放入 PHP 标签之中。然而，结束标签是可选的，并且对于只包含 PHP 代码的文件来说，省略结束标签实际上是比较好的。

　　这是因为，如果在文件的末尾、在结束 PHP 标签?>之后有任何的空白字符（空行、制表符或者空格），它们将会被发送给浏览器，而这并不是你想要的事情。相反，通过完全省略掉?>标签可以避免发生这种情况。通过省略掉结束的 PHP 标签，空白将会在服务器上由 PHP 来解释并且忽略掉，而不是作为 HTML 代码的一部分发送给浏览器。

使用类的最有用的功能之一是，一旦编写了一个类，可以将它使用任意多次，并且每次你通过创建一个**实例**来使用它时，该实例都可以为类变量存储不同的值。

例如，可以使用 DatabaseTable 类与 joke 表和 author 表交互。

由于每个**实例**都有它自己的变量版本，我们可以在类的一个版本中将$table 设置为 joke，而在另一个版本中将$table 设置为 author：

```
$jokesTable = new DatabaseTable($pdo, 'joke', 'id');
$authorsTable = new DatabaseTable($pdo, 'author', id');

// Find the joke with the ID 123
$joke = $jokesTable->findById(123);

// Find the author with the ID 34
$author = $authorsTable->findById(34);
```

由于类变量$table 是不同的，将会有不同的表用于每一个实例。

当调用$author = $authorsTable->findById(34) 时，$this->table 等同于 author，因此，将要运行的查询是 SELECT * FROM author …，而当调用$joke = $jokesTable->findById(123); 时，$this->table 设置为 joke，因此，将运行查询 SELET * FROM joke …。

这意味着现在可以通过构造方法中的表名来构建一个实例，从而使用 DatabaseTable 类在数据库的任何表中插入、更新和查找记录。

8.9　更新控制器以使用类

现在，我们有了完整的 DatabaseTable 类，让我们在控制器中使用它。

首先，删除 includes/DatabaseFunctions.php。所有的函数现在将存储到 classes/DatabaseTable.php 的类中。

其次，更新 public/jokes.php 以使用新的类。

```php
<?php

try {
    include __DIR__ . '/../includes/DatabaseConnection.php';
    include __DIR__ . '/../classes/DatabaseTable.php';

    $jokesTable = new DatabaseTable($pdo, 'joke', 'id');
    $authorsTable = new DatabaseTable($pdo, 'author', 'id');

    $result = $jokesTable->findAll();

    $jokes = [];
    foreach ($result as $joke) {
        $author = $authorsTable->findById($joke['authorId']);

        $jokes[] = [
            'id' => $joke['id'],
            'joketext' => $joke['joketext'],
            'jokedate' => $joke['jokedate'],
            'name' => $author['name'],
            'email' => $author['email']
        ];
    }

    $title = 'Joke list';

    $totalJokes = $jokesTable->total();
```

```
    ob_start();

    include __DIR__ . '/../templates/jokes.html.php';

    $output = ob_get_clean();
} catch (PDOException $e) {
    $title = 'An error has occurred';

    $output = 'Database error: ' . $e->getMessage() . ' in '
    . $e->getFile() . ':' . $e->getLine();


}

include __DIR__ . '/../templates/layout.html.php';
```

这个控制器更好一些。我们不必再为每一个函数（total、findById 和 findAll 等）提供表名和$pdo 实例。在$jokesTable 变量或$authorsTable 变量上可以调用每个函数，以便在任意一个表上运行相关的查询。

让我们使用这个控制器来做相同的事情。

如下是更新后的 deletejoke.php：

```
<?php
try {
    include __DIR__ . '/../includes/DatabaseConnection.php';
    include __DIR__ . '/../classes/DatabaseTable.php';

    $jokesTable = new DatabaseTable($pdo, 'joke', 'id');

    $jokesTable->delete($_POST['id']);

    header('location: jokes.php');
} catch (PDOException $e) {
    $title = 'An error has occurred';

    $output = 'Unable to connect to the database server: ' .
     $e->getMessage() . ' in ' .
    $e->getFile() . ':' . $e->getLine();
}

include __DIR__ . '/../templates/layout.html.php';
```

还有 editjoke.php：

```
<?php
try {
    include __DIR__ . '/../includes/DatabaseConnection.php';
    include __DIR__ . '/../classes/DatabaseTable.php';

    $jokesTable = new DatabaseTable($pdo, 'joke', 'id');

    if (isset($_POST['joke'])) {
        $joke = $_POST['joke'];
        $joke['jokedate'] = new DateTime();
        $joke['authorId'] = 1;

        $jokesTable->save($joke);

        header('location: jokes.php');
    } else {
        if (isset($_GET['id'])) {
```

```
            $joke = $jokesTable->findById($_GET['id']);
        }

        $title = 'Edit joke';

        ob_start();

        include __DIR__ . '/../templates/editjoke.html.php';

        $output = ob_get_clean();
    }
} catch (PDOException $e) {
    $title = 'An error has occurred';

    $output = 'Database error: ' . $e->getMessage() . ' in '
      . $e->getFile() . ':' . $e->getLine();
}

include __DIR__ . '/../templates/layout.html.php';
```

在 OOP-DatabaseTable 中可以找到这个示例。

现在，你已经熟悉了对象和类，并且知道了重复代码对于程序员来说是一件很糟糕的事情。现在，我们应该来整理好这些控制器脚本了。

在做出最后几项修改的过程中，你可能会发现自己在多个地方做了类似的修改。正如我在本书前面所提到的，DRY（不要重复自己）的原则表明，使用重复的代码是糟糕的做法。

8.10 DRY

仔细检查不同的控制器。它们之间有什么真正的差异？

每个控制器都遵从如下的基本模式：

```
<?php
try {
    /*
        - include some required files
    */
    include __DIR__ . '/../includes/DatabaseConnection.php';
    include __DIR__ . '/../classes/DatabasetabaseTable.php';

    /*
        - create one or more database table instances
    */
    $jokesTable = new DatabaseTable($pdo, 'joke', 'id');

    /*
        - Do something that's unique to this particular page
          and create the $title and $output variables
    */
} catch (PDOException $e) {

    /*
        - Handle errors if they occur
    */
    $title = 'An error has occurred';

    $output = 'Database error: ' . $e->getMessage() . '
```

```
        in ' . $e->getFile() . ':' . $e->getLine();
    }
    /*
        - Load the template file
    */
include __DIR__ . '/../templates/layout.html.php';
```

采用这种方法，如果你想要重命名 DatabaseConnection.php 文件，你必须从头查看使用了新名称的每一个控制器。类似地，如果你想要修改布局文件，需要分别编辑每一个控制器。对每个控制器的所有真正的修改都是中间部分，在那里创建了供布局使用的$output 和$title 变量。

也可以编写一个单独的控制器，由它来以方法的形式分别处理每一个动作，而不是对每个控制器都使用不同的文件。通过这种方法，我们可以用一个文件来处理每个网页所通用的部分，并且类中的方法可以处理单独的部分。

8.11　创建一个控制器类

要这么做，首先是把每个控制器的代码移动到一个类的方法之中。首先，创建一个名为 JokeController 的类。

由于这是类的一种特殊类型，我们不想将其存储在 classes 目录中。相反，创建一个名为 controllers 的新目录的，并将其保存为 JokeController：

```
class JokeController {
}
```

在将相关的代码移动到方法中之前，让我们考虑一下这个类需要哪些变量。各种操作所需的任何变量，都要是类变量，以便能够定义它们一次就可以在任何方法中使用它们。在这个例子中，只有两个变量是控制器所通用的，即$authorsTable 和$jokesTable。将这两个变量添加到类中：

```
class JokeController {
    private $authorsTable;
    private $jokesTable;
}
```

就像 DatabaseTable 类一样，一种好的做法是，让这些变量成为私有的，并且只能够在类的内部修改它们。此外，就像 DatabaseTable 类一样，你将需要构造方法，以便在实例化时能够设置这两个变量：

```
class JokeController {
    private $authorsTable;
    private $jokesTable;

    public function __construct(DatabaseTable $jokesTable,
     DatabaseTable $authorsTable) {
        $this->jokesTable = $jokesTable;
        $this->authorsTable = $authorsTable;
    }
}
```

首先添加 listJokes 方法。从 jokes.php 中复制并粘贴相关的部分，但是记住使用类变量$jokesTable 和$authorsTable，而不是包括 jokes.php 中已有的、在相同块中创建这两个变量的代码。我们将需要创建一次该实例，并且将它们传入到控制器中：

```
public function list() {
    $result = $this->jokesTable->findAll();

    $jokes = [];
    foreach ($result as $joke) {
```

```
        $author =
        $this->authorsTable->findById($joke['authorId']);

        $jokes[] = [
            'id' => $joke['id'],
            'joketext' => $joke['joketext'],
            'jokedate' => $joke['jokedate'],
            'name' => $author['name'],
            'email' => $author['email']
        ];

    }

    $title = 'Joke list';

    $totalJokes = $this->jokesTable->total();

    ob_start();

    include __DIR__ . '/../templates/jokes.html.php';

    $output = ob_get_clean();
}
```

在让其开始工作之前，让我们给相应的 editjoke 和 deletejoke 页面以及 index.php 中的主页，添加其他的一些方法：

```
public function home() {
    $title = 'Internet Joke Database';

    ob_start();

    include __DIR__ . '/../templates/home.html.php';

    $output = ob_get_clean();
}

public function delete() {
    $this->jokesTable->delete($_POST['id']);

    header('location: jokes.php');
}

public function edit() {
    if (isset($_POST['joke'])) {

        $joke = $_POST['joke'];
        $joke['jokedate'] = new DateTime();
        $joke['authorId'] = 1;

        $this->jokesTable->save($joke);

        header('location: jokes.php');

    }
    else {

        if (isset($_GET['id'])) {
            $joke = $this->jokesTable->findById($_GET['id']);
        }
```

```
    $title = 'Edit joke';

    ob_start();

    include __DIR__ . '/../templates/editjoke.html.php';

    $output = ob_get_clean();
    }
}
```

如果仔细查看控制器代码，你可能会注意到，不管你最终如何使用这些类，它们都不会变得非常有用。这是因为在 layout.html.php 中不会使用$title 和$output 变量。一旦运行了 home、edit 或 list 方法中的任何一个，$title 和$output 变量及其内容就会丢失。

为了让调用这些方法的代码可以使用那些变量，我们将使用 return 关键字。我们已经在 DatabaseTable 类中使用了 return。每次运行一个方法时，都能够将一些数据送回到调用这些方法的位置。findAll 方法返回了表中所有记录的一个数组。使用 return $output 返回$output 变量也是可能的，但是，当加载 layout.html.php 时，$output 和$title 变量都需要。

就像 findAll 方法一样，单个的控制器方法也可以返回数组：

```
public function home() {
    $title = 'Internet Joke Database';

    ob_start();

    include __DIR__ . '/../templates/home.html.php';

    $output = ob_get_clean();

    return ['output' => $output, 'title' => $title];
}

public function list() {
    $result = $this->jokesTable->findAll();

    $jokes = [];
    foreach ($result as $joke) {
        $author =
        $this->authorsTable->findById($joke['authorId']);

        $jokes[] = [
            'id' => $joke['id'],
            'joketext' => $joke['joketext'],
            'jokedate' => $joke['jokedate'],
            'name' => $author['name'],
            'email' => $author['email']
        ];
    }

    $title = 'Joke list';

    $totalJokes = $this->jokesTable->total();

    ob_start();

    include __DIR__ . '/../templates/jokes.html.php';

    $output = ob_get_clean();

    return ['output' => $output, 'title' => $title];
```

```
    }

public function edit() {
    if (isset($_POST['joke'])) {

        $joke = $_POST['joke'];
        $joke['jokedate'] = new DateTime();
        $joke['authorId'] = 1;

        $this->jokesTable->save($joke);

        header('location: jokes.php');

    }
    else {

        if (isset($_GET['id'])) {
            $joke = $this->jokesTable->findById($_GET['id']);
        }

        $title = 'Edit joke';

        ob_start();

        include __DIR__ . '/../templates/editjoke.html.php';

        $output = ob_get_clean();

        return ['output' => $output, 'title' => $title];
    }
}
```

每个函数的 return 值都是一个数组，数组中包含了 output 和 title 变量。现在，当调用一个方法时，它将会返回 output 和 title 字符串，然后就可以使用它们了。

重要的是，由于每个方法以相同的格式返回数据（带有 output 和 title 键的一个数组），不管调用了哪一个方法，我们都有两个变量所组成的一个数组。

现在，我们已经让每一个不同的页面使用它们自己的文件了，如 index.php、jokes.php、editjoke.php 和 deletejoke.php 文件。

8.12 单点入口

完成了控制器，我们现在可以编写一个单个的文件来处理任何页面。重要的是，这个单个的页面可以包含之前在每一个文件中重复的所有代码。作为一个起点，如下是使用这个新类的一种非常粗陋的方式：

```php
<?php
try {
    include __DIR__ . '/../includes/DatabaseConnection.php';
    include __DIR__ . '/../classes/DatabaseTable.php';
    include __DIR__ . '/../controllers/JokeController.php';

    $jokesTable = new DatabaseTable($pdo, 'joke', 'id');
    $authorsTable = new DatabaseTable($pdo, 'author', 'id');

    $jokeController = new JokeController($jokesTable,
    $authorsTable);

    if (isset($_GET['edit'])) {
        $page = $jokeController->edit();
```

```
    } elseif (isset($_GET['delete'])) {
        $page = $jokeController->delete();
    } elseif (isset($_GET['list'])) {
        $page = $jokeController->list();
    } else {
        $page = $jokeController->home();
    }

    $title = $page['title'];
    $output = $page['output'];
} catch (PDOException $e) {
    $title = 'An error has occurred';

    $output = 'Database error: ' . $e->getMessage() . ' in '
        . $e->getFile() . ':' . $e->getLine();
}

include __DIR__ . '/../templates/layout.html.php';
```

可以在 OOP-EntryPoint 中找到这个例子。

将这段代码保存到 public 目录中的 index.php 的顶部,并且通过 http://http://192.168.10.10/访问该主页。如果一切正确,页面将会像预期的那样显示。

既然已经打开了 public 目录,删除掉 jokes.php、editjoke.php 和 deletejoke.php。我们已经将相关代码从这些文件中移动到了 JokeController 中,因此,不再需要这些文件了。

新的 index.php 页面遵从与每一个控制器相同的结构。很多代码看上去是类似的,但是,让我们单独来看看新的代码行。

```
$jokeController = new JokeController($jokesTable,
    $authorsTable);
```

这创建了我们刚刚编写的 JokeController 类的一个实例。当调用该构造方法时,DatabaseTable 的实例、$jokesTable 和$authorsTable 会传递给它。

```
if (isset($_GET['edit'])) {
    $page = $jokeController->edit();
}

else if (isset($_GET['delete'])) {
    $page = $jokeController->delete();
}

else if (isset($_GET['list'])) {
        $page = $jokeController->list();
}

else {
    $page = $jokeController->home();
}
```

if ... else if 语句块是一个聪明的部分。这些 if 语句检查了$_GET 变量来确定调用了 JokeController 类中的哪一个方法。由于 else 子句的作用,至少确保这些语句块中的一个执行了。

不管如何访问这个页面,都将创建$page 变量,并且将包含两个值,即页面的标题和页面的内容,二者分别保存在 title 键和 output 键之下。

最后的部分创建了在模板中使用的$title 和$output 变量,这是通过从新创建的$page 数组读出这些变量而做到的。

```
$title = $page['title'];
$output = $page['output'];
```

要检查所有这些是否能够工作，在浏览器中，打开位于 http://192.168.10.10/的主页。

遗憾的是，如果你点击了任何的链接，例如 Jokes List 链接，将会看到一个错误。

这是因为，不再有单个的页面来表示 Web 站点的每一个页面。现在，所有的一切都转移到了 index.php 中。要访问 Web 站点上的页面，必须在一个相关的 URL 变量后面输入 index.php。

要访问"Joke List"页面，必须访问 http://192.168.10.10/index.php?list。

这叫作**单点入口**（single entry point）或者**前端控制器**（front controller）。

我们将浏览所有页面，并将连到旧页面的所有链接修改为通过 index.php 访问，但是，在这么做之前，让我们先做一些整理工作。

我已经简单地调用过新的 index.php，因为它并不是非常高效。每次想要给 Web 站点添加一个页面的时候，你将需要做两件事情：

（1）将该方法添加到 JokeController 中；

（2）在 index.php 中添加相关的 else if 语句块。

你可能已经注意到了，GET 变量名和函数的名称完全匹配：

● 当设置了 $_GET['edit'] 时，调用 edit 函数；

● 当设置了 $_GET['list'] 时，调用 list 函数。

这似乎有点冗余了。PHP 允许一些很酷的功能。例如，可以这么做：

```
$function = 'edit';
$jokeController->$function();
```

这将会把 $function 转换为 edit，并且实际上调用 $jokeController->edit()。我们将使用这一功能来读取 GET 变量，并且不使用方法名就可以调用方法。

通常，控制器中的一个函数叫作一个**动作**（action）。我们可以使用 GET 变量 action 来调用控制器上的相关函数。index.php?action=edit 将调用 edit 函数，index.php?action=delete 将调用 delte 函数，依次类推。做到这一点的代码相当简单：

```php
<?php
try {
    include __DIR__ . '/../includes/DatabaseConnection.php';
    include __DIR__ . '/../classes/DatabaseTable.php';
    include __DIR__ . '/../controllers/JokeController.php';

    $jokesTable = new DatabaseTable($pdo, 'joke', 'id');
    $authorsTable = new DatabaseTable($pdo, 'author', 'id');

    $jokeController = new JokeController($jokesTable,
     $authorsTable);

    $action = $_GET['action'] ?? 'home';

    $page = $jokeController->$action();

    $title = $page['title'];
    $output = $page['output'];
} catch (PDOException $e) {
    $title = 'An error has occurred';

    $output = 'Database error: ' . $e->getMessage() . ' in '
     . $e->getFile() . ':' . $e->getLine();
}

include __DIR__ . '/../templates/layout.html.php';
```

选择相关动作的整个 if ... else 语句块，已经被替换为如下的两行代码：

```
$action = $_GET['action'] ?? 'home';
$page = $jokeController->$action();
```

第一行代码用到了我在第 7 章中介绍的令人混淆的、所谓的空合并操作符。它读取了名为 action 的 GET
变量。如果设置 action，将从 GET 变量读取它，如果没有设置，将会把$action 设置为 "home"。第 2 行代
码在$jokeController 对象上调用相关的方法。

　　如果你打开浏览器，并且访问 index.php?action=listjokes，将会看到笑话的列表。如果你访问 index.php
而没有设置 action，将会看到主页。

　　这种方法的优点是，要给 Web 站点添加一个新的页面，我们所需要做的只是给 JokeController 类添加
一个新的方法，并且将其连接到 index.php，提供相关的动作变量。

　　既然 Web 站点的 URL 结构已经完全更改了，我们需要浏览每一个页面并更新任何的链接、表单动作
或重定向。

　　首先是 layout.html.php：

```
<!doctype html>
<html>
    <head>
        <meta charset="utf-8">
        <link rel="stylesheet" href="jokes.css">
        <title><?=$title?></title>
    </head>
    <body>
        <nav>
            <header>
                <h1>Internet Joke Database</h1>
            </header>
            <ul>
                <li><a href="index.php">
                Home</a></li>
                <li><a href="index.php?action=list">
                Jokes List</a></li>
                <li><a href="index.php?action=edit">
                Add a new Joke</a></li>
            </ul>
        </nav>

        <main>
            <?=$output?>
        </main>

        <footer>
            &copy; IJDB 2017
        </footer>
    </body>
</html>
```

现在打开 jokes.html.php，修改 "Edit" 链接和用于删除的表单动作：

```
<p><?=$totalJokes?> jokes have been submitted
to the Internet Joke Database.</p>

<?php foreach ($jokes as $joke): ?>
<blockquote>
    <p>
    <?=htmlspecialchars($joke['joketext'],
    ENT_QUOTES, 'UTF-8')?>

    (by <a
```

```
➥ href="mailto:<?=htmlspecialchars($joke['email'],
    ENT_QUOTES, 'UTF-8'); ?>">
 <?=htmlspecialchars($joke['name'], ENT_QUOTES, 'UTF-8');
➥ ?></a> on
<?php
$date = new DateTime($joke['jokedate']);

echo $date->format('jS F Y');
?>)
 <a
➥ href="index.php?action=edit&id=<?=$joke['id']?>">
    Edit</a>
    <form action="index.php?action=delete" method="post">
    <input type="hidden" name="id"
        value="<?=$joke['id']?>">
    <input type="submit" value="Delete">
    </form>
    </p>
</blockquote>
<?php endforeach; ?>
```

最后，将 JokeController 中的两个重定向，从 header('location:jokes.php');修改为 header('location: index.php?action=list');。

你可以在 OOP-EntryPoint2 中找到这个示例。

8.13 保持 DRY 原则

你几乎已经完成了工作。PHP 代码的很大一部分，现在已经整齐地组织到了类的方法中，并且你可以通过在 JokeController 中直接创建一个新的方法，快速给 Web 站点添加新的页面。在继续之前，我们先快速删除一些保持重复的代码。

如果查看 JokeController，会发现大多数代码执行相同的一组步骤。edit 方法包含如下的代码：

```
ob_start();

include __DIR__ . '/../templates/editjoke.html.php';

$output = ob_get_clean();

return ['output' => $output, 'title' => $title];
```

Home 方法包含如下的代码：

```
ob_start();

include __DIR__ . '/../templates/home.html.php';

$output = ob_get_clean();

return ['output' => $output, 'title' => $title];
```

List 方法包含如下的代码：

```
ob_start();

include __DIR__ . '/../templates/jokes.html.php';

$output = ob_get_clean();
```

```
return ['output' => $output, 'title' => $title];
```

这些代码段非常相似。一些代码行甚至是相同的。当你看到像这样的重复代码时，总是值得思考一下如何删除它们。

让动作提供一个文件名（例如 home.html.php），然后让该动作从 index.php 中加载，而不是让每个动作都包含这段代码，这样应该比较简单一些。

为了实现这一改变，首先打开 index.php，将其修改为如下所示：

```php
<?php
try {
    include __DIR__ . '/../includes/DatabaseConnection.php';
    include __DIR__ . '/../classes/DatabaseTable.php';
    include __DIR__ . '/../controllers/JokeController.php';

    $jokesTable = new DatabaseTable($pdo, 'joke', 'id');
    $authorsTable = new DatabaseTable($pdo, 'author', 'id');

    $jokeController = new JokeController($jokesTable,
     $authorsTable);

    $action = $_GET['action'] ?? 'home';

    $page = $jokeController->$action();

    $title = $page['title'];

    ob_start();

    include __DIR__ . '/../templates/' . $page['template'];

    $output = ob_get_clean();
} catch (PDOException $e) {
    $title = 'An error has occurred';

    $output = 'Database error: ' . $e->getMessage() . ' in '
     . $e->getFile() . ':' . $e->getLine();
}

include __DIR__ . '/../templates/layout.html.php';
```

我已经将 3 段重复的代码行从单个的方法移动到了 index.php 中。index.php 现在期望一个 $page 变量来提供一个 template 键。让我们修改一下每一个控制器的动作以提供变量。控制器动作将不再提供 $output 变量，而只是为 index.php 提供要包含的一个文件名。

home 方法如下所示：

```php
public function home() {
    $title = 'Internet Joke Database';

    return ['template' => 'home.html.php', 'title' =>

    $title];
}
```

list 方法如下所示：

```php
public function list() {
    $result = $this->jokesTable->findAll();
```

```
        $jokes = [];
        foreach ($result as $joke) {
            $author = $this->authorsTable->
                findById($joke['authorId']);

            $jokes[] = [
                'id' => $joke['id'],
                'joketext' => $joke['joketext'],
                'jokedate' => $joke['jokedate'],
                'name' => $author['name'],
                'email' => $author['email']
            ];
        }

        $title = 'Joke list';

        $totalJokes = $this->jokesTable->total();

        return ['template' => 'jokes.html.php', '
        title' => $title];
    }
```

edit 方法如下所示：

```
public function edit() {
    if (isset($_POST['joke'])) {

        $joke = $_POST['joke'];
        $joke['jokedate'] = new DateTime();
        $joke['authorId'] = 1;

        $this->jokesTable->save($joke);

        header('location: index.php?action=list');
    }
    else {

        if (isset($_GET['id'])) {
            $joke = $this->jokesTable->findById($_GET['id']);
        }

        $title = 'Edit joke';

        return ['template' => 'editjoke.html.php',
        'title' => $title];
    }
}
```

每一个动作现在都提供了要从 index.php 进行加载的一个模板的名称。我们自己不再需要重复输出缓存和 include 代码行。

然而，如果想要尝试上面的代码，只有主页能够工作。如果想要尝试浏览笑话的列表，将会得到一个错误：

```
Notice: Undefined variable: totalJokes in
➥ /home/vagrant/Code/Project/templates/jokes.html.php on line 2
```

产生这一错误的原因是，jokes.html.php 现在包含到 index.php 中，并且 index.php 不再包含$totalJokes 变量。我们需要一种方法将$totalJokes 和$jokes 变量放入到 index.php 中。乍一看，你可能会想到用 return 语句来做到这一点，对于 title、output 以及随后的 template 变量，我们也用同样的方法做到这一点：

```
return ['template' => 'jokes.html.php',
```

```
'title' => $title,
'totalJokes' => $totalJokes,
'jokes' => $jokes];
```

然后，在 index.php 中重新创建该变量：

```
$action = $_GET['action'] ?? 'home';

$page = $jokeController->$action();

$title = $page['title'];

$totalJokes = $page['totalJokes'];

$jokes = $page['jokes'];
ob_start();

include __DIR__ . '/../templates/' . $page['template'];

$output = ob_get_clean();
```

如果尝试这么做，笑话列表页面将会按照预期的那样工作。然而，只要你导航到另一个页面，将会得到一个错误。例如，"Edit Joke" 页面需要一个名为 joke 的变量，并且它并没有提供用于 totalJokes 或 jokes 的变量。

一个非常糟糕的解决方案是，让控制器中的每一个方法返回所需的每一个单个变量，而当不需要这些变量时，保持数组值为空。Edit 的 return 语句最终如下所示：

```
return ['template' => 'jokes.html.php',
'title' => $title,
'totalJokes' => '',
'jokes' => '',
'joke' => $joke];
```

这显然不是一个可行的解决方案。每次我添加一个模板，它需要使用新的名称的一个变量时，我们都需要修改每个单个的控制器方法，来为该变量提供一个空字符串，并且随后还要修改 index.php 来设置它。

8.14 模板变量

相反，我们将按照对 return 语句所做的相同的方法，来解决这个问题。每个方法将提供变量的一个**数组**。list 方法的返回语句现在如下所示：

```
return ['template' => 'jokes.html.php',
    'title' => $title,
    'variables' => [
        'totalJokes' => $totalJokes,
        'jokes' => $jokes
    ]
];
```

这叫作一个**多维数组**（multi-dimensional array），即数组之中有一个数组。在这个例子中，variables 键映射到另一个数组，其中包含了 totalJokes 和 jokes 键。

尽管代码稍微难以阅读一些，但这种方法的好处在于，每个控制器方法都能够在 variables 键中提供一个不同的数组。editJoke 页面可以使用如下的 return 语句：

```
return ['template' => 'editjoke.html.php',
    'title' => $title,
    'variables' => [
```

```
                  'joke' => $joke ?? null
            ]
      ];
```

在上面的代码中，joke 数组键映射到$joke ?? null。你可能期望看到'joke' => $joke。然而，由于上面的代码可能会也可能不会设置 joke 变量，joke 键要么设置为 joke 变量的内容，要么设置为 null。null 表示空值。

list 和 edit 控制器动作现在都一致地返回一个数组，它带有 template、title 和 variables 键。

我们现在可以在 index.php 中使用 variables 数组了。做到这一点的最简单方法，是在 index.php 中创建一个名为$variables 的变量，这和我们对$title 所做的方式相同：

```
$title = $page['title'];

$variables = $page['variables'];

ob_start();

include __DIR__ . '/../templates/' . $page['template'];

$output = ob_get_clean();
```

每一个模板（例如 jokes.html.php）现在都能够访问$variables 数组，并且能够读取其中的值，例如，将如下代码：

```
<p><?=$totalJokes?> jokes have been submitted to
➥ the Internet Joke Database.</p>
```

替换为如下代码：

```
<p><?=$variables['totalJokes']?> jokes have been
➥ submitted to the Internet Joke Database.</p>
```

这个解决方案是有效的，但是，它意味着要打开并修改每一个模板文件。一种更简单的替代方案是，创建所需的变量。

好在，PHP 提供了一个方法来做这件事情。可以使用 extract 函数，从一个数组来创建变量：

```
$array ['hello' => 'world'];

extract($array);

echo $hello; // prints "world"
```

针对数组中的任何键，都创建了一个变量，并且其值设置为所对应的值。我们可以使用 extract 来创建 index.php 中的相关模板变量：

```
$action = $_GET['action'] ?? 'home';

$page = $jokeController->$action();

$title = $page['title'];

if (isset($page['variables'])) {
    extract($page['variables']);
}

ob_start();

include __DIR__ . '/../templates/' . $page['template'];

$output = ob_get_clean();
```

可以在 OOP-EntryPoint3 中找到这个示例。

如果$page['variables']是来自 list 方法的一个数组，将会创建名为 totalJokes 和 jokes 的变量。如果它是由 edit 方法创建的数组，将会创建名为 joke 的单个变量。

我使用 if (isset($page['variables']))将 extract 包含了进来，因为某些方法（例如 home 方法），可能不需要为模板提供任何的方法。

8.15　小心 extract

一切都很好地工作，并且我们已经设法从控制器方法中删除了重复的代码。遗憾的是，我们还没有完成。extract 最大的问题之一是，它在当前作用域中创建了变量。来看看下面这段代码：

```php
$action = $_GET['action'] ?? 'home';

$page = $jokeController->$action();

$title = $page['title'];

if (isset($page['variables'])) {
    extract($page['variables']);
}

ob_start();

include __DIR__ . '/../templates/' . $page['template'];
```

如果数组$page['variables']包含了 page 和 title 键的话，将会发生什么事情？将会覆盖$title 和$page 变量。很可能覆盖后的$page 变量不会是带有 template 键的一个数组，而 template 中本应该包含了一个模板文件的名字。

如果控制器操作的 return 语句碰巧在 variables 数组中包含了一个名为 page 的键，这将会阻止该控制器动作加载一个模板。

也可以告诉 extract 函数不要覆盖变量，但是，如果模板期望一个名为$page 的变量，将会给它错误的信息。

一个非常简单的解决方案是，将加载模板的代码放到单独的函数中。将 index.php 修改为如清单 8-1 所示。

清单 8-1　OOP-EntryPoint-Template

```php
<?php
function loadTemplate($templateFileName, $variables = [])
{
    extract($variables);

    ob_start();
    include __DIR__ . '/../templates/' . $templateFileName;

    return ob_get_clean();
}

try {
    include __DIR__ . '/../includes/DatabaseConnection.php';
    include __DIR__ . '/../classes/DatabaseTable.php';
    include __DIR__ . '/../controllers/JokeController.php';

    $jokesTable = new DatabaseTable($pdo, 'joke', 'id');
    $authorsTable = new DatabaseTable($pdo, 'author', 'id');
```

```
    $jokeController = new JokeController($jokesTable,
    $authorsTable);

    $action = $_GET['action'] ?? 'home';

    $page = $jokeController->$action();

    $title = $page['title'];

    if (isset($page['variables'])) {
        $output = loadTemplate($page['template'],
            $page['variables']);
    } else {
        $output = loadTemplate($page['template']);
    }
} catch (PDOException $e) {
    $title = 'An error has occurred';

    $output = 'Database error: ' . $e->getMessage() . ' in '
      . $e->getFile() . ':' . $e->getLine();

}

include __DIR__ . '/../templates/layout.html.php';
```

如果 variables 数组确实包含名为 page 或 title 的键，将加载一个模板的代码放到单独的函数中（loadTemplate），意味着已有的变量不会被覆盖，因为它们并没有存在于该函数的作用域中。

在本章中，我们介绍了如何使用面向对象编程来进一步细分代码并减少重复。我们还开始为控制器代码添加了一个较为清晰的结构。在第 9 章中，我将介绍如何让 index.php 可供其他的控制器使用，从而不需要重复上面的代码。

第 9 章　创建一个可扩展的框架

既然能够编写带有方法的控制器，并且从 index.php 调用这些方法，下一步就是添加页面剩下的部分，以管理 Web 站点。当前，我们可以通过指定一个 action URL 参数，从而通过 index.php 向数据库添加笑话。然而，一个真正的 Web 站点需要做的事情，比针对单个表来处理基本的数据库操作要更多。

该 Web 站点的下一个扩展，是允许用户注册为一个作者并且发布自己的笑话帖子。然而，在我们这样做之前，我将介绍如何编写一个现代的、灵活的框架来构建这些内容。学习完本章之后，你将具备构建任何 Web 站点的基础，并且你将能够很好地理解专业 PHP 开发者所使用的技术和概念。

我们不会添加任何新的功能。相反，我们将介绍如何能够组织好代码，以便在你所构建的每一个 Web 站点上复用它们。

在第 8 章中，我们最终得到的 index.php 的代码如下所示：

```php
<?php
function loadTemplate($templateFileName, $variables = [])
{
    extract($variables);

    ob_start();
    include __DIR__ . '/../templates/' . $templateFileName;

    return ob_get_clean();
}

try {
    include __DIR__ . '/../includes/DatabaseConnection.php';
    include __DIR__ . '/../classes/DatabaseTable.php';
    include __DIR__ . '/../controllers/JokeController.php';

    $jokesTable = new DatabaseTable($pdo, 'joke', 'id');
    $authorsTable = new DatabaseTable($pdo, 'author', 'id');

    $jokeController = new JokeController($jokesTable,
     $authorsTable);

    $action = $_GET['action'] ?? 'home';

    $page = $jokeController->$action();

    $title = $page['title'];

    if (isset($page['variables'])) {
        $output = loadTemplate($page['template'],
            $page['variables']);
    } else {
        $output = loadTemplate($page['template']);
    }
} catch (PDOException $e) {
    $title = 'An error has occurred';

    $output = 'Database error: ' . $e->getMessage() . ' in '
        . $e->getFile() . ':' . $e->getLine();
}
```

```
include __DIR__ . '/../templates/layout.html.php';
```

这允许我们通过指定 action URL 参数,来调用 JokeController 类中的任何函数,例如,通过链接到或者访问 index.php?action=list。

9.1　搜索引擎

在对代码进行任何结构性的修改之前,我们需要进行一些整理工作。在 PHP 中,函数是不区分大小写的。list 和 LIST 被当作相同的内容对待。由于不区分大小写,访问 index.php?action=list 将会显示该页面,但是访问 index.php?action=LIST 或 index.php?action=List 也会显示该页面。这似乎是件好事,因为人们就算将 URL 大小写拼写错了,也可能看到正确的页面。然而,这个功能对于搜索引擎来说,也可能会引发问题。

一些搜索引擎会把这两个 URL 当作两个完全不同的页面,即便它们显示完全相同的内容。index.php?action=LIST 和 index.php?action=list 都将出现在搜索结果中。你可能会这么想,"太好了,更多的页面将会出现在搜索结果中"。但是,搜索引擎通常不喜欢"重复的内容",对于重复内容,它们要么会将其排名降低,要么直接忽略掉。你希望一个结果出现在第 1 页,还是两个结果都可能出现在搜索页面比较偏下面的地方?

有几种方法来修正这个问题。你可以告诉搜索引擎忽略某些页面。或者,可以告诉它们哪个页面是"经典的"(主要的)版本。但是,对于管理较大型的站点来说,这可能很难做到,并且,强制使用严格的 URL 通常比较容易一些。做到这一点的一种常用方法就是,强制使用小写的 URL。

为了强制使用小写 URL,可以使用如下的一段简单的 PHP 代码,它判断用户是否输入了小写的 URL:

```
<?php

$action = $_GET['action'];

if ($action == strtolower($action)) {
    $jokeController->$action();
} else {
    echo 'Sorry that page does not exist.';
}
```

这段代码将$action 和$action 的小写版本进行比较。strtolower 函数将任何的字符串都转换为小写的,例如,LISTJOKES、listJokes 或 listjokes 都会变成 listjokes。通过比较最初的$action 和其小写版本,就能够搞清楚某人是否使用了$action 的小写版本来访问页面,如果他们没有这么做,就会显示一个错误。访问者和搜索引擎只会查看小写版本 URL 上的内容。尽管这么做将会避免重复的内容并且保护你的搜索引擎排名,但是对于那些偶然输错了 URL 的用户来说,这并不是很有用。

好在,我们可以将非小写的页面重定向到对等的小写版本,从而让两种情况都得到最好的解决方案。

我们已经使用了 header 函数将人们重定向到不同的页面。我们还可以使用 header 函数将所有的大写的 URL 都发送到其小写的对等版本:

```
<?php

$action = $_GET['action'];

if ($action == strtolower($action)) {
    $jokeController->$action();
} else {
    header('location: index.php?action=' . strtolower($action));
}
```

现在,想要访问 index.php?action=LISTJOKES 或 index.php?action=listJokes 的任何人,都将会被重定向

到 index.php?action=listjokes。然而，还需要做一件事情。有两种类型的重定向，临时的和持久的。要告诉搜索引擎不要列出该页面，你需要告诉它们，这个重定向是持久的。

这通过一个 "HTML 响应代码" 来做到。在浏览网页时，你可能至少已经遇到过一种 HTTP 响应代码。代码 404 表示 "没有找到页面"。每次当一个页面发送到浏览器时，都会随着它一起发送一个响应代码，告诉浏览器和搜索引擎如何对待该页面。要告诉浏览器一个重定向是持久的，你需要发送代码 301。PHP 有一个名为 http_response_code 的函数，它可以用来发送重定向要使用的 301 响应代码：

```php
<?php
$action = $_GET['action'];

if ($action == strtolower($action)) {
    $jokeController->$action();
} else {
    http_response_code(301);
    header('location: index.php?action=' . strtolower($action));
}
```

HTTP 响应代码

有很多不同的 HTTP 响应代码可供使用。当你要显示一条错误消息时，404 特别有用，因为这将会阻止页面出现在搜索结果中，并且防止页面记入到浏览器的浏览历史记录中。你通常不想要 "对不起，你请求的产品不可用" 这样的信息出现在搜索引擎中。你甚至可以将 HTTP 响应代码修改为 404，从而让搜索引擎不要列出不相关的页面。

在 W3.org 的 Web 站点上，可以找到响应代码及其含义的一个完整列表。

9.2 让内容更加通用

在 PHP 和任何其他的编程语言中，如果你能够让一段代码变得**通用**，并且能够应付不同的使用情况，通常来说，这样会**更好**，因为代码更加灵活。如果你可以复用已有的代码，这就避免了你重复地编写类似的代码。这正是我们对 DatabaseTable 类所采用的方法。任何时候，当我们需要和数据库交互时，我们都可以使用 DatabaseTable 类，而不必在应用中编写类似的代码。

我们已有的 index.php 代码，允许通过指定 action URL 参数，从而在 JokeController 类中调用任何函数。

和针对每个操作使用一个独特的文件相比，使用一个单个的文件来处理任何的控制器操作是一个很大的改进，因为这避免了我们重复编写代码。完整的 index.php 包含了我们刚刚添加的重定向，如清单 9-1 所示。

清单 9-1   CMS-Redirect

```php
function loadTemplate($templateFileName, $variables = []) {
    extract($variables);

    ob_start();
    include __DIR__ . '/../templates/' . $templateFileName;

    return ob_get_clean();
}

try {
    include __DIR__ . '/../includes/DatabaseConnection.php';
    include __DIR__ . '/../classes/DatabaseTable.php';
    include __DIR__ .
        '/../classes/controllers/JokeController.php';
```

```
$jokesTable = new DatabaseTable($pdo, 'joke', 'id');
$authorsTable = new DatabaseTable($pdo, 'author', 'id');

$jokeController = new JokeController($jokesTable,
 $authorsTable);

$action = $_GET['action'] ?? 'home';

if ($action == strtolower($action)) {
    $page = $jokeController->$action();
}
else {
    http_response_code(301);
    header('location: index.php?action=' .
     strtolower($action));
}

$title = $page['title'];

if (isset($page['variables'])) {
    $output = loadTemplate($page['template'],
     $page['variables']);
}
else {
    $output = loadTemplate($page['template']);
}
}
catch (PDOException $e) {
    $title = 'An error has occurred';

    $output = 'Database error: ' . $e->getMessage() . ' in '
     . $e->getFile() . ':' . $e->getLine();
}

include __DIR__ . '/../templates/layout.html.php';
```

9.3　提前考虑：用户注册

下一步，我们将要允许某个人注册为用户，以便他能够发布一个笑话。为了做到这一点，我们需要在 Web 站点上有一个新的页面。尽管也可能继续给 JokeController 添加方法，但对于任何较小的 Web 站点来说，这样做都将导致一个非常大的类，而这个类包含了用于 Web 站点上的每一个单个页面的代码。

相反，我们将创建一个名为 RegisterController 的新的控制器，它拥有一些处理用户注册的方法。将和笑话相关的任何内容保存在 JokeController 中，而把和用户注册相关的任何页面都保存在 RegisterController 中，这将帮助我们保持代码是可管理的。

有了上面的 index.php，我们还需要编写一段新的 PHP 脚本来利用 RegisterController，例如 register.php，如下所示：

```
<?php
try {
    include __DIR__ . '/../includes/DatabaseConnection.php';
    include __DIR__ . '/../classes/DatabaseTable.php';
    include __DIR__ . '/../controllers/RegisterController.php';

    $jokesTable = new DatabaseTable($pdo, 'joke', 'id');
```

```
    $authorsTable = new DatabaseTable($pdo, 'author', 'id');
    $registerController = new RegisterController($authorsTable);

    $action = $_GET['action'] ?? 'home';

    if ($action == strtolower($action)) {
        $page = $registerController->$action();
    } else {
        http_response_code(301);
        header('location: index.php?action=' .
         strtolower($action));
    }

    $title = $page['title'];

    if (isset($page['variables'])) {
        $output = loadTemplate($page['template'],
            $page['variables']);
    } else {
        $output = loadTemplate($page['template']);
    }
} catch (PDOException $e) {
    $title = 'An error has occurred';

    $output = 'Database error: ' . $e->getMessage() . ' in '
     . $e->getFile() . ':' . $e->getLine();
}

include __DIR__ . '/../templates/layout.html.php';
```

这段代码的主要内容和 index.php 是相同的。仅有的几处差别是：

（1）include 'JokeController.php';变成了 include 'RegisterController.php';；

（2）$jokeController = new JokeController($jokesTable, $authorsTable);变成了 $registerController = new Register Controller($authorsTable);；

（3）$jokeController->$action();变成了 $registerController->$action();。

如果一个单个的 index.php 能够按照它用于任何动作的相同方式，来用于任何的控制器，从而不再需要不同的 PHP 文件来加载每一个控制器，这样将会更好。为了做到这一点，我们需要让同一个 index.php 能够用于任何的控制器。

第 3 处修改很容易修正，因此，让我们先删除掉不同之处。

需要做出修改的唯一原因，是不同的变量名$jokesController 和$registerController。如果整个程序中使用相同的变量名，例如$controlle，那么也不需要做这一修改。这样的话，$controller = new RegisterController ($authorsTable); 或$controller = new JokeController($jokesTable, $authorsTable); ，对于$controller->$action(); 来说将都是有效的。

第 1 处修改的解决方案很容易实施。正如我们在加载模板时所见到的，include 语句可以使用包含在一个变量中的一个字符串来包含文件。

做出这一修改以包含正确的文件，是一件相当容易的事情。

```
$controllerName = ucfirst($_GET['controller']) .
 'Controller';

include __DIR__ . '/../controllers/' . $controllerName .
 '.php';
```

正如你已经知道的，可以用其他的变量来创建变量，包括$_GET 变量。使用我们定义$action 相同的过程，也可以为 controller 指定一个 URL 参数，例如 index.php?controller=jokes&action=listJokes。我们可以使用这个来加载 JokesController 并调用 listJokes 动作。

要构建这个类名，我们已经使用了 ucfirst 让 URL 中的控制器的首字母大写，从而与文件名一致。URL 中提供的 joke 变成了 Joke。字符串 Controller.php 随后添加进来，从而得到一个完整的类名。

使用 URL 参数 controller=register 将意味着包含 RegisterController.php 文件。

现在，通过在 URL 中指定控制器的名称，将包含控制器的文件包含了进来，以便它在$_GET['controller'] 中可用。这就修正了第 1 个问题，并且部分地修正了第 3 个问题。新的代码如下所示：

```
include __DIR__ . '/../controllers/' . $_GET['controller'] .
 '.php';

$jokesTable = new DatabaseTable($pdo, 'joke', 'id');
$authorsTable = new DatabaseTable($pdo, 'author', 'id');

$controller = new RegisterController($authorsTable);

$action = $_GET['action'] ?? 'home';

if ($action == strtolower($action)) {
    $page = $controller->$action();
}
```

对于第 2 处修改，我们需要能够使用创建相关的控制器的一行代码（现在来说，是 JokeController 或 RegisterController）来替代$controller = new JokeController($jokesTable, $authorsTable);这行代码。

就像在方法名中的某个位置可以使用一个变量一样，一个变量也可以用来替代类名，因此，也可能使用$_GET 中的一个变量来代替类名：

```
$controllerObject = new $controllerName($jokesTable,$authorsTable);
```

new $controllerName()这一句是创建$_GET 变量 controller 中所提供的类名的一个实例。访问 index.php?controller=joke&action=list，将会加载名为 JokeController 的控制器。

我们可以应用和之前相同的逻辑，来做如下的事情。

● 如果没有设置$_GET['controller']的话，选择一个默认的控制器（"joke"）：

```
$controllerName = $_GET['controller'] ?? 'joke';
```

● 如果需要的话，重定向到小写字母的 URL：

```
if ($action == strtolower($action) &&
$controllerName == strtolower($controllerName)) {

}
else {
    // redirect to lowercase version
}
```

现在，我们可以从$controllerName 获取名称，并且通过让第一个字母大写（ucfirst 函数针对任何字符串完成这一操作），然后添加字符串 Controller：

```
$className = ucfirst($controllerName) . 'Controller';
```

最后，包含相关的文件并且创建控制器实例：

```
include __DIR__ . '/../controllers/' . $className . '.php';

$controller = new $className($jokesTable, $authorsTable);
```

整个代码段如下所示：

```
$action = $_GET['action'] ?? 'home';
```

```
$controllerName = $_GET['controller'] ?? 'joke';
if ($action == strtolower($action) &&
 $controllerName == strtolower($controllerName)) {
    $className = ucfirst($controllerName) . 'Controller';

    include __DIR__ . '/../controllers/' . $className . '.php';

    $controller = new $className($jokesTable, $authorsTable);
    $page = $controller->$action();
}
else {
    http_response_code(301);
    header('location: index.php?controller=' .
    strtolower($controllerName) . '&action=' .
    strtolower($action));
}
```

如果将这段代码添加到 index.php 中并且访问一个笑话页面，例如通过 index.php?controller=joke&action=list 来访问，它将会像预期的那样工作。

然而，你可能会遇到一个潜在的问题。当控制器创建之后，会调用其构造方法并传递$jokesTable 和 $authorsTable 对象。

如果不同的控制器需要不同的对象才能工作，该怎么办呢？例如，RegisterController 类将只需要 $authorsTable。

9.4   依赖性

不同的控制器不可避免地需要不同的依赖性。我们在上一章中构建的 JokeController 需要$jokesTable 和$authorsTable 对象，但是，并不是所有的控制器都需要相同的对象。其他对象需要一个对象，这个被需要的对象叫作**依赖性**（dependency）。例如，JokeController **依赖于**$jokesTable 实例，因为如果没有这个实例，JokeController 无法正确地工作。

要识别代码段中的依赖性，查找在另一个对象上的一个函数调用。例如，控制器中的 delete 方法依赖于 jokesTable 变量，并且该变量必须包含一个 DatabaseTable 实例。没有一个 DatabaseTable 实例，delete 方法将无法工作。它**依赖于**来自另一类中的功能。

```
public function delete() {
    $this->jokesTable->delete($_POST['id']);
    header('Location: .');
    exit();
}
```

将要调用的方法 jokesTable->delete()在另外一个类中。如果 DatabaseTable 类不存在的话，这个 delete 函数将会失败。我们可以说，JokeController 类依赖于 DatabaseTable 类。同样，我们可以说 DatabaseTable 类对于 PDO 类有依赖性，因为没有 PDO 类的话，它无法工作。

我们打算添加另一个控制器 RegisterController，它负责处理允许新作者注册以便他们能够发布笑话。

首先，我们将创建一个单独的表单用于注册。当提交该表单时，信息将需要插入到 author 表中。显然，这个控制器需要和$jokesTable 对象交互，因此，RegisterController 将会像下面这样实例化：

```
$controller = new RegisterController($authorsTable);
```

其他的控制器可能需要其他的数据库表，例如，一个 categories 表用于分类笑话，或者有的对象要验证已经输入了数据甚至不需要处理数据库访问。

这里我们要面对另一个问题。我们可以使用一个变量来代替类名，如下所示：

```
$controllerName = $_GET['controller'];
$controller = new $controllerName($authorsTable);
```

但是，没有一种容易的方法来确定控制器需要什么依赖关系。

我警告你，这是本书中最复杂的一个主题，甚至一些非常有经验的开发者也为之抓狂。不同的人提出了一些潜在的解决方案，并且有很多种可以采用的方法。

然而，这些方法中的很多都被认为是"糟糕的做法"，并且是应该避免的。我可以单独写一本关于这一主题的图书（这是我博士课题的很大的一个部分），而不是告诉你不要做什么（在控制器的构造方法、单例或服务定位器中创建对象）。我打算坚持最佳实践，并且介绍用较好的方法处理它的一些选项。

将依赖性传递到需要它们的类的构造方法中，这是一种很好的思路。正如我在上一章中所提到的，这就防止了一个对象没有任何依赖集的情况存在。我们遇到的问题是，不同的控制器需要不同的依赖性。JokesController 类的构造方法如下所示：

```
public function __construct(DatabaseTable $jokesTable,
 DatabaseTable $authorsTable) {
    $this->jokesTable = $jokesTable;
    $this->authorsTable = $authorsTable;
}
```

当我们编写 RegisterController 类的代码时，构造方法如下所示：

```
public function __construct(DatabaseTable $authorsTable) {
    $this->authorsTable = $authorsTable;
}
```

JokesController 类对两个 DatabaseTable 对象有依赖，一个用于作者，一个用于笑话。RegisterController 只对一个对象有依赖，就是$authorsTable。如果我们试图自动创建控制器，将会出现一个问题，如果构造方法不同，如何能够自动创建对象呢？

修复这个问题的一种方法是，确保所有的控制器都具有相同的构造方法。它们都需要访问所有可能的 DatabaseTable 对象。这种方法有效，但是它太糟糕了。这会导致控制器对于任何控制可能需要的一切内容都具有依赖性。这种方法的一个主要缺点是，当添加一个新的数据库表时，所有的控制器构造方法都必须修改。我们可以通过传递所有可能的依赖性的一个数组并且选取我们需要的数组来克服这一点。这实际上就是所谓的服务定位器（Service Locator），并且这是一种常用的方法，尽管在最近几年里，这被广泛地认为是一种糟糕的做法。

我们的这一做法技术上的术语叫作**依赖性注入**（dependency injection）。它听上去很复杂，但是这只是表示将依赖性传递到构造方法中的一种有趣的说法。在不知道这个术语的情况下，我们甚至已经这么做了。

解决不同构造方法需要不同的参数这一问题的最简单的方法，是使用一系列的 if 语句。通过这种方法，可以用正确的依赖性来创建每一个控制器：

```
$action = $_GET['action'] ?? 'home';
$controllerName = $_GET['controller'] ?? 'joke';

if ($controllerName === 'joke') {
 $controller = new JokeController($jokesTable,
➥ $authorsTable);
}
else if ($controllerName === 'register') {
    $controller = new RegisterController($authorsTable);
}

$page = $controller->$action();
```

现在，通过$_GET['controller']中提供的变量来选择控制器，并且$_GET['action']中定义了在控制器对象上调用的方法。这种方法非常灵活，它允许我们通过在 controller URL 变量中指定类名称和在 action URL

变量中指定方法名称，从而调用任何控制器中的任何方法。尽管这增加了一些灵活性，但它也导致了一些安全性问题。某人可能会修改 URL 并运行任何类中的任何方法。根据我们的控制器要做些什么，这可能会导致一个问题。

相反，只需要一点点额外的代码就可以指定一个单个的 URL 变量以触发一个具体的控制器动作，而这种方法可以变得更加安全。这个单个的 URL 变量叫作**路径**（route）：

```php
$route = $_GET['route'] ?? 'joke/home'; // If no route
➥ variable is set, use 'home'

if ($route === 'joke/list') {
    include __DIR__ .
     '/../classes/controllers/JokeController.php';
    $controller = new JokeController($jokesTable,
        $authorsTable);
    $page = $controller->list();
}
else if ($route === 'joke/home') {
    include __DIR__ .
     '/../classes/controllers/JokeController.php';
    $controller = new JokeController($jokesTable,
        $authorsTable);
    $page = $controller->home();
}
else if ($route === 'register') {
    include __DIR__ .
     '/../classes/controllers/RegisterController.php';
    $controller = new RegisterController($authorsTable);
    $page = $controller->showForm();
}
```

尽管这段代码比较多，并且其中有一些重复，但它要安全很多。如果只能够实例化一个控制器，调用在这个列表中的一个方法。在这个例子中，相对于让任何人调用任何方法的潜在安全性漏洞来说，我们更喜欢重复。

我还使用了 joke/list 和 joke/edit，带上了 joke/前缀，是因为每个页面都需要唯一的标识符。将来，我们可能想要创建一个页面，它列出作者或者允许编辑作者，然后可以将结果存储到 author/list、author/edit 等 URL 上。

现在，完整的 index.php 如清单 9-2 所示。

清单 9-2　CMS-Controller

```php
<?php
function loadTemplate($templateFileName, $variables = [])
{
    extract($variables);

    ob_start();
    include __DIR__ . '/../templates/' . $templateFileName;

    return ob_get_clean();
}

try {
    include __DIR__ . '/../includes/DatabaseConnection.php';
    include __DIR__ . '/../classes/DatabaseTable.php';

    $jokesTable = new DatabaseTable($pdo, 'joke', 'id');
    $authorsTable = new DatabaseTable($pdo, 'author', 'id');
```

```
        //if no route variable is set, use 'joke/home'
    $route = $_GET['route'] ?? 'joke/home';

    if ($route == strtolower($route)) {
        if ($route === 'joke/list') {
            include __DIR__ .
              '/../classes/controllers/JokeController.php';
            $controller = new JokeController($jokesTable,
             $authorsTable);
            $page = $controller->list();
        } elseif ($route === 'joke/home') {
            include __DIR__ .
              '/../classes/controllers/JokeController.php';
            $controller = new JokeController($jokesTable,
             $authorsTable);
            $page = $controller->home();
        } elseif ($route === 'joke/edit') {
            include __DIR__ .
              '/../classes/controllers/JokeController.php';
            $controller = new JokeController($jokesTable,
             $authorsTable);
            $page = $controller->edit();
        } elseif ($route === 'joke/delete') {
            include __DIR__ .
              '/../classes/controllers/JokeController.php';
            $controller = new JokeController($jokesTable,
             $authorsTable);
            $page = $controller->delete();
        } elseif ($route === 'register') {
            include __DIR__ .
              '/../classes/controllers/RegisterController.php';
            $controller = new RegisterController($authorsTable);
            $page = $controller->showForm();
        }
    } else {
        http_response_code(301);
        header('location: index.php?route=' . strtolower($route));
    }

    $title = $page['title'];

    if (isset($page['variables'])) {
        $output = loadTemplate($page['template'],
          $page['variables']);
    } else {
        $output = loadTemplate($page['template']);
    }
} catch (PDOException $e) {
    $title = 'An error has occurred';

    $output = 'Database error: ' . $e->getMessage() . ' in '
      . $e->getFile() . ':' . $e->getLine();
}

include __DIR__ . '/../templates/layout.html.php';
```

注意，我还修改了检查条件的 if 语句，以使用新的$route 变量。

理想情况下，我们希望能够使用**任何**控制器而不需要编辑 index.php。但是，为了简单起见，我们将坚持这种方法。现在，路径已经修改了，我们还需要修改 layout.html.php 以便在菜单中使用新的路径：

```
 <li><a href="index.php?route=joke/list">Jokes
➥ List</a></li>
 <li><a href="index.php?route=joke/edit">Add a
➥ new Joke</a></li>
```

在继续并修改 Web 站点的所有链接之前，我想要介绍一种叫作 **URL 重写**（URL Rewriting）的方法，这正是使用一个单个的 route 变量而不分别使用 controller 和 action 变量的另一个原因。

9.5　URL 重写

有很多 Web 站点是用 PHP 编写的，包括 Facebook 和 Wikipedia。如果我们访问其中的一个站点，将会看到 URL 看上去和我们在笑话 Web 站点上使用的 URL 不大相同。

大多数 PHP Web 站点实际上并不会在 URL 中显示 PHP 文件名。很多年前，搜索引擎更喜欢这种方法。如今，搜索引擎并不在意 URL 结构，出于美观的考虑，通常更多地使用友好的 URL。

由于大多数 Web 站点使用这种方法，了解如何做到这一点是很有用的。URL 重写是将一个 URL 跳转到另一个 URL 的一种工具。你可以配置自己的 Web 服务器，以便当某人访问/jokes/list 时，服务器实际上运行的是 index.php?route=jokes/list；甚至当某人访问 contact.php 时，他实际上运行的是 index.php?route=contact。

重要的，最初的 URL 仍然会在浏览器的地址栏中出现。URL 重写是一个很冗长和复杂的话题。你可以设置各种各样精彩的和令人印象深刻的规则。然而，几乎所有现代的 PHP Web 站点都使用相同的规则，即如果请求的一个文件不存在，就加载 index.php。

实际上，我们将要使用的 Homestead Improved box 已经设置好了做这些事情。访问 http://192.168.10.10/I-dont-exist.php 或任何你能够想到的奇怪的名字，将会看到 Web 站点的主页而不是一个错误的页面。如果你创建了 I-dont-exist.php 文件，并且在浏览器中访问该页面，将会加载它。否则，所有的请求都会发送到 index.php。

NGINX

如果你需要在一个 NGINX 服务器上配置 URL 重写，NGINX Web 站点上的指南是查找示例的首选。

然而，对于大多数设置，我们需要配置指令：

```
location / {
    try_files $uri $uri/ /index.php;
}
```

对于 Apache 服务器，通过在 public 目录（或者，对于 Apache，更可能是 public_html 或 httpdocs 目录）中，用如下的内容创建一个名为.htaccess 文件，也可以做到同样的事情：

```
conf
RewriteEngine on
RewriteCond %{REQUEST_FILENAME} !-f
RewriteCond %{REQUEST_FILENAME} !-d
RewriteRule ^.*$ /index.php [NC,L,QSA]
```

这些指令是如何工作的，已经超出了本书的范围，但是，它能起到同样的效果。如果一个文件不存在，将会加载 index.php 而不是显示错误。关于在使用 Apache 时配置 URL 重写的更多信息，可以在 SitePoint 的文章《Learn Apache mod_rewrite: 13 Real-world Examples》中找到。

你只需要知道 URL 重写，并且能够在 Web 站点上使用它就足够了。我们可以使用人们用来连接 Web

站点的 URL，而不是使用一个$\_GET 变量来确定路径。PHP 在$_SERVER['REQUEST_URI']变量中提供这一信息。

打开 index.php，并且将如下的内容：

```
$route = $_GET['route'] ?? 'joke/home';
```

替换为：

```
$route = ltrim(strtok($_SERVER['REQUEST_URI'], '?'), '/');
```

ltrim 函数删除掉开头的/。如果你访问 http://192.168.10.10/joke/list, $_SERVER['REQUEST_URI']，将会存储字符串/joke/list。通过删除掉任何开头的斜杠，我们可以将所请求的 URL 映射到已有的路径。

由于$\_SERVER['REQUEST\_URI']包含了完整的 URL，如果 URL 包含了$_GET 变量，完整的 URL 字符串包含在了该变量之中。在我们的路径中，不需要这些。

如下的代码将返回到直到第一个问号的整个字符串，或者如果没有问号的话，就返回整个字符串。

```
strtok($_SERVER['REQUEST_URI'], '?')
```

现在，访问 http://192.168.10.10/joke/list，你将会看到更漂亮的 URL 上的笑话列表。这种方式的 URL 重写的一个问题是，浏览器将会把 joke/list 中的/看作目录的分隔符。

```
<link rel="stylesheet" href="jokes.css">
```

当浏览器看到上面这行时，它将会在 http://192.168.10.10/joke/jokes.css 中查找 jokes.css。由于该文件不存在，将不会应用样式表。

有两种可能的修正方法：

（1）HTML <base>标签，尽管这是一个可行的解决方案，但它还是引入了几个问题，这里就不再介绍这些问题了；

（2）让所有的 URL 都相对于域。为了做到这一点，只要用一个/作为所有链接的前缀。

第 2 种选择更加有效，并且导致的问题较少。让我们打开 layout.html 并将如下的这行：

```
<link rel="stylesheet" href="jokes.css">
```

修改为如下所示：

```
<link rel="stylesheet" href="/jokes.css">
```

通过在一个 HTML 文档中加上一个/前缀，就告诉浏览器从 Web 站点最上面的一级去查找该文件。如果刷新该页面，我们将会看到样式表现在正确地显示了。

如果只是访问了 http://192.168.10.10/而没有指定一个文件名，将会看到一个错误。这是因为，我们没有设置为空字符串的一个路径。

在 index.php 中，我们将 else if ($route === 'joke/home') {替换为($route === '') {。如果刷新主页，它应该会像预期的那样显示。

最后，让我们修改 Web 站点上的每一个连接，以使用新的、漂亮的格式。

layout.html.php:

```
<ul>
    <li><a href="/">Home</a></li>
    <li><a href="/joke/list">Jokes List
    </a></li>
    <li><a href="/joke/edit">Add a new Joke
    </a></li>
</ul>
```

在 jokes.html.php 中，编辑链接并且删除动作：

```
<a href="/joke/edit?id=<?=$joke['id']?>">Edit
</a>
```

```
<form action="/joke/delete" method="post">
    <input type="hidden" name="id"
        value="<?=$joke['id']?>">
    <input type="submit" value="Delete">
</form>
```

最后是 JokeController.php 中的两个重定向：

```
header('location: /joke/list');
```

可以从 CMS-Controller-Rewrite 中找到这个示例。

现在，我们知道了为什么要在 Web 站点拥有太多页面之前进行这些结构性的修改了。

9.6   整 理

你可能已经注意到了，index.php 有点太长了，并且不够整齐。在开始创建 RegisterController.php 之前，让我们先来整理一下 index.php。

遵从 OOP

导致过于复杂的代码的一个主要原因是嵌套的 if 语句。对于任何代码段来说，都有可能将其分解为一个拥有一组函数的单个的类。

这可以通过在代码中识别独特的任务来完成。看一下代码，可以发现如下的独特任务：

- 实例化控制器并根据$route 调用相应的动作；
- loadTemplate 函数；
- 如果需要的话，重定向到 URL 的小写版本；
- 加载相关的模板文件并设置其变量。

让我们找到每一个这样的任务，并将其作为 classes 目录下一个名为 EntryPoint 的类的一个函数。

这个类将接受单个的变量$route，它表示要加载的路径。然后，它将该路径存储到一个类变量中，以便每个函数都能够使用它：

```
<?php
class EntryPoint
{
    private $route;
    public function __construct($route)
    {
        $this->route = $route;
    }
}
```

下一步是检查路径的大小写正确，如果它不是小写的话，重定向到小写的版本：

```
private function checkUrl() {
    if ($this->route !== strtolower($this->route)) {
        http_response_code(301);
        header('location: ' . strtolower($this->route));
    }
}
```

我在这里略微修改了逻辑，以便 if 语句检查所提供的路径是否与小写版本相同。

可以直接从构造方法调用这个函数：

```
public function __construct($route) {
    $this->route = $route;
    $this->checkUrl();
```

```
}
```

通过将函数调用放到控制器中，如果$controller 或$action 不是小写的话，甚至不会构建这个类。

已有的 loadTemplate 函数可以直接复制到该类中。我已经使得它成为私有的，因为我们打算从同一个类中的另一个方法中调用它：

```
private function loadTemplate($templateFileName,
 $variables = []) {
    extract($variables);

    ob_start();
    include __DIR__ . '/../templates/' . $templateFileName;

    return ob_get_clean();
}
```

还剩下两部分工作：加载/实例化控制器以及处理$page 变量以生成布局。

首先，让我们复制/粘贴检查路径的整个 if 语句，并将其移动到单独的名为 callAction 的函数中。这个方法的任务是调用相关的控制器动作并返回$page 变量：

```
private function callAction() {
    include __DIR__ . '/../classes/DatabaseTable.php';
    include __DIR__ . '/../includes/DatabaseConnection.php';

    $jokesTable = new DatabaseTable($pdo, 'joke', 'id');
    $authorsTable = new DatabaseTable($pdo, 'author', 'id');

    if ($this->route === 'joke/list') {
        include __DIR__ .
            '/../classes/controllers/JokeController.php';
        $controller = new JokeController($jokesTable,
            $authorsTable);
        $page = $controller->list();
    }
    else if ($this->route === '') {
        include __DIR__ .
         '/../classes/controllers/JokeController.php';
        $controller = new JokeController($jokesTable,
         $authorsTable);
        $page = $controller->home();
    }
    else if ($this->route === 'joke/edit') {
        include __DIR__ .
         '/../classes/controllers/JokeController.php';
        $controller = new JokeController($jokesTable,
         $authorsTable);
        $page = $controller->edit();
    }
    else if ($this->route === 'joke/delete') {
        include __DIR__ .
         '/../classes/controllers/JokeController.php';
        $controller = new JokeController($jokesTable,
         $authorsTable);
        $page = $controller->delete();
    }
    else if ($this->route === 'register') {
        include __DIR__ .
         '/../classes/controllers/RegisterController.php';
        $controller = new RegisterController($authorsTable);
        $page = $controller->showForm();
```

```
    }

    return $page;
}
```

我已经让这个函数成为一个私有方法。一旦这样，我们将只能从该类中调用它。

由于 new DatabaseTable 这行是唯一需要$pdo 数据库连接或 DatabaseTable 类的代码，在这里，我删除了 DatabaseConnection.php 和 DatabaseTable.php 的 include 语句。实际上，如果这里并没有包含 DatabaseConnection.php，$jokesTable = new DatabaseTable($pdo, 'joke', 'id');这行代码将会失败，因为这个作用域中没有$pdo 变量。

最后，我们还编写了其他的代码来加载相关的模板并为其提供变量，并将这些代码放入到了一个名为run 的方法中。run 是该类中唯一的一个公有方法：

```php
public function run() {
    $page = $this->callAction();

    $title = $page['title'];

    if (isset($page['variables'])) {
        $output = $this->loadTemplate($page['template'],
         $page['variables']);
    }
    else {
        $output = $this->loadTemplate($page['template']);
    }

    include __DIR__ . '/../templates/layout.html.php';
}
```

这里没有什么新的东西了，但是我已经将每一个任务都放到了其自己的方法中。callAction 方法完全处理控制器，并且返回了$page 变量。

使用了新的 EntryPoint 类，现在可以将 index.php 重新写成如下所示：

```php
<?php
try {
    include __DIR__ . '/../classes/EntryPoint.php';

    $route = ltrim(strtok($_SERVER['REQUEST_URI'], '?'), '/');

    $entryPoint = new EntryPoint($route);
    $entryPoint->run();
} catch (PDOException $e) {
    $title = 'An error has occurred';

    $output = 'Database error: ' . $e->getMessage() . ' in '
     . $e->getFile() . ':' . $e->getLine();
    include __DIR__ . '/../templates/layout.html.php';
}
```

完整的 EntryPoint.php 如清单 9-3 所示。

清单 9-3　CMS-EntryPoint-Class

```php
<?php
class EntryPoint
{
    private $route;

    public function __construct($route)
    {
```

```php
        $this->route = $route;
        $this->checkUrl();
    }

    private function checkUrl()
    {

        if ($this->route !== strtolower($this->route)) {
            http_response_code(301);
            header('location: ' . strtolower($this->route));
        }
    }

    private function loadTemplate($templateFileName,
     $variables = [])
    {
        extract($variables);

        ob_start();
        include __DIR__ . '/../templates/' . $templateFileName;

        return ob_get_clean();
    }

    private function callAction()
    {
        include __DIR__ .
         '/../classes/DatabaseTable.php';
        include __DIR__ .
         '/../includes/DatabaseConnection.php';

        $jokesTable = new DatabaseTable($pdo, 'joke', 'id');
        $authorsTable = new DatabaseTable($pdo, 'author', 'id');
        if ($this->route === 'joke/list') {
            include __DIR__ .
             '/../classes/controllers/JokeController.php';
            $controller = new JokeController($jokesTable,
             $authorsTable);
            $page = $controller->list();
        } elseif ($this->route === '') {
            include __DIR__ .
             '/../classes/controllers/JokeController.php';
            $controller = new JokeController($jokesTable,
             $authorsTable);
            $page = $controller->home();
        } elseif ($this->route === 'joke/edit') {
            include __DIR__ .
             '/../classes/controllers/JokeController.php';
            $controller = new JokeController($jokesTable,
             $authorsTable);
            $page = $controller->edit();
        } elseif ($this->route === 'joke/delete') {
            include __DIR__ .
             '/../classes/controllers/JokeController.php';
            $controller = new JokeController($jokesTable,
             $authorsTable);
            $page = $controller->delete();
        } elseif ($this->route === 'register') {
            include __DIR__ .
             '/../classes/controllers/RegisterController.php';
```

```
        $controller = new RegisterController($authorsTable);
        $page = $controller->showForm();
    }

    return $page;
}

public function run()
{
    $page = $this->callAction();

    $title = $page['title'];
    if (isset($page['variables'])) {
        $output = $this->loadTemplate($page['template'],
         $page['variables']);
    } else {
        $output = $this->loadTemplate($page['template']);
    }

    include __DIR__ . '/../templates/layout.html.php';
}
}
```

    我们做了大量的修改。尽管没什么新的代码，并且它不会产生任何不同的输出，但结构完全不同了。看一下完整的 EntryPoint.php，看看它是如何工作的。现在，每一个任务都在自己的方法之中，而不是嵌套到了一系列的 if 语句之中。

    index.php 和 EntryPoint.php 现在可以用来加载任何的控制器类，并且在其上调用任何的方法，只要指定相应的路径有可以了。通过在 controllers 目录下创建一个类，添加创建控制器的逻辑，并调用 callAction 中相关的动作，就可以很容易地添加一个控制器。

    由于 Web 站点上的每个单独页面现在都要使用 EntryPoint 类来加载，花点时间来确保该类的正确性是值得的。在添加另一个控制器之前，让我们考虑一下如何比我们目前为止所见到的那样更大范围地复用代码。

9.7   在不同站点上复用代码

    既然我们已经整理了 index.php，值得考虑一下，通过这么做我们达到了什么目的。我们将代码分解为更加容易管理的代码段，并且使得代码更容易阅读。如果重定向链接有问题，我们知道要检查 checkURL 方法，如果模板不能正确加载，我们知道要检查 loadTemplate 方法。如果一个 URL 没有显示正确的页面，我们知道需要检查 callAction 方法。

    即便我们已经完成了 Internet Joke Database Web 站点，还是值得考虑一下我们的下一个 Web 站点。如果只是要开发一个让人们发布笑话的 Web 站点，你可能不会买这本书。你可能在脑海中有一个真正的项目，并且你计划使用从本书中学习到的知识来开发这个项目。

    到目前为止，我们编写的代码中，有多少能够不做修改就用于下一个 Web 站点呢？

    我们专门编写了 DatabaseTable 类，以便它能够用于任何的数据库表。它不仅能够用于已有的笑话 Web 站点的任何表，如 joke 和 author 表，还能够用于购物 Web 站点所使用的 customer、product 和 order 表，也能够用于社交媒体 Web 站点的 account 和 message 表，或者说实际上是任何 Web 站点上的任何数据库表。

9.8   通用的，还是特定于项目的？

    除了 DatabaseTable 类，我们编写的代码中还有多少能够在其他 Web 站点上有用？模板可能不能复用。

其他的 Web 站点可能有完全不同的 HTML，其表单可能有完全不同的字段，并且该 Web 站点可能会处理不同的主题。控制器可能不同。JokeController 中的代码对于我们所构建的笑话站点来说特别具体。其控制器中的代码不做修改的话，是不可能有用的。

然而，我们在 EntryPoint 类中编写的加载控制器和模板的代码，在其他的 Web 站点上也很有用。所加载的模板和控制器是不同的，但是，加载这些文件的代码是相同的。

在任何给定的 Web 站点中，有两种类型的代码文件：

（1）特定于项目的文件，包含了只是和特定的 Web 站点相关的代码；

（2）通用的、可以复用的文件，包含了用来构建任何 Web 站点的代码。

我们编写的通用性的代码越多，当我们开始一个新的 Web 站点时，所拥有的工作基础也就越大。如果我们能够在下一个 Web 站点上，使用之前的 Web 站点的很多代码，我们自己将节省很多的时间。

我们应该使用已有的代码，以节省时间，而不是必须编写用于下一个 Web 站点的类似 EntryPoint 和 DatabaseTable 的代码。

基础部分叫作**框架**，这是一组通用的代码（常用的类），可以在其上快速构建任何的 Web 站点。框架不包括具体用于一个特定项目的任何代码。

区分框架代码和项目特定的代码是很重要的。如果我们能够成功地将它们区分开，就可以在构建每一个 Web 站点时复用框架代码，显著地节省前期的开发时间。如果将框架代码和项目专用的代码混合在一起，你将会发现自己对于所构建的每一个 Web 站点都编写了非常类似的代码。

当初次开始时，很难识别出哪一部分代码是项目专用的，哪一部分代码可以在不同项目中使用。

作为首要的规则，过程是通用的，而数据是专用的。例如，**把一个笑话添加到数据库中**，这是专用于笑话站点的；但是，**添加到数据库**是大多数 Web 站点所需要的一个通用的过程。

在第 8 章中，我介绍了如何将通用的**添加到数据库**过程和项目专用的**添加一个笑话**的过程区分开来。和笑话相关的任何内容，放到 JokeController.php 中，但是和"添加到数据库"相关的所有代码，都存储到 DatabaseTable.php 中。

通过识别过程并将其与项目专用的、将要操作的数据区分开来，我们可以复用 DatabaseTable 类，从而对任何站点上的任何数据重复相同的"添加到数据库"的过程。

让某些内容成为**通用的**，第一步通常是将其放到一个类中。这帮助我们将问题分解为较小的部分。一旦将问题分解为单个的方法，随后，我们可以看看哪些方法是**通用的**，哪些方法是**项目专用的**。

项目专用内容的一个死角是，直接编码的值或者指定为只能够用于该项目的变量名。

让我们对新的 EntryPoint 类应用这一方法。loadTemplate、checkUrl 和 run 方法并不包含对 jokes、authors 或特定于 Web 站点的任何内容的任何引用。实际上，我们需要一种方式来在未来的 Web 站点上加载控制器和模板，它们只是不会处理笑话和作者。然而，callAction 方法包含了对 jokes 和 authors 的几个引用。如果我们想要在不同的站点上复用这个类的话，例如，在一个网上购物站点，我们将需要重新编写整个方法。将不会有控制器或数据库处理 jokes 作者，将会有用于 products、customers 和 orders 的控制器和数据库。

让我们假设真的有两个 Web 站点，笑话站点和网上商店。我们已经复制并粘贴了 EntryPoint.php 文件，并且修改了 callAction 以适用于每个 Web 站点。如果在 checkUrl 或 run 方法中有一个 bug 的话，我们需要在两个地方修正这个 bug。相反，如果该文件只包含**通用的**框架代码的话，在每次要使用它时，我们可以用新的文件覆盖旧的 EntryPoint.php，并且修正了 bug 而不用担心撤销那些特定于一个项目而做出的修改。

让 EntryPoint 更通用

然后，从通用的类中，删除掉对于特定于项目的概念的所有引用。

这个过程中艺术的成分多于科学的成分，甚至有经验的开发者要搞清楚通用代码和项目专用代码之间的界限也是颇费精力的。然而，我打算为你介绍一个相当简单的、按部就班的过程，可以用这个过程将类中特定于项目的代码删除，从而把类转变为一个框架类。

（1）找出想要删除的方法。

在这个例子中，就是 callAction 方法。

```php
private function callAction() {
    include __DIR__ . '/../classes/DatabaseTable.php';
    include __DIR__ . '/../includes/DatabaseConnection.php';

    $jokesTable = new DatabaseTable($pdo, 'joke', 'id');
    $authorsTable = new DatabaseTable($pdo, 'author', 'id');

    if ($this->route === 'joke/list') {
        include __DIR__ .
         '/../classes/controllers/JokeController.php';
        $controller = new JokeController($jokesTable,
         $authorsTable);
        $page = $controller->list();
    }
    else if ($this->route === '') {
        include __DIR__ .
         '/../classes/controllers/JokeController.php';
        $controller = new JokeController($jokesTable,
         $authorsTable);
        $page = $controller->home();
    }
    else if ($this->route === 'joke/edit') {
        include __DIR__ .
         '/../classes/controllers/JokeController.php';
        $controller = new JokeController($jokesTable,
         $authorsTable);
        $page = $controller->edit();
    }
    else if ($this->route === 'joke/delete') {
        include __DIR__ .
         '/../classes/controllers/JokeController.php';
        $controller = new JokeController($jokesTable,
         $authorsTable);
        $page = $controller->delete();
    }
    else if ($this->route === 'register') {
        include __DIR__ .
         '/../classes/controllers/RegisterController.php';
        $controller = new RegisterController($authorsTable);
        $page = $controller->showForm();
    }

    return $page;
}
```

（2）将该方法放入自己的类中，并且使其成为 public 的。

在 classes/IjdbRoutes.php 中创建一个名为 IjdbRoutes 的类：

```php
<?php
class IjdbRoutes
{
    public function callAction()
    {
        include __DIR__ . '/../classes/DatabaseTable.php';
        include __DIR__ . '/../includes/DatabaseConnection.php';

        $jokesTable = new DatabaseTable($pdo, 'joke', 'id');
        $authorsTable = new DatabaseTable($pdo, 'author', 'id');

        if ($this->route === 'joke/list') {
```

```php
        include __DIR__ .
          '/../classes/controllers/JokeController.php';
        $controller = new JokeController($jokesTable,
          $authorsTable);
        $page = $controller->list();
    } elseif ($this->route === '') {
        include __DIR__ .
          '/../classes/controllers/JokeController.php';
        $controller = new JokeController($jokesTable,
          $authorsTable);
        $page = $controller->home();
    } elseif ($this->route === 'joke/edit') {
        include __DIR__ .
          '/../classes/controllers/JokeController.php';
        $controller = new JokeController($jokesTable,
          $authorsTable);
        $page = $controller->edit();
    } elseif ($this->route === 'joke/delete') {
        include __DIR__ .
          '/../classes/controllers/JokeController.php';
        $controller = new JokeController($jokesTable,
          $authorsTable);
        $page = $controller->delete();
    } elseif ($this->route === 'register') {
        include __DIR__ .
          '/../classes/controllers/RegisterController.php';
        $controller = new RegisterController($authorsTable);
        $page = $controller->showForm();
    }

    return $page;
    }
}
```

（3）用参数替代任何对类变量的引用。

用$route 替代$this->route，并且添加$route 作为该方法的参数。

```php
<?php
class IjdbRoutes
{
    public function callAction($route)
    {
        include __DIR__ . '/../classes/DatabaseTable.php';
        include __DIR__ . '/../includes/DatabaseConnection.php';

        $jokesTable = new DatabaseTable($pdo, 'joke', 'id');
        $authorsTable = new DatabaseTable($pdo, 'author', 'id');

        if ($route === 'joke/list') {
            include __DIR__ .
              '/../classes/controllers/JokeController.php';
            $controller = new JokeController($jokesTable,
              $authorsTable);
            $page = $controller->list();
        } elseif ($route === '') {
            include __DIR__ .
              '/../classes/controllers/JokeController.php';
            $controller = new JokeController($jokesTable,
              $authorsTable);
            $page = $controller->home();
        } elseif ($route === 'joke/edit') {
```

```
            include __DIR__ .
             '/../classes/controllers/JokeController.php';
            $controller = new JokeController($jokesTable,
             $authorsTable);
            $page = $controller->edit();
        } elseif ($route === 'joke/delete') {
            include __DIR__ .
             '/../classes/controllers/JokeController.php';
            $controller = new JokeController($jokesTable,
             $authorsTable);
            $page = $controller->delete();
        } elseif ($route === 'register') {
            include __DIR__ .
             '/../classes/controllers/RegisterController.php';
            $controller = new RegisterController($authorsTable);
            $page = $controller->showForm();
        }

        return $page;
    }
}
```

（4）从最初的类中删除该方法。

从 EntryPoint 类中删除 callAction。

（5）给最初的类添加一个新的构造方法参数/类变量。

添加$controllerArguments 作为 EntryPoint 的构造方法参数/类变量。

```
class EntryPoint {
    private $route;
    private $routes;

    public function __construct($route, $routes) {
        $this->route = $route;
        $this->routes = $routes;
        $this->checkUrl();
    }

// …
```

我们将使用$routes 变量来包含 IjdbRoutes 的一个实例。

（6）当创建最初的类时，传入新类的一个实例。

在 index.php 中，用$entryPoint = new EntryPoint($route, new IjdbRoutes());代替 $entryPoint = new EntryPoint ($route);，并且记住要在 index.php 中的 include IjdbRoutes.php 文件。

新的 index.php 如下所示：

```
<?php
try {
    include __DIR__ . '/../classes/EntryPoint.php';
    include __DIR__ . '/../classes/IjdbRoutes.php';

    $route = ltrim(strtok($_SERVER['REQUEST_URI'], '?'), '/');

    $entryPoint = new EntryPoint($route, new IjdbActions());
    $entryPoint->run();
} catch (PDOException $e) {
    $title = 'An error has occurred';

    $output = 'Database error: ' . $e->getMessage() . ' in '
     . $e->getFile() . ':' . $e->getLine();
```

```
    include __DIR__ . '/../templates/layout.html.php';
}
```

（7）修改方法调用，以引用新的对象，并且传入任何所需的变量。

在 EntryPoint 中，将$page = $this->callAction();修改为$page = $this->routes->callAction($this->route);。可以在 CMS-EntryPoint-Framework 中找到这段代码。

完成这一步之后，我们现在有了一个通用的 EntryPoint.php。现在，不再有对 jokes、authors 或特定站点任何具体内容的引用了。将来要为一个网上商店创建一个 Web 站点时，我们可以编写一个相关的 ShopActions 类，它带有一个 callAction 方法，用来处理这个特定的 Web 站点的参数：

```
class ShopActions {
    public function callAction($route) {
        // load the controller and call the relevant action
        // …

        return $controller->$action();
    }
}
```

通过将框架代码和项目专用代码区分开来，就能够在任何的项目中使用 EntryPoint 类了。我们可以在构建该类时，将它要使用的动作传递给它。网上商店的 index.php 将会包含如下这行代码：

```
$entryPoint = new EntryPoint($controller, $action, new
➡ ShopActions());
```

9.9 自动加载和命名空间

我们经常重复的一行代码是 include 代码行，每次当一个类需要另一个相关的类时，就使用这个命令行。任何时候，当我们使用自己所创建的一个类时，必须在一条 include 语句中引用它。这可能会变得难以管理，因为你需要确保在使用类之前已经包含了类文件。并且，如果你意外地对同一个类使用了 include 语句两次，将会得到一个错误。

IjdbRoutes 类必须包含 DatabaseTable 和控制器类，并且 index.php 必须包含 EntryPoint 和 Ijdb 类。

某些页面可能需要加载一些类，而另一些页面可能需要加载其他的类。

管理加载类的一种效率不高但是易于组织的方法是，在 index.php 文件的顶部，包含每一个单个的类，以使得可能需要的任何类都已经包含了。使用这种方法，我们不必在 index.php 外部为一个类编写一条 include 语句。

这种方法的一个主要的缺点是，每次要向项目中添加一个新的类时，都必须打开 index.php 并添加相关的 include 语句。这很浪费时间，并且将会不必要地占用服务器的内存，因为所有的类都会加载而不管是否需要这些类。

在整个本书中，我建议将类放到它们各自的文件中，并且文件的命名要和它们所包含的类的名字保持一致。DatabaseTable 类位于 DatabaseTable.php 文件中，JokeController 存储在 JokeController.php 中，EntryPoint 存储在 EntryPoint.php 文件中。

我建议用这种方式组织文件结构的理由之一是，这被认为是一种较好的做法。它帮助阅读代码的人找到所引用的类。如果他们想要查看 JokeController 的代码，他们就知道要在 JokeController.php 中查看。

标准化的文件结构的另一个优点是，PHP 包含了一种叫作自动加载（autoloading）的功能。自动加载用来自动化地加载存储类的那些 PHP 文件。只要文件名和类名保持一致，很容易编写自动加载程序来加载相关的 PHP 文件。

一旦编写了一个自动加载程序，我们将不需要在项目中的任何地方为一个类编写一条 include 命令。

当我们使用语句 new ClassName()时，如果 ClassName 类不存在（因为没有包含它了），PHP 就能够触发一个自动加载程序,该程序随后加载 ClassName.php 文件,并且脚本剩下的部分将正常继续,我们不需要像以前一样手动编写 include 'ClassName.php';代码行。

自动加载程序是一个函数,它接收一个类名作为参数,然后包含了一个文件,而该文件中包含了相应的类。该函数很简单,如下所示:

```
function autoloader($className) {
    $file = __DIR__ . '/../classes/' . $className . '.php';
    include $file;
}
```

手动地使用该函数,也可能节省一些时间:

```
autoloader('DatabaseTable');
autoloader('EntryPoint');
```

这将会把 DatabaseTable.php 和 EntryPoint.php 都包含了。然而,无论何时当 PHP 发现无法找到所引用的一个类时,让 PHP 自动调用这个函数,这也是可能的:

```
spl_autoload_register('autoloader');
```

函数 spl_autoload_register 内建到 PHP 中,并且允许我们告诉 PHP,如果遇到一个类没有被包含时,调用具有我们给定名称的函数。

当第一次使用一个类时,将会自动调用 autoloader。

```
function autoloader($className) {
    $file = __DIR__ . '/../classes/' . $className . '.php';
    include $file;
}

spl_autoload_register('autoloader');

$jokesTable = new DatabaseTable($pdo, 'joke', 'id');
$controller = new EntryPoint($jokesTable);
```

现在,当存储在文件中的类第一次使用时,该文件将会自动被包含。new DatabaseTable 将会使用 DatabaseTable 触发自动加载程序,以$className 作为参数,并且将会包含 DatabaseTable.php。

9.10 区分大小写

PHP 类是不区分大小写的,但是文件名通常是区分大小写的。在使用自动加载程序时,这可能会导致一个问题。当一个类初次使用时,将会包含它,并且 new DatabaseTable 将会加载 DatabaseTable.php。然而,new databasetable 将会导致一个错误,因为文件名是区分大小写的并且 databasetable.php 文件并不存在。

因此,在如下的情况下,将会导致一个问题:

```
$jokesTable = new DatabaseTable($pdo, 'joke', 'id');
$authorstable = new databasetable($pdo, 'author', 'id');
```

上面的代码将按照预期那样工作,因为第一次 DatabaseTable 以正确的大小写加载,文件成功地包含了,并且 PHP 不区分大小写,允许两个对象都能够构建。

然而,如果将参数顺序颠倒过来,由于自动加载程序是以小写字母触发的,我们将会得到一个错误:

```
$authorstable = new databasetable($pdo, 'author', 'id');
$jokesTable = new DatabaseTable($pdo, 'joke', 'id');
```

一种替代方法是,让所有的文件名都是小写的,并且在加载文件之前,让自动加载程序将类名转换为小写的。尽管这是一种更加健壮的方法,并且肯定是一种更好的技术实现,但它违反了 PHP 社区的惯例,并且如果将来我们想要将自己的代码和别人分享时，将会引发问题。

9.11 实现自动加载程序

让我们实现一个自动加载程序。为了便于组织，让我们创建一个 autoload.php 并且将其保存在 includes 目录中：

```php
<?php
function autoloader($className)
{
    $file = __DIR__ . '/../classes/' . $className . '.php';
    include $file;
}

spl_autoload_register('autoloader');
```

现在，我们可以修改 index.php 以包含自动加载程序，但是删除那些显式地包含 EntryPoint.php 和 IjdbRoutes.php 的 include 代码行：

```php
<?php
try {
    include __DIR__ . '/../includes/autoload.php';
    $route = ltrim(strtok($_SERVER['REQUEST_URI'], '?'), '/');

    $entryPoint = new EntryPoint($route, new IjdbRoutes());
    $entryPoint->run();
} catch (PDOException $e) {
    $title = 'An error has occurred';

    $output = 'Database error: ' . $e->getMessage() . ' in '
     . $e->getFile() . ':' . $e->getLine();

    include __DIR__ . '/../templates/layout.html.php';
}
```

我们也可以从 IjdbRoutes.php 中删除 DatabaseTable 的包含代码行：

```php
<?php
class IjdbRoutes {
    public function callAction($route) {
        include __DIR__ . '/../includes/DatabaseConnection.php';

        $jokesTable = new DatabaseTable($pdo, 'joke', 'id');
        $authorsTable = new DatabaseTable($pdo, 'author', 'id');

        if ($route === 'joke/list') {
```

你可以在 CMS-EntryPoint-Autoload 中找到这个示例。

注意，DatabaseConnection.php 仍然是手动包含的，因为它不包含一个类。它设置了 $pdo 变量，两个 DatabaseTable 对象都使用了该变量。自动加载程序只能够用于加载类，并且正因为如此，尽可能多地将我们的代码组织到类中是一种好办法。

9.12 重定向

如果仔细研读剩余代码的 include 语句，我们将看到自动加载程序对于所有的框架类都有效，但是对于

JokeController 和 RegisterController 无效。这个控制器仍然是 IjdbRoutes.php 中的几行代码中加载的。

```
include __DIR__ .
➡ '/../classes/controllers/JokeController.php';
```

我们可以尝试删除这一行，并且让自动加载程序自动加载它。如果我们这么做，将会看到一个错误。之所以会引发这个错误，是当 PHP 遇到 new JokeController 并触发了自动加载程序，它试图从 classes 目录加载 JokeController.php，而不是从该文件实际存储的 classes/controllers 目录加载它。

在本章前面，我提到了框架代码（你可能想要在自己构建的每个站点使用的代码）和项目专用代码（只为了一个特定的 Web 站点而存在的代码）之间的区别。

将这些代码分隔到不同的目录中，以便能够很容易地在 Web 站点之间复制/粘贴框架文件，而不会复制那些特定于单个项目的文件，这是一个好主意。

让我们在框架代码的名字后面加上本书的名字 Ninja。将所有的框架代码移动到类目录中一个叫作 Ninja 的目录中。我们应该移动 EntryPoint.php 和 DatabaseTable.php，因为这是我们的两个通用框架文件。

类似地，让我们在类目录中创建一个名为 Ijdb 的新目录。这是我们保存那些笑话站点专用代码的地方，这些代码不会在未来的 Web 站点上复用。我们将 IjdbRoutes.php 移动到 Ijdb 目录中，并且将 controllers 目录也移动到其中。

移动代码时，为了保持一致性，我们将 Controllers 目录的首字母 C 大写，以保证 Ninja 和 Ijdb 目录名都是以大写字母开头的。

当我们完成之后，EntryPoint.php 和 DatabaseTable.php 应该位于 classes/Ninja/ 中，而 JokeController 应该存储在 classes/Ijdb/Controllers 中，并且 IjdbRoutes.php 在 classes/Ijdb 中。

不要尝试加载 Web 站点。由于我们移动了所有文件，一切都乱了。

由于所有的类现在在文件结构中都更加深入了一个层级，我们需要针对刚刚移动过的文件，修改所有的 include 代码行。

首先，打开 EntryPoint.php，并将如下内容：

```
include __DIR__ . '/../templates/' . $templateFileName;
```

修改为：

```
include __DIR__ . '/../../templates/' . $templateFileName;
```

我还在 templates/ 的前面添加了一个额外的 ../，以便它能够查找一个额外的目录。
现在，我们应该将下面这行：

```
include __DIR__ . '/../templates/layout.html.php';
```

修改为：

```
include __DIR__ . '/../../templates/layout.html.php';
```

现在，在 IjdbRoutes.php 中，我们将需要把

```
include __DIR__ . '/../includes/DatabaseConnection.php';
```

修改为：

```
include __DIR__ . '/../../includes/DatabaseConnection.php';
```

如果此时就尝试加载一个页面，将会看到一些错误。这是因为，自动加载程序现在在错误的位置进行查找。

为了解决这个问题，我们本来也可以给自动加载程序添加一些逻辑，以查找类名并且从正确的位置加载文件，或者存储一个数组，它将类名映射到文件名。

相反，我们打算使用一个新的工具，即命名空间。

9.13 命名空间

每个类都有一个独特的名字。然而，这些名字真的是唯一的吗？如果我们下载其他人已经编写的代码，它可能已经包含一个名为 DatabaseTable 或 EntryPoint 的类。在这个世界上，有数以千计的 PHP 开发者，这些名称并不是唯一的。

现代 PHP 很美妙，我们可以在网上找到那些代码，来做几乎我们想要做的任何事情，创建图表、将 Web 页面转换为 PDF、操作图像和视频、连接到 Twitter 流，以及控制 Raspberry Pi 上的服务。这个列表是无穷无尽的。

如果我们找到一个看上去很不错的库并且想要使用它，但是它包含了一个名为 DatabaseTable 的类，会怎么样呢？这个名称冲突将会导致一个问题。当我们运行 new DatabaseTable 这行代码时，PHP 必须知道应该使用哪个类。改变 PHP 并且使得在线共享代码变得很容易的一项功能，就是**命名空间**。

在命名空间出现之前，PHP 开发者要使用一个前缀来命名他们的类。例如，我们可能会将自己的类命名为 Ninja_EntryPoint、Ninja_DatabaseTable 和 Ijdb_JokeController。

通过这种方式，当我们想要使用 SuperLibary_DatabaseTable 时，它不会和 Ninja_DatabaseTable 冲突，并且我们不会在同一个站点上使用两个 DatabaseTable 类。

命名空间提供了一种较为简单的方法来解决相同的问题。我们所能编写的每一个类，都可以（并且应该）放在一个命名空间之中。

命名空间有点像是计算机上的目录。在计算机上任何给定的目录中，每个文件都必须有一个唯一的名称。例如，public 目录只能够包含一个名为 index.php 的文件，但是另一个不同的目录也可以包含另一个名为 index.php 的不同的文件。

让我们将框架文件移动到 Ninjia 命名空间中。在 EntryPoint.php 和 DatabaseTable.php 的顶部，添加如下的代码：

```
namespace Ninja;
```

DatabaseTable.php 前面新的几行现在看上去如下所示：

```php
<?php
namespace Ninja;

class DatabaseTable {
    private $pdo;
    private $table;

    // …
```

现在给 IjdbRoutes.php 添加 Ijdb 命名空间：

```php
<?php
namespace Ijdb;

class IjdbRoutes {
    public function callAction($route) {
        // …
```

在给最终的类（JokeController）一个命名空间之前，我将向你展示如何使用那些已经有了一个命名空间的类。

index.php 拥有 new EntryPoint 和 new IjdbRoutes 这样的代码。既然这个类位于命名空间中，这些代码就是无效的。在实例化该类时，我们需要使用反斜杠，然后是命名空间、另一个反斜杠，然后才是类，从而指定命名空间。

如下这行代码：

```
$entryPoint = new EntryPoint($route, new IjdbRoutes());
```

将变成：

```
$entryPoint = new \Ninja\EntryPoint($routes, new
➥ \Ijdb\IjdbRoutes());
```

类似的，在 IjdbRoutes.php 中，我们需要将 new DatabaseTable 修改为 new\Ninja\DatabaseTable：

```
$jokesTable = new \Ninja\DatabaseTable($pdo, 'joke', 'id');
$authorsTable = new \Ninja\DatabaseTable($pdo, 'author',
➥ 'id');
```

此时，我们可能倾向于给 JokeController 添加命名空间 Ijdb。我们将给 JokeController 一个包含 Ijdb 的命名空间——给它的命名空间是 Ijdb\Controllers。

这个命名空间中的反斜杠（\）表示**子命名空间**，也就是一个命名空间之中的命名空间。这并不是严格必须的，但是，把相关的代码保持在一起，这是一个好主意。在这个例子中，我们将所有的控制器放在了 Ijdb\Controllers 命名空间和 Ijdb/Controllers 目录中。

既然我们将修改 JokeController.php 类以包含该命名空间，我们将把这个类（和文件）重命名为 Joke。通过这种方式，这个类是\Ijdb\Controllers\Joke，而不是\Ijdb\Controllers\JokeController，并且单词"Controller"不会在完整类名中毫无必要地重复。

目录结构和命名空间之间的这种并行性很重要。它允许我们编写这样一个自动加载程序，使用命名空间和类名都可以找到它需要加载的文件。

这种组合的命名空间和类名现在用来表示目录结构，这使得很容易自动加载类。

这一惯例叫作 **PSR-4**（PSR，PHP Standards Recommendations），并且几乎所有现代的 PHP 项目都使用它。每个类都应该包含在一个文件中，它直接映射到其命名空间和类名。完整的类名包含了应该与目录和文件名完全匹配的命名空间，包括区分大小写的版本。PSR-4 标准还提供了其他的一些规则，我们不打算在这里介绍。要了解关于 PSR-4 的更多内容，请查看 PHP-FIG 的 Web 站点。

9.14　用 PSR-4 自动加载

通过使用 PSR-4，很容易将命名空间中的一个类名转换为一个文件路径。

让我们使用如下这个 PSR-4 版本来替代 autoload.php：

```php
<?php
function autoloader($className)
{
    $fileName = str_replace('\\', '/', $className) . '.php';

    $file = __DIR__ . '/../classes/' . $fileName;

    include $file;
}

spl_autoload_register('autoloader');
```

当使用命名空间中的一个类来触发这个自动加载程序时，包含了命名空间的整个类名将传递给它。例如，当加载 EntryPoint 时，类名 Ninja\EntryPoint 将会发送给自动加载程序。

str_replace('\\', '/', $className) . '.php';这行使用反斜杠替代了斜杠，以表示文件系统中的文件。Ninja\EntryPoint 变成了 Ninja/EntryPoint.php，以引用文件。

有了这个自动加载程序，我们现在可以从 IjdbRoutes.php 中删除 include 代码行，这一行是用来加载

JokeController 和 RegisterController 的：

```
include __DIR__ .
 '/../classes/controllers/JokeController.php';
```

然后，我们可以将对控制器的引用修改为使用完整的类名：

```
$controller = new \Ijdb\Controllers\Joke($jokesTable,
 $authorsTable);
```

就快大功告成了！我们就快要让站点启动，并且使用新的文件和命名空间来运行它了。然而，如果我们试图加载一个页面，将会看到如下的错误：

```
Uncaught TypeError: Argument 1 passed to
➥ Ninja\DatabaseTable::__construct() must be an instance of
➥ Ninja\PDO, instance of PDO given
```

要修正这个错误，我们可以打开 DatabaseTable.php 并且将构造方法中的类型提示从 PDO 修改为\PDO。我们之所以看到这个错误，是因为命名空间是相对的。如果在类型提示中或 new 关键字后面提供了对一个类名的引用，PHP 将会在当前命名空间中使用该名称查找一个类。我们还需要用\DateTime 替代 DateTime，并用\PDOException 替代 PDOException。

由于 DatabaseTable 类位于 Ninja 前缀之中，没有斜杠前缀的话，PHP 将会加载\Ninja\PDO 类而不是内建的 PHP 类 PDO。

PDO 类就是所谓的全局命名空间，也就是说，位于最上面的一个类，实际上，它并不在一个命名空间之中。要引用全局命名空间中的一个类，必须使用一个斜杠前缀。

保存 DatabaseTable.php 并刷新该页面。这里还有一个错误需要修复：

```
Fatal error: Uncaught TypeError: Argument 1 passed to
➥ Ijdb\Controllers\Joke::__construct() must be an instance of
➥ Ijdb\Controllers\DatabaseTable, instance of
➥ Ninja\DatabaseTable given
```

这和上面是相同的问题。因为没有指定命名空间，PHP 会在当前命名空间中查找名为 DatabaseTable 的类。由于该控制器位于 Ijdb 命名空间中，PHP 将试图加载 Ijdb\DatabaseTable 类。

我们也可以按照上面相同的方式来修正这个问题，通过提供带有命名空间的类名\Ninja\DatabaseTable 就可以了（PHP 称之为全称类名，Fully qualified class name）。但是，还有一个更简洁的解决方法，就是将 DatabaseTable 类导入到当前的命名空间中。

我们可以在命名空间声明之后使用 use 关键字来做到这一点，如清单 9-4 所示。

清单 9-4　CMS-EntryPoint-Namespaces

```php
<?php
namespace Ijdb\Controllers;
use \Ninja\DatabaseTable;

class Joke {
    private $authorsTable;
    // …
```

如果我们正确地完成了所有的事情，应该能够刷新这个 Web 站点并且再次看到一切正常。

我们已经在这里做了很多修改，但是，只是对代码的结构进行了修改。大多数代码和之前是相同的，我们只是将其移动了位置。来回顾一下，我们做了下面这些事情：

- 将代码切分到类中，重新组织那些特定于笑话网站的代码和那些能在将来的网站中使用的代码；
- 将所有的类组织到不同的目录中，如果是项目专用的文件，就放到 Ijdb 目录中，如果是框架文件，就放到 Ninja 目录中；
- 为所有的类给定命名空间；

● 通过实现一个 PSR-4 兼容性自动加载程序，从类中删除所有的 include 语句。

9.15　Composer 简介

大多数现代 PHP 应用程序使用一款叫作 Composer 的工具来处理自动加载。它还用来快速、容易地下载第三方库。这些都超出了本书的讨论范围，但是，如果你遵守 PSR-4 惯例，当你开始使用你的类的时候，它们很好用，并且你可以使用 Composer 的自动加载程序作为我们刚刚编写的 autoload.php 的方便替换。

当你开始使用 Composer 时，只要把如下的代码添加到 composer.json 文件中就可以了：

```
{
    "autoload": {
    "psr-4": {
            "Ninja\\": "classes/Ninja",
            "Ijdb\\": "classes/Ijdb"
    }
    }
}
```

要详细了解 Composer，查阅一下 SitePoint 的文章《Re-Introducing Composer – the Cornerstone of Modern PHP Apps》。

9.16　REST 简介

路径的当前迭代使用了一种非常简单的方法。每一个路径都是来自 URL 的一个字符串，而该 URL 映射到一个控制器并调用一个具体的动作。如果继续使用这种方法，我们将很快发现自己在重复控制器中的逻辑。

我们的编辑笑话表单包含了如下的逻辑：**如果提交了这个表单，处理提交，否则显示该表单。**

这个逻辑是 Web 站点上的任何表单都必需的。类似地，我们可以设想一下未来的其他功能，在控制器中也需要类似的逻辑。例如，**如果用户登录了，就显示该页面，否则显示登录表单。**

当编辑笑话表单提交时，它使用 POST 方法。对 Web 站点上页面的任何其他请求，将会使用 GET 方法。

PHP 可以检测到页面是使用 GET 还是 POST 请求的。变量$_SERVER['REQUEST_METHOD']由 PHP 创建，并且将根据浏览器是如何请求该页面的，而包含字符串 GET 或者字符串 POST。

我们可以使用如下代码来判断表单是否提交了，并且如果表单提交了的话，调用给一个不同的控制器动作：

```
else if ($route === 'joke/edit' &&
 $_SERVER['REQUEST_METHOD'] === 'GET') {
    $controller = new \Ijdb\Controllers\Joke($jokesTable,
     $authorsTable);
    $page = $controller->edit();
}
 else if ($route === 'joke/edit' &&
➡ $_SERVER['REQUEST_METHOD'] === 'POST') {
    $controller = new \Ijdb\Controllers\Joke($jokesTable,
     $authorsTable);
    $page = $controller->editSubmit();
}
```

这种方法是有效的，但是有点冗长。相反，我们可以使用嵌套的数组来创建一个**数据结构**，以表示应用程序中的所有路径：

```
$routes = [
    'joke/edit' => [
        'POST' => [
            'controller' => $jokeController,
            'action' => 'saveEdit'
        ],
        'GET' => [
            'controller' => $jokeController,
            'action' => 'edit'
        ]

    ],
    'home' => [
        'GET' => [
            'controller' => $jokeController,
            'action' => 'home'
        ]
    ]

    // …
```

这看上去可能有些奇怪，但是这种多维数据结构在编程中经常用到，因此，它是值得学习的很好的工具。

来看看$routes 数组的代码，这种方法的缺点是很明显的：它需要写出针对 Web 站点上的每一个单个的页面，到底是需要哪一个控制器和动作。也可以使用通配符来绕过这个问题，但是，我将这个留作读者的一个练习。

$routes 变量是一个标准的数组。它可能提取出嵌套的数组。如果我们想要获取针对路径 joke/edit 的 POST 方法的控制器和动作，可以编写如下的代码：

```
// First read the route
$route = $routes['joke/edit'];

// Now read the value stored in the `POST` key:
$postRoute = $route['POST'];

// Finally, read the controller and action:
$controller = $postRoute['controller'];
$action = $postRoute['action'];
```

我们实际上在数组中"向下探取"，选择要采用该数据结构的哪一个分支——这和计算机上的文件/目录结构有点像。也可以通过将方括号连接起来，以查看数组中的每一个值，从而以一种更为简短的方式来表示它。

```
$controller = $routes['joke/edit']['POST']['controller'];
$action = $routes['joke/edit']['POST']['action'];
```

通过使用变量来代替字符串，我们就可以使用$_SERVER 变量 REQUEST_URI 和 REQUEST_METHOD 中的值来替代直接编码的值：

```
$route = $_SERVER['REQUEST_URI'];

$method = $_SERVER['REQUEST_METHOD'];

$controller = $route[$route][$method]['controller'];
$action = $route[$route][$method]['action'];

$controller->$action();
```

这种让相同的 URL 执行不同的动作的方法，依赖于所请求的方法是松散的，也就是所谓的 **Representational**

State Transfer（REST）。

REST 方法

　　尽管 REST 通常支持 PUT、DELETE 以及 GET 和 POST 方法，但由于 Web 浏览器只支持 GET 和 POST，PHP 开发者倾向于使用 POST 来代替 PUT 和 DELETE 请求。同样，本书不会去介绍其不同。

　　一些 PHP 开发者找到了模拟 PUT 和 DELETE 的简陋的方法，但是，大多数开发者还是坚持使用 POST 来写入数据，并用 GET 来读取数据。要了解关于 REST 的更多内容，请参阅 SitePoint 的文章《Best Practices REST API from Scratch – Introduction》。

让我们继续前进，并且使用 REST 方法在我们的站点上实现一个路径。

首先，修改 IjdbRoutes 类中的 callAction 方法，以包含笑话站点的$routes 数组和选择相关路径的代码：

```php
<?php
namespace Ijdb;

class IjdbRoutes
{
    public function callAction($route)
    {
        include __DIR__ . '/../../includes/DatabaseConnection.php';

        $jokesTable = new \Ninja\DatabaseTable($pdo, 'joke', 'id');
        $authorsTable = new \Ninja\DatabaseTable($pdo, 'author',
         'id');

        $jokeController = new \Ijdb\Controllers\Joke($jokesTable,
         $authorsTable);

        $routes = [
            'joke/edit' => [
                'POST' => [
                    'controller' => $jokeController,
                    'action' => 'saveEdit'
                ],
                'GET' => [
                    'controller' => $jokeController,
                    'action' => 'edit'
                ]

            ],
            'joke/delete' => [
                'POST' => [
                    'controller' => $jokeController,
                    'action' => 'delete'
                ]
            ],
            'joke/list' => [
                'GET' => [
                    'controller' => $jokeController,
                    'action' => 'list'
                ]
            ],
            '' => [
                'GET' => [
                    'controller' => $jokeController,
                    'action' => 'home'
```

```
            ]
        ]
    ];

    $method = $_SERVER['REQUEST_METHOD'];

    $controller = $routes[$route][$method]['controller'];
    $action = $routes[$route][$method]['action'];

    return $controller->$action();
    }
}
```

现在，将 Controllers/Joke.php 中的 edit 方法分为两个方法，一个方法负责显示表单，另一个方法负责处理提交：

```php
public function saveEdit() {
    $joke = $_POST['joke'];
    $joke['jokedate'] = new \DateTime();
    $joke['authorId'] = 1;

    $this->jokesTable->save($joke);

    header('location: /joke/list');
}

public function edit() {
    if (isset($_GET['id'])) {
        $joke = $this->jokesTable->findById($_GET['id']);
    }

    $title = 'Edit joke';

    return ['template' => 'editjoke.html.php',
        'title' => $title,
        'variables' => [
            'joke' => $joke ?? null
        ]
    ];
}
```

同样，值得花时间来看一下新的 IjdbRoutes 类的代码。在下一个 Web 站点上，我们将需要重复选择正确的控制器和调用动作的逻辑。在我们所构建的任何 Web 站点上，这个逻辑都是相同的：

```php
$method = $_SERVER['REQUEST_METHOD'];

$controller = $routes[$route][$method]['controller'];
$action = $routes[$route][$method]['action'];

return $controller->$action();
```

相反，我们将只是使用 IjdbRoute 类来提供$routes 数组。我们将把 callAction 方法重命名为 getRoutes，删除掉参数，并且让它返回该数组而不是访问该数组：

```php
<?php
namespace Ijdb;

class IjdbRoutes
{
    public function getRoutes()
    {
```

```
            include __DIR__ . '/../../includes/DatabaseConnection.php';

            $jokesTable = new \Ninja\DatabaseTable($pdo, 'joke', 'id');
            $authorsTable = new \Ninja\DatabaseTable($pdo, 'author',
             'id');

            $jokeController = new \Ijdb\Controllers\Joke($jokesTable,
             $authorsTable);

            $routes = [
                'joke/edit' => [
                    'POST' => [
                        'controller' => $jokeController,
                        'action' => 'saveEdit'
                    ],
                    'GET' => [
                        'controller' => $jokeController,
                        'action' => 'edit'
                    ]
                ],
                'joke/delete' => [
                    'POST' => [
                        'controller' => $jokeController,
                        'action' => 'delete'
                    ]
                ],
                'joke/list' => [
                    'GET' => [
                        'controller' => $jokeController,
                        'action' => 'list'
                    ]
                ],
                '' => [
                    'GET' => [
                        'controller' => $jokeController,
                        'action' => 'home'
                    ]
                ]
            ];

            return $routes;
        }
    }
```

现在，我们将修改 EntryPoint 以使用$method 和$route。我们可以通过从服务器读取值，从而直接编码 run 方法中的$route 和$method 变量，如下所示：

```
public function run() {

    $method = $_SERVER['REQUEST_METHOD'];
    $route = $_SERVER['REQUEST_URI'];
    // …
```

这个方法的问题在于，它并不是很灵活。如果我们想要在并不是基于 Web 的一个应用程序中使用 EntryPoint 类，它将无法工作，因为没有设置这些服务器变量。

相反，让我们创建一个类变量并修改构造方法，以便让该方法结合路径使用：

```
class EntryPoint {
    private $route;
    private $method;
```

```
private $routes;

public function __construct($route, $method, $routes) {
    $this->route = $route;
    $this->routes = $routes;
    $this->method = $method;
    $this->checkUrl();
}
```

接下来，我们修改 run 方法以使用两个类变量：

```
public function run() {

    $routes = $this->routes->getRoutes();

    $controller = $routes[$this->route]
    [$this->method]['controller'];
    $action = $routes[$this->route]
    [$this->method]['action'];

    $page = $controller->$action();

    $title = $page['title'];

    if (isset($page['variables'])) {
        $output = $this->loadTemplate($page['template'],
         $page['variables']);
    }
    else {
        $output = $this->loadTemplate($page['template']);
    }

    include __DIR__ . '/../../templates/layout.html.php';
}
```

然后，我们提供 index.php 中的方法：

```
$entryPoint = new \Ninja\EntryPoint($route,
$_SERVER['REQUEST_METHOD'], new \Ijdb\IjdbRoutes());
```

可以在 CMS-EntryPoint-Namespaces-Router 中找到这段代码。

像这样避免直接编码，是一种好的习惯。PHP 中（以及通用的软件开发中）的趋势是朝着测试驱动的开发（Test-Driven Development，TDD）前进的，并且像 $_SERVER['REQUEST_METHOD']这样直接编码的值会使得测试很难进行。尽管 TDD 已经超出了本书的讨论范围，我还是教你一些使用的方法，以便让你最终使用 TDD 时尽可能的容易。

9.17　使用接口增强依赖性结构

在第 8 章中，当我们创建 DatabaseTable 类时，我们编写了构造方法，以便能够检查其参数的类型：

```
public function __construct(PDO $pdo, string $table, string
➡ $primaryKey) {
```

使用这种方法，我们就能够构造 DatabaseTable 类的一个实例，而不需要提供一个 PDO 的实例作为第一个参数。EntryPoint 类对于 IjdbRoutes 有依赖性，并且它在其上调用 getRoutes 方法：

```
$routes = $this->routes->getRoutes();
```

然而，如果$this->routes 变量不是 IjdbJokes 的一个实例，或者它是并不拥有 getRoutes 方法的一个对象，将会发生什么呢？

就像对 DatabaseTable 所做的一样，我们可以使用构造方法中的提示来强制该类型：

```
 public function __construct(string $route, string $method,
➡ \Ijdb\IjdbRoutes $routes) {
```

有了类型提示，不提供一个 IjdbRoutes 的实例作为第 3 个参数的话，就不可能构造 EntryPoint 类。但是，这会破坏我们的灵活性！当我们构建一个在线商店并且想要使用一个名为\Shop\Routes 的类时，将会发生什么呢？理想情况下，我们想要允许每个站点提供一组不同的路径的灵活性，但是，我们还想要类型检查赋予我们的健壮性。

这可以通过使用叫作接口（interface）的技术来实现。接口可以用来描述一个类应该包含哪些方法，但是接口并不包含任何真正的逻辑。类可以实现接口。

路径的接口如下所示：

```
<?php
namespace Ninja;

interface Routes
{
    public function getRoutes();
}
```

你会注意到，接口看上去有点像类。它有一个命名空间、一个名称和一个方法。然而，接口和类之间的不同在于，它包含方法的头（第 1 行），并且不包含任何逻辑。让我们将这个接口文件作为 Routes.php 保存到 Ninja 目录中。和类一样，接口文件也可以通过自动加载程序来加载。

我们现在可以在 EntryPoint 中对该接口实现类型提示：

```
 public function __construct(string $route, string $method,
➡ \Ninja\Routes $routes) {
```

当前，这会阻止我们将 Ijdb\IjdbRoutes 的一个实例传递到 EntryPoint 的构造方法中。然而，我们将让 IjdbRoutes 实现该接口：

```
<?php
namespace Ijdb;

class IjdbRoutes implements \Ninja\Routes {
```

可以在 CMS-EntryPoint-Interface 中找到这段代码。

它有两个影响：

（1）IjdbRoutes 类必须包含接口所描述的方法，否则的话，将会显示一个错误；

（2）IjdbRoutes 类现在可以使用该接口得到类型提示。

现在，当构建在线商店或任何其他的 Web 站点，我们可以通过实现该接口来得到路径类的新版本：

```
namespace Shop;
class Routes implements \Ninja\Routes {
    public function getRoutes() {
        // Return routes for the online shop
    }
}
```

接口对于我们所构建的通用框架非常有用。通过提供一组接口，每个 Web 站点都可以提供实现该接口的类，以保证框架代码和项目专用代码能够协作。

你可以把电视机连接到一个台蓝光播放机、一台卫星电视接收器、一台游戏机，甚至是一台电脑，因为它们都使用 HDMI 接口。电视机的生产商并不知道电视机将要连接到什么设备，但是，任何符合 HDMI 标准的机器，都能够使用该电视机。类似地，使用了 Routes 接口的任何类，都可以和 Ninja 框架一起工作。

当正确使用时，接口是在框架和项目专用代码之间搭建桥梁的一项非常有用的工具。

9.18 你自己的框架

编写框架是一个 PHP 开发者的"成人礼"。每个人都这么做，并且我们只是编写了一个框架。在整个本书中，我希望能够帮助你避免 PHP 开发者经常跌入的陷阱。

在本章中，我们学习了：

- 框架代码和项目专用代码之间的区别；
- 如何使用目录结构和命名空间将框架代码和项目专用代码区分开；
- 如何编写自动加载程序；
- 接口和 REST 的基础知识；
- 路由和 URL 重写。

尽管我们已经在本章中增加了一些功能，但这里介绍的知识还只是打下了一个牢固的基础，以便你能够使用现代 PHP 应用程序和来自其他开发者的第三方代码。

第 10 章　允许用户注册账户

既然我们已经完成了构建一个可扩展的框架的所有困难工作，是时候来给 Web 站点添加一些新的功能了。我们打算让用户能够在该 Web 站点上注册账户，从而允许他们发布自己的笑话。

数据库中应该已经有了一个带有一些数据的 authors 表，这是我们通过 MySQL Workbench 添加的。如果还没有这个表，可以执行如下的查询来创建该表：

```
CREATE TABLE author (
id INT NOT NULL AUTO_INCREMENT PRIMARY KEY,
name VARCHAR(255),
email VARCHAR(255)
) DEFAULT CHARACTER SET utf8mb4 ENGINE=InnoDB
```

如果还没有添加数据的话，也不要担心。我们将创建一个表单，以允许通过 Web 站点添加作者。

第一步是给数据库添加另外一列，以存储用户用来登录的密码。让我们使用 MySQL Workbench 的 GUI 或者运行如下的查询，来创建另一个列：

```
ALTER TABLE author ADD COLUMN password VARCHAR(255)
```

列名应该是 password 并且类型是 VARCHAR(255)。我知道，255 个字符是太长的密码，但是，让这一列这么大是有原因的，我稍后将会说明。

首先需要的是控制器代码。在 Ijdb\Controllers 目录中创建 Register.php 文件，然后创建带有如下的变量、构造方法和用来加载注册表单的方法的类。对于注册用户，所需的唯一的依赖性是表示 authors 表的 DatabaseTable 对象。

```php
<?php
namespace Ijdb\Controllers;

use \Ninja\DatabaseTable;

class Register
{
    private $authorsTable;

    public function __construct(DatabaseTable $authorsTable)
    {
        $this->authorsTable = $authorsTable;
    }

    public function registrationForm()
    {
        return ['template' => 'register.html.php',
            'title' => 'Register an account'];
    }

    public function success()
    {
        return ['template' => 'registersuccess.html.php',
            'title' => 'Registration Successful'];
    }
}
```

我已经添加了两个动作：一个用于显示表单，一个用于**显示注册成功**页面。

模板 register.html.php 如下所示，它位于 templates 目录之中：

```
<form action="" method="post">
<label for="email">Your email address</label>
<input name="author[email]" id="email" type="text">

<label for="name">Your name</label>
<input name="author[name]" id="name" type="text">

<label for="password">Password</label>
<input name="author[password]" id="password"
    type="password">

<input type="submit" name="submit"
    value="Register account">
</form>
```

registersuccess.html.php 如下所示：

```
<h2>Registration Successful</h2>

 <p>You are now registered on the Internet Joke
➡ Database</p>
```

最后，路径位于 IjdbRoutes.php 中：

```
// …
$jokeController = new \Ijdb\Controllers\Joke($jokesTable,
 $authorsTable);
$authorController =
 new \Ijdb\Controllers\Register($authorsTable);

$routes = [
    'author/register' => [
        'GET' => [
            'controller' => $authorController,
            'action' => 'registrationForm'
        ]
    ],
    'author/success' => [
        'GET' => [
            'controller' => $authorController,
            'action' => 'success'
        ]
    ],
    'joke/edit' => [
// …
```

如果访问 http://192.168.10.10/author/register，你应该会看到该表单。要让该表单能够工作，我们需要在 IjdbRoutes 中添加 POST 路径，并且在控制器中添加相关的方法。

```
'author/register' => [
    'GET' => [
        'controller' => $authorController,
        'action' => 'registrationForm'
    ],
    'POST' => [
        'controller' => $authorController,
        'action' => 'registerUser'
    ]
],
```

Register.php:

```php
public function registerUser() {
    $author = $_POST['author'];

    $this->authorsTable->save($author);

    header('Location: /author/success');
}
```

可以在 Registration-Form 中找到这段代码。

一旦提交了该表单，路径程序将执行 registerUser 方法，并且通过从$_POST 数组读取而保存新的作者信息。通过填充该表单，提交表单，并且使用 MySQL Workbench 从 author 表选取所有的记录，以检查该表单是否能够工作。如果不能看到刚才添加的记录中的数据，仔细检查所有的代码并再次尝试。我们有一个基本的注册表单能够工作，但是其当前状态还是有一些问题。我们需要能够控制数据库中允许什么数据。在允许插入记录之前，我们可能还想对数据施加一些规则：

- 所有的字段应该真正地包含一些数据，以便不会有空的 Email 或名称；
- E-mail 地址应该是真正的 E-mail 地址。例如，paul@example.org 是允许的，但是 abc123 是不允许的；
- 输入的 E-mail 地址必须是还没有属于某一个账户的。

在数据输入之前要验证这些规则，并且在表单提交之后也要检查。如果在提交时遇到问题，最好的做法是再次向用户显示该表单，以便他们能够修正错误。

这些验证规则中的每一个，都需要以略微不同的方式应用，但是，得到一个类似的结果。对于每一次检查，我们将使用 if 语句，并且设置一个布尔变量$valid 来记录数据是否有效。例如，要检查每个字段中是否有一个值，我们可以使用一系列的 if 语句，如果其中一个字段为空的话，就将$valid 变量设置为 false。

```php
public function registerUser() {
    $author = $_POST['author'];

    // Assume the data is valid to begin with
    $valid = true;

    // But if any of the fields have been left blank
    // set $valid to false
    if (empty($author['name'])) {
        $valid = false;
    }

    if (empty($author['email'])) {
        $valid = false;
    }

    if (empty($author['password'])) {
        $valid = false;
    }

    // If $valid is still true, no fields were blank
    // and the data can be added
    if ($valid == true) {
        $this->authorsTable->save($author);

        header('Location: /author/success');
    }
    else {
        // If the data is not valid, show the form again
        return ['template' => 'register.html.php',
```

```
                'title' => 'Register an account'];
        }
    }
```

使用上面的 empty()

　　我在这里使用了 empty($author['name'])而不是$author['name'] == ''，因为这将总是捕捉到无效的表单提交，而不会导致一个错误。也可能某人提交一个 POST 请求，而没有填充表单！可能他们并不想要为表单的某些字段提供值（一个空字符串仍然是一个值！）。和潜在地警告恶意用户站点是如何工作的相比，避免这些错误要更好一些。

　　请提交该表单并保留一个或多个字段为空，以进行尝试。你应该会再次看到空白表单，而不是 "Registration Successful" 消息。

　　如果由于某一个字段为空而将$valid 设置为 false，那么，将通过返回一个标题和模板而再次显示该表单。如果你确实自己尝试了，将会立刻注意到，在框中输入的内容已经被删除掉了，并且没有提示用户哪里出错了。要修正这个问题，让我们先创建另一个数组来保存将要显示给用户的错误消息的一个列表：

```php
public function registerUser() {
    $author = $_POST['author'];

    // Assume the data is valid to begin with
    $valid = true;
    $errors = [];

    // But if any of the fields have been left blank
    // set $valid to false
    if (empty($author['name'])) {
        $valid = false;
        $errors[] = 'Name cannot be blank';
    }

    if (empty($author['email'])) {
    $valid = false;
    $errors[] = 'Email cannot be blank';
}

if (empty($author['password'])) {
    $valid = false;
    $errors[] = 'Password cannot be blank';
}

// If $valid is still true, no fields were blank
// and the data can be added
if ($valid == true) {
    $this->authorsTable->save($author);

    header('Location: /author/success');
}
else {
    // If the data is not valid, show the form again
    return ['template' => 'register.html.php',
            'title' => 'Register an account'];
    }
}
```

　　还记得用于数组的[] =操作符吗？这将会添加到$errors 数组的末尾，因此，如果用户保持所有 3 个字段都为空白，所有 3 条错误消息都将存储到$errors 数组中。要将这些错误消息显示到模板中，才能将它们显示给用户。

当创建笑话列表页面时，我们使用返回数组中的 variables 键，给模板提供了一些变量。在这里，对于错误消息，可以做同样的事情：

```php
// If the data is not valid, show the form again
return ['template' => 'register.html.php',
'title' => 'Register an account',
'variables' => [
    'errors' => $errors
]
];
```

现在，可以在 register.html.php 中使用$errors 变量：

```php
<?php
if (!empty($errors)) :
    ?>
    <div class="errors">
        <p>Your account could not be created,
         please check the following:</p>
        <ul>
        <?php
            foreach ($errors as $error) :
                ?>
                <li><?= $error ?></li>
                <?php
            endforeach; ?>
        </ul>
    </div>
<?php
endif;
?>
<form action="" method="post">
    <label for="email">Your email address</label>
    <input name="author[email]" id="email" type="text">

    <label for="name">Your name</label>
    <input name="author[name]" id="name" type="text">

    <label for="password">Password</label>
    <input name="author[password]" id="password"
        type="password">

    <input type="submit" name="submit"
        value="Register account">
</form>
```

为了让错误消息看上去好看一些，给 jokes.css 添加如下内容：

```css
.errors {
    padding: 1em;
    border: 1px solid red;
    background-color: lightyellow;
    color: red;
    margin-bottom: 1em;
    overflow: auto;
}
.errors ul {
    margin-left: 1em;
}
```

如果现在有任何的错误，它们将在表单之前的页面的顶部的一个列表中显示出来，并且用户将知道哪里出错了。

为了让事情更加容易一些，我们使用来自$_POST 的数据重新填写表单。

首先，让我们通过修改 return 值，为模板提供$author 信息：

```
return ['template' => 'register.html.php',
'title' => 'Register an account',
'variables' => [
    'errors' => $errors,
    'author' => $author
]
];
```

现在，如果表单字段中设置了值的话，打印出这些值。这和我们在 editjoke.html.php 中所采用的用数据库中的信息填充表单的做法完全相同。

```
<label for="email">Your email address</label>
<input name="author[email]" id="email" type="text"
    value="<?=$author['email'] ?? ''?>">

<label for="name">Your name</label>
<input name="author[name]" id="name" type="text"
    value="<?=$author['name'] ?? ''?>">

<label for="password">Password</label>
<input name="author[password]" id="password"
    type="password"
    value="<?=$author['password'] ?? ''?>">

<input type="submit" name="submit" v
    alue="Register account">
```

可以在 Registration-Validation 中找到这段代码。

10.1 验证 E-mail 地址

上面的验证将会防止某人把 E-mail 地址字段留空。然而，这并不能保证他们输入了一个有效的 E-mail 地址。他们可能仍然只是在字段中输入了一个 "a"，并且这也将会传递来进行验证。

为了确保他们输入了一个有效的 E-mail 地址，我们需要做一些检查。我们可以查看字符串中的每一个字符，并且查找一个 "@" 标志，确保该标志不是第一个字符，并且可能还会在 "@" 后面查找一个 "."，以匹配 "x@x.x" 的格式。然而，这将会需要几行代码，并且实现起来有点复杂。

对于最常见的问题，PHP 包含了一个方法来验证 E-mail 地址，它比你自己编写方法要准确和简单很多。没有必要重新发明轮子。

要在 PHP 中检查一个 E-mail 地址，可以使用 filter_var 函数，如下所示：

```
$email = 'tom@example.org';

if (filter_var($email, FILTER_VALIDATE_EMAIL) == false) {
    echo 'Valid email address';
}
else {
    echo 'Invalid email address';
}
```

filter_var 函数由 PHP 提供，并且它接收两个参数。第 1 个参数是要验证的字符串，第 2 个参数是要据此进行检查的数据类型。有几个选项，包括 FILTER_VALIDATE_URL 和 FILTER_VALIDATE_INT，用于检查给定的字符串是否是一个有效的 URL 或整数。此时我们只需要 FILTER_VALIDATE_EMAIL，它用来验证 E-mail 地址。关于 filter_var 函数所支持的所有选项的列表，请查阅 PHP 网站上该函数的页面。

让我们在 Register 控制器中实现这一检查：

```
if (empty($author['email'])) {
    $valid = false;
    $errors[] = 'Email cannot be blank';
}
else if (filter_var($author['email']) == false) {
    $valid = false;
    $errors[] = 'Invalid email address';
}
```

你可以在 **Registration-Validation-Email** 中找到这段代码。

首先，我们检查是否提供了 E-mail 地址，并且，如果有了 E-mail 地址，使用 filter_var 检查它是否是一个有效的 E-mail 地址。如果这两项检查都通过了，这个 E-mail 地址是有效的，并且不会显示错误。

10.2　防止同一个人注册两次

对于 E-mail 地址还需要做另外一项检查，即确保同一个人没有多个账户。允许某个人在 Web 站点上有多个账户，可能会导致问题。如果他们登录了，是用哪一个账号登录进来的呢？如果他们要看自己之前发布的笑话，是否只能够看到使用所登录的账户发布的那些笑话，并且只是向他们显示针对该账户的信息呢？

防止同一个人使用相同的 E-mail 地址重复注册，这是一种较好的做法。可以在数据库中施加这一条件，但是，使用 PHP 来检查将更为一致。我们已经有了 $authorsTable 对象，用于搜索 author 数据库表中的记录。我们可以用它来检查一个 E-mail 地址是否已经存在。

当前，DatabaseTable 类包含了一个 findById 方法，它允许你通过 ID 从表中获取一条记录。

让我们添加另一个名为 find 的方法，它接收两个参数：

- 要在其中查找值的列；
- 要查找的值。

```
$results = $authorsTable->find('email',
'tom@example.org');
```

一旦实现了，find 方法将使用 SELECT * FROM author WHERE email = 'tom@example.org'这条查询，在所有记录中查找 E-mail 字段设置为 tom@example.org 的记录。

由于 DatabaseTable 类已经包含了 query 函数，我们可以按照和当前的 findyById 函数相似的方式，来实现 find 函数。

```
public function findById($value) {
    $query = 'SELECT * FROM ' . $this->table . ' WHERE ' .
     $this->primaryKey . ' = :primaryKey';

    $parameters = [
        'primaryKey' => $value
    ];
    $query = $this->query($query, $parameters);

    return $query->fetch();
}

public function find($column, $value) {
    $query = 'SELECT * FROM ' . $this->table . ' WHERE ' .
     $column . ' = :value';
```

```
$parameters = [
    'value' => $value
];

$query = $this->query($query, $parameters);

return $query->fetchAll();
}
```

这里有两个区别，但是代码非常相似。列名是由参数$column 提供的，而不是使用来自$this->primaryKey 的列名进行查找，并且 return 语句使用$query->fetchAll()以数组的形式返回所有的记录。

$query->fetch 函数将只是返回一条记录。如果我们针对任何值查找任何列，有可能多条记录会有相同的值。fetchAll 方法用来返回所有匹配的记录。理想情况下，我们想要一个通用的 find 函数，以便在任何地方想要查找数据库中一个指定的列拥有一个值集合的记录时，都可以使用该函数。

现在，已经添加了这个 find 函数，我们可以使用它来确定一个 E-mail 地址是否已经存在于数据库中：

```
  if (count($authorsTable->find('email', $author['email']))
➥ > 0) {
    $valid = false;
    $errors[] = 'That email address is already registered';
}
```

count 函数可以用来记录 find 方法所返回的记录数目。如果它大于 0（> 0），那么系统中已经找到了具有该 E-mail 地址的一条记录，并且我们可以据此显示一条错误消息。

这种方法唯一的问题在于，它是区分大小写的。如果用户已经使用 tom@example.org 注册过了，并且随后使用 TOM@EXAMPLE.ORG 重新注册，这将会被视为不同的 E-mail 地址。为了正确地判断是否已经使用 tom@example.org 注册过了，该 E-mail 地址在数据库中用小写字母存储，并且会使用小写的版本来进行查找。完整的 registerUser 方法如下所示：

```
public function registerUser() {
    $author = $_POST['author'];

    // Assume the data is valid to begin with
    $valid = true;
    $errors = [];

    // But if any of the fields have been left blank
    // set $valid to false
    if (empty($author['name'])) {
        $valid = false;
        $errors[] = 'Name cannot be blank';
    }

    if (empty($author['email'])) {
        $valid = false;
        $errors[] = 'Email cannot be blank';
    }
    else if (filter_var($author['email'],
     FILTER_VALIDATE_EMAIL) == false) {
        $valid = false;
        $errors[] = 'Invalid email address';
    }
    else { // If the email is not blank and valid:
        // convert the email to lowercase
        $author['email'] = strtolower($author['email']);

        // Search for the lowercase version of $author['email']
```

```
    if (count($this->authorsTable->
    find('email', $author['email'])) > 0) {
        $valid = false;
        $errors[] = 'That email address is already registered';
    }
}

if (empty($author['password'])) {
    $valid = false;
    $errors[] = 'Password cannot be blank';
}

// If $valid is still true, no fields were blank
// and the data can be added
if ($valid == true) {

    // When submitted, the $author variable now contains a
    // lowercase value for email
    $this->authorsTable->save($author);

    header('Location: /author/success');
} else {
    // If the data is not valid, show the form again
    return ['template' => 'register.html.php',
    'title' => 'Register an account',
    'variables' => [
        'errors' => $errors,
        'author' => $author
    ]
];
    }
}
```

通过将 E-mail 地址转换为小写形式，当插入数据和进行查找时，我们可以按照不区分大小写的方式来处理 E-mail 地址。

E-mail 地址和区分大小写

从技术上讲，E-mail 地址可以是区分大小写的。然而，不鼓励这样做，并且对于大多数实际的应用程序来说，确保 E-mail 地址是不区分大小写的要更为安全。没有哪个主要的 Email 提供商会允许区分大小写的 E-mail 地址。替代的方案是，希望用户总是以相同的大小写形式输入自己的 E-mail 地址，然而，这可能并不是一个很好的假设。

10.3　安全地存储密码

既然已经添加了验证，现在任何人在表单中输入有效的数据都可以注册，并且将他们的信息添加到数据库中。继续前进，并且添加一些测试用户，通过验证记录是否已经添加到了 author 表中，从而检查该表单是否能够正确工作。

使用上面的方法，如果某人在密码字段中输入了"mypassword123"，它将会存储到数据库中。我们可能会认为这不是一个问题，因为只有我们能够访问该数据库，并且我们不会滥用这些信息。但是，我们真的想要让所使用的每一个 Web 站点的那些开发者们都知道我们的密码吗？

如果我们的 Web 站点被黑了，那么，黑客可能会看到所有用户的密码，并且由于人们很容易忘记密码，他们很可能会针对自己所访问的每一个 Web 站点都使用相同的密码。

　　某个人也可能使用其他人的 E-mail 和密码组合来访问，并因此在我们刚刚构建的这个站点上，进行一些超出访问账户之外的破坏活动，例如，读取他们的 E-mail 或者访问他们的 PayPal 账户。一个好的 Web 站点开发者，将会帮助保护用户，以防止这种攻击。做到这一点的最常用的方法就是，使用单向散列函数（one way hashing function）。

　　散列函数（hashing function）接受诸如 mypassword123 的一个字符串，并且将其转换为该字符串的一个加密版本，这也叫作一次**散列**（hash）。例如，mypassword123 可能会被散列，并且产生一个类似数字和字母随机组合而成的字符串，如 9c87baa223f464954940f859bcf2e233。

　　要将一个字符串转换为散列值，我们可以使用 PHP 内建的几个可用的散列函数，包括 md5 和 sha1。使用这些函数很简单：

```
echo md5('mypassword123');
// prints 9c87baa223f464954940f859bcf2e233
```

　　这并不是真正意义上的"加密"。没有办法把这些貌似字母和数字随机组合的字符串恢复为 mypassword123。存储密码的一种方法是在数据库中存储这些散列值。当用户在密码字段输入"mypassword123"时，将会在数据库的密码列中存储 9c87baa223f464954940f859bcf2e233 而不是 mypassword123。

　　现在，如果某人确实设法访问了该数据库，他所看到的将是名称和散列的一个列表。例如：

```
Kevin  9c87baa223f464954940f859bcf2e233
Laura  47bce5c74f589f4867dbd57e9ca9f808
Tom    9c87baa223f464954940f859bcf2e233
Jane   8d6e8d4897a32c5d011a89346477fb07
```

　　这就解决了访问数据库的人能够读取每个人的密码的问题。然而，这还不是完美的解决方案。对于 Kevin 和 Tom 的密码，你了解到了些什么呢？看一下这个列表，你可以看到它们是相同的！如果你能够知道 Kevin 的密码，也就能够知道 Tom 的密码。

　　并且，更糟糕的是，我们实际上知道密码是什么，因为我们已经发现 9c87baa223f464954940f859bcf2e233 是 mypassword123 的散列值。因为人们总是使用相同的常用密码，黑客将会为常用密码生成散列值，以便能快速搞清楚哪个用户在使用它们。一旦你知道了 password 的散列值是 5f4dcc3b5aa765d61d8327deb882cf99，就可以在数据库中查询具有该散列值的所有用户，从而知道他们的密码是 password。针对前 100 个、200 个或 1 000 个密码做这件事情，并且在一个较大的 Web 站点上，你将能够破解数十个真正的 E-mail 和密码组合。

　　你应该已经听说过使用一个安全的、不容易猜测到的密码的重要性，而这也是众多原因之一。如果你的密码不是很常见的，黑客将无法针对其生成一个散列值，并且不能够轻易地破解出你的密码是什么。

　　有几种方法来解决这种具有重复的散列值的问题，但是，还是有很多事情需要考虑，并且产生一个真正安全的密码散列值比看上去要更为困难。如果你想要了解关于解决这个问题的更多理论，查阅一下 SitePoint 的文章《Password Hashing in PHP》。

　　好在，对我们来说，PHP 包含了一种非常安全的方式来存储密码。它至少和开发者所提出的任何解决方案一样好，并且避免了我们这样的开发者需要完全理解安全性问题。为此，强烈推荐你使用 PHP 内建的算法来散列密码，而不是自己创建算法。

　　既然你理解了密码散列背后的重要性和理论，让我们来将其付诸实用。

　　PHP 包含了两个函数，password_hash 和 password_verify。现在，我们只是对 password_hash 感兴趣。在下一章中，当我们检查某人在登录时是否输入了正确的用户名和密码时，我们使用 password_verify。

　　我们使用 password_hash 函数散列一个密码的方式如下：

```
$hash = password_hash($password, PASSWORD_DEFAULT);
```

　　$password 存储了要散列的密码的文本，并且 PASSWORD_DEFAULT 是要使用的语法。通常最好是将这些留给 PHP 开发者来决定，因为这样将会选取当前可用的最好的算法（在编写本书时，这就是一个叫作

bcrypt 的算法，但是随着时间的推移，这可能会有变化）。

如果使用诸如"mypassword123"的一个密码来运行上面的代码并且得到$hash 变量，我们将会看到类似下面的内容：

$2y$10$XPtbphrRABcV95GxoeAk.OeI8tPgaypkKicBUhX/YbC9QYSSoowRq

我说"类似下面的内容"，因为每次你运行该函数时，都将会得到一个不同的结果。即便每次都使用"mypassword123"作为密码，也会得到一个不同的散列值作为结果。如果两个人使用相同的密码，将会在数据库中存储不同的散列值。

在本章的前面，当我们给数据库表添加密码列时，指定它为 255 个字符。这是因为，散列值可能会很长，并且，如果改变默认的算法的话，散列值的大小可能翻倍。

让我们在注册表单中实现 password_hash 函数。这个函数非常简单：

```php
// …
if ($valid == true) {
    // Hash the password before saving it in the database
    $author['password'] = password_hash($author['password'],
     PASSWORD_DEFAULT);

    // When submitted, the $author variable now contains a
    // lowercase value for email and a hashed password
    $this->authorsTable->save($author);

    header('Location: /author/success');
}
// …
```

$author 数组中的 password 值由散列的版本替代了。现在，当保存数据时，散列的密码而不是值mypassword123（或者输入到表单中的任何内容）存储到了数据库中。

10.4   注册完成

Register 控制器的最终版本如清单 10-1 所示。

清单 10-1   Registration-Validation-Email2

```php
<?php
namespace Ijdb\Controllers;

use \Ninja\DatabaseTable;

class Register
{
    private $authorsTable;

    public function __construct(DatabaseTable $authorsTable)
    {
        $this->authorsTable = $authorsTable;
    }

    public function registrationForm()
    {
        return ['template' => 'register.html.php',
            'title' => 'Register an account'];
    }
```

```php
    public function success()
    {
        return ['template' => 'registersuccess.html.php',
            'title' => 'Registration Successful'];
    }

    public function registerUser()
    {
        $author = $_POST['author'];

        // Assume the data is valid to begin with
        $valid = true;
        $errors = [];

        // But if any of the fields have been left blank
        // set $valid to false
        if (empty($author['name'])) {
            $valid = false;
            $errors[] = 'Name cannot be blank';
        }

        if (empty($author['email'])) {
            $valid = false;
            $errors[] = 'Email cannot be blank';
        } elseif (filter_var($author['email'],
         FILTER_VALIDATE_EMAIL) == false) {
            $valid = false;
            $errors[] = 'Invalid email address';
        } else { // If the email is not blank and valid:
            // convert the email to lowercase
            $author['email'] = strtolower($author['email']);

            // Search for the lowercase version of $author['email']
            if (count($this->authorsTable->find('email',
             $author['email'])) > 0) {
                $valid = false;
                $errors[] = 'That email address is already
registered';
            }
        }

        if (empty($author['password'])) {
            $valid = false;
            $errors[] = 'Password cannot be blank';
        }

        // If $valid is still true, no fields were blank
        // and the data can be added
        if ($valid == true) {
            // Hash the password before saving it in the database
            $author['password'] =
password_hash($author['password'],
            PASSWORD_DEFAULT);

            // When submitted, the $author variable now contains a
            // lowercase value for email and a hashed password
            $this->authorsTable->save($author);

            header('Location: /author/success');
        } else {
```

```
        // If the data is not valid, show the form again
        return ['template' => 'register.html.php',
            'title' => 'Register an account',
            'variables' => [
                'errors' => $errors,
                'author' => $author
            ]
        ];
        }
    }
}
```

在本章中，我介绍了如何给 Web 站点添加一个新的控制器以允许用户注册账户，验证他们输入到一个表单中的数据，以及如何安全地存储密码。

在第 11 章中，我们将构建一个登录表单，使用叫作**会话**（session）的工具来记录用户是否登录了。

第 11 章 cookie、session 和访问控制

在第 10 章中，我们介绍了用户如何在 Web 站点上注册。现在，我们该来让这些账户发挥作用了，以便用户能够**登录**到 Web 站点。这个过程对于 Web 用户来说是很熟悉的，他们输入一个用户名和密码，并且访问对于其账户来说独特的内容。

尽管从使用 Web 站点的某人的视角来看，这是一个熟悉的过程，但对于开发者来说，构建一个 Web 站点以允许**登录**，乍看起来有点令人沮丧。

从本质上讲，HTTP 是**无状态的**（stateless）。你连接到一个 Web 站点，服务器给你一个文件。正如你已经看到的，你可以使用 GET 变量和 HTML 表单，将数据从浏览器发送到服务器。然而，这些信息提供给了单个的页面，并且只有当浏览器提供 GET（或 POST）变量时才可用。

对于登录系统来说，用户需要将他们的用户名和密码发送到服务器一次，并且随后在每一个后续的页面请求上维护一个"已登录"的状态。

尽管也可以通过 URL 参数或 HTML 表单来发送这些信息，但那样的话，对于每一个页面都需要提供这一信息。从用户的角度来看，每次访问一个不同的页面都需要输入他们的用户名和密码，这很消耗时间，而且效率低下。

有两种技术，**cookies** 和**会话**（session），可以用来在页面之间存储一个特定用户的相关信息。

cookie 和 session 都属于那种在人们眼中恐怖和复杂程度超出其实际情况的"神秘"技术。在本章中，我们将以通俗易懂的语言说明它们是什么、干什么用的以及它们能够为你做什么，从而揭开这层神秘的面纱。我将通过实用的示例来说明上述的每一点。

最后，我们将使用这些新工具，让新注册的用户能够在 Web 站点上导航，并且使用他们的账户发布相关的笑话。

11.1 cookie

当今的大多数计算机程序都会在你关闭它们时保留某种形式的**状态**（state）。不管是应用程序窗口的位置，还是你最近操作的 5 个文件的名字，这些设置通常会存储在系统上的一个小文件之中，以便程序下一次运行时可以将它们读取回来。当 Web 开发者进入到 Web 设计的下一个层级，并且从静态的页面迁移到完全的、交互的在线应用程序时，Web 浏览器中也需要有类似的功能。于是，cookie 诞生了。

cookie 是与一个给定的 Web 站点相关的名-值对，并且存储在运行该客户端（浏览器）的计算机上。一旦 Web 站点设置了一个 cookie，以后对同一站点的所有页面请求，都将包含该 cookie，直到它过期或变得不可用。其他的站点不能访问你的站点所设置的 cookie，反之亦然。这和人们通常的看法不一样，其实cookie 是存储个人信息的相对安全的地方。cookie 自身并不会泄露用户的隐私。

PHP 产生的 cookie 的生命周期如下所示。

（1）首先，浏览器请求一个 URL，该 URL 对应一段 PHP 脚本。脚本会调用一次 PHP 内建的 setcookie 函数。

（2）PHP 脚本所产生的页面发送回浏览器，带有一个 HTTP set-cookie 头部，其中包含了要设置的 cookie 的名字（例如，mycookie）和值。

（3）当浏览器接收到这个 HTTP 头部时，它创建一个名为 mycookie 的 cookie，并且存储指定的值。

（4）后续对该站点的页面请求，将会包含一个 HTTP cookie 头部，该头部会把名/值对（mycookie=value）发送给所请求的脚本。

（5）一旦接受了带有一个 cookie 头部的页面请求，PHP 自动在$_COOKIE 数组中用该 cookie 的名字

（$_COOKIE['mycookie']）及其值来创建一个条目。

换句话说，PHP 函数 setcookie 允许我们设置一个变量。当后续的页面请求来自同一浏览器时，将会自动地设置该变量。每一个浏览器（或 Web 站点访问者）可能在相同的 cookie 中设置一个不同的值。在查看一个具体示例之前，让我们先看看 setcookie 函数，如下所示：

```
bool setcookie ( string $name [, string $value = "" [,
int $expire = 0 [, string $path = "" [,
string $domain = "" [, bool $secure = false [,
bool $httponly = false ]]]]]] )
```

方括号表示可选代码

方括号（[…]）表示代码中的该部分是可选的。你可以忽略掉这些参数，并且 PHP 将自动地设置一些默认值。

就像我们在第 4 章中看到的 header 函数一样，setcookie 函数给页面添加了一个 HTTP 头部。因此，该函数**必须在发送任何实际内容之前调用**。在页面内容已经发送之后，再试图调用 setcookie 会导致浏览器产生一条 PHP 错误消息。因此，通常在控制器脚本中，要在发送任何实际输出之前使用这些函数（例如，通过一个包含的 PHP 模板）。

这个函数唯一必需的参数是 name，它指定了 cookie 的名称。只带 name 参数来调用 setcookie，将会真正地删除在浏览器上存储的 cookie（如果该 cookie 存在的话）。value 参数允许你创建一个新的 cookie，或者修改一个已有的 cookie 中存储的值。

默认情况下，cookies 将由浏览器保留存储。因此，它将会继续和页面请求一起发送，直到用户关闭浏览器。如果想让 cookie 跨当前浏览器会话能够持久，你必须设置 expiryTime 参数，用来指定从 1970 年 1 月 1 日到自己想让 cookie 自动删除的时间为止的秒数。尽管这听起来很随意，但这是一种非常通用的时间格式，又叫作 **UNIX 时间戳**（UNIX timestamp），并且 PHP 拥有内建的函数来计算它，因而你不需要自己编写函数来进行计算。

可以使用 PHP 的 time 函数，以这种格式获取当前时间。因此，可以通过将 expiryTime 设置为 time() + 3 600，从而把 cookie 设置为在一个小时后过期。要删除已经预先设置了过期时间的一个 cookie，可以将其过期时间设置为已经过去的一个时间点（例如，用 time() −3600 * 24 * 365 表示一年以前）。如下所示的两个示例展示了如何使用这一技术：

```
// Set a cookie to expire in 1 year
setcookie('mycookie', 'somevalue',
 time() + 3600 * 24 * 365);

// Delete it
setcookie('mycookie', '',
 time() - 3600 * 24 * 365);
```

UNIX 时间戳

UNIX 时间戳在将来将会修改。在 2038 年，它们将会遭遇类似 Y2K bug 的问题，因为用来存储它们的数据类型不能存储足够高的数值，以计算 2038 年 1 月 19 日以后的秒数。

似乎距离那个时间还有很长时间，但这是值得注意的事情。为了让一个 cookie 持久化，我们必须设置一个过期日期。我们可能倾向于让这个过期时间是未来的一个很远的日期，以便 cookie 实际上不会过期，这个时间可能是当前日期+20 年。

如果我们的脚本在 2038 年 1 月 19 日以后执行，做这样的计算将会失效，因为过期日期将会在 2038 年以后，并且无法设置该 cookie。在 2028 年时，选择 10 年的时间也会让我们的程序失效。我推荐选择 1 年的时间，这样直到 2037 年，我们的程序都是安全的，而真的到那个时候，这个问题可能已经有了一个修复的方法了。

path 参数允许我们将对 cookie 的访问限定在服务器给定路径上。例如，如果为一个 cookie 设置一条路径为'/admin/'，只有那些针对 admin 目录（及其子目录）中的页面请求，才会将这个 cookie 作为请求的一部分而包含。注意结尾的/，它防止以/admin 开头的其他目录中的脚本（例如/adminfake/）访问该 cookie。如果你和其他用户共享一个服务器，并且每个用户都有一个 Web 主目录的话，这是很有帮助的。它允许我们设置 cookie 以防止将你的访问者的数据暴露给服务器上的其他用户的脚本。

domain 参数起到类似的作用：它将对 cookie 的访问限制在一个给定的域。默认情况下，cookie 所返回到的主机，只能是最初发送 cookie 的主机。然而，对于大公司来说，通常有多个主机用于 Web 展示（例如，www.example.com 和 support.example.com）。要创建在两个服务器上都能访问的 cookie，我们可以将 domain 参数设置为'.example.com'。注意开头的.，它使得以.example.com 结尾的任何域都能够访问该 cookie。然而，cookie 不能在不同的域之间共享。将 domain 参数设置为 example2.com，将不允许该 cookie 在另一个站点上使用。

secure 参数设置为 1 时，表示对于一个只是通过安全连接（SSL）的页面请求（也就是说，URL 是以 https://开头的），才应该发送该 cookie。

httpOnly 参数设置为 1 时，告诉浏览器防止站点上的 JavaScript 代码查看你所设置的 cookie。通常，你包含在站点中的 JavaScript 代码可以读取由服务器为当前页面已经设置好的 cookie。尽管这在某些情况下很有用，但是它也将 cookie 中存储的数据置于风险之中。因为攻击者可以找到一种方法，在你的站点注入恶意的 JavaScript 代码。然后，这些代码可以读取用户潜在的敏感性 cookie 数据，并且用它做一些不可告人的事情。如果将 httpOnly 设置为 1，你设置的 cookie 将会像往常一样发送给 PHP 脚本，但是在自己的站点上运行的 JavaScript 代码将无法看到它。

尽管除了 name 以外的所有参数都是可选的，但如果想要为后面的参数指定一个值的话，必须先为前面的参数指定值。例如，要通过一个 domain 值调用 setcookie 的话，还需为 expiryTime 参数指定一个值。如果要省略需要一个值的参数，可以将字符串参数（value、path 和 domain）设置为"（空字符串），而将（expiryTime、secure）设置为 0。

现在，我们来看看一个使用 cookie 的示例。假设你想要在人们初次访问自己的站点时显示一条特殊的欢迎消息。可以使用一个 cookie 来计算用户此前访问你的站点的次数，并且只有当 cookie 没有设置时，才显示该消息。代码如清单 11-1 所示。

清单 11-1 Sessions-Cookie

```php
<?php

if (!isset($_COOKIE['visits'])) {
    $_COOKIE['visits'] = 0;
}
$visits = $_COOKIE['visits'] + 1;
setcookie('visits', $visits, time() + 3600 * 24 * 365);

if ($visits > 1) {
    echo "This is visit number $visits.";
} else {
    // First visit
    echo 'Welcome to our website! Click here for a tour!';
}
```

这段代码首先检查是否设置了$_COOKIE['visits']。如果没有，意味着在用户的浏览器中还没有设置过 visits cookie。为了处理这种特殊情况，我们将$_COOKIE['visits']设置为 0。随后，代码剩下的部分可以很安全地假设为$_COOKIE['visits']包含了用户之前访问过站点的次数。

接下来，为了弄清楚这次访问是第几次，我们获取$_COOKIE['visits']并且将其值加 1。变量$visits 将会用于我们的 PHP 模板中。

最后，我们使用 setcookie 来设置 visits cookie 以反映出新的访问次数。我们将这个 cookie 设置为 1 年内有效。

图 11-1 展示了浏览器第一次访问该页面时的样子，图 11-2 显示了第二次访问该页面时的样子。

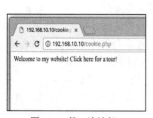

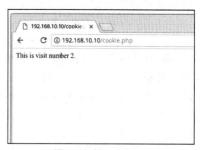

图 11-1　第一次访问　　　　　　　　　　图 11-2　第二次访问

在你开始大胆地使用 cookie 之前，请注意，浏览器对于每个站点所允许的 cookie 的数量和大小有一个限制。在你为自己的站点设置了 20 个 cookie 之后，一些浏览器会开始删除旧的 cookie，以便为新的 cookie 腾出地方。而另一些浏览器则允许每个站点最多使用 50 个 cookie，超过这个限制的 cookie 会被拒绝。浏览器还对所有站点的全部 cookie 的总大小有一个最大容量的限制。因此，使用 cookie 特别多的站点，可能会导致你的站点的 cookie 被删除。

每次当某人访问我们的 Web 站点时，所有的 cookie 都发送到 Web 服务器。如果我们在 cookie 中存储很多的信息，可能会使得 Web 站点的响应速度变慢，因为每次浏览页面时，都必须传输额外的数据。

能够访问存储 cookie 的计算机的任何人，也都能够读取到 cookie，因此，cookie 只是与用来浏览 Web 站点的计算机一样安全。

由于这些原因，要尽全力保证你的站点所创建的 cookie 的数量和大小都最小化。

11.2　PHP 会话

由于前面提到的那些限制，cookie 不太适合用来存储大量的信息。如果你使用这样一个电子商务网站：当用户在站点浏览时，它使用 cookie 来存储购物车中的货品。那么，这可能是个大问题；客户的订单越大，越有可能与浏览器的 cookie 限制发生冲突。

在 PHP 中，会话作为这一问题的解决方案。会话允许你将数据存储到 Web 服务器上，而不是将所有数据（可能是很大的数据）作为 cookie 存储在访问者的 Web 浏览器中。存储在浏览器中的唯一的值，是包含了用户的会话 ID（session ID）的一个单个的 cookie。会话 ID 是由字母和数字组成的一个长字符串，在用户访问你的站点期间，它用来唯一地识别用户。会话 ID 是一个变量，PHP 在后续的页面请求中可以监控它，并且用来加载与该会话相关联的存储数据。

除非已经配置了 cookie，否则，PHP 会话会自动地在包含该会话 ID 的用户浏览器中设置一个 cookie。然后，针对你的站点页面的每一个请求，浏览器都会发送该 cookie，以便 PHP 可以从众多潜在的、进行中的会话中确定，该请求应该属于哪一个会话。使用 Web 服务器上存储的一组临时文件，PHP 记录每个会话中已经注册的变量以及它们的值。

在继续前进并在 PHP 中使用出色的会话管理功能之前，应该确保你的 php.ini 文件的相关部分已经正确地设置好了。如果你使用本书第 1 章介绍的一体化安装包（例如 XAMPP 或 MAMP），或者使用属于自己的虚拟主机的一个服务器，那么可以安全地假设这些都已经配置好了。反之，用一个文本编辑器打开你的 php.ini 文件，并且查找标记为[session]的部分。在其下方，可以找到 20 多个以单词 session 开头的选项。其中的大多数选项不用动，但是有几个关键的选项需要检查一下，如下所示：

```
session.save_handler     = files
session.save_path        = "/tmp"
```

```
session.use_cookies        = 1
```

查找 php.ini

php.ini 配置全局地应用于我们的 PHP 脚本，并且能够存储在位于各个地方的服务器之上。在我们使用的 Homestead Improved box 上，它位于/etc/php/7.1/php.ini。如果你使用该虚拟机的一个较新的版本，这个位置可能会发生变化，并且几乎肯定会和一台真正的 Web 服务器不同。

要找到所使用的这个配置文件的位置，运行如下的 PHP 脚本：

```
<?php
echo phpinfo();
```

你将会在顶部看到显示 "Loaded Configuration File" 的一行，这就是在该 Web 站点上使用的 php.ini 配置文件的路径。

session.save_path 告诉 PHP 在哪里创建用来记录会话的临时文件。它必须被设置为一个系统上已有的目录。否则，当你试图在页面上创建一个会话时，将会接收到一条难看的错误消息。在 Mac OS X 和 Linux 系统上，/tmp 是常用的选择。在 Windows 中，你可能会将其设置为 C:\WINDOWS\TEMP，或者自己喜欢的某个其他目录（例如，D:\PHP\SESSIONS）。在进行了这些调整之后，重新启动 Web 服务器软件以让这些修改生效。这个目录对于运行 PHP 的用户来说，必须是可写的。

现在，我们已经准备好使用 PHP 会话了。在看一个示例之前，我们先快速地浏览一下 PHP 中最常用的会话管理函数。要让 PHP 查找一个会话 ID，或者如果没有找到的话就开始一个新会话，我们直接调用 session_start 函数。如果调用这个函数时找到了一个已有的会话，PHP 会恢复属于该会话的变量。由于这个函数试图创建一个 cookie，所以必须在向浏览器发送任何页面内容之前调用它，就像我们在前面看到的关于 setcookie 的情况一样，如下所示：

```
session_start();
```

如果要创建一个会话变量，以便在当前用户访问站点上的所有页面时，都可以使用这个变量，那么，需要在专用的$_SESSION 数组中设置一个值。例如，如下所示命令将会在当前会话中存储一个名为 password 的变量。$_SESSION 变量将会为空，直到我们调用 session_start()，因此，我们需要保证在会话开始之前不会读或者写该变量。

理解会话在幕后是如何工作的，这很有用。一旦我们调用 session_start()，它实际创建了一个 cookie，这个 cookie 带有一个唯一的 ID 以表示每一个单独的用户。例如，Web 页面上的第一个人可能是 user1，第二个人是 user2，依次类推。

然后，当他们访问下一个页面时，他们的 ID 被送回到 Web 站点，随后，会话开始，针对该用户存储的所有信息都被获取。例如，针对 ID1 存储的所有信息用来表示用户 1，针对 ID 2 存储的信息表示用户 2。

这就允许会话记录 Web 站点上为每个用户所使用的不同信息，实际上，ID 并不是像数字 1、2 或 3 这样的简单的序列。它们是很复杂、很难猜测到的字符串，有点像是数字和字母的随机组合。如果会话很容易猜到的话，黑客通过更改他们的会话 cookie 中存储的 ID，就可以很容易地伪装成 Web 站点上的每一个用户。

当会话开始后，我们可以把$_SESSION 变量当作一个常规的数组对待，读取其中的值并向其写入值：

```
$_SESSION['password'] = 'mypassword';
```

要从当前会话中删除一个变量，使用 PHP 的 unset 函数，如下所示：

```
unset($_SESSION['password']);
```

最后，如果想要结束当前会话并且在此过程中删除所有注册的变量，清空所有存储的值，就使用

session_destroy 函数，如下所示：

```
$_SESSION = [];
session_destroy();
```

要了解这些关于 PHP 中以及其他的会话管理函数的更多详细信息，请参见 PHP 手册的相关部分。

既然已经了解了这些基本的函数，让我们在一些简单的示例中使用它们。

统计使用会话的访问

我已经介绍了如何使用 cookie 来记录某人访问页面的次数，使用会话也能够做同样的事情，如清单 11-2 所示。

清单 11-2　Sessions-Count

```php
<?php
session_start();

if (!isset($_SESSION['visits'])) {
    $_SESSION['visits'] = 0;
}
$_SESSION['visits'] = $_SESSION['visits'] + 1;

if ($_SESSION['visits'] > 1) {
    echo 'This is visit number ' . $_SESSION['visits'];
} else {
    // First visit
    echo 'Welcome to my website! Click here for a tour!';
}
```

$_SESSION 用来代替$_COOKIE，并且你将会注意到，这段代码比用于 cookie 的代码略微简单一些。

对于 cookie，我们需要计算生命周期并设置一个过期时间。会话比较简单，不需要过期时间，但是，当浏览器关闭时，会话中存储的任何数据都会丢失。

11.3　访问控制

构建一个数据库驱动的站点的最为常见的原因之一，就是允许站点的所有者通过任意的 Web 浏览器、从任意地方来更新该站点。但是，在这个充斥着一群群四处游荡、洋洋得意地向你的站点植入病毒和非法内容的黑客世界里，你需要停下来思考一下自己管理的站点的安全性问题。

至少，你需要要求必须进行用户名和密码验证，之后站点的访问者才能够访问管理区域。如下是做到这点的两种主要方法：

- 配置 Web 服务器软件，以要求进行一次有效登录才能访问相关页面；
- 使用 PHP 提示用户，并且相应地检查登录身份。

如果你访问 Web 服务器的配置，第一个选项通常很容易设置。但是，第二个选项要灵活很多。使用 PHP，你可以设计自己的登录页面。如果你愿意的话，甚至可以将其嵌入到站点的布局中。PHP 还使得我们很容易更改必需的身份信息，以访问或管理一个授权用户的数据库，每个用户都拥有自己的身份信息和权限。

在本节中，我们将增强笑话数据库站点的功能，以使用基于用户名/密码的验证来保护敏感的功能。为了控制用户权限，我们将构建一个复杂的、基于角色的访问控制系统。

你可能会问："所有这些到底和 cookie 及会话又有什么关系呢？"好了，我们可以使用 PHP 会话在用户访问你的站点的整个过程中保持这些身份信息，而不是在每当用户想要浏览一个保密性页面或执行一项敏感性操作时，都提示用户登录身份信息。

11.3.1 登录

在上一章中，我们介绍了用户如何能够在 Web 站点上注册账户并且安全地存储他们的密码。下一步是，允许这些注册的用户登录并在 Web 站点上发布笑话。

显然，访问控制是在很多不同的 PHP 项目中都需要处理的一项功能。因此，如同数据库连接代码和 DatabaseTable 类一样，将访问控制代码尽可能多地编写成一个共享的包含文件，以便我们在将来的项目中可以重用它，这么做是有意义的。

"登录"的一般过程包括用户提供一个 E-mail 地址和密码。如果数据库包含一个匹配的作者，这意味着用户正确地填写了登录表单，并且我们必须让该用户登录。

但是，"让该用户登录"到底意味着什么呢？这有两种方法，都涉及使用 PHP 会话。

（1）我们可以通过将一个会话变量设置为"标志"（例如，$_SESSION['userid'] = $userId）而让用户登录。在将来请求到来时，我们可以只检查是否设置了该变量，并用它来读取已登录的用户的 ID。

（2）我们可以在会话中存储所提供的 E-mail 地址和密码，然后在将来请求到来时，我们可以检查是否设置了这些变量。如果设置了，我们可以根据数据库中的值来检查会话中的值。

第 1 种选择会带来更好的性能，因为用户的身份信息只需要检查一次，也就是当登录表单提交时。第 2 种选择提供了更好的安全性，因为每次请求一个敏感页面时，都是根据数据库来检查用户的身份信息的。

通常，更为安全的选择更受欢迎，因为一旦用户已经登录了，甚至可以从站点删除作者。否则的话，一旦用户登录了，他们保持登录的时间将与其 PHP 会话保持活跃的时间一样长。为了一点点额外的性能，这代价未免太大了点。

这背后的理论是很容易实现的，但是，由于数据库中的密码字段不能够以明文（就像用户输入的内容的样子）存储密码，这带来了更多的困难。相反，数据库存储$2y$10$XPtbphrRABcV95GxoeAk.OeI8tPgaypk KicBUhX/YbC9QYSSoowRq 这样的散列后的密码。

```
$2y$10$XPtbphrRABcV95GxoeAk.OeI8tPgaypkKicBUhX/YbC9QYSSoowRq
```

没有办法能够将这种密码加密以进行比较，但是由于我们使用 password_hash 来散列密码，我们可以使用 password_verify 来检查它。

password_verify 接受两个参数：要检查的密码的明文和来自数据库的散列后的密码。它根据密码是否正确，返回 true 或 false。

要检查密码，我们需要来自数据库的散列后的密码，然后才能够将其用于 password_verify。好在，得益于 DatabaseTable 类和已有的$authorsTable 变量，我们可以使用用户的 E-mail 地址，很容易地查看用户的散列的密码。

```
$author = $authorsTable->find('email',
➥ strtolower($_POST['email']));
```

一旦该用户的信息存储到了 $author 中，就可以使用 password_verify 函数来检查密码了，如下所示：

```
if (!empty($author) &&
 password_verify($_POST['password'],
 $author[0]['password'])) {
    // Login successful
}
else {
    // Passwords don't match, an error occurred
}
```

注意$author 后面的[0]。这是因为 find 函数可能返回多条记录。我们需要特定地读取返回的前两条记录。这个 if 语句中的第 1 个条件检查是否已经从数据库获取了一个用户。如果已经有了一个用户，第 2 个条件将检查用户输入的密码和数据库中的密码是否匹配。

顺序在这里很重要。PHP 将从左到右地运行与（&&）条件，并且当一个条件计算为 false 时就会停止。如果将顺序颠倒了，并且在!empty($author)之前先检查密码，可能会发生一个错误，因为$author 可能并不包含带有一个 password 键的数组！通过先检查!empty($author)，我们知道在$author 数组的 password 键中已经设置了某些内容。

散列

你可能认为我们会使用：

```
if (password_hash($_POST['password'],
 PASSWORD_DEFAULT) == $author[0]['password']) { ...
```

然而，每次调用 password_hash 时，即便是使用相同的密码字符串调用它，它也创建了一个不同的散列值！我们必须使用 password_verify 来检查密码。

一旦用户输入了 E-mail 地址和密码，他们就能够通过设置会话变量而"登录"。

在使用 password_verify 检查了密码是否正确之后，是时候写一些数据到会话中了。这里有各种选择。我们可以只是存储已经登录的某个人的用户 ID 和 E-mail 地址。然而，在会话中存储登录名和密码并在每次页面浏览时检查这二者，这是一种好的做法。通过这种方式，如果用户在两台不同的计算机上登录并且密码修改了，他们将需要退出并重新登录。

这是对用户有用的安全性功能，因为如果这些登录中的一个并不是来自用户真正所在的位置，可能是某人设法未经授权访问了他们的账户，一旦密码修改了，攻击者就会退出。如果没有在会话中存储密码的话，攻击者可以登录一次，并且只要浏览器保持打开，他们就可以继续访问该用户的账户。

做到这一点的一种方法是，在会话中存储 E-mail 地址和密码：

```
$_SESSION['email'] = $_POST['email'];
$_SESSION['password'] = $_POST['password'];
```

然后，在每次页面浏览时，我们都根据数据库中的信息来检查会话中的信息：

```
$author = $authorsTable->find('email',
 strtolower($_SESSION['email']))[0];

if (!empty($author) &&
 password_verify($_SESSION['password'],
 $author['password'])) {
    // Display password protected content
}
else {
    // Display an error message and clear the session
    // logging the user out
}
```

这就是理论上我们所要做的事情。通过这种方法，如果数据库中的密码修改了，或者如果从数据库中删除了该作者，用户将会退出。

然而，这里有一个明显的安全性问题。尽管会话存储在服务器上，如果某人确实能够访问 Web 服务器，它可能会看到任何登录用户的明文密码，这就完全丧失了首先散列密码所带来的好处。

为了避免在会话中存储登录用户的明文密码，我们将需要略微调整逻辑。

最好是将来自数据库的散列后的密码存储在会话中，而不是将明文密码存储在会话中。如果某人能够从服务器读取会话数据，他们将只能够看到散列值而不是真正的密码！要在会话中存储散列值，我们可以使用如下的代码：

```
$_SESSION['email'] = $_POST['email'];
$_SESSION['password'] = $author['password'];
```

存储了 E-mail 地址和散列值，我们可以查看数据库中的值，并且如果数据库中存储的 E-mail 地址或密码已经改变了，用户可能要退出。

在每一个页面上，我们将需要运行如下的代码：

```php
$author = $authorsTable->find('email',
 strtolower($_SESSION['email']));

if (!empty($author) && $author[0]['password'] ===
 $_SESSION['password']) {
    // Display password protected content
}
else {
    // Display an error message and log the user out
}
```

上面的代码主要做 3 件事情。

（1）它使用来自会话的 E-mail 地址搜索数据库，当用户提交登录表单时，应该已经设置了 E-mail 地址。

（2）它检查从数据库获取的一条记录。毕竟，可能用户输入的一个 E-mail 地址在数据库中并不存在。

（3）它将会话中的密码和当前在数据库中的密码进行比较。如果在登录和浏览页面之间，密码改变了，用户将要退出。

由于需要在我们想要进行密码保护的每一个页面上做这些检查，让我们将这段代码放到一个类中以更易于复用。我们现在需要两个方法，一个方法当用户试图使用一个 E-mail 地址和密码时调用，一个方法当检查用户是登录还是退出时在每个页面上调用（通过这项检查，确保数据库中的密码没有改变）。

由于这是在我们将要构建的任何 Web 站点上都将很有用的内容,我们将其放到 Ninja 框架命名空间中：

```php
<?php
namespace Ninja;

class Authentication
{
    private $users;
    private $usernameColumn;
    private $passwordColumn;

    public function __construct(DatabaseTable $users,
     $usernameColumn, $passwordColumn)
    {
        session_start();
        $this->users = $users;
        $this->usernameColumn = $usernameColumn;
        $this->passwordColumn = $passwordColumn;
    }

    public function login($username, $password)
    {
        $user = $this->users->find($this->usernameColumn,
         strtolower($username));

        if (!empty($user) && password_verify($password,
         $user[0][$this->passwordColumn])) {
            session_regenerate_id();
            $_SESSION['username'] = $username;
            $_SESSION['password'] =
$user[0][$this->passwordColumn];
            return true;
        } else {
            return false;
        }
    }
    public function isLoggedIn()
```

```
        {
            if (empty($_SESSION['username'])) {
                return false;
            }

            $user = $this->users->find($this->usernameColumn,
             strtolower($_SESSION['username']));

            if (!empty($user) &&
             $user[0][$this->passwordColumn]
             === $_SESSION['password']) {
                return true;
            } else {
                return false;
            }
        }
    }
```

让我们将其保存为 classes/Ninja 目录下的 Authentication.php 文件，以便随后能够使用。

这和我已经向你展示的代码大部分是相同的，只是做了很少的修改。首先，来看一下构造方法。这个类需要 3 个变量：

（1）一个 DatabaseTable 实例，它配置为存储用户账户的一个表；

（2）存储登录名的列的名称；

（3）存储密码的列的名称。

由于这个类将在多个 Web 站点上都有用，我们编写它时需要考虑到让它在尽可能多的情况下使用。尽管在这个 Web 站点上，存储登录名和密码的列的列名是 email 和 password，在另一个 Web 站点上，登录名可能存储在 username 或 customer_login 列下，或者你能想到的任何列名之下。对于密码来说，也是如此。

通过使用这些构造方法参数，而不是将它们直接编码到类中，现在我们可以在任何 Web 站点上使用这个类，而不管数据库中的列名是 email 和 password 还是其他的。

每次我们想要从数据库读取密码时，都要使用类变量。这段代码略微复杂一些，是$user[0][$this->passwordColumn]而不是$user[0]['password']。

但是，我们通过增加灵活性，以便在将密码存储在不同的列名中的 Web 站点上也能够使用这个类，使得略微增加这个类的复杂性得到很大的回报。

当创建 Authentication 类时，它开始了会话。这就避免了我们需要在每个页面上手动调用 session_ start。只要已经实例化了 Authentication 类，就有一个会话开始。当调用 login 或 isLoggedIn 时，会话必然已经开始了。

Login 和 isLoggedIn 都返回 true 或 false，随后我们可以调用它们来确定用户是否输入了有效的身份信息或者是否已经登录了。

在 isLoggedIn 中，也有一个初始化的检查，以确保数据在会话之中。如果不是这样，该方法返回 false，因为没有会话变量 username 的话，表示用户并没有登录。

值的实现的最后一个安全性方法，是在一次成功登录后修改会话 ID。之前我们提到过，会话 ID 不应该很容易猜测到。否则的话，黑客就能够伪装成任何人，这样的一次攻击通常称为会话固定攻击（session fixation）。黑客要窃取别人的会话，只需要会话 ID 就可以了。

在一次成功的登录之后修改会话 ID，只是为了防止某人在用户登录之前获取会话 ID，这是一种很好的做法。PHP 使得这非常容易做到，并且单个的函数 session_regenerate_id 通过为用户选取一个新的随机 ID 来做到这一点。

这可以放置到一个 if 语句块中，而当登录成功时，就运行该语句块：

```
if (!empty($author) && password_verify($password,
 $author[0]['password'])) {
```

```
session_regenerate_id();
$_SESSION['email'] = $email;
$_SESSION['password'] = $author['password'];
return true;
}
```

如果按照这个逻辑进行，你可能会意识到经常性地修改会话 ID 可以增加安全性。事实上，在每次页面加载时都修改用户的会话 ID 是很安全的事情。

然而，这么做会导致几个实际的问题。如果默认在不同的标签页上打开了不同的页面，或者 Web 站点使用一种叫作 Ajax 的技术，当他们打开另一个标签页时，实际上已经退出了一个标签页。和这些糟糕的问题相比，在每个页面上修改会话 ID 带来的好处就微不足道了。

11.3.2 受保护的页面

既然完成了验证类，是时候在 Web 站点中使用它了。在创建一个登录页面之前，让我们先加强已有页面的安全性，以便只有一个用户登录了（或者 isLoggedIn 函数返回 true），才能够浏览它们。

当前，我们只有 Joke 控制器。没有登录的话，listJokes 方法应该也是可见的，但是，只有当登录之后，用户才能够添加、编辑和删除笑话。

为了做到这一点，我们需要判断用户是否登录了。如果他们登录了，页面将正常显示。如果没有，将会在页面的位置显示一条错误消息。

我们已经有了 listJokes 类，它允许我们确定某人是否登录了。我们可以将$authentication 实例传入到每一个控制器中，并且添加对每个控制器操作的一个检查，如下所示：

```
public function edit() {
    if (!$this->authentication->isLoggedIn()) {
    return ['template' => 'error.html',
        'title' => 'You are not authorized to view this page'];
    }
    else {
    // Display the form
    }

    // …
```

我们还应该需要一个相关的 error.html.php 来显示诸如 "You must be logged in to view this page" 的一条错误消息。

尽管这种方法将会有效，但它会导致重复的代码。应该只能够供登录用户使用的每一个控制器动作，都将需要重复相同的 if 语句。正如我们所知道的，如果你发现自己在多个位置重复非常相似的代码，移动这些代码以使其编写一次并能够重用，通常会更好一些。

在这个例子中，一个更好的方法似乎是调整执行登录检查的路径，要么使用请求的路径，要么显示一个错误页面。

首先，打开 IjdbRoutes.php，针对我们想要加强安全性的每一条路径，如 joke/edit 和 joke/delete，添加 'login' => true：

```
'joke/edit' => [
    'POST' => [
    'controller' => $jokeController,
    'action' => 'saveEdit'
    ],
    'GET' => [
    'controller' => $jokeController,
    'action' => 'edit'
    ],
    'login' => true
```

```
    ],
    'joke/delete' => [
    'POST' => [
    'controller' => $jokeController,
    'action' => 'delete'
    ],
    'login' => true
    ],
```

接下来，我们添加一个新的方法 getAuthentication。该方法将返回这个 Web 站点所使用的 Authentication 对象。通过在这里放置这个方法，它允许我们在不同的 Web 站点上以不同的方式配置 Authentication 类。这个对象需要在 EntryPoint 类中使用，但是我们需要避免在那里构造它，因为在我们要构建的每一个站点上，表名和列名都不相同。

通过在 IjdbRoutes 类中构建该对象，可以针对我们构建的每一个 Web 站点修改它。

```
public function getAuthentication() {
    $authorsTable = new \Ninja\DatabaseTable($pdo,
     'author', 'id');
    return new \Ninja\Authentication($authorsTable,
     'email', 'password');
}
```

由于 Authentication 类需要一个 DatabaseTable 实例来表示存储登录信息的表，我复制了创建$authorsTable 对象的代码行。这种复制/粘贴的方法从性能和维护的视角来看，都不是最理想的。用单个的实例来表示 authors 表，这种方法会更好。为了做到这一点，将 database 表的构建移动到构造方法中，并且将表存储到一个类变量中：

```
<?php
namespace Ijdb;

class IjdbRoutes implements \Ninja\Routes
{
    private $authorsTable;
    private $jokesTable;
    private $authentication;

    public function __construct()
    {
        include __DIR__ . '/../../includes/DatabaseConnection.php';

        $this->jokesTable = new \Ninja\DatabaseTable($pdo,
         'joke', 'id');
        $this->authorsTable = new \Ninja\DatabaseTable($pdo,
         'author', 'id');
        $this->authentication =
         new \Ninja\Authentication($this->authorsTable,
         'email', 'password');
    }

    public function getRoutes()
    {
        $jokeController =
         new \Ijdb\Controllers\Joke($this->jokesTable,
         $this->authorsTable);
        $authorController = new \Ijdb\Controllers\Register
         ($this->authorsTable);

        $routes = [
        'author/register' => [
        'GET' => [
            'controller' => $authorController,
```

```
                    'action' => 'registrationForm'
                ],
            'POST' => [
                    'controller' => $authorController,
                    'action' => 'registerUser'
                ]
            ],
            'author/success' => [
            'GET' => [
                    'controller' => $authorController,
                    'action' => 'success'
                ]
                ],
                'joke/edit' => [
                'POST' => [
                        'controller' => $jokeController,
                        'action' => 'saveEdit'
                    ],
                'GET' => [
                        'controller' => $jokeController,
                        'action' => 'edit'
                    ],
                'login' => true

                ],
                'joke/delete' => [
                'POST' => [
                        'controller' => $jokeController,
                        'action' => 'delete'
                    ],
                'login' => true
                ],
                'joke/list' => [
                'GET' => [
                        'controller' => $jokeController,
                        'action' => 'list'
                    ]
                ],
                '' => [
                'GET' => [
                        'controller' => $jokeController,
                        'action' => 'home'
                    ]
                ]
        ];
            return $routes;
        }

    public function getAuthentication()
    {
    return $this->authentication;
    }
    }
}
```

为了保持一致性，我还把$jokesTable 存储到类变量中。由于控制器可能需要 Authentication 对象，我还将其移动到了构造方法中。然后，由 getAuthentication 方法返回它。

11.3.3　接口和返回类型

在给 EntryPoint 添加一个身份检查之前，让我们将 getAuthentication 添加到 Routes 接口中：

```php
<?php
namespace Ninja;

interface Routes
{
    public function getRoutes();
    public function getAuthentication();
}
```

通过将 getAuthentication 方法添加到接口中，任何实现了该接口的类都必须有一个名为 getAuthentication 的方法。当我们为一个在线商店添加相关的 ShopRoutes 类，将需要提供一个数组和一个 authentication 对象。

让我们来稍微改进一下该接口。Routes 接口将确保该类中存在两个方法。然而，如果 IjdbRoutes 类中的 getAuthentication 不会返回一个 Authentication 对象，将会怎么样呢？如果无论何时调用 getAuthentication 方法都期望一个 Authentication 对象，可能是要由此调用 isLoggedIn 方法，并且返回 DatabaseTable 的一个实例或者是一个数组，那将会引发一个错误。

作为额外的一行防御性代码，可能要对返回值进行类型提示。如果该方法返回了期望的类型之外的内容，将会发生一个错误。

让我们像下面这样来修改这个接口：

```php
<?php
namespace Ninja;

interface Routes
{
    public function getRoutes(): array;
    public function getAuthentication(): \Ninja\Authentication;
}
```

我已经修改了方法头，以包含一个返回类型，在方法头的后面添加了：\Ninja\Authentication。如果该方法返回 Authentication 对象之外的任何内容，或者根本没有返回任何内容，PHP 将会显示一条有含义的错误消息。

你将会注意到，我已经为 getRoutes 方法提示了返回类型，它必须返回一个数组。

一旦我们修改了该接口，我们将需要相应地修改 IjdbRoutes 类：

```php
public function getRoutes(): array {
    $jokeController =
     new \Ijdb\Controllers\Joke($this->jokesTable,
     $this->authorsTable);
    // …
    return $routes;
}

public function getAuthentication(): \Ninja\Authentication {
    return $this->authentication;
}
```

这个接口现在相当明确。想要使用我们的 Ninja 框架构建一个 Web 站点的任何人都知道，他们为该站点创建的 Routes 类必须包含一个名为 getRoutes 的方法，该方法返回了一个数组和一个 getAuthentication 方法，而后者返回一个 Authentication 对象。

如果我们编写代码，并且期望其他的人在我们的代码上进行构建，像这样的一个接口会很有用。接口可以充当文档，并且给出其他开发者需要遵从的指令。通过编写他们自己的、符合该接口的代码，这些代码将能够和我们的类正确地协作。

PHP 程序员随时共享代码，并且像这样的接口使得这更加容易做到。我们可以共享我们的 Ninjia 框架，并且其他的开发者通过编写实现我们的接口的类而知道如何使用该接口。接口是非常强大并且便于使用的工具，它充当了框架代码和项目专用代码之间的桥梁。

接口描述了框架代码中需要由项目专用代码来填补的一些空隙。每一个项目都可以使用特定于所要构建的单个 Web 站点的代码来填充这些空隙。

11.3.4 使用验证类

在 EntryPoint.php 中，添加一个检查来在路径数组中查找 login 键。如果设置了该键，并且将其设置为 true，并且用户没有登录，将会重定向到登录页面。否则，正常地显示该页面，如清单 11-3 所示。

清单 11-3 Sessions-LoginCheck

```
if (isset($routes[$this->route]['login']) &&
 isset($routes[$this->route]['login']) &&
 !$authentication->isLoggedIn()) {
    header('location: /login/error');
}
else {
    $controller = $routes[$this->route]
     [$this->method]['controller'];
    $action = $routes[$this->route][$this->method]
     ['action'];
    $page = $controller->$action();

    $title = $page['title'];

    if (isset($page['variables'])) {
    $output = $this->loadTemplate($page['template'],
     $page['variables']);
    }
    else {
    $output = $this->loadTemplate($page['template']);
    }

    include __DIR__ . '/../../templates/layout.html.php';
}
```

对于需要用户登录的页面，不要调用控制器动作，这一点是很重要的。考虑如下的代码：

```
if (isset($routes[$this->route]['login']) &&
 isset($routes[$this->route]['login']) &&
 !$authentication->isLoggedIn()) {
    header('location: /login/error');
}

$controller = $routes[$this->route][$this->method]
 ['controller'];
$action = $routes[$this->route][$this->method]
 ['action'];
$page = $controller->$action();
// …
```

没有 else 语句，它看上去是这样工作的。如果我们访问 joke/delete，将会重定向到登录页面。然而，看一下这里发生了什么：发送了重定向，但是随后调用了控制器动作。这将会有一个很大的问题：尽管我们重定向到了登录页面，相关的 DELETE 查询仍然会发送到数据库。

11.3.5 登录错误消息

如果我们尝试添加一个笑话以测试上面的代码，应该会看到一个带有错误的页面，因为我们已经被重定向到/login/error。让我们在该位置创建一个页面，来显示一条更有意义的错误消息。

现在，你应该已经熟悉了给 Web 站点添加页面的过程。尝试自己添加错误页面。如果你并不是很确定，或者想要和提供的示例保持一致，按照如下的步骤进行。

首先，在模板目录中添加 loginerror.html.php：

```
<h2>You are not logged in</h2>

 <p>You must be logged in to view this page. <a
➥ href="/login">Click here to log in</a> or <a
➥ href="/author/register">Click here to register an
➥ account</a></p>
```

现在，在 Ijdb\Controllers 目录中添加 Login.php：

```php
<?php
namespace Ijdb\Controllers;
class Login
{
    public function error()
    {
        return ['template' => 'loginerror.html.php', 'title'
        => 'You are not logged in'];
    }
}
```

最后，实例化该控制器，并且添加到 IjdbRoutes.php 的路径，如清单 11-4 所示。

清单 11-4　Sessions-LoginError

```php
public function getRoutes(): array {
    $jokeController = new \Ijdb\Controllers\Joke
    ($this->jokesTable, $this->authorsTable);
    $authorController = new \Ijdb\Controllers\Register
    ($this->authorsTable);
    $loginController = new \Ijdb\Controllers\Login();

    $routes = [
    'author/register' => [
        'GET' => [
        'controller' => $authorController,
        'action' => 'registrationForm'
        ],
        'POST' => [
        'controller' => $authorController,
        'action' => 'registerUser'
        ]
    ],
    // …
    'login/error' => [
        'GET' => [
        'controller' => $loginController,
        'action' => 'error'
        ]
    ]
    ];
```

如果我们访问任何的页面，而该页面的 login 在$routes 数组中设置为 true，我们将会看到错误的页面。通过给一个路径添加'login' => true，我们现在有一种快速而容易的方法重定向对页面的访问，并且我们不需要在每一个控制器动作上执行这一检查。

11.4　创建一个登录表单

既然登录检查已经准备好了，并且我们知道它能够工作，是时候来构建一个表单以用于登录了。毕竟，由于不能方便地登录，我们还没有办法添加或编辑一个笑话。

我们已经创建了 Login 控制器，并且需要添加两个方法，一个用于显示表单，另一个用于处理提交。

由于登录表单需要调用我们在 Authentication 类中创建的 login 方法，我们将需要 Authentication 类作为一个构造方法参数和类变量：

```php
<?php
namespace Ijdb\Controllers;

class Login
{
    private $authentication;

    public function __construct(\Ninja\Authentication
     $authentication)
    {
        $this->authentication = $authentication;
    }

    public function error()
    {
        return ['template' => 'loginerror.html.php', 'title'
        => 'You are not logged in'];
    }
}
```

一旦添加了构造方法，就可以添加显示表单和检查登录身份的函数。显示该表单很简单：

```php
public function loginForm() {
    return ['template' => 'login.html.php',
     'title' => 'Log In'];
}
```

现在，我们可以添加模板 login.html.php：

```php
<?php
if (isset($error)):
    echo '<div class="errors">' . $error . '</div>';
endif;
?>
<form method="post" action="">
    <label for="email">Your email address</label>
    <input type="text" id="email" name="email">

    <label for="password">Your password</label>
    <input type="password" id="password" name="password">

    <input type="submit" name="login" value="Log in">
</form>

 <p>Don't have an account? <a
➥ href="/author/register">Click here to register an
➥ account</a></p>
```

你将会注意到，我已经包含了一些 PHP 代码以便在登录不成功的情况下显示一条错误消息。

最后，修改 IjdbRoutes.php 以添加路径。我们还将需要使用$authentication 实例来提供登录控制器：

```php
public function getRoutes(): array {
    // …
    $loginController = new \Ijdb\Controllers\
    Login($this->authentication);
```

```
$routes = [
// …
'login' => [
    'GET' => [
    'controller' => $loginController,
    'action' => 'loginForm'
    ]
],
// …
];
```

如果访问 http://192.168.10.10/login，将会看到一个熟悉的登录表单，它带有用于输入 E-mail 地址和密码的文本框。由于没有 POST 路径或任何处理表单的逻辑，它还不会做任何事情。

让我们添加 POST 动作和一个简单的页面，也显示一条"Login Successful"消息。

IjdbRoutes.php:

```
$routes = [
    // …
    'login' => [
    'GET' => [
        'controller' => $loginController,
        'action' => 'loginForm'
    ],
    'POST' => [
        'controller' => $loginController,
        'action' => 'processLogin'
    ]
    ],
    'login/success' => [
    'GET' => [
        'controller' => $loginController,
        'action' => 'success'
    ],
    'login' => true
    ]
```

在 Authentication 类中，我们已经构建了用于登录并且检查一个用户是否登录的功能。这是登录过程中一个很难的部分，并且，我们可以使用用户在一个表单上输入的数据来调用已有的 login 方法。如果这个 login 方法返回 true，说明用户的详细信息是正确的，并且我们可以重定向到显示"Login successful"的页面。否则，显示一个错误。

Login.php:

```
public function processLogin() {
    if ($this->authentication->login($_POST['email'],
     $_POST['password'])) {
    header('location: /login/success');
    }
    else {
    return ['template' => 'login.html.php',
        'title' => 'Log In',
        'variables' => [
        'error' => 'Invalid username/password.'
        ]
    ];
    }
}

public function success() {
    return ['template' => 'loginsuccess.html.php',
```

```
               'title' => 'Login Successful'];
}
```

loginsuccess.html.php:

```
<h2>Login Successful</h2>

<p>You are now logged in.</p>
```

你可以在 Sessions-LoginForm 中找到这段代码。

如果你还没有使用我们在上一章中创建的注册表单来创建一个账户，那就去做。访问 http://192.168.10.10/login 并登录。如果你已经登录了，你将能够添加、编辑和删除笑话。如果你还没有登录，将会显示一条错误消息。

隐私提示

有可能根据用户为何登录失败而为其显示不同的消息，例如，当 E-mail 地址不存在时，显示 "Invalid email address"，当 E-mail 地址注册了但是密码不一致时，显示 "Invalid password"。

尽管通过让用户看到哪里出错了而给出帮助，但是这涉及隐私的边界。任何人都可能输入其他某个人的 E-mail 地址，并根据所显示的错误消息，而得知这个人是否在你的 Web 站点上注册了。

11.5 退出

让我们给站点的布局添加一个新的按钮，以允许登录或退出。对于登录的用户，应该显示一个 "Log out" 按钮。对于还没有登录的用户，该按钮应该显示 "Log in"。

这一修改将需要编辑 layout.html 以添加菜单链接。然而，要显示这两个链接中的一个，还需要一些逻辑。当前，只是直接使用如下这行代码来包含 layout.html.php：

```
include __DIR__ . '/../../templates/layout.html.php';
```

为了一致性以及能够复用已有的代码，让我们使用已有的 loadTemplate 函数，以便能够将变量传递给 layout.html。在这个例子中，我们将创建一个单个的变量$loggedIn，它将存储用户是否登录了。用如下代码替换 include 那行代码：

```
 echo $this->loadTemplate('layout.html.php', ['loggedIn'
➥ =>
 $authentication->isLoggedIn(),
    'output' => $output,
    'title' => $title
]);
```

现在，在 layout.html.php 中，根据用户是否登录了，变量 loggedIn 将存储 true 或 false。

打开 layout.html.php 并且使用一条 if ... else 添加登录/退出链接，从而根据用户是否登录，显示正确的链接：

```
<ul>
    <li><a href="/">Home</a></li>
    <li><a href="/joke/list">Jokes List
    </a></li>
    <li><a href="/joke/edit">Add a new Joke
    </a></li>

    <?php if ($loggedIn): ?>
    <li><a href="/logout">Log out</a>
```

```
        </li>
        <?php else: ?>
        <li><a href="/login">Log in</a></li>
        <?php endif; ?>

</ul>
```

最后，让我们创建退出页面和路径：

Login.php:

```
public function logout() {
    unset($_SESSION);
    return ['template' => 'logout.html.php',
        'title' => 'You have been logged out'];
}
```

unset($_SESSION);将会删除当前会话的任何数据，让用户退出。

让我们给 IjdbRoutes 添加路径：

```
'logout' => [
    'GET' => [
    'controller' => $loginController,
    'action' => 'logout'
    ]
],
```

logout.html.php:

```
<h2>Logged out</h2>

<p>You have been logged out</p>
```

可以在 Sessions-Logout 中找到这段代码。

11.5.1　给登录用户增加添加笑话的功能

既然用户能够注册和登录了，是时候添加发布笑话的功能了，以便当发布一条笑话时，它是和登录的用户相关联的。joke 表已经有了 authorId 列。我们所需要做的，只是当添加笑话时给它一个值。Joke 控制器中的 saveEdit 方法，当前包含如下的代码：

```
public function saveEdit() {
    $joke = $_POST['joke'];
    $joke['jokedate'] = new \DateTime();
    $joke['authorId'] = 1;

    $this->jokesTable->save($joke);

    header('location: /joke/list');
}
```

此时，authorId 总是设置为 1。为了获取登录用户的 ID，我们需要略微修改 Authentication 类，以提供一种方式来获取登录用户的记录。

在 Authentication 类中，添加如下的方法：

```
public function getUser() {
    if ($this->isLoggedIn()) {
        return $this->users->find($this->usernameColumn,
        strtolower($_SESSION['username']))[0];
    }
    else {
        return false;
```

```
        }
    }
```

这个函数检查用户是否已经登录了，并且如果他们登录了，返回一个数组，其中包含了表示登录的用户的记录。与 login 和 isLoggedIn 方法一样，我们需要在 find 方法调用的后面使用[0]来返回所获取的第一条记录。

有可能只是返回登录用户的 ID，但是稍后，我们可能想要知道用户的名称或 E-mail 地址。返回整个记录的话，将会为继续工作提供更大的灵活性。

通过给 Ninja\Authentication 添加一个 use 行，并且添加类变量和构造方法参数，我们使得 Authentication 类在 Joke 控制器中可用。

```php
<?php
namespace Ijdb\Controllers;
use \Ninja\DatabaseTable;
use \Ninja\Authentication;

class Joke {
    private $authorsTable;
    private $jokesTable;

    public function __construct(DatabaseTable $jokesTable,
     DatabaseTable $authorsTable,
     Authentication $authentication) {
    $this->jokesTable = $jokesTable;
    $this->authorsTable = $authorsTable;
    $this->authentication = $authentication;
    }
```

如下是 IjdbRoutes 中的参数列表：

```
 $jokeController = new
➥ \Ijdb\Controllers\Joke($this->jokesTable,
➥ $this->authorsTable, $this->authentication);
```

一旦 JokesController 访问了身份类，当创建该类时，将一个作者分配给一个笑话是很容易的事情：

```php
public function saveEdit() {
    $author = $this->authentication->getUser();

    $joke = $_POST['joke'];
    $joke['jokedate'] = new \DateTime();
    $joke['authorId'] = $author['id'];

    $this->jokesTable->save($joke);

    header('location: /joke/list');
}
```

可以在 Sessions-AuthorId 中找到这些代码。

无论何时添加一个笑话，作者的 ID 都会分配给数据库中的笑话。当前登录用户是从数据库获取的，并且他们的 ID 是从 joke 表的 authorId 列复制的。

但是这里还是有一个令人担心之处。如果由于用户没有登录，$author 包含了 false，该怎么办呢？由于在 EntryPoint 中已经进行了登录检查，除非某人登录，否则没有办法能够调用 saveEdit 方法。继续前进，并且给 Web 站点添加一些笑话。你将需要登录，但是，笑话应该被认为是你发布的。当你浏览笑话列表时，你所发布的那些笑话也会在列表中显示出是你发布的。

现在，我们有了登录系统的完整功能。可以给 Web 站点添加页面，以使得这些功能只是对登录用户可见。用户可以注册一个账户并登录到 Web 站点了。

11.5.2　用户许可

如果你已经测试了登录系统并且尝试了编辑、删除和添加笑话，你应该已经注意到了一个问题：任何人都能够删除或编辑任何其他人的笑话。

对于大多数 Web 站点来说，当某人发布一些内容时，他们完全控制了该内容，并且只有他们能够删除它并对其进行修改。想象一下，如果人们能够编辑和删除每一个帖子的话，Facebook 或 Twitter 将变得多么混乱。

让我们给站点添加一些检查，以防用户能够添加或编辑其他人发布的笑话。

首先要做的事情是，针对笑话列表中那些不属于登录用户的笑话，隐藏其 edit 和 delete 按钮。

要做到这一点，首先，我们需要在 list 方法中，在 $jokes 数组中，除了提供作者的名字和 Email，还要提供作者的 ID。

```php
public function list() {
    $result = $this->jokesTable->findAll();
    $jokes = [];
    foreach ($result as $joke) {
    $author = $this->authorsTable->
    findById($joke['authorId']);

        $jokes[] = [
            'id' => $joke['id'],
            'joketext' => $joke['joketext'],
            'jokedate' => $joke['jokedate'],
            'name' => $author['name'],
            'email' => $author['email'],
            'authorId' => $author['id']
        ];

    }

    // …
```

然后，在同一个方法中，我们把登录用户的 ID 传递给模板：

```php
// …
$totalJokes = $this->jokesTable->total();

$author = $this->authentication->getUser();

return ['template' => 'jokes.html.php',
    'title' => $title,
    'variables' => [
    'totalJokes' => $totalJokes,
    'jokes' => $jokes,
    'userId' => $author['id'] ?? null
    ]
];
```

当某个人浏览页面并且可能没有登录时，将不会有一个作者 ID 和当前用户相关联。考虑到这一点，当没有用户登录时，我使用了 $author['id'] ?? null 将 userId 变量设置为 null。

最后，在 jokes.html.php 中，在遍历笑话的循环中添加一条 if 语句。如果当前登录的用户是发布笑话的用户，显示 edit 和 delete 按钮。否则的话，不要显示它们：

```php
// …
echo $date->format('jS F Y');
?>)

<?php if ($userId == $joke['authorId']): ?>
```

```
<a href="/joke/edit?id=<?=$joke['id']?>">
Edit</a>
<form action="/joke/delete" method="post">
<input type="hidden" name="id"
 value="<?=$joke['id']?>">
<input type="submit" value="Delete">
</form>
<?php endif; ?>
    </p>
</blockquote>
<?php endforeach; ?>
```

可以在 Sessions-CheckUser 中找到这段代码。

这里，较为聪明的部分就是这条 if 语句。它检查$userId，其中存储了当前登录用户的 ID，等同于将要显示的笑话的 authorId。如果登录用户发布了这条笑话，那么，将显示 edit 和 delete 按钮。

11.5.3 任务是否完成了

如果此时测试站点，你可能会认为已经完成了。用户不能编辑或删除其他人的笑话。然而，事实并非如此。用户只是不能看到不是由他们所发布的笑话的 edit 和 delete 按钮而已，但并没有什么能够阻止他们直接访问编辑页面。

尝试访问 http://192.168.10.10/joke/edit?id=1 并且在 URL 中修改 ID。你将会看到任何笑话的编辑页面，而不管这些笑话是否是你的账户发布的。

为了修正这个问题，我们需要给这个页面添加一个检查，方式和我们之前对笑话列表所做的一样。

首先，就像笑话列表页面一样，我们为 editjoke.html.php 模板提供了登录用户的 ID：

```php
public function edit() {
    $author = $this->authentication->getUser();

    if (isset($_GET['id'])) {
        $joke = $this->jokesTable->findById($_GET['id']);
    }

    $title = 'Edit joke';

    return ['template' => 'editjoke.html.php',
    'title' => $title,
    'variables' => [
        'joke' => $joke ?? null,
        'userId' => $author['id'] ?? null
    ]
    ];
}
```

然后，在 editjoke.html.php 中，如果 userId 和笑话的 authorId 匹配的话，只是显示该页面：

```php
<?php if ($userId == $joke['authorId']): ?>
<form action="" method="post">
    <input type="hidden" name="joke[id]"
     value="<?=$joke['id'] ?? ''?>">
    <label for="joketext">Type your joke here:
    </label>
    <textarea id="joketext" name="joke[joketext]" rows="3"
     cols="40"><?=$joke['joketext'] ?? ''?>
    </textarea>
    <input type="submit" name="submit" value="Save">
</form>
<?php else: ?>
```

```
<p>You may only edit jokes that you posted.</p>

<?php endif; ?>
```

我已经包含了一条错误消息，以便当某人确实编辑并非他自己所创建的笑话时，能够显示一些内容。

现在，用户不能够看到并非他们所创建的笑话的编辑表单了。在庆祝我们的站点有了更新的安全性之前，还有一件事情需要做。一个鬼鬼祟祟的攻击者，可能会创建带有一个表单的 HTML，这个表单向你的 Web 站点发布数据。例如，他们可能会创建 editjoke.html 文件：

```
<form action="http://192.168.10.10/joke/edit?id=1"
    method="post">
    <input type="hidden" name="joke[id]" value="1">
    <label for="joketext">Type your joke here:
    </label>
    <textarea id="joketext" name="joke[joketext]" rows="3"
     cols="40"></textarea>
    <input type="submit" name="submit" value="Save">
</form>
```

只要他们登录到 Web 站点，就可以提交这个表单，并且不管他们以谁的身份登录，都可以编辑带有 ID 1 的笑话。我们需要给处理表单提交的方法添加同样的检查。为了做到这一点，我们需要从数据库读取已有的笑话，并且检查其 ID 和已有用户的 ID 相一致：

```php
public function saveEdit() {
  $author = $this->authentication->getUser();

  if (isset($_GET['id'])) {
    $joke = $this->jokesTable->findById($_GET['id']);

    if ($joke['authorId'] != $author['id']) {
      return;
    }
  }

  $joke = $_POST['joke'];
  $joke['jokedate'] = new \DateTime();
  $joke['authorId'] = $author['id'];

  $this->jokesTable->save($joke);

  header('location: /joke/list');
}
```

如果笑话的 authorId 列和当前登录用户的 ID 不同的话，这里的检查将会执行一条 return 命令。return 命令将会退出该方法，并且剩下的代码将不会运行。

在 delete 方法中，需要做同样的事情，以防某人创建一个表单来删除其他人的笑话：

```php
public function delete() {

    $author = $this->authentication->getUser();

    $joke = $this->jokesTable->findById($_POST['id']);

    if ($joke['authorId'] != $author['id']) {
        return;
    }

    $this->jokesTable->delete($_POST['id']);
    header('location: /joke/list');
}
```

可以在 Sessions-CheckUser-Secured 中找到这段代码。

这就完成了！你已经确保了 Web 站点的所有相关功能的安全性，以便笑话只能由发布它们的人来编辑或删除。

很容易忘记隐藏一个链接，而这样的话并不能足够地保证安全。我们还需要确保人们无论如何不能找到该 URL 并访问页面。

11.6　天高任鸟飞

在本章中，我们学习了创建持久化的变量的两种主要方法：这些变量在 PHP 中跨页面而持续存在。访问者的浏览器中首先以 cookie 的形式来存储变量。默认情况下，cookie 在浏览器会话结束时终止。但是，通过指定一个过期时间，它们可以无限期地保留。遗憾的是，cookie 相当不可靠，因为你没办法知道浏览器什么时候会删除自己的 cookie，并且某些用户还会因为担心隐私而偶尔地清除掉他们的 cookie。

此外，会话让你不必受到 cookie 的种种限制。它们允许你存储数量不受限制的、潜在的大变量。正如我们在简单的购物车示例中所展示的那样，会话是现代电子商务应用程序中的基本构建块。会话也是提供访问控制的系统的主要组成部分，就像我们在笑话内容管理系统中用到的那样。

现在，你应该已经具备了构建自己的数据库驱动站点所需的所有基本技能和概念。尽管你可能尝试略过构建一个完整的系统以接受公共提交信息这样的挑战，但我鼓励你尝试一下。你已经具备了构建该系统的所有技能，并且没有什么学习方法比从自己所犯的错误中学习更好了。至少，你可以先把这个挑战放到一边，等你阅读完本书时再回过头来实现它。

如果你有信心能够应付，可能希望尝试另一个挑战。想要让用户对站点上的笑话评级？这么做如何：让笑话作者对他们的笑话做出修改，但是在把修改显示到站点上之前，留住备份等待管理员批准这些修改，系统的功能和复杂性，只会受到你的想象力的限制。

在本书后续章节中，我们将介绍一些较为高级的话题，以帮助你优化站点的性能并使用较少的代码解决一些复杂的问题。当然，我们还将介绍 PHP 和 MySQL 更为令人激动的功能。

在第 12 章中，我们将暂时离开笑话数据库，更进一步地看看 MySQL 服务器的维护和管理。我们将学习如何对数据库进行备份（对于任何基于 Web 的公司来说，这是一项关键性任务），如何管理 MySQL 用户及其密码，以及如果忘记了自己的密码要如何登录到 MySQL 服务器。

第 12 章　MySQL 管理

大多数设计良好的内容驱动站点的核心都是一个关系数据库。在本书中，我们将使用 MySQL 关系数据库管理系统（MySQL Relational Database Management System，RDBMS）来创建数据库。由于是免费的且 MySQL 服务器比较容易设置，所以 MySQL 成为在众多 Web 开发者中流行的选择。正如我在本书第 1 章中提到的，按照正确的指令并且使用一个预配置的 Vagrant box，要安装一个 MySQL 数据库并让其运行起来，只需要几分钟就能够搞定。

如果你只是想要让 MySQL 服务器运行一些示例并稍加体验，那么我们在第 1 章中介绍的安装过程可能就足够了。但另一方面，如果你想要为现实世界中的 Web 站点（这可能是你的公司所依赖的一个站点）设置一个数据库后端，那么你还需要学习一些基础知识，才能日日夜夜依赖 MySQL 服务器工作。

首先，我们看一下备份。备份那些对你和业务来说很重要的数据，这应该是任何管理员的权限列表中必备的一项。然而，由于管理员通常都有很多重要的工作要去做，备份过程往往是在不得已时才安排进行一次，并且他们通常认为对所有应用程序来说备份已经做得"足够好了"。"我们应该备份自己的数据库吗？"如果到现在为止，你对于这个问题的回答仍然是："没问题，管理员会备份所有内容的。"那么，你真的应该继续阅读下去。我将向你展示为什么对于很多 MySQL 安装来说，一个一般的文件备份解决方案都是不够的，并且我将介绍备份和恢复 MySQL 数据库的正确方法。

接下来，让我们更进一步看看如何控制对 MySQL 数据库的访问。在本书前面的内容中，我们介绍过一些基础知识。但是，事实证明如果不能理解一些有技巧性的细节的话，你会遇到困难。并且，我将介绍当你忘记了 MySQL 服务器的密码时如何重新控制它。

然后，我们将注意力放到性能上，以及如何保证 SELECT 查询快速地运行。通过小心地应用数据库索引（令人吃惊的是，这是很多参与实际工作的 PHP 开发者所缺乏的技能），当数据库增长到包含成千（甚至成百万）行记录时，我们也可以让其保持很快地运行。

最后，我们将介绍如何使用 MySQL 的一种相对较新的功能（外键）来扩展数据库的结构，以及数据库所包含的每一个表如何与另一个表相关。

如你所见，本章是一个百宝箱。但是最终，你将从整体上更好地理解 MySQL。

然而，MySQL 是一个很大而且很复杂的数据库，有很多的细节和高级术语。如果你想要学习超出了一个 Web 站点的简单需求之外的 MySQL 支持，我推荐你阅读 SitePoint 的《Jump Start MySQL》一书。

12.1　备份 MySQL 数据库

和 Web 服务器一样，人们期望大多数 MySQL 服务器也能够保持一周 7 天、每天 24 小时在线。这使得 MySQL 数据库文件的备份成了问题。因为 MySQL 服务器使用内存高速缓存和缓存来提高更新硬盘上所存储的数据库文件的性能，在任何给定的时间，这些文件可能都处在一种不一致的状态。由于标准备份过程只是涉及复制系统和数据文件，因此 MySQL 数据文件的备份是不可靠的。这是因为无法保证复制的文件处于合适的状态，并且在崩溃事件发生时可以用作替代。

此外，很多 Web 站点数据库每天 24 小时都接受新的信息，标准备份只能提供数据库数据的阶段性的快照。当实时的 MySQL 数据文件被销毁或变得不可用时，在最近一次备份之后，数据库中所存储的任何发生过变化的信息也会在该事件中丢失。在很多情况下，这种数据丢失是不可接受的。例如，在一个电子商务站点上，MySQL 服务器用来记录客户订单。

MySQL 中所提供的、保持最新备份的工具，很大程度上不会受到备份时所产生的服务器活动的影响。

遗憾的是，除了你已经为其他数据所建立的任何备份方法之外，它们需要你专门为 MySQL 数据建立一个备份方案。然而，和很多优秀的备份系统一样，当需要用到它时，你会对其感激不尽。

12.1.1 使用 MySQL Workbench 进行数据库备份

我们在整本书中所使用的基于浏览器的 MySQL 管理工具是 MySQL Workbench，它也提供了一种方便的工具，可以用来获取站点数据库的一个备份。

在登录到服务器之后，右边的菜单有一个 **Data Export** 选项。这将会打开一个面板，以显示服务器上的所有数据库，如图 12-1 所示。

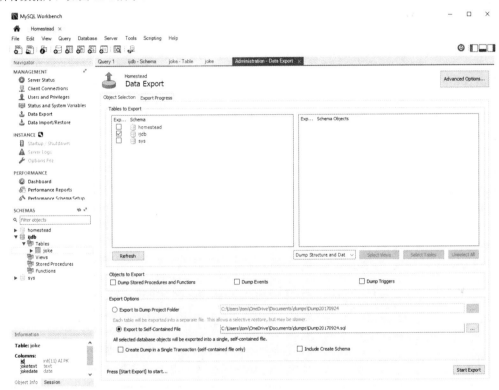

图 12-1 单击 Data Export 以保存数据库的一个备份

这里有两个主要的选项，**Export to Dump Project Folder** 和 **Export to Self Contained File**。后者对于我们较为有用，因为它允许我们将备份存储到一个单个的文件中。

选择 **Export to Self-Contained File**，选择你想要在哪里存储备份，并且单击 Start Export 按钮。默认设置就能很好地满足我们的需要了。

如果你在编辑器中打开这个文件，将会发现其中包含了一系列的 SQL CREATE TABLE 和 INSERT 命令。如果在一个空白的数据库上运行这些命令的话，将会重新生成你的数据库的当前内容。没错，MySQL 数据库的备份只不过是一系列的 SQL 命令。

要从一个这样的备份文件中恢复你的数据库，首先应确保你的数据库是空的（在每个表上单击鼠标右键，并且选择 **Drop Table**）。然后，直接单击 **Data Import/Restore**。要选择备份文件，选择 **Import from Self Contained file**，找到你的备份文件，并且选择模式（对于笑话数据库来说，就是 ijdb）。

通过这种方式，我们可以使用 MySQL Workbench 来创建数据库的备份。MySQL Workbench 连接到 MySQL 服务器以执行备份，而不是直接访问 MySQL 数据库数据文件。因此，它所产生的备份确保了是数据库的一个有效的副本，而不仅仅只是硬盘上存储的数据库文件在某个时刻的一个快照。而且只要 MySQL 服务器在运行中，这样的快照总是处在一种变化的状态。

12.1.2　使用 mysqldump 进行数据库备份

MySQL Workbench 使得我们无论在何种情况下都能够很容易地获取数据库备份。但是，最好的备份是自动进行的，并且 MySQL Workbench 不是自动化备份工具。

如果你曾经在 Linux 上使用过 MySQL 的话，可能已经知道：MySQL 数据库服务器软件带有很多工具程序，它们设计为通过命令提示符来运行。这些程序之一是 mysqldump。MySQL Workbench 实际上在幕后使用这款工具，而前者只是提供一个用户友好的界面。

在运行时，mysqldump 连接到 MySQL 服务器（与 PHP 的工作方式大体相同），并且下载你所指定的数据库的全部内容。然后，它输出用相同内容以创建一个数据库所需的一系列 SQL 命令。如果将 mysqldump 的输出保存到一个文件中，你将会得到一个备份文件，它与 MySQL Workbench 能够为你生成的备份文件是一样的。

如果你安装了 MySQL 的话，可以从你的计算机运行 mysqlpump。然而，我们所使用的 Homestead Improved 虚拟机已经为你安装了 mysqlpump 工具。

使用 Homestead Improved 这样的一个虚拟服务器的好处之一是，它就像一个真正的 Web 服务器一样工作。通过学习如何在虚拟服务器上执行备份，你将能够知道如何在一台真正的 Web 服务器上备份。

对于一台真正的 Web 服务器和虚拟服务器，我们都需要使用一种叫作 **Secure Shell**（缩写为 **SSH**）的协议来登录到服务器。这是一种命令行协议，它能够在一台远程的计算机上给出命令提示。通过 SSH 运行的任何命令，都将在 Web 服务器上而不是你的本地 PC 上执行。

Vagrant 包含了一个快捷命令来做到这一点。确保你的服务器在运行，并且可以输入 vagrant ssh 来通过 SSH 连接到虚拟服务器。这是一个方便的快捷方式，但是，值得花时间理解一下背后所进行的事情，以便你能够熟悉在一台真正的服务器上的过程。通过 SSH 连接到一台远程服务器很容易。从 Windows 上的 Git Bash 命令提示，或者 macOS/Linux 上的 Terminal/Console，输入如下内容：

```
ssh vagrant@127.0.0.1 -p 2222
```

上面的命令将询问你是否想要信任该服务器（输入 yes），然后询问密码，提供 vagrant 作为密码。

这条 ssh 命令可以分解为 3 个部分：vagrant 是用户名，127.0.0.1 是服务器地址，-p 2222 是端口。对于一个真正的 Web 服务器，-p 2222 选项并不是必须的，除非你在 SSH 设置中修改它，而这是超出了本书讨论范围的内容。默认情况下，SSH 在端口 22 上运行，但是 Vagrant 使用端口 2222，而这也是我们在连接时需要指定它的原因。

一旦你通过 SSH 连接到了服务器，可以使用 mysqlpump 命令创建一个数据库备份。后续的命名（将所有内容在一行输入）以 root 用户和 password 密码，连接到在本地机器上运行的 MySQL 服务器，并且将 ljdb 数据库的一个备份保存到 ijdb.sql 文件中：

```
mysqlpump -u homestead -psecret ijdb > ijdb.sql
```

让我们将这条命名分解为各个单独的部分。

Mysqlpump 执行 mysqlpump 应用程序。

-u homestead 设置用于登录到服务器的用户名。在这里，我们可以指定任何的用户，包括我们所创建的 ljdb 用户。

-psecret 将密码设置为 secret。注意，在 -p 和密码 secret 之间没有空格。这用来在命令行上指定密码。

我们可以只使用 -p，但是，将会提示我们输入一个密码。尽管密码提示更加安全，但它不适合于自动备份，就像某人在每次数据库过期时必须输入密码。

Ijdb 是要导出的模式的名称。

> 操作符可以用于任何的命令，并且用户将输出重定向到一个文件中。没有这个操作符的话，整个数据库备份都将输出到屏幕上。为了进行测试，省略它（以及后续的文件名）对于检查输出的正确是有用的。如果备份并没有真正备份我们想要的数据，那么，自动备份就没有什么意义了。

ijdb.sql 是要创建的文件的名称。它默认为"当前工作目录"，但是，在使用自动备份时，使用诸如 /var/backups/ijdb.sql 的完整路径是有用的，因为该命令可能不会从你可以写入的一个目录来运行。

要在服务器崩溃后恢复这个数据库，我们可能再次将这个 SQL 文件传递给 MySQL Workbench。或者，你可以再次使用 mysql 工具程序，如下所示：

```
mysql -u homestead -psecret ijdb < ijdb.sql
```

这条命令和 mysqlpump 命令具有相同的选项。然而，在这个例子中，我们要使用<操作符加载一个文件，并且将该文件的内容发送给 mysql 程序，而不是将其保存到一个文件。

但是，如何弥补这些快照之间的间隙，以维护总是不断更新的数据库备份呢？

12.1.3　使用二进制日志的增量备份

如上所述，很多情况下，人们所使用的 MySQL 数据库可能会造成不可接受的数据（可能是任何数据）的丢失。为了防止这样的情况，我们需要一种方法来弥补使用前面所介绍的 MySQL Workbench 或 mysqldump 所做的备份之间的缺陷。

解决方案是配置 MySQL 服务器以保存一个二进制日志。这是数据库所接收到的一个所有 SQL 查询的记录，而且它还记录了某人以某种方式修改了数据库的内容。这包括 INSERT、UPDATE 和 DELETE 语句（除了其他语句以外），但是不包括 SELECT 语句。

二进制日志的基本思路是：当灾难发生时，我们应该能够将数据库的内容恢复到任何一个具体的时刻。这种恢复涉及应用一个备份（MySQL Workbench 或 mysqldump 所做的备份），然后再应用在进行备份之后所生成的二进制日志的内容。

你也可以编辑二进制日志以撤销已经犯过的错误。例如，如果一位在你之后来工作的同事执行了一条 DROP TABLE 命令，你可以将自己的二进制文件导出为一个文本文件，接着编辑该文件以删除这条命令。然后，使用上一次的备份恢复数据库，再运行编辑过的二进制日志。通过这种方式，我们甚至可以保留在事故发生之后所做的数据库更改。并且，作为一种预防措施，我们也可以撤销该同事的 DROP 权限。

要通知 MySQL 服务器保存二进制日志，我们需要编辑服务器的 my.ini（Windows）或 my.cnf （OS X 或 Linux）配置文件。这是一个简单的文本文件，其中包括了一个控制 MySQL 服务器如何工作的一些精细细节的选项的列表。在很多情况下，MySQL 的安装不带有配置文件，并且直接使用默认的设置运行。在这种情况下，你需要创建一个新的文件并设置相应的选项。

为了打开二进制日志功能，需要在配置文件的[mysqld]部分添加一个 log-bin 设置。Homestead Improved 虚拟机默认情况下并不支持二进制日志功能。为了打开该功能，你需要像前面一节所介绍的那样，通过 SSH 连接到虚拟机，并且编辑配置文件。

由于你是通过命令行链接的，将不能够使用常规的编辑器（Sublime Text、Atom 或者 Notepad）打开配置文件，并且你将需要使用一个命令行文本编辑器。

最简单的编辑器名为 nano，并且你需要编辑的配置文件存储在/etc/mysql/mysqld.conf.d/mysqld.conf 的位置。如果你在使用 Windows，这个文件路径看上去可能有点奇怪，它没有驱动器字符，并且使用了一个斜杠而不是反斜杠。不要担心，这是 Linux 系统上引用文件的方式。

要在 nano 中打开一个文件，在使用 SSH 登录到虚拟机之后，使用这条命令：

```
sudo nano /etc/mysql/mysqld.conf.d/mysqld.conf
```

sudo 前缀将会以管理员权限打开该文件。毕竟，你并不希望任何人都能够去修改 MySQL 配置。如果尝试使用该命令而不带 sudo，你将无法保存对该文件的修改。

在屏幕上打开该文件后，你可以使用箭头键来上下左右地移动。如果对于文本编辑器中的命令行不熟悉，你可能会有点不适应，因为这里没有滚动条，鼠标也不能进行任何操作。不要担心，我们不必使用 nano 做很多事情。我们只是取消掉对几行代码的注释而已。

我们要寻找的设置名为 log_bin。这个选项存储了一个文件路径，这是我们希望二进制日志文件保存的位置。要找到这个设置，在键盘上按下 Ctrl+W。这会执行一条"Where"命令（你可能已经熟悉了使用 Ctrl+F 来进行"Find"，nano 使用术语"where"来代替它）。在按下 Ctrl+W 之后，输入 log_bin 并按下 return。编辑器将把你带到如下这行代码：

```
#log_bin = /var/log/mysql/mysql-bin.log
```

log-bin 设置告诉 MySQL 将二进制日志文件存储到何处以及如何命名它。默认的路径就很好了。在这一行上需要做的唯一修改是删除掉最前面的#，它充当一条注释（就像是 PHP 中的//一样）。使用退格键或删除键删除掉#，使得该行如下所示：

```
log_bin = /var/log/mysql/mysql-bin.log
```

我们还需要取消掉上面一行的注释，这一行是#server-id = 1，同样，删除掉#，使其变为 server-id = 1。这就是我们需要对配置做出的所有修改（如果你无法看到代码行，再次使用 Ctrl+W 并输入 server-id，就像我们之前对 log_bin 所做的一样）。

现在，通过按下 Ctrl+O 来保存该文件（这就是字母"o"而不是数字 0。在 nano 的术语中，它表示"输出"）。我们几乎就完成了。按下 Ctrl+X 来退出 nano，并且返回到命令行提示符。

最后一步是重新启动 MySQL，以便能够读取更新的配置。为了做到这一点，运行如下的命令：

```
sudo systemctl restart mysql.service
```

这里的 sudo 前缀很重要，因为只有具有管理员权限的人，才能够开始和停止服务。

在真正的 Web 服务器上也是一样的

我们只是学习了在虚拟机上如何支持二进制日志和如何修改配置文件，但是，如果你需要在一台真正的 Web 服务器上做这些事情的话，过程是相同的。

既然二进制日志可以使用了，每次服务器清空其日志文件时，都将会创建一个新的文件。实际上，任何时候服务器重启的话，都会发生这种情况。

日志存储到哪里

如果可能的话，应该将二级制日志存储到和 MySQL 数据库文件所存储的硬盘不同的硬盘上。通过这种方式，如果硬盘损坏了，也不会导致数据库和备份文件都丢掉了。

从现在开始，服务器将会创建二进制日志文件。为了确保这一点，检查你指定的位置，以验证当服务器启动时创建了一个新的日志文件。运行如下的命令：

```
ls /var/log/mysql
```

在灾难事件中，只要你有完整的备份以及在进行备份之后生成的二进制日志文件，恢复数据库应该相当简单。安装一个新的、空的 MySQL 服务器，然后应用上一节中所介绍的完整备份。剩下要做的事情，就是应用通过 mysqlbinlog 工具程序得到的二进制日志。

Mysqlbinlog 的工作是将 MySQL 二进制日志的数据格式转换为可以在数据库上运行的 SQL 命令。假设有两个二进制日志文件，你需要在恢复了最近的完整备份之后应用它们。你可以使用 mysqlbinlog 从这两个文件生成一个 SQL 文本文件，然后将该文本文件应用于 MySQL 服务器，就好像你用 mysqldump 生成了一个文件一样。如下所示：

```
mysqlbinlog binlog.000041 binlog.000042 > binlog.sql
mysql -u root -psecret < binlog.sql
```

12.2　MySQL 访问控制技巧

Homestead Improved

在 Homestead Improved box 的例子中，本节所介绍的步骤都已经完成好了，你不需要对用户账户做任何修改。当你想要开始使用一台真正的 Web 服务器时，本节内容将很有用。

在第 3 章中，我们提到过每个 MySQL 服务器上都有一个叫作 mysql 的数据库，它用来记录用户、用户的密码以及他们的权限。在第 4 章中，我们介绍了如何使用 MySQL Workbench 来创建另一个用户账户，使其只能访问你的 Web 站点的数据库。

《MySQL Reference Manual》的第 5 章，详细地介绍了 MySQL 访问控制系统。实际上，用户访问是通过 mysql 数据库中的 5 个表来管理的，它们是 user、db、host、tables_priv 和 columns_priv。如果你试图直接使用 INSERT、UPDATE 和 DELETE 语句来编辑这些表，我建议先阅读《MySQL Reference Manual》的相关部分。但是，对于我们这些初学者，MySQL Workbench 提供了管理 MySQL 服务器访问所需的所有工具。

由于受 MySQL 中访问控制系统的工作方式的影响，如果你打算负责控制对一个 MySQL 服务器的访问的话，有几点应该注意。

12.2.1　主机名问题

当你创建只能够从运行 MySQL 服务器的计算机上登录到 MySQL 服务器的用户时（例如，你要求他们登录到服务器并从那里运行 mysql 命令提示符，或者像 PHP 一样使用服务器端脚本通信），你可能会问，在 Add a new User 表单的 Host 字段中输入什么。假设该服务器在 www.example.com 上运行。你应该将 Host 指定为 www.example.com 还是 localhost 呢？

答案是，二者都不能可靠地处理所有连接。理论上讲，连接时，用户通过 mysql 命令提示符工具程序或者使用 PHP 的 PDO 类来指定主机名，该主机名必须与访问控制系统中的条目一致。然而，由于你可能想要避免迫使用户以一种特定的方式指定主机名（实际上，mysql 工具程序的用户很可能想要直接避免提及主机名），最好是使用一种替代方案。

对于需要能够从运行 MySQL 服务器的机器上进行连接的用户来说，最好在 MySQL 访问系统中创建两个用户条目：一个带有该机器的真正主机名（例如，www.example.com），另一个带有 localhost。当然，你必须分别在两个用户条目上授予/撤销所有权限。但是，这是你唯一真正可以依赖的变通方案。

MySQL 管理员通常面临的另一个问题是，主机名包含了通配符（例如，%.example.com）的用户条目可能无法工作。当 MySQL 访问控制系统的行为出乎意料时，通常是由于 MySQL 区分用户条目的方式有问题。特别是，它对条目进行排序以使得更具体的主机名先出现（例如，www.example.com 绝对更加具体，而 %.example.com 要差一些，% 则完全不具体）。

在新的安装中，MySQL 访问控制系统包含了两个匿名的用户条目（它们允许使用任意的用户名从本地主机进行连接，正如前面所描述的，这两个条目允许通过 localhost 和服务器的真实主机名进行连接），以及两个根用户条目。当匿名用户条目由于其主机名更为具体而比我们的新条目更加优先时，刚才所描述的问题就会发生。

让我们看一下虚构的 MySQL 服务器 www.example.com 上的用户表的简化内容，其中我们刚刚为名为 Jess 的用户添加了一个新的账户。当 MySQL 服务器验证一个连接时，它所考虑的按照顺序排列的行如下所示：

主机	用户	密码
localhost	root	加密的值
www.example.com	root	加密的值
localhost		
www.example.com		
%.example.com	jess	加密的值

正如你所见到的，由于 Jess 条目的主机名具体性最差，所以它位于列表的最后。当 Jess 试图从 www.example.com 连接时，MySQL 服务器尝试将其连接与匿名用户条目之一进行匹配（一个空白的 User 值会与任何一个匹配）。对这些匿名条目来说，由于密码不是必需的，并且假设 Jess 输入了自己的密码，所以 MySQL 也会拒绝连接尝试。即便 Jess 设法不使用密码来连接，她也只是拥有赋予匿名用户的非常有限的权限，而不是访问控制系统中应该给她分配的权限。

解决方案是，要么作为一名 MySQL 管理员，首先删除那些匿名用户条目（DELETE FROM mysql.user WHERE User=""），或者给需要通过 localhost 连接的所有用户额外的两个条目（即用于 localhost 的条目和用于服务器的实际主机名的条目），如下所示：

主机	用户	密码
localhost	root	加密的值
www.example.com	root	加密的值
localhost	jess	加密的值
www.example.com	jess	加密的值
localhost		
www.example.com		
%.example.com	jess	加密的值

由于为每个用户维护 3 个用户条目（以及 3 组权限）的工作极为繁重，我建议删除匿名用户，除非你特别需要使用它们，如下所示：

主机	用户	密码
localhost	root	加密的值
www.example.com	root	加密的值
%.example.com	jess	加密的值

12.2.2　锁在外面了

就像把钥匙锁在了车里一样，当你花了一个小时安装并调试好一个新的 MySQL 服务器之后，忘记了密码，这是很尴尬的事情。好在，如果你对于运行 MySQL 服务器的计算机拥有管理员访问权限，或者你能够作为专门负责运行 MySQL 服务器的用户登录，那么一切都很好。如下的过程将允许你重新获得对服务器的控制。

我们假设你知道如何登录到服务器

　　我们将再次继续前进，并且在本节中假设你已经被 MySQL 服务器锁在了外面，但你知道如何使用系统的命令提示符。

首先，你必须通过运行如下的命令来关闭 MySQL 服务器。

```
sudo systemctl stop mysql.service
```

现在，已经关闭了服务器了，我们必须使用 skip-grant-tables 选项来重新启动它。你可以通过将该选项添加到 MySQL 服务器的 my.ini 或 my.cnf 配置文件中（参见 12.1.3 节中关于设置这样一个文件的说明）来做到这点。如下所示：

在[mysqld]命令行下，添加 skip-grant-tables 并保存该文件：

```
[mysqld]
skip-grant-tables
```

这会使得 MySQL 服务器允许任何人不受限制地访问。显然，你想要让服务器以这种方式尽可能短时间地运行，从而避免内在的安全风险。

使用如下的命令重新启动服务器：

```
sudo systemctl start mysql.service
```

一旦连接到了 MySQL 服务器（使用 MySQL Workbench 或 mysql 命令提示符工具），将 root 密码更改为一个好记的密码，如下所示：

```
UPDATE mysql.user SET Password=PASSWORD("newpassword")
```

```
WHERE User="homestead"
```

最后，断开连接，关闭 MySQL 服务器，并且删除 skip-granttables 选项。再次启动服务器，并且你将能够使用新的密码来进行连接。

这就好了，并且没有人知道你做了些什么。就像把钥匙锁在车里一样，只有你自己知道。

12.3 索引

如同图书的索引能够使得读者更容易地找到一个特定话题的页码一样，数据库索引可以使 MySQL 很容易找到你在一条 SELECT 查询中所请求的记录。

让我们举个例子。随着 Internet Joke 数据库的增长，joke 表可能包含上千条甚至上百万条记录。现在，我们假设 PHP 请求一个特定笑话的文本，如下所示：

```
SELECT joketext FROM joke WHERE id = 1234
```

在没有索引的情况下，MySQL 必须一条一条地查看 joke 表的每一行中的每一个 id 列的值，直到它找到值为 1234 的一行。更糟糕的是，如果没有索引，MySQL 就没办法知道只有一行拥有这个值。因此，它还必须扫描表中剩下的行以找到更多匹配的行，从而确保能够找到所有对应的记录。

计算机运行速度很快并且擅长干体力活。但是，在 Web 开发中半秒钟都至关重要，较大的表和复杂的 WHERE 子句碰到在一起，这很容易引发 30s 甚至更长时间的延迟。

好在对我们来说，这个查询总是会运行得很快，这是因为 joke 表的 id 列有一个索引。要查看这个索引，打开 MySQL Workbench，选择 joke 表，并且单击 Structure 标签页。在表中列的列表之下，你将会看到索引的列表，如图 12-2 所示。

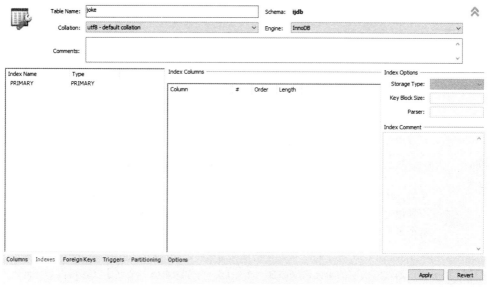

图 12-2　我们的每个表都有一个索引

看一下左边的列，将会看到一个名为 PRIMARY 的索引。还记得我们在表中是如何定义 id 列的吧：

```
CREATE TABLE joke (
    id INT NOT NULL AUTO_INCREMENT PRIMARY KEY,
    joketext TEXT,
    jokedate DATE NOT NULL,
    authorId INT
```

```
) DEFAULT CHARACTER SET utf8 ENGINE=InnoDB;
```

实际上，"键"只不过是数据库术语中"索引"的一种有趣的说法而已，而主键就是名为 PRIMARY 的索引，且要求表中针对这个特殊列的每一个值都是唯一的。

所有这些都可以归结为一条，即到目前为止我们所创建的每个数据库表在其 id 列上都有一个索引。任何查找一个特定 id 值的 WHERE 子句，都可以快速地找到拥有该值的记录，因为它将能够在索引中进行查找，以确切地知道表中相关的记录在何处。

你可以要求 MySQL 说明它是如何执行一条特定的 SELECT 查询的，从而来确认这一点。要做到这点，只要在查询的开始处添加命令 EXPLAIN，如下所示：

```
EXPLAIN SELECT joketext FROM joke WHERE id = 1
```

使用真实值来查看真实结果

既然我们已经在这个查询中指定了一个为 1 的笑话 ID，这个 ID 在数据库中就是真实存在的。我们曾经使用过像 1234 这样的一个虚构的值，MySQL 足够智能地知道这个 ID 在 joke 表中不存在，甚至不会试图从表中获取结果。

如果在 MySQL Workbench 中运行这条 EXPLAIN 查询，将会得到如图 12-3 所示的一个视图。

图 12-3　这些结果确认了这条 SELECT 查询将使用 PRIMARY 索引

现在，考虑下面这条 SELECT 查询，它用来获取一个特定作者编写的所有笑话，如下所示：

```
SELECT * FROM joke WHERE authorId = 2
```

要求 MySQL 来 EXPLAIN 这条 SELECT，结果将会如图 12-4 所示。

id	select_type	table	partitions	type	possible_keys	key	key_len	ref	rows	filtered	Extra
1	SIMPLE	ioke	NULL	ALL	NULL	NULL	NULL	NULL	3	33.33	Using where

图 12-4　那些 NULL 表示较慢

如你所见，MySQL 无法找到一个索引来帮助这个查询。因此，它强行地对表执行一次完整的扫描以找到结果。我们可以通过给表的 authorid 列添加一个索引，从而加快这条查询。

但是，作者 ID 真的已经作为索引了吗

是的，author 表的 id 列已经作为索引了，通过将其作为该表的主键来做到这点的。然而，在这个查询的例子中，它无济于事，因为它根本不涉及 author 表。

这个例子中的 WHERE 子句在 joke 表的 authorid 字段中查找一个值，而 joke 表没有索引。

在 MySQL Workbench 中，选择 joke 表，单击鼠标右键并选择 Alter Table。在 Indexes 标签页中，在 PRIMARY 的下方，通过双击空的单元格来添加一个新行。给你的索引一个名字（这可以是任何内容，但是经常使用列的名字）并且将其类型选择为 INDEX，如图 12-5 所示。在这里，我们不能使用 UNIQUE，因为这样将会阻止每个作者在表中拥有多条笑话。

现在，从中间的面板中选择 authorId 列，并且点击 Apply。要求 MySQL 去 EXPLAIN 这个 SELECT 查询，以确认它这次使用新 authorid 索引。

你可能会尝试索引数据库中的每一个列名，但是我建议不要这么做。索引不仅需要额外的磁盘空间，而且每次都需要修改数据库的内容（例如，使用一条 INSERT 或 UPDATE 查询）。MySQL 必须花时间来重建所有受到影响的索引。

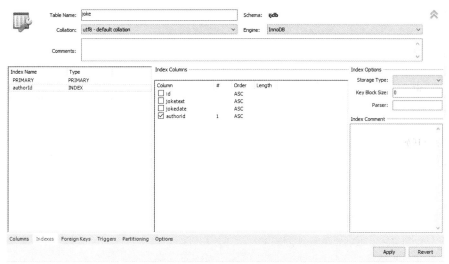

图 12-5　为 authorid 列创建一个新的索引

因此，通常只是添加那些要加快 Web 站点的 SELECT 速度所必需的索引，而不是画蛇添足。作为首要的原则，你应该在一条 WHERE、GROUP BY、ORDER BY 或 JOIN ... ON 子句中使用的任何列上创建一个索引。

多列索引

等等！到目前为止，并非我们所创建的每个表都有一个 id 列。表 jokecategory 呢？如下所示。我们应该需要一个用于分类的表，它必须有一个 ID：

```
CREATE TABLE `category` (
    `id` INT NOT NULL AUTO_INCREMENT PRIMARY KEY,
    `name` VARCHAR(255),
    PRIMARY KEY (`id`)
) DEFAULT CHARACTER SET utf8 ENGINE=InnoDB;
```

然而，在这个例子中，我们需要所谓的多对多的关系。每个笑话可能划分到多个分类中。例如，笑话"Why did the programmer quit his job? He didn't get arrays"，这个笑话符合"programming jokes"和"one-liners"分类。

我们不能采用与建立作者和笑话之间关系相同的方式来建立这种关系，即在 joke 表中创建一个 categoryId 列。这么做的话，只允许我们让一个笑话拥有一个分类。

相反，我们需要创建所谓的连接表（join table 或 junction table），它拥有两个列 jokeId 和 categoryId。连接表 joke_category 可能包含如下的值：

```
jokeId | catoryId
    1 |        1
    1 |        2
    2 |        3
    3 |        1
```

这都是数字，但是，假设分类 1 是"one-liners"，要找出该分类的所有笑话，我们可以使用如下的查询：

```
SELECT jokeId FROM joke_category WHERE categoryId = 1
```

这将会给出如下的结果：

```
jokeId
    1
    3
```

然后，我们通过遍历这一结果，并针对每一条笑话执行一条 select 查询，从而从数据库中读取出单独的笑话：

```
SELECT * FROM joke WHERE id = 1;
SELECT * FROM joke WHERE id = 3;
```

joke_category 表没有一个明显的主键。尽管我们可以创建一个自动递增的 id 列，但这还远不够理想。我们并不想让相同的记录出现两次。例如：

```
jokeId | catoryId
   1 |        1
   1 |        2
   2 |        3
   3 |        1
   3 |        1
```

现在，笑话 3 在分类 1 中出现了两次。选取分类 1 中笑话的任何查询，都将返回笑话 3 两次。为了防止这种情况，我们实际上可以创建多列主键：

```
CREATE TABLE joke_category (
    jokeId INT NOT NULL,
    categoryId INT NOT NULL,
    PRIMARY KEY (jokeId, categoryId)
) DEFAULT CHARACTER SET utf8 ENGINE=InnoDB;
```

这个表的主键由两个列组成，jokeid 和 categoryid。这个索引在 MySQL Workbench 中的样子如图 12-6 所示。由于一个主键必须是唯一的，因此这个表无法存储相同的记录两次。

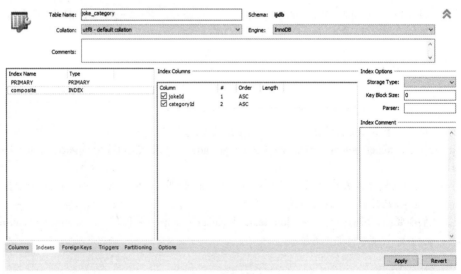

图 12-6　索引可能包含多个列

像这样的一个多列索引，叫作复合索引（composite index）。它对于加快涉及两个索引的列的查询很有用。例如，如下所示这个查询，它查看 joke ID 3 是否在 category ID 4 中：

```
 SELECT * FROM joke_category WHERE jokeid = 3 AND categoryid
➡ = 4
```

像这样的两列索引，也可以用作列表中第一列的一个单列索引。在这个例子中，也就是 jokeid 字段，因此，这个查询也可以使用该索引列出 joke ID 1 所属的分类，如下所示：

```
SELECT * FROM joke_category WHERE jokeid = 1
```

12.4 外键

到现在为止，我们应该习惯了这样一种概念：一个表中的一列指向了另一个表中的 id 列，以表示两个表之间的一种关系。例如，joke 中的 authorid 列指向了 author 中的 id 列，以记录编写每个笑话的作者是谁。

在数据库设计术语中，如果一个列包含的值与另一个表中的那些值相匹配，那么这个列叫作外键（foreign key）。也就是说，我们说 authorid 是一个外键，它引用了 author 表中的 id 列。

到目前为止，我已经在心中简单设计了带有外键关系的表。但是，这些关系还没有通过 MySQL 来强化。也就是说，我们必须确保在 authorid 中，只存储与 author 表中条目相对应的值。但是，如果我们不小心插入一个 authorid，而它没有任何匹配的 author 记录，MySQL 也不会做任何事情阻止我们。对于 MySQL 来说，authorid 只是包含了整数的一个列。

MySQL 支持一种叫作外键约束（foreign key constraints）的功能，我们可以使用它来明确地记录表之间的这样一种关系，并且让 MySQL 来强制这种关系。我们可以在 CREATE TABLE 命令中包含外键约束，或者可以使用 ALTER TABLE 给已有的表添加外键约束，如下所示：

```
CREATE TABLE joke (
    id INT NOT NULL AUTO_INCREMENT PRIMARY KEY,
    joketext TEXT,
    jokedate DATE NOT NULL,
    authorId INT,
    FOREIGN KEY (authorId) REFERENCES author (id)
) DEFAULT CHARACTER SET utf8 ENGINE=InnoDB

ALTER TABLE joke
ADD FOREIGN KEY (authorId) REFERENCES author (id)
```

也可以使用 MySQL Workbench 来创建外键约束。首先，必须确保外键列（在这个例子中是 authorid）有一个索引。如果使用这两个查询中的任何一个，MySQL 将会自动为你创建这个索引。但是，MySQL Workbench 则要求你自己这么做。好在，我们已经给 authorid 添加了索引。接下来，在 joke 表的 **Foreign Keys** 标签页上，在 **Foreign Key Name** 列的最顶行上双击。这将会为你生成一个名字，并且这不是供 MySQL 使用的。它是供你自己引用的。

接下来，我们调用 fk_joke_author 键以强调要在 joke 和 author 表之间创建一个外键。然后选择 author 表作为一个引用的表，并且选择 authorId 列作为 **Column**，选择 id 列作为**引用列**（Referenced column），如图 12-7 所示。

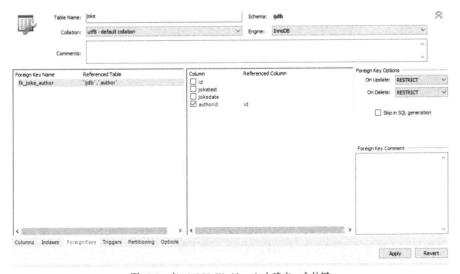

图 12-7 在 MySQL Workbench 中建立一个外键

通过设置外键约束，MySQL 将会拒绝向 joke 表中插入一个不能在 author 表中找到相应条目的 authorid 值。此外，它将阻止你删除 author 表中的一个条目，除非你首先删除了指向该条目的任何 joke 记录。

关于参照完整性动作

你可以执行一个参照完整性动作（referential action），而不是拒绝试图删除或更新有外键指向的记录（例如，阻止你删除仍然有关联的笑话的作者）。这涉及在 MySQL 中配置一个外键约束，来自动地解决这一冲突。

可以通过操作的层叠（也就是说，删除与你要删除的作者相关的任何笑话）来做到这点，或者是将任何受到影响的外键列的值设置为 NULL（将该作者的笑话的 authorid 列设置为 NULL）。这就是 MySQL Workbench 中外键约束的 ON RESTRICT 和 ON UPDATE 选项所做的事情。

当用户删除一个作者或一个分类时，可以尝试使用这一功能让 MySQL 负责影响到笑话的操作。要在删除作者之前自动删除相关的笑话，在 MySQL Workbench 中选择一个选项，肯定比编写 PHP 代码来做到这点更容易一些。

这么做的问题在于，它将 Web 站点的逻辑分隔到两个地方：PHP 代码和外键约束。当你只是通过 PHP 控制器来删除一个笑话时，将不再能够看到和控制所发生的一切事情。

为此，大多数有经验的 PHP 开发者（包括我自己），宁愿在外键约束中避免使用参照完整性动作。实际上，一些开发者宁愿直接避免使用外键约束。

12.5　安全比说抱歉好

必须要承认，本章并不是你到目前为止已经熟悉的那种常规的、不停歇的、充满操作的编程狂欢节。但是，我们关注的这些话题，如 MySQL 数据的备份和恢复、MySQL 访问控制系统的内部工作机制、使用索引提高查询性能，以及用外键强制数据库的结构等，将会用构建一个 MySQL 数据库服务器所需的工具把你武装起来。而这个服务器既能够经受时间的考验，也能够承受站点所吸引的持续流量。

第 13 章 关   系

既然我们已经完成了 Internet 笑话数据库 Web 站点的构建，你已经有机会探索 SQL（Structured Query Language，结构化查询语言）的大部分内容了。从 CREATE TABLE 查询的基本形式，到 INSERT 查询的两种语法，现在，你可能心中已经知道了很多这些命令。

在第 5 章中，我介绍了如何执行基本的 JOIN，以使用 SQL 同时从多个表中获取数据。很多时候，我们将遇到需要这么做的情况，例如，找出一个作者的相关信息以及他所发布的所有笑话，或者找出一个分类以及属于该分类的所有笑话。

SQL JOIN 是这个问题的众多解决方案之一。尽管使用 JOIN 有性能方面的优点，但遗憾的是，JOIN 无法和面向对象的编程很好地协作。数据库所使用的**关系式**（relational）方法，通常和面向对象编程的嵌套式结构是不兼容的。在面向对象编程中，对象是存储在一个层级结构中的。一个作者**包含**（或者用面向对象的正确术语来说，是**封装**）其笑话的一个列表，并且一个分类也封装了属于该分类的笑话的一个列表。

获取一个作者及其所有笑话的一条 SELECT 查询，可以像下面这样编写：

```
SELECT author.name, joke.id, joke.joketext
FROM author
INNER JOIN joke ON joke.authorId = author.id
WHERE authorId = 123
```

使用面向对象的方法，有各种实际的方法来做到这一点，稍后我们将会看到这一点。但是，从更加通用的层面来看，使用 OOP 而不是 SQL 查询来获取一个笑话列表，可以像下面这样表示：

```
// Find the author with the id `123`
$author = $authors->findById(123);

// Get all the jokes by this author
$jokes = $author->getJokes();

// Print the text of the first joke by that author.
echo $jokes[0]->joketext;
```

注意，这里没有 SQL。数据来自于数据库，但是，这些都是在幕后发生的。

我们也可以使用前面提供的 SQL 查询来获取所有的信息，但是，这对于我们到目前为止所使用的 DatabaseTable 类来说，这样的效果并不好。很难以这样的方式来设计一个类，即它能够考虑到我们想要的每一种可能的关系集合。

到目前为止，我们已经以关系化的方式处理了笑话和作者之间的关系。如果想要获取一个作者的相关信息及其所有笑话的一个列表，我们这么做：

```
// Find the author with the ID 123
$author = $this->authors->findById(123);

// Now find all the jokes posted by the author with that ID
$jokesByAuthor = $this->jokes->find('authorId',
 $authorId);
```

这将会运行两条单独的 SELECT 查询，并且两个 DatabaseTable 实例也是完全独立的。

当把一个笑话插入到数据库时，我们也使用一种类似的方法：

```
public function saveEdit() {
```

```
    $author = $this->authentication->getUser();

    $joke = $_POST['joke'];
    $joke['jokedate'] = new \DateTime();
    $joke['authorId'] = $author['id'];

    $this->jokesTable->save($joke);

    header('location: /joke/list');
}
```

这段代码使用了 authentication 类来获取存储了当前登录用户的记录。然后，它读取了作者的 id，以便在添加笑话时提供它：$joke['authorId'] = $author['id'];。

要编写这段代码，必须知道数据库的底层结构，并且知道作者和笑话是以**关系式**存储的。在面向对象编程中，人们更愿意隐藏底层的实现，并且上面的代码将会表示如下：

```
public function saveEdit() {
    $author = $this->authentication->getUser();

    $joke = $_POST['joke'];
    $joke['jokedate'] = new \DateTime();

    $author->addJoke($joke);

    header('location: /joke/list');
}
```

修改并不太多，因此，看上去很接近。首先，$joke['authorId'] = $author['id'];这行代码被删除了。其次，不是将笑话保存到$jokesTable 对象中，而是将其传递给了 author 对象：

```
$author->addJoke($joke);.
```

这种方法的优点是什么？编写这段代码的人并不一定必须知道幕后发生了什么或在数据库中如何建模这种关系，即 joke 表中有一个 authorId 列。

面向对象编程采用一种**层级化**（hierarchical）的方法，使用数据结构，而不是以关系化的方式来建模。就像是 IjdbRoutes 类中的路径是一个多维数组一样，OOP 也在对象中存储多维的数据结构。

在上面的示例中，$author->addJoke($joke)方法调用可能将笑话数据写入到数据库。作为一种替代方法，也可以将数据保存到一个文件中。并且该文件可以是 JSON 格式、XML 格式或者一个 Excel 表格。编写saveEdit 方法的开发者并不需要知道和底层存储机制相关的任何信息（例如数据是如何存储的），而是只需要知道数据将要以某种方式存储，以及它将要存储在作者实例中。

在面向对象的术语中，这称为**实现隐藏**（implementation hiding），并且它有几个优点：不同的人可以在代码的不同部分工作；编写 saveEdit 的开发者不一定必须熟悉 addJoke 实际上是如何工作的；他们只需要知道，它保存了数据，并且随后可以获取这些数据。

当使用$pdo->query 方法时，你不需要知道$pdo 实际上是如何与数据库通信的。你只需要知道该方法返回什么，以及它需要什么参数。知道了下面的每一行代码是如何工作的，我们可以想象一下它们做些什么：

```
$jokes = $author->getJokes();

echo $joke->getAuthor()->name;

$joke = $_POST['joke'];
$joke['jokedate'] = new \DateTime();

$author->addJoke($joke);
```

在中间的示例中，只要你知道可以在$joke 实例上调用 getAuthor 方法，它是如何工作的则无关紧要。

作者名也可以是直接编码到类中的，或者可以在程序中省略它，并且直接从数据库中获取。

这特别有用，因为存储系统可能随时修改，并且上面的代码并不需要修改。getJokes、getAuthor 和$joke 方法可以完全重新编写以写入或读取一个文件，但是，上面的代码将不需要进行任何进一步的修改仍然能够工作。

如果 saveEdit 所包含的 INSERT 查询带有所有相关的数据字段，我们将需要重新编写整个方法，以改变数据的存储方式，并且我们需要在插入数据的任何地方这么做。

这种分割逻辑的方法统称为**关注点分离**（separation of concern）。"保存一个笑话"的过程和"将数据写入到数据库"的过程不同。每一个过程都是一个不同的**关注点**（concern）。通过将两个关注点分离，我们将具有更多的灵活性。addJoke 方法可以从任何地方调用，而不需要重复该逻辑。addJoke 方法的工作方式可以完全重新编写，以便以一种不同的方式工作，但是，调用它的代码可以保持不变。

对于一种叫作**测试驱动开发**（Test-Driven Development，TDD）的、日渐流行的开发方法来说，这种方法增加的灵活性非常有用。在 TDD 中，你应该通过编写 DatabaseTable 类的一个版本用作测试的占位符来测试代码，而不需要编写包含了相关测试数据的一个工作的数据库。

尽管 TDD 已经超出了本书的讨论范围，但通过考虑将关注点分离，我们将能够开始为代码编写自动化测试，而不需要进行大规模的修改。

中级开发者在初次学习 TDD 时遇到的一个常见问题是，他们理解了 TDD 的优点，但是，他们的代码并不能以一种易于测试的方式来编写。通过考虑在编程生涯中尽早将关注点分离，你将能够更容易地前进。

要了解有关 TDD 的更多信息，请查看介绍性的文章《Re-Introducing PHPUnit – Getting Started with TDD in PHP》。

13.1　对象关系映射器

到目前为止，我们一步一步构建起来的 DatabaseTable 类是一种类型的库，这种库叫作**对象关系映射器**（Object Relational Mapper，ORM）。有很多 ORM 实现可供使用，例如 Doctrine、Propel 和 ReadBeanPHP。这些实现所做的工作，和我们已经构建的 DatabaseTable 类所做的工作基本相同，都是为一个关系型数据库提供一个面向对象的接口。它们填补了关系型数据库的 SQL 查询和我们将要在每个 Web 站点上使用的 PHP 代码之间的空隙。

通常，ORM 处理**对象**。要使用我们的 DatabaseTable 类来找到一个作者并打印出其名称，我们可以编写如下的代码：

```
$author = $authors->findById(123);
echo $author['name'];
```

在这里，$author 变量是一个数组，它带有针对数据库中每一个列的键。数组不能包含函数[①]，因此，不可能在$author 上实现 addJoke 方法。

如果我们想要能够在$author 实例上调用方法，例如，就像上面的$author->addJoke($joke)，$author 变量需要是一个对象而不是一个数组。我们需要做的第一件事情是，创建相关的类来表示作者。首先，该数据库的每一个列的一些属性是：

```
namespace Ijdb\Entity;

class Author {
    public $id;
    public $name;
```

---

① 好吧，这是个谎言。它们可以包含一个叫作**闭包**（closure）的一种特殊类型的函数，但是，和我们将要展示的真正的基于 OOP 的方法相比，这种做法有几个苛刻的限制。

```
    public $email;
    public $password;
}
```

由于一个作者的属性对于笑话数据库来说是独特的，我们将这个类放置到 ljdb 命名空间中。

像这样的一个类，设计来直接映射成数据库中的一条记录，通常称为**实体类**（Entity Class），这就是我们在命名空间中使用名称 Entity 的原因。我们将针对数据库中需要表示的每一个表，都使用一个不同的实体类。在 ljdb 目录中创建 Entity 目录，并且将该类保存到名为 Author.php 的文件中。

尽管该变量不需要在这里声明，并且不管是否声明了变量，我们要做的事情都将同样能够成功，但是如果包含了这些变量的话，代码更容易阅读和理解。

这里重复强调一下，每次你需要给数据库表添加一个列时，都需要将其添加到这个实体类中。因此，很多 ORM 提供了一个方法来从数据库模式生成这些实体类，甚至是从对象创建数据库表。

我并不打算向你介绍如何做到这些，但是，如果想要尝试一些类似的事情，应该看一下 MySQL 的 DESCRIBE 查询以获取表中列的一个列表，或者通过 PHP Reflection 库来获得类中属性的列表。

13.1.1　公有属性

到目前为止，每次我创建一个类变量时，它都是私有的，因此，只有在该类中的方法才可以使用这些数据。这样做的好处是，可以很容易地添加、重命名或删除类变量，而不会潜在地破坏使用该类的任何代码。

这还防止了开发者随意地破坏类的功能性。如果 DatabaseTable 类中的 pdo 变量是公有的，那么就可能像下面这样做：

```
$this->jokesTable->pdo = 1234;
```

在 DatabaseTable 类上对该方法的任何调用都将失效：

```
$this->jokesTable->findById('1243');
```

findById 方法将会调用$this->pdo->query('...')，但是，由于 pdo 变量不再是一个 PDO 实例，它将会失效。

在大多数情况下，私有属性是要远远比公有属性优先考虑的。然而，在实体类的例子中，你应该使用公有属性。

实例类唯一的用途是让一些数据可用。如果你甚至无法读取作者的名字的话，用一个类表示一个作者就不好了。十之八九，甚至是 99%的可能，公有属性对于任何给定的问题都是错误的解决方案。然而，如果类的职责是表示一个数据结构（data structure）的话，并且它和数组是可以相互替换的，那么，公有属性是很好的解决方案。

13.1.2　实体类中的方法

用来存储作者相关数据的是一个类，而不是一个数组，因为该类可以包含方法，并且我们可以做下面这样的事情：

```
// Find the author with the id 1234
$author = $this->authorsTable->findById('1234');

// Find all the jokes by that author
$author->getJokes();

// Add a new joke and associate it with the author
// represented by $author
$author->addJoke($joke);
```

让我们花点时间来考虑一下 getJokes 方法的样子。假设$author 中的 id 属性设置了，该方法就可能像下面：

```
public function getJokes() {
```

```
    return $this->jokesTable->find('authorId',
    $this->id);
}
```

为了做到这一点，作者类需要访问 DatabaseTable 类的 jokesTable 实例。添加 getJokes 方法，以及一个构造方法，还有一个类变量用来存储对 jokesTable 实例的引用：

```php
<?php
namespace Ijdb\Entity;

class Author
{
    public $id;
    public $name;
    public $email;
    public $password;
    private $jokesTable;

 public function __construct(\Ninja\DatabaseTable
➡ $jokesTable)
    {
        $this->jokesTable = $jokesTable;
    }

    public function getJokes()
    {
        return $this->jokesTable->find('authorId',
        $this->id);
    }
}
```

我们打算修改 DatabaseTable 类，以返回该类的一个实例而不是一个数组。在我们做这些之前，让我们来看一下 Author 类是如何能够单独使用的：

```php
$jokesTable = new \Ninja\DatabaseTable($pdo, 'joke', 'id');

$author = new \Ijdb\Entity\Author($jokesTable);

$author->id = 123;

$jokes = $author->getJokes();
```

这将会从数据库中查询 ID 123 的作者所发布的所有笑话。通过设置 id 属性，一旦有了一个 Author 实例来表示任何给定的作者，我们现在就可以获取和该作者相关的数据了。

接下来，我们需要 addJoke 方法来接受一个笑话作为参数，设置 authorId 的属性，然后将其插入到数据库中：

```php
public function addJoke($joke) {

    $joke['authorId'] = $this->id;

    $this->jokesTable->save($joke);
}
```

让我们在 Joke 控制器的 saveEdit 方法中使用这个新的类，以使用$author->addJoke($joke)保存笑话。

```php
public function saveEdit() {
    $author = $this->authentication->getUser();

    $authorObject = new \Ijdb\Entity\Author
    ($this->jokesTable);
```

```
$authorObject->id = $author['id'];
$authorObject->name = $author['name'];
$authorObject->email = $author['email'];
$authorObject->password = $author['password'];

$joke = $_POST['joke'];
$joke['jokedate'] = new \DateTime();

$authorObject->addJoke($joke);

header('location: /joke/list');
}
```

可以在 Relationships-Author 中找到这段代码。

13.1.3 使用来自 DatabaseTable 类的实体类

由于数据库以数组的形式返回数据，我将 getUser()返回的$author 数组中的数据复制到新创建的 Author 类的一个实例中。

$author 数组和$authorObject 对象将表示相同的作者。唯一的区别是，一个是对象，而另一个是数组。该方法中大多数的代码行，只是将数组中的数据复制到一个对象中。这显然是效率低下的，如果我们能够像下面这样在 saveEdit 方法之外构造 Author 对象并且让 getUser 返回构造的对象，就可以避免该问题：

```
public function saveEdit() {
    $authorObject = $this->authentication->getUser();

    $joke = $_POST['joke'];
    $joke['jokedate'] = new \DateTime();

    $authorObject->addJoke($joke);

    header('location: /joke/list');
}
```

当前，由于 Authentication 类中的 getUser 方法调用了 DatabaseTable 类中的 findById 方法，创建了一个数组：

```
public function findById($pdo, $table, $primaryKey,
 $value) {
    $query = 'SELECT * FROM ' . $table . ' WHERE ' .
     $primaryKey . ' = :primaryKey';

    $parameters = [
    'primaryKey' => $value
    ];
    $query = $this->query($query, $parameters);

    return $query->fetch();
}
```

这里，$query->fetch()返回一个数组。对我们来说，幸运的是还有一个 fetchObject 方法，它返回指定的类的一个实例，在我们的例子中，就是 Author 类。这将会让 PDO 来创建 Author 类的一个实例并设置其属性，而不是返回一个简单的数组。

例如，要让 fetchObject()返回一个 Author 对象，可以使用如下的代码：

```
return $query->fetchObject('Author', [$jokesTable]);
```

这里有两个参数：

（1）要实例化的类的名称；

（2）当创建对象时，给构造方法提供参数的一个数组。

由于数组中只有一个单个的元素，[$jokesTable]看上去有点奇怪。然而，由于构造方法可能有多个参数，所以需要一个数组以便提供每一个构造方法参数。

现在，我们可以让 PDO 库创建 Author 类的一个实例以替代将数据作为数组返回，而不是在我们的代码中的某处编写 new Author。

```
$pdo->query('SELECT * FROM `author` WHERE id = 123');

$author = $query->fetchObject('Author', [$jokesTable]);
```

由于 Author 类需要$jokesTable 类作为一个构造方法参数，当调用 fetchObject 方法时，也必须作为一个参数提供。然而，我们不能修改 DatabaseTable 类以使用上面的 return 命令行，首先，因为它没有访问 $jokesTable 变量，其次，因为我们将使用 DatabaseTable 类来和不同的数据库表交互。当调用 findById 方法时，它可能是在 authorsTable 实例上、jokesTable 实例上，或者是表示某个其他数据库表的 DatabaseTable 类的一个实例上。

我们希望对每个表都有不同的实体类，并且它们几乎肯定不会拥有相同的构造方法参数。

我们可以修改 DatabaseTable 类的构造方法，以接收两个可选的参数，即要创建的类的名称和提供给它的任何参数，而不是对类名和构造方法参数直接编码：

```
class DatabaseTable {
    private $pdo;
    private $table;
    private $primaryKey;
    private $className;
    private $constructorArgs;

    public function __construct(\PDO $pdo, string $table,
     string $primaryKey, string $className = '\stdClass',
     array $constructorArgs = []) {
    $this->pdo = $pdo;
    $this->table = $table;
    $this->primaryKey = $primaryKey;
    $this->className = $className;
    $this->constructorArgs = $constructorArgs;
    }
}
```

注意，我们已经为每一个新的参数给出了默认值。stdClass 类是一个内建的 PHP 空类，它可以用于简单的数据存储。通过将其指定为一个默认值，如果没有指定类名的话，将使用这个通用的、内建的类。这么做的优点是，我们不需要为每一个数据表创建一个唯一的实体类，而只是针对那些我们想要添加方法的类来创建。

现在可以修改 findById 方法，以读取新的类变量，并且使用它们来替代 fetchObject 方法调用中直接编码的那些变量：

```
public function findById($value) {
    $query = 'SELECT * FROM `' . $this->table . '` WHERE `' .
     $this->primaryKey . '` = :value';

    $parameters = [
    'value' => $value
    ];

    $query = $this->query($query, $parameters);

    return $query->fetchObject($this->className,
     $this->constructorArgs);
}
```

也可以通过提供\PDO::FETCH_CLASS 作为第一个参数、类的名称作为第二个参数，并且构造方法参数作为第三个参数，从而让 PDO 的 fetchAll 方法（也就是我们在 DatabaseTable 中使用的 find 方法和 findAll 方法）返回一个对象。

```
return $result->fetchAll(\PDO::FETCH_CLASS,
➥ $this->className, $this->constructorArgs);
```

既然已经修改了 DatabaseTable 类，我们可以修改 IjdbRoutes，其中 DatabaseTable 类已经实例化了，并且为$authorsTable 实例提供了类名和参数：

```
$this->jokesTable = new \Ninja\DatabaseTable($pdo,
 'joke', 'id');
$this->authorsTable = new \Ninja\DatabaseTable($pdo,
 'author', 'id', '\Ijdb\Entity\Author',
[$this->jokesTable]);
```

现在，当使用$authorsTable 实例来获取一条记录时，例如：

```
$author = $authorsTable->findById(123);
```

$author 变量将会是 Author 类的一个实例，并且该类中的任何方法（例如 addJoke）都将可供我们调用。

由于我们已经对 DatabaseTable 类做出了一次修改，这将会影响到该类的每一个实例。当从数据库中获取笑话时，将会获取一个对象。由于我们还没有为笑话指定一个实体类，笑话将会是一个 stdClass 实例。

如果在浏览器中加载笑话列表页面，此时，你将会看到一个错误：

```
 Fatal error: uncaught Error: cannot use object of type
➥ stdClass as array in
➥ /home/vagrant/Code/Project/classes/Ijdb/Controllers/Joke.php
➥ on line 21
```

我们稍后将修正它，但是首先应让 saveEdit 能够工作。修改 saveEdit 方法，以避免所有的值复制。将如下的代码：

```
public function saveEdit() {
    $author = $this->authentication->getUser();

    $authorObject = new \Ijdb\Entity\Author
    ($this->jokesTable);

    $authorObject->id = $author['id'];
    $authorObject->name = $author['name'];
    $authorObject->email = $author['email'];
    $authorObject->password = $author['password'];

    $joke = $_POST['joke'];
    $joke['jokedate'] = new \DateTime();
    $authorObject->addJoke($joke);

    header('location: /joke/list');
}
```

修改为如下的代码：

```
public function saveEdit() {
    $author = $this->authentication->getUser();

    $joke = $_POST['joke'];
    $joke['jokedate'] = new \DateTime();

    $author->addJoke($joke);
```

```
    header('location: /joke/list');
}
```

由于 getUser 现在返回了 Author 的一个实例,并且其所有的属性都已经设置了,我们可以使用这个实例而不必手动地创建$authorObject 实例并分别设置每一个属性了。

在测试它能够工作之前,我们还需要修改 Authentication 类,以使用一个对象而不是一个数组。在 isLoggedIn 方法中,将如下这些代码:

```
if (!empty($user) &&
 $user[0][$this->passwordColumn] ===
 $_SESSION['password']) {
```

替换为如下的代码:

```
$passwordColumn = $this->passwordColumn;

if (!empty($user) && $user[0]->$passwordColumn

=== $_SESSION['password']) {
```

这段代码看上去很复杂。然而,让我们在这里花一点时间来理解一下发生了什么。

$user[0]变量现在存储了 Author 类的一个实例。Author 类有一个名为 password 的属性。要读取这个属性,你可能需要使用如下:

```
$user[0]->password
```

然而,如果你还记得,在第 11 章中的 Authentication 类有一个类变量,其中存储了包含密码的数据库列的列名。在你所构建的每一个 Web 站点中,这个列名也可能不是 password。

假设密码列是 password,一旦计算了该变量,我们在这里所要做的,只是用对象变量$user->password 来替代$user['password']。但是,由于我们要针对列名使用一个变量,这实际上是复杂的。我们真的需要用 $user->$this->passwordColumn 替代$user[$this->passwordColumn]。

也可能使用字符串,从而通过一个变量来访问对象上的一个属性,就像我们对数组所做的事情一样:

```
$columnName = 'password';

// Read value stored under key 'password' from array
$password = $array[$columnName];

// Read value stored under property 'password' from object
$password = $object->$columnName;
```

你可能会问,为什么不使用$user[0]->$this->passwordColumn 呢?由于 PHP 从左向右计算,它将会尝试查找$this 变量(一个对象)的内容,然后,尝试用该名称读取一个变量。由于一个变量名不能是一个对象,PHP 将会给出一个错误。相反,我们将该值读到自己的变量$passwordColumn 中,然后使用如下:

```
$user[0]-> $passwordColumn
```

使用花括号

作为创建新变量的一种替代方法,也可以使用花括号来告诉 PHP 先计算$this->password Column 查找。

在 login 方法中,对如下的代码行做同样的事情:

```
public function login($username, $password) {
    $user = $this->users->find($this->usernameColumn,
     strtolower($username));

    if (!empty($user) && password_verify($password,
```

```
        $user[0][$this->passwordColumn])) {
            session_regenerate_id();
            $_SESSION['username'] = $username;
            $_SESSION['password'] =
             $user[0][$this->passwordColumn];
            return true;
        }
        else {
            return false;
        }
    }
```

上面的代码将修改为：

```
public function login($username, $password) {
    $user = $this->users->find($this->usernameColumn,
     strtolower($username));
    if (!empty($user) && password_verify($password,
     $user[0]->{$this->passwordColumn})) {
        session_regenerate_id();
        $_SESSION['username'] = $username;
        $_SESSION['password'] =
         $user[0]->{$this->passwordColumn};
    return true;
    }
    else {
        return false;
    }
}
```

可以在 Relationships-DatabaseTableEntity 中找到这段代码。

在提交了表单之后，你将会在列表页面上看到一个错误，但是，你可以通过登录到 Web 站点并且添加一个笑话来检查新的 saveEdit 是否能够工作。当重定向到列表页面时，你将会看到一个错误，但是，可以通过在 MySQL Workbench 中浏览 joke 表的内容来检查是否已经添加了该笑话。

13.1.4 笑话对象

现在，我们将修正笑话列表页面。当它显示错误时，控制器中的这段代码在起作用：

```
$author = $this->authorsTable->
findById($joke['authorId']);

$jokes[] = [
    'id' => $joke['id'],
    'joketext' => $joke['joketext'],
    'jokedate' => $joke['jokedate'],
    'name' => $author['name'],
    'email' => $author['email']
];
```

由于$author 和$joke 不再是数组，所以发生了该错误。这是一次简单的修改，把读取一个数组的语法修改为使用对象的语法：

```
$author = $this->authorsTable->
findById($joke->authorId);

$jokes[] = [
    'id' => $joke->id,
    'joketext' => $joke->joketext,
    'jokedate' => $joke->jokedate,
```

```
    'name' => $author->name,
    'email' => $author->email
];
```

你还需要修改该方法的 return 语句，以针对$author 变量使用对象语法：

```
return ['template' => 'jokes.html.php',
    'title' => $title,
    'variables' => [
    'totalJokes' => $totalJokes,
    'jokes' => $jokes,
    'userId' => $author->id ?? null
    ]
];
```

现在，还要修改 delete 方法，以便从新的对象读取笑话的 authorId：

```
if ($joke->authorId != $author->id)
```

在 Relationships-Objects 中可以找到这段代码。

尽管这个解决方案有效，现在，我们将使用一种面向对象的方法，它可以以更加漂亮的方式解决问题。当前，来自 author 或 joke 表的每一个值存储在$jokes 数组中一个对等的键之中。生成$jokes 数组的代码如下所示：

```
public function list() {
    $result = $this->jokesTable->findAll();

    $jokes = [];
    foreach ($result as $joke) {
        $author = $this->authorsTable->
        findById($joke->authorId);

        $jokes[] = [
            'id' => $joke->id,
            'joketext' => $joke->joketext,
            'jokedate' => $joke->jokedate,
            'name' => $author->name,
            'email' => $author->email
        ];
    }
}
```

$jokes 数组用于提供模板，以访问每一个笑话及其作者。

这个过程当前看起来如下所示：

- 查询数据库并选取所有的笑话；
- 遍历每个笑话；
- 选取相关的作者；
- 创建一个新的数组，其中包含了与笑话和作者相关的所有信息；
- 将这个构建的数组传递给模板以显示。

这是一个冗长的过程，我们可以使用 OOP 来大大简化其中的一些内容。

此时，我们可以使用$author->getJokes()，通过一个指定的作者来获取其所有笑话。然而，我们也可以建模反向的关系，并且做如下的事情：

```
echo $joke->getAuthor()->name;
```

这将会允许我们获取任何给定的笑话的作者，并且，这段代码甚至能够从模板上来运行。

如果$this->jokesTable->findAll();调用返回了笑话对象的一个数组，每个对象都有自己的 getAuthor 方法，使用两个数据集来创建一个数组的这个过程将不再是必需的。

首先，让我们在 Ijdb/Entity/Joke.php 中创建 Joke 实体类：

```
<?php
```

```
namespace Ijdb\Entity;

class Joke
{
    public $id;
    public $authorId;
    public $jokedate;
    public $joketext;
    private $authorsTable;

    public function __construct(\Ninja\DatabaseTable
     $authorsTable)
    {
        $this->authorsTable = $authorsTable;
    }

    public function getAuthor()
    {
        return $this->authorsTable->
        findById($this->authorId);
    }
}
```

Joke 类按照和 Author 类相同的方式工作，它有一个构造方法，该方法需要 DatabaseTable 类的一个实例，其中包含了相关的数据。在这个例子中，将会把表示 author 数据库表的 DatabaseTable 实例传递给该方法。

getAuthor 方法返回了当前笑话的作者。如果$this->authorId 是 5，它将会返回表示 ID 5 的作者的 Author 对象。

13.1.5 使用 Joke 类

要使用新的 Joke 类，我们将需要更新 IjdbRoutes 类，以将 authorsTable 实例作为一个构造方法参数来提供。当前，代码的相关部分如下所示：

```
$this->jokesTable = new \Ninja\DatabaseTable($pdo,
'joke', 'id', '\Ijdb\Entity\Joke',
[$this->authorsTable]);

$this->authorsTable = new \Ninja\DatabaseTable($pdo,
'author', 'id', '\Ijdb\Entity\Author',
[$this->jokesTable]);
```

这将会把 authorsTable 实例传递给 jokesTable 实例和 authorsTable 实例。

思考一下。这提出了一个并不是立即就一目了然的问题。如果 authorsTable 实例构造方法需要一个 jokesTable 实例，并且 jokesTable 构造方法需要一个 authorsTable 实例，我们就会面临两难境地：要创建 jokesTable 实例，需要有一个已有的 authorsTable 实例。要创建 authorsTable 实例，需要一个已有的 jokesTable 实例。这两个实例在自己存在之前，都需要另一个实例已经存在。如果尝试上面的代码，PDO 库将会抛出一个异常——"Cannot call constructor"。尽管这条消息并不是很清晰，但正是因为我们刚才强调的问题才引发了这个异常。

在面向对象编程中，有时候会发生这种两难境地。在这个例子中，使用一种叫作引用（reference）的技术，可以很容易地解决这个问题。

13.1.6 引用

引用（reference）是一种特殊类型的变量，它有点像是 Windows 中的快捷方式，或者 macOS 或 Linux 中的 symlink。在计算机上，**快捷方式**是其自身并不包含数据的一种文件。相反，它指向了另一个文件。当你打开快捷方式时，实际上是打开了该快捷方式所指向的文件。

引用的工作方式是类似的。引用并不是包含具体值的一个变量，它包含了对另一个变量的一个**引用**。当你读取存储了引用的一个变量的值时，实际上，将会读取被引用的变量的值。

要创建一个引用，在你想要创建对其引用的变量的前面，加上一个**&**前缀：

```
$originalVariable = 1;
$reference = &$originalVariable;
$originalVariable = 2;
echo $reference;
```

上面的代码将会输出 2。没有&的话，它将会输出 1。这是因为，变量$reference 包含了对$originalVariable 变量的一个引用。无论何时，当读取$reference 的值时，它实际上将会转而去读取$originalVariable 变量的当前值。

这很重要，因为它允许我们解决前面所遇到的两难境地的问题。通过将引用作为 Joke 和 Author 类的构造方法参数来提供，等到需要 authorsTable 和 jokesTable 实例时，我们已经创建了它们：

```
$this->jokesTable = new \Ninja\DatabaseTable($pdo,
 'joke', 'id', '\Ijdb\Entity\Joke',
 [&$this->authorsTable]);
$this->authorsTable = new \Ninja\DatabaseTable($pdo,
 'author', 'id', '\Ijdb\Entity\Author',
 [&$this->jokesTable]);
```

现在，当 DatabaseTable 类创建一个 Joke 或 Author 对象，并且必须为其提供 authorsTable 或 jokesTable 实例时，它将会在实例化任何 Author 或 Joke 实体时，读取变量 authorsTable 或 jokesTable 中存储的值。

13.1.7　简化列表控制器动作

现在，一个控制器中的内容可能如下所示：

```
$joke = $this->jokesTable->findById(123);

echo $joke->getAuthor()->name;
```

既然一个笑话是一个**对象**，我们可以将整个对象传入到模板中，并且从那里读取作者。

从 list 方法中删除如下的代码：

```
$jokes = [];
foreach ($result as $joke) {
    $author = $this->authorsTable->
    findById($joke->authorId);

    $jokes[] = [
    'id' => $joke->id,
    'joketext' => $joke->joketext,
    'jokedate' => $joke->jokedate,
    'name' => $author->name,
    'email' => $author->email
    ];
}
```

当使用数组时，这段代码是必需的，因为对于每一个笑话，我们都需要获取有关笑话的信息以及有关该特定笑话的作者信息，然后，将这些信息组合到一个单个的数据结构中。

然而，既然我们要使用对象，这段难看的、复制的代码是冗余的。一旦我们删除了它，还可以将如下代码：

```
$result = $this->jokesTable->findAll();
```

替换为如下的代码：

```
$jokes = $this->jokesTable->findAll();
```

DatabaseTable 类现在提供了**对象**的一个数组，而不是数组的一个数组。每一个 Joke 对象都有一个 getAuthor 方法，它返回了该笑话的作者。我们现在在模板 jokes.html.php 中获取作者，而不是在控制器中这么做。让我们更新该模板，以使用新的对象而不是数组，如清单 13-1 所示。

清单 13-1 Relationships-JokeObject

```
  <p><?=$totalJokes?> jokes have been submitted to
➥ the Internet Joke Database.</p>

<?php foreach ($jokes as $joke): ?>
<blockquote>
    <p>
    <?=htmlspecialchars($joke->joketext, ENT_QUOTES,
     'UTF-8')?>

    (by <a href="mailto:<?=htmlspecialchars(
    $joke->getAuthor()->email,
    ENT_QUOTES, 'UTF-8'
); ?>">
    <?=htmlspecialchars(
            $joke->getAuthor()->name,
            ENT_QUOTES,
            'UTF-8'
            ); ?></a> on
<?php
$date = new DateTime($joke->jokedate);

echo $date->format('jS F Y');
?>)

<?php if ($userId == $joke->authorId):
?>

<a href="/joke/edit?id=<?=$joke->id?>">
    Edit</a>
    <form action="/joke/delete" method="post">
        <input type="hidden" name="id"
        value="<?=$joke->id?>">
        <input type="submit" value="Delete">
    </form>
<?php endif; ?>
    </p>
</blockquote>
<?php endforeach; ?>
```

对于 joke 表中的字段，相当简单。我们只是将语法从数组修改为对象。例如，$joke['joketext']变成了 $joke->joketext。

在我们想要读取关于每个笑话作者信息的地方，都要稍微复杂一些。在读取作者的 E-mail 之前，我们需要获取作者实例。要读取作者的 E-mail，我们之前使用$joke['email']，现在变成了$joke->getAuthor()->email。

这实际上是在模板中获取了作者。之前，当编写控制器时，我们必须预料到该模板将需要哪些变量。

现在，控制器只是提供了笑话的一个列表。模板现在能够读取它所需的任意值，包括作者的相关信息。如果我们在数据库中添加了一个新的列（例如，一个笑话分类），我们可以修改该模板以显示这个值，而不需要修改控制器。

13.2 整理

既然已经修改了 DatabaseTable 类的工作方式，我们已经破坏了"Edit Joke"页面。为了修改它，打开 editjoke.html.php 模板并且用对象语法来替代数组语法，以访问笑话的属性，如清单 13-2 所示。

清单 13-2 Relationships-EditJoke

```php
<?php if (empty($joke->id) || $userId ==
$joke->authorId):?>
<form action="" method="post">
    <input type="hidden" name="joke[id]"
     value="<?=$joke->id ?? ''?>">
    <label for="joketext">Type your joke here:
    </label>
    <textarea id="joketext" name="joke[joketext]" rows="3"
     cols="40"><?=$joke->joketext ?? ''?>
     </textarea>
    <input type="submit" name="submit" value="Save">
</form>
<?php else:
        ?>

<p>You may only edit jokes that you posted.</p>

<?php endif; ?>
```

现在，我们已经得到了一个几乎完全面向对象的 Web 站点。所有的实体都有它们自己的类，并且我们可以给每个实体类添加想要的任何方法。

缓存

你可能注意到了使用 Joke 实体类的一个潜在的性能问题。getAuthor 方法看上去如下所示：

```php
public function getAuthor() {
 return
➡ $this->authorsTable->findById($this->authorId);
}
```

尽管工作得很好，但它还是很慢，并且实际上没必要这么慢。每次调用 getAuthor 方法，它都对数据库发送同样的查询，并且获取同样的结果。如下的代码将向数据库发送 3 个查询：

```php
echo $joke->getAuthor()->name;
echo $joke->getAuthor()->email;
echo $joke->getAuthor()->password;
```

查询数据库比仅从一个变量读取一个值要慢得多。每次向数据库发送一个查询，都将会使页面的速度略微下降一些。尽管每个查询都只是增加了一点点负载，如果在页面上的一个循环内部做这件事情，所引起的速度下降是显著的。

为了避免这个问题，你可获取作者对象一次，然后，使用已有的实例：

```php
$author = $joke->getAuthor();
echo $author->name;
echo $author->name;
echo $author->password;
```

通过这么做，我们避免了将 3 个查询发送到数据库，因为 getAuthor 只调用一次。这个方法有效，但是却很简陋。你必须要记住实现这一技术，并且在一个较大的 Web 站点上，你脑子里必须记住需要这么做的所有地方。

相反，最好是实现一种叫作透明缓存（transparent caching）的技术。术语**缓存**（caching）指的是将存储一些数据以便随后较快地访问它，并且我想要向你介绍的这种技术叫作**透明缓存**，因为使用这个类的人甚至不需要知道缓存发生了。

要实现缓存，给 joke 实体类添加一个属性，以便在方法调用之间存储作者：

```
class Joke {
    // …
    public $joketext;
    private $authorsTable;
    private $author;
    // …
```

然后，在 getAuthor 方法中，我们可以添加一些逻辑来做如下的事情：

- 检查看看 author 类变量是否有一个值；
- 如果它为空，从数据库中获取作者，并且将其存储到类变量之中；
- 返回 author 变量中存储的值。

```
public function getAuthor() {
    if (empty($this->author)) {
 $this->author =
➥ $this->authorsTable->findById($this->authorId);
    }

    return $this->author;
}
```

可以在 Relationships-Cached 中找到这段代码。

有了这条简单的 if 语句，只有在第一次在任何给定的笑话实例上调用 getAuthor 时，才会查询数据库。

现在，如下的代码只是把一个单个的查询发送到数据库：

```
echo $joke->getAuthor()->name;
echo $joke->getAuthor()->email;
echo $joke->getAuthor()->password;
```

通过解决类中潜在的性能问题，在外部如何使用该类已经无关紧要了。对于类的每一个实例，都只有一个单个的查询。

13.3　笑话分类

现在，我们知道了如何在不同的表之间添加关系以及使用类来对表建模，让我们来添加一个新的关系。

此时，我们有了一个单个的笑话列表。由于我们已经在站点上有几条笑话了，这工作得很好，但是，随着更多的人在 Web 站点上注册并发布笑话，笑话列表页面将变得更长。浏览 Web 站点的人可能想要浏览某种特定类型的笑话。例如，编程笑话、敲门笑话（knock-knock joke）、俏皮话笑话（one-liners）、双关语笑话（puns），等等。

实现这一点最明显的方式是，对笑话和作者之间的关系建模：创建一个 category 表来列出不同的分类，然后在 joke 表中创建一个 categoryId 列，以允许将每个笑话都放入到一个分类中。

然而，一个笑话可能属于多个分类。

在对关系建模之前，让我们先添加一个新的表单，以允许创建新的分类并将它们存储到数据库中。既然我们给 Web 站点添加新的页面已经有一段时间了，并且自上次添加页面后我们已经做了一些修改，那么我们将详细介绍这一点。

首先，让我们创建一个表来存储分类：

```
CREATE TABLE `ijdb_sample`.`category` (
    `id` INT NOT NULL AUTO_INCREMENT,
    `name` VARCHAR(255) NULL,
    PRIMARY KEY (`id`));
```

要么使用上面的 SQL 代码，要么使用 MySQL Workbench 来创建带有 id 和 name 两列的 category 表。id 是一个主键，因此，确保它是 AUTO_INCREMENT 的，并且类型应该是 VARCHAR。

在 Ijdb/Controllers/Category.php 中，创建一个名为 Category 的新的控制器。

这个控制器将需要访问一个 DatabaseTable 实例，该实例允许和新的 category 表交互。

```php
<?php
namespace Ijdb\Controllers;

class Category
{
    private $categoriesTable;

    public function __construct(\Ninja\DatabaseTable
     $categoriesTable)
    {
        $this->categoriesTable = $categoriesTable;
    }
}
```

就像笑话的控制器一样，我们需要几个动作：list 用于显示分类的一个列表，delete 用于删除一个分类，edit 用于显示添加/编辑表单，saveEdit 用于处理表单提交。

让我们先添加表单。创建模板 editcategory.html.php：

```html
<form action="" method="post">
    <input type="hidden"
        name="category[id]"
        value="<?=$category->id ?? ''?>">
    <label for="categoryname">Enter category name:
    </label>
    <input type="text"
        id="categoryname"
        name="category[name]"
        value="<?=$category->
        name ?? ''?>" />
    <input type="submit" name="submit" value="Save">
</form>
```

可以在 Relationships-AddCategory 中找到这段代码。

就像 editjoke.html.php 一样，这个模板将用于编辑和添加页面，因此，如果设置了 $category 变量的话，我们将预先填充该文本框。

给新的 Category 类添加 edit 方法：

```php
public function edit() {

    if (isset($_GET['id'])) {
 $category =
➡ $this->categoriesTable->findById($_GET['id']);
    }

    $title = 'Edit Category';
```

```
        return ['template' => 'editcategory.html.php',
        'title' => $title,
        'variables' => [
            'category' => $category ?? null
        ]
        ];
    }
```

打开 IjdbRoutes。这里要做的第一件事情是，为 category 表创建 DatabaseTable 类的一个实例。就像 authorsTable 和 jokesTable 一样，可以存储在一个类变量中，并且在构造方法中创建：

```
class IjdbRoutes implements \Ninja\Routes {
    private $authorsTable;
    private $jokesTable;
    private $categoriesTable;
    private $authentication;

    public function __construct() {
    include __DIR__ . '/../../includes/DatabaseConnection.php';

    $this->jokesTable = new \Ninja\DatabaseTable($pdo,
      'joke', 'id', '\Ijdb\Entity\Joke',
      [&$this->authorsTable]);
    $this->authorsTable = new \Ninja\DatabaseTable($pdo,
      'author', 'id',
      '\Ijdb\Entity\Author',
      [&$this->jokesTable]);
 $this->categoriesTable = new \Ninja\DatabaseTable($pdo,
➡ 'category', 'id');

    // …
```

注意，我们已经为 category 表指定了一个实体类。除非需要为其添加一些功能，它会使用我们设置为默认值的 stdClass 类。

接下来，创建 Category 控制器的一个实例，并且添加编辑页面的路径。我们将在 URL /category/edit 显示该页面，如清单 13-3 所示。

清单 13-3　Relationships-AddCategory2

```
$authorController = new \Ijdb\Controllers\Register
($this->authorsTable);
$loginController = new \Ijdb\Controllers\Login
($this->authentication);
$categoryController = new \Ijdb\Controllers\Category
($this->categoriesTable);

$routes = [
// …
'category/edit' => [
    'POST' => [
    'controller' => $categoryController,
    'action' => 'saveEdit'
    ],
    'GET' => [
    'controller' => $categoryController,
    'action' => 'edit'
    ],
    'login' => true
],
// …
```

如果完成了上面的步骤，访问 http://192.168.10.10/category/edit，并且你应该会看到该表单。我们已经设置了路径，因此，让我们添加 saveEdit 方法以便当提交该表单时给数据库添加一个分类，如清单 13-4 所示。

清单 13-4　Relationships-AddCategory-Save

```php
public function saveEdit() {
    $category = $_POST['category'];

    $this->categoriesTable->save($category);

    header('location: /category/list');
}
```

如果测试该表单并且按下了 Submit 按钮，将会看到错误消息，因为我们还没有构建列表页面。然而，你可以通过在 MySQL Workbench 中选择表中的所有记录，从而检查该页面是能够工作的。

一旦添加了一个分类，应该能够通过访问 http://192.168.10.10/category/edit?id=1 来编辑它。

此时，我们暂时退后一步并思考一下我们所构建的类和框架的好处，这么做是值得的。只需要较少的努力，我们已经创建了一个表单并允许向数据库中插入数据，将一条记录加载到其中并且编辑记录。回忆一下在第 4 章我们手动编写 INSERT 和 UPDATE 查询时，想想如果采用那种方法的话，我们需要编写多少代码啊！

列表页面

我们还可以使用相对较少的代码来添加列表页面。首先，让我们创建一个模板 categories.html.php，它遍历一个分类列表并且为其中的每一个分类显示一个 edit/delete 按钮。

```html
<h2>Categories</h2>

<a href="/category/edit">Add a new category</a>

<?php foreach ($categories as $category): ?>
<blockquote>
    <p>
    <?=htmlspecialchars($category->name,
     ENT_QUOTES, 'UTF-8')?>

    <a
     href="/category/edit?id=<?=$category->id?>">
    Edit</a>
    <form action="/category/delete" method="post">
    <input type="hidden"
        name="id"
        value="<?=$category->id?>">
    <input type="submit" value="Delete">
    </form>
    </p>
</blockquote>

<?php endforeach; ?>
```

如下是 Category.php 中的控制器动作：

```php
public function list() {
    $categories = $this->categoriesTable->findAll();

    $title = 'Joke Categories';

    return ['template' => 'categories.html.php',
```

```
    'title' => $title,
    'variables' => [
        'categories' => $categories
    ]
    ];
}
```

最后，如下是 IjdbRoutes 中的路径：

```
'category/list' => [
    'GET' => [
    'controller' => $categoryController,
    'action' => 'list'
    ],
    'login' => true
],
```

可以在 Relationships-ListCategories 中找到这段代码。

模板中的 Edit 链接已经有效了。为 Delete 按钮添加路径和控制器动作，以完成分类管理页面：

```
'category/delete' => [
    'POST' => [
    'controller' => $categoryController,
    'action' => 'delete'
    ],
    'login' => true
],

public function delete() {
    $this->categoriesTable->delete($_POST['id']);

    header('location: /category/list');
}
```

例子：Relationships-DeleteCategory

13.4　指定笑话的分类

既然可以给 Web 站点添加分类，让我们添加将笑话指定到一个分类的功能。

正如我前面所提到的，最简单的方法是在添加笑话页面中有一个<select>框，用来设置 joke 表中的一个 categoryId 列。然而，这种方法也是最没有灵活性的方法。一个笑话可能分到多个分类中。相反，我们打算使用连接表（也就是说，只有两个列的一个表）来建模这种关系。

在我们的例子中，这两个列是 jokeId 和 categoryId。

让我们使用 MySQL Workbench 或者通过运行如下的查询来创建下面的表：

```
CREATE TABLE `ijdb_sample`.`joke_category` (
    `jokeId` INT NOT NULL,
    `categoryId` INT NOT NULL,
    PRIMARY KEY (`jokeId`, `categoryId`));
```

注意，jokeId 和 categoryId 列是主键。正如我在第 4 章中介绍的，这就防止了同一个笑话两次被加入到一个分类中。

在继续之前，让我们给数据库添加一些分类。使用位于 http://192.168.10.10/category/edit 的表单，添加"programming jokes"和"one-liners"分类。

当前，我们有了 3 个笑话，每一个都属于"programming jokes"分类：

How many programmers does it take to screw in a lightbulb? None, it's
a hardware problem.

Why did the programmer quit his job? He didn't get arrays.

Why was the empty array stuck outside? It didn't have any keys.

还有一些笑话是分到了一个或两个分类中：

Bugs come in through open Windows. ("programming jokes" and "oneliners"
categories)

How do functions break up? They stop calling each other.
("programming jokes" only)

You don't need any training to be a litter picker, you pick it up on the
job. ("one-liners" only)

Venison's dear, isn't it? ("one-liners" only)

It's tricky being a magician. ("one-liners" only)

不只是添加了这些。我们将修改 Add Joke 页面以允许选择分类，然后添加笑话。

我们将使用一系列的复选框，以允许用户选择一个笑话属于哪几个分类，而不是使用一个\<select\>框。

随着 Joke 控制器现在需要能够传递分类的一个列表给 editjoke.html.php 模板，让我们修改该控制器，
以使用一个新的构造方法参数和类变量：

```
class Joke {
    private $authorsTable;
    private $jokesTable;
    private $categoriesTable;
    private $authentication;

    public function __construct(DatabaseTable $jokesTable,
     DatabaseTable $authorsTable,
     DatabaseTable $categoriesTable,
     Authentication $authentication) {
    $this->jokesTable = $jokesTable;
    $this->authorsTable = $authorsTable;
    $this->categoriesTable = $categoriesTable;
    $this->authentication = $authentication;
    }

    // …
```

美观上的选择

为了保持一致性，我们将该参数放在了 Authentication 参数之前。这么做并没有什么实际
的原因，这完全是出于美观上的考虑，以便将所有的 DatabaseTable 实例放在一起。

现在，当 Joke 控制器在 IjdbRoutes 中实例化时，我们应该传入 categoriesTable DatabaseTable 实例。

```
$jokeController = new \Ijdb\Controllers\Joke
($this->jokesTable, $this->authorsTable,
 $this->categoriesTable,
 $this->authentication);
```

在 edit 方法中，给模板传入分类的列表：

```
public function edit() {
    $author = $this->authentication->getUser();
    $categories = $this->categoriesTable->findAll();

    if (isset($_GET['id'])) {
```

```
        $joke = $this->jokesTable->findById($_GET['id']);
    }

    $title = 'Edit joke';

    return ['template' => 'editjoke.html.php',
    'title' => $title,
    'variables' => [
        'joke' => $joke ?? null,
        'userId' => $author->id ?? null,
        'categories' => $categories
    ]
    ];
}

}
```

下一个步骤是在 editjoke.html.php 模板中设置分类列表并为每个分类创建一个复选框：

```
<form action="" method="post">
    <input type="hidden" name="joke[id]"
     value="<?=$joke->id ?? ''?>">
    <label for="joketext">Type your joke here:
    </label>
    <textarea id="joketext" name="joke[joketext]" rows="3"
     cols="40"><?=$joke->joketext ?? ''?>
     </textarea>

    <p>Select categories for this joke:</p>
    <?php foreach ($categories as $category): ?>
    <input type="checkbox"
        name="category[]"
        value="<?=$category->id?>" />
    <label><?=$category->name?></label>

    <?php endforeach; ?>

    <input type="submit" name="submit" value="Save">
</form>
```

现在应该很熟悉这里的代码了，但是，我们将快速回顾一下已经添加的内容。

<?php foreach ($categories as $category): ?>:遍历每一个分类。

```
<input type="checkbox" name="category[]" value="<?=$category->id?>"
```

/>：这会为每个分类创建一个复选框，value 属性设置为该分类的 ID。

name="category[]"：通过将复选框的名称设置为 category[]，当提交表单时，将会创建一个数组。例如，如果选中值为 1 和 3 的复选框，变量$_POST['category'] 将会包含带有值 1 和 3 的一个数组（'1', '3']）。

如果你尝试上面的代码，页面格式看上去将会很奇怪。给 jokes.css 添加如下的 CSS 以修正它：

```
form p {clear: both;}
 input[type="checkbox"] {float: left; clear: left; width:
➡ auto; margin-right: 10px;}
input[type="checkbox"] + label {clear: right;}
```

可以在 Relationships-JokeCategory 中找到这段代码。

既然已经在 Add Joke 页面上列出了分类并且可以进行选择，我们需要修改 saveEdit 方法以处理来自表单提交的新数据。理解在这里需要做些什么是很重要的。当表单提交时，选中分类的 ID 的一个数组将作为一个$_POST 变量发送。每个分类 ID 和新的笑话的 ID 随后会写入到 joke_category 表中。

在能够向 joke_category 表添加记录之前，我们需要用于它的一个 DatabaseTable 实例。在 IjdbRoutes

中，添加如下的类变量，并且创建该实例：

```
// …
private $jokeCategoriesTable;

    public function __construct() {
    include __DIR__ . '/../../includes/DatabaseConnection.php';

    $this->jokesTable = new \Ninja\DatabaseTable($pdo,
     'joke', 'id', '\Ijdb\Entity\Joke',
     [&$this->authorsTable]);
    $this->authorsTable = new \Ninja\DatabaseTable($pdo,
     'author', 'id',
     '\Ijdb\Entity\Author',
     [&$this->jokesTable]);
    $this->categoriesTable = new \Ninja\DatabaseTable($pdo,
     'category', 'id');

    $this->jokeCategoriesTable =
     new \Ninja\DatabaseTable($pdo,
     'joke_category', 'categoryId');
// …
```

我们也可以把 jokeCategoriesTable 实例传递给 Joke 控制器。然而，就像我们对$author->addJoke方法所做的一样，最好是使用一种面向对象的方法来实现它，也就是使用如下的代码将一个笑话添加到一个分类：

```
$joke->addCategory($categoryId);
```

为了做到这一点，在 Joke 控制器的 saveEdit 方法中，我们需要一个 Joke 实体实例。更新后的 saveEdit 方法的代码将如下所示：

```
public function saveEdit() {
    $author = $this->authentication->getUser();

    $joke = $_POST['joke'];
    $joke['jokedate'] = new \DateTime();

    $jokeEntity = $author->addJoke($joke);

    foreach ($_POST['category'] as $categoryId) {
    $jokeEntity->addCategory($categoryId);
    }

    header('location: /joke/list');
}
```

此时，重要的修改是$jokeEntity =$author->addJoke($joke);这一行。

addJoke 方法当前并没有一个返回值，它将需要返回一个 Joke 实体实例，这个实例表示已经添加到数据库中的笑话。

简单思考一下，在 jokesTable 实例创建之后，一种简单的方法就可以从该实例中获取笑话，过程如下：

- 从$_POST 中取出新笑话的数据；
- 将其传递给 Author 实体类中的 addJoke 方法；
- 使用一个 SELECT 查询（或者 findById 方法）从数据库获取新添加的笑话。

例如：

```
public function addJoke($joke) {

    $joke['authorId'] = $this->id;
    // Store the joke in the database
```

```
    $this->jokesTable->save($joke);

    // Fetch the new joke as an object
    return $this->jokesTable->findById($id);
}
```

这么做有两个问题：

（1）我们并不知道新创建的笑话的 id 是什么；

（2）它增加了额外的负载。我们实际上访问了数据库两次，第一次是运行一个 INSERT 查询以发送新笑话的相关数据，然后用一个 SELECT 查询立即按照相反的方向从数据库取回完全相同的数据。我们已经在$joke 变量中拥有了这些信息，因此，在这里，不需要从数据库中获取它。

尽管如此，还是有可能在 addJoke 中创建 Joke 实体实例，将这一功能放置到 DatabaseTable 中会更有意义。无论何时调用 save，它可以返回相关的实体实例。通过将这一逻辑放置到 save 方法中，当任何数据需要写入到任何数据库表的任何时候，save 方法都将返回表示新添加的记录的一个对象。

上面的 addJoke 方法应该修改为：

```
public function addJoke($joke) {

    $joke['authorId'] = $this->id;

    return $this->jokesTable->save($joke);
}
```

这将会返回来自 DatabaseTable 类的 save 方法的返回值。这样，不管 save 方法向 addJoke 方法返回什么，该内容也将由 addJoke 方法返回。

打开 DatabaseTable 类并找到 save 方法：

```
public function save($record) {
    try {
    if ($record[$this->primaryKey] == '') {
        $record[$this->primaryKey] = null;
    }
    $this->insert($record);
    }
    catch (\PDOException $e) {
    $this->update($record);
    }
}
```

这叫作 insert 或 update 方法。这里我们需要做的第一件事情是，创建相关实体类的一个实例。对于笑话来说，这将是 Joke 类，对于作者来说，这将是 Author 类，依次类推。

要创建相关的实体，我们可以使用如下的代码：

```
 $entity = new
➥ $this->className(...$this->constructorArgs);
```

这看上去很复杂。这里有很多变量，以及一个全新的操作符。理解这里发生了什么是很重要的。因此，我将向你解释这段代码是如何工作的。让我们先想想，想要对笑话类做些什么。要创建 Joke 实体类的一个实例，我们需要如下的代码：

```
$joke = new \Ijdb\Entity\Joke($authorsTable);
```

类名\Ijdb\Entity\Joke 存储在$this->className 变量中，因此，上面的代码也可以表示为如下所示：

```
$joke = new $this->className($authorsTable);
```

并且这段代码也同样有效。

然而，每个实体类都有不同的参数，并且潜在地有不同数目的参数。例如，Author 实体类需要$jokesTabe 实例。在$this->constructorArgs 变量中，我们已经拥有了实体类的参数列表，该列表是一个数组的形式。

...操作符称为参数解包操作符（argument unpacking operator），允许指定一个数组来代替数个参数。例如，考虑如下的代码：

```
$array = [1, 2];

someFunction(...$array);
```

它等同于：

```
someFunction(1, 2);
```

在我们的例子中，如下这段代码：

```
$entity = new
➥ $this->className(...$this->constructorArgs);
```

等同于下面的这段代码：

```
$entity = new
➥ $this->className($this->constructorArgs[0],
➥ $this->constructorArgs[1]);
```

一旦运行这段代码，$entity 变量将存储一个对象。该对象的类型将依赖于在 $this->className 中定义的类。对于 $jokesTable 实例，它将是 Joke 实体类的一个实例。

这段代码可以放置在 save 方法中，带上返回新创建的实体对象的一行代码：

```php
public function save($record) {
    $entity = new $this->
    className(...$this->constructorArgs);

    try {
    if ($record[$this->primaryKey] == '') {
        $record[$this->primaryKey] = null;
    }
    $this->insert($record);
    }
    catch (\PDOException $e) {
    $this->update($record);
    }

    return $entity;
}
```

有了这些代码行，save 方法将实例化相关的、空的实体类。下一步是将发送给数据库的数据写入到该类中。这可以通过一个简单的 foreach 来实现：

```php
public function save($record) {
    $entity = new $this->
    className(...$this->constructorArgs);

    try {
    if ($record[$this->primaryKey] == '') {
        $record[$this->primaryKey] = null;
    }
    $this->insert($record);
    }

    catch (\PDOException $e) {
    $this->update($record);
    }

    foreach ($record as $key => $value) {
```

```
if (!empty($value)) {
    $entity->$key = $value;
}
}

return $entity;
}
```

在这里，重要的一行是$entity->$key = $value;。每次 foreach 迭代时，$key 变量都设置为列名（例如 joketext），并且$value 变量设置为要写入到该列的值。通过在对象访问操作符(->)后面使用$key 变量，它将会写入到具有该列名称的属性中。

这里的 if (!empty($value))检查，是为了防止实体上已经设置的值（例如主键）被 null 所覆盖。

```
$record = ['joketext' => 'Why did the empty array get
➡ stuck outside? It didn\'t have any keys',
'authorId' => 1,
'jokedate' => '2017-06-22'];

foreach ($record as $key => $value) {
    if (!empty($value)) {
    $joke->$key = $value;
    }
}
```

上面的代码和如下的代码具有相同的结果：

```
$joke->joketext = 'Why did the empty array get stuck
➡ outside? It didn\'t have any keys';

$joke->authorId = 1;

$joke->jokedate = '2018-06-22';
```

 将数组转换为对象

将一个数组转换为一个对象的常用方法如下所示：

使用 foreach，将值写入到实体对象中，save 方法将返回一个对象，该对象所有的值已经作为一个数组传递给方法。

对于要更新的记录来说，这工作得很好，因为$record 变量将包含数据库表中所有列的键。

然而，一个新创建的记录将不会拥有主键设置。当添加一个笑话时，我们为 save 方法传入了 joketext、jokedate 和 authorId 列的值，而没有 id 列的值。实际上，即便我们想的话，也不能传入 id 的值，因为在数据库中创建该记录之前，我们并不知道 id 值是什么。

这个 id 主键实际上是在数据库中由 MySQL 创建的。对于 INSERT 查询，我们需要在记录已经添加之后，立即从数据库读取该值。

好在 PDO 库提供了一个非常简单的方法来做到这一点。在 INSERT 查询发送到数据库之后，你可以在 PDO 实例上调用 lastInsertId 方法以读取最新插入的记录的 ID。

为了实现这一点，让我们修改 DatabaseTable 类中的 insert 方法，以返回最新插入的 ID：

```
private function insert($fields) {
    $query = 'INSERT INTO `' . $this->table . '` (';
    foreach ($fields as $key => $value) {
    $query .= '`' . $key . '`,';
    }

    $query = rtrim($query, ',');
```

```
$query .= ') VALUES (';

foreach ($fields as $key => $value) {
$query .= ':' . $key . ',';
}

$query = rtrim($query, ',');

$query .= ')';

$fields = $this->processDates($fields);

$this->query($query, $fields);

return $this->pdo->lastInsertId();
}
```

现在，save 方法可以读取这个值并且在新创建的实体对象上设置主键：

```
public function save($record) {
    $entity = new $this->
    className(...$this->constructorArgs);

    try {
    if ($record[$this->primaryKey] == '') {
        $record[$this->primaryKey] = null;
    }

    $insertId = $this->insert($record);

    $entity->{$this->primaryKey} = $insertId;
    }
    catch (\PDOException $e) {
    $this->update($record);
    }

    foreach ($record as $key => $value) {
    $entity->$key = $value;
    }

    return $entity;
}
```

我使用了带有花括号的快捷方法来设置主键，但是，这和如下的代码是相同的：

```
$insertId = $this->insert($record);

$primaryKey = $this->primaryKey;

$entity->$primaryKey = $insertId;
```

save 方法现在完成了。任何时候，当我们调用 save 方法，它将会返回一个实体实例，以表示刚刚存储的记录。

给笑话指定分类

要让 joke 控制器为一个笑话实例指定分类的话，需要这个功能。我们可以将 Joke 控制器中的 saveEdit 方法修改为如下所示：

```
public function saveEdit() {
    $author = $this->authentication->getUser();
```

```
$joke = $_POST['joke'];
$joke['jokedate'] = new \DateTime();
$jokeEntity = $author->addJoke($joke);

foreach ($_POST['category'] as $categoryId) {
$jokeEntity->addCategory($categoryId);
}

header('location: /joke/list');
}
```

既然$author->addJoke($joke);返回一个 Joke 实体对象，我们可以在表示刚刚已经插入的记录的一个实体上调用方法。在这个例子中，$jokeEntity->addCategory($categoryId);可以用来为刚刚添加到数据库中的笑话指定一个分类。

当然，为了让它能够工作，我们需要对 Joke 实体类进行一些修改。

由于 addCategory 方法将要把一条记录写入到新的 joke_category 表中，它将需要 jokeCategoriesTable DatabaseTable 实例的一个引用。我知道这里的方法：添加一个类变量和构造方法参数。

```
<?php
namespace Ijdb\Entity;

class Joke {
    public $id;
    public $authorId;
    public $jokedate;
    public $joketext;
    private $authorsTable;
    private $author;
    private $jokeCategoriesTable;

    public function __construct(\Ninja\DatabaseTable
     $authorsTable, \Ninja\DatabaseTable
     $jokeCategoriesTable) {
    $this->authorsTable = $authorsTable;
    $this->jokeCategoriesTable = $jokeCategoriesTable;
    }

    // …
```

然后，修改 IjdbRoutes，将该实例作为$jokesTable 实例的构造方法的一个参数而提供：

```
$this->jokesTable = new \Ninja\DatabaseTable($pdo,
 'joke', 'id', '\Ijdb\Entity\Joke',
 [&$this->authorsTable,
 &$this->jokeCategoriesTable]);
```

通过将&$this->jokeCategoriesTable 添加作为第 5 个参数传递到数组之中，每次在$jokesTable 实例中创建\Ijdb\Entity\Joke 的一个实例时，都会使用 authorsTable 和 jokeCategoriesTable 实例调用该构造方法。

接下来，给 Joke 实体类添加 addCategory 方法：

```
public function addCategory($categoryId) {
    $jokeCat = ['jokeId' => $this->id,
     'categoryId' => $categoryId];

    $this->jokeCategoriesTable->save($jokeCat);
}
```

可以在 Relationships-AssignCategory 中找到这段代码。

这段代码相当简单。第一行创建了一个数组来表示要添加的记录。jokeId 是我们要为其添加分类的笑话的 id，并且 categoryId 来自于该参数。

有了这段代码，不管何时向 Web 站点添加一个笑话，都会为它分配所选中的分类。

继续前进并添加我在前面所提供的笑话，或者是你自己的笑话，并且通过从 MySQL Workbench 中选中记录，以验证这些记录已经添加到了 joke_category join 表中。

13.5 按照分类显示笑话

既然我们已经为数据库中的笑话指定了分类，让我们来添加一个页面，以允许按照分类选取笑话。在笑话列表页面上，让我们添加分类的一个列表，以允许过滤笑话。第一部分相当简单，我们需要在笑话列表页面上将分类的列表显示为链接。这涉及两个简单的步骤。

（1）修改 list 动作以将分类的列表传递给模板：

```php
public function list() {
    $jokes = $this->jokesTable->findAll();

    $title = 'Joke list';

    $totalJokes = $this->jokesTable->total();

    $author = $this->authentication->getUser();

    return ['template' => 'jokes.html.php',
    'title' => $title,
    'variables' => [
        'totalJokes' => $totalJokes,
        'jokes' => $jokes,
        'userId' => $author->id ?? null,
        'categories' => $this->categoriesTable->findAll()
    ]
    ];
}
```

（2）在 jokes.html.php 模板中遍历分类，并且创建一个列表，其中每个分类一个链接：

```php
<ul class="categories">
    <?php foreach ($categories as $category): ?>
    <li><a href="/joke/list?category=
    <?=$category->id?>">
    <?=$category->name?></a><li>
    <?php endforeach; ?>
</ul>
```

为了使其看起来更好看一些，你也可以添加一个包含的 div，以及围绕笑话列表的一个 div：

```php
<div class="jokelist">

<ul class="categories">
    <?php foreach ($categories as $category): ?>
    <li><a href="/joke/list?category=
    <?=$category->id?>">
    <?=$category->name?></a><li>
    <?php endforeach; ?>
</ul>

<div class="jokes">

 <p><?=$totalJokes?> jokes have been submitted to
➥ the Internet Joke Database.</p>
```

```
<?php foreach ($jokes as $joke): ?>
    // …
<?php endforeach; ?>

</div>
```

然后，应用如下的 CSS：

```
.jokelist {display: table;}
 .categories {display: table-cell; width: 20%;
➥ background-color: #333; padding: 1em; list-style-type: none;}
.categories a {color: white; text-decoration: none;}
.categories li {margin-bottom: 1em;}
.jokelist .jokes {display: table-cell; padding: 1em;}
```

可以在 Relationships-CategoryList 中找到这段代码。

列表完成了，但是，链接目前还没有做任何事情。每个链接都将一个名为 category 的$_GET 变量设置为我们想要查看的分类的 ID。如果你点击一个新的分类链接，将会看到一个页面，这和访问/jokes/list?category=1 所看到的页面类似。

你可能已经搞清楚了我们现在需要做什么了。如果设置了 category 变量的话，我们需要使用新的$_GET 变量，以显示过滤后的笑话的一个列表。

如果我们已经使用 joke 表中的一个 categoryId 列实现了一种较为简单的关系，这一工作将会相对简单。在控制器动作 list 中，我们只是修改了设置$jokes 变量的方式：

```
if (isset($_GET['category'])) {
    $jokes = $this->jokesTable->find('category',
     $_GET['category']);
}
else {
    $jokes = $this->jokesTable->findAll();
}
```

然而，由于我们有一种多对多的关系，这就没那么简单了。一个选择是将 jokeCategoriesTable 传递给控制器，并且做如下的一些事情：

```
if (isset($_GET['category'])) {
    $jokeCategories = $this->jokeCategoriesTable->
    find('categoryId', $_GET['categoryId']);
    $jokes = [];

    foreach ($jokeCategories as $jokeCategory) {
    $jokes[] = $this->jokesTable->
    findById($jokeCategory->jokeId);
    }
}
else {
    $jokes = $this->jokesTable->findAll();
}
```

在这个例子中，通过 id 来选中分类（例如 4），我们从 joke_cagegory 表得到了所有记录的一个列表。这会给我们记录的一个集合，其中每一条记录都带有一个 categoryId 和一个 jokeId。

在我们的示例中，categoryId 将总是为 4，因为我们只选择了属于该分类的记录，但是，每一条记录都有一个唯一的 jokeId。然后，我们遍历所有的记录并且从 joke 表中找出相关的记录，将每一条 joke 记录添加到$jokes 数组中。

如果你想要继续，并且自行测试该方法，在 list 方法中使用上面的代码，创建 jokeCategoriesTable 类变量、构造方法参数，并且将该实例传递给来自 IjdbRoutes 的 Joke 控制器中。

我没有给出这段代码，因为这不是一个好的解决方案。编程最困难的部分是将代码放置到正确的地方。

上面的逻辑是对的。它有效，并且也比较容易想出来。然而，如果我们能够像下面这样从获得一个分类笑话的列表，将会更好：

```php
$category = $this->categoriesTable->
findById($_GET['category']);

$jokes = $category->getJokes();
```

这将允许我们在程序中的任何地方通过一个分类来获取笑话的一个列表，而不只是在 list 方法中这么做。你已经知道如何做到这一点了，我们对$joke->getAuthor()做了相同的事情。实际上，这是相同的。

我们将需要一个 Category 实体类，它能够访问 jokesTable 实例、jokeCategoriesTable 实例，并且拥有一个名为 getJokes 的方法：

```php
<?php
namespace Ijdb\Entity;

use Ninja\DatabaseTable;

class Category
{
    public $id;
    public $name;
    private $jokesTable;
    private $jokeCategoriesTable;

    public function __construct(DatabaseTable $jokesTable,
     DatabaseTable $jokeCategoriesTable)
    {
        $this->jokesTable = $jokesTable;
        $this->jokeCategoriesTable = $jokeCategoriesTable;
    }

    public function getJokes()
    {
        $jokeCategories = $this->jokeCategoriesTable->
        find('categoryId', $this->id);

        $jokes = [];

        foreach ($jokeCategories as $jokeCategory) {
            $joke = $this->jokesTable->
            findById($jokeCategory->jokeId);
            if ($joke) {
                $jokes[] = $joke;
            }
        }
        return $jokes;
    }
}
```

将其保存为 classes/Ijdb/Entity/Category.php。你将会注意到，getJokes 方法中的代码几乎与我在前面向你展示的代码相同。唯一的区别是，它使用了 $this->id 而不是$_GET['category']，并且返回了 $jokes 数组。我还做出了一小处修改，这是一项安全预防措施:if($joke)检查确保了如果从数据库中获取了一个笑话的话，它只会被添加到$jokes 数组中一次。

修改 IjdbRoutes 以设置 categoriesTable 实例，使用新的 Category 实体类并且提供两个构造方法参数：

```php
$this->categoriesTable = new \Ninja\DatabaseTable($pdo,
➥ 'category', 'id', '\Ijdb\Entity\Category',
➥ [&$this->jokesTable,
```

```
➥ &$this->jokeCategoriesTable]);
```

最后，在 list 控制器动作中使用新的 getJokes 方法来获取笑话：

```
if (isset($_GET['category'])) {
    $category = $this->categoriesTable->
    findById($_GET['category']);
    $jokes = $category->getJokes();
}
else {
    $jokes = $this->jokesTable->findAll();
}
```

可以在 Relationships-CategoryList2 中找到这段代码。

使用这种方法，任何时候，当你需要属于一个分类笑话的列表时，可以找到这个分类，然后使用 $category->getJokes()。

如果你访问 Web 站点的笑话列表页面，将能够在分类链接上进行点击以过滤笑话。

13.6　编辑笑话

我们已经获得了将笑话放入分类中所需的大部分功能，但是，如果尝试编辑笑话的话，你将会注意到一个问题。实际上，有两个问题。

第一个问题也是最明显的问题，通过编辑一个笑话就可以发现，尝试编辑已经在一个分类中的一个笑话，并且你将立即会注意到该复选框没有被选中。

为了修正这个问题，我们需要修改打印出复选框的代码：

```
<p>Select categories for this joke:</p>
<?php foreach ($categories as $category): ?>
<input type="checkbox" name="category[]"
    value="<?=$category->id?>" />
    <label><?=$category->name?></label>
<?php endforeach; ?>
```

要选中一个复选框，我们给 input element 添加了 checked 属性：

```
<input type="checkbox" checked name="category[]"
    value="<?=$category->id?>" />
```

这很容易添加：如果笑话在该分类中的话，使用一条 if 语句来显示 checked。困难的部分在于判断一个笑话是否在任何给定的分类中。

我们还将以面向对象的方式来解决这个问题。让我们在 joke 实体中添加一个方法，以便能够使用它：

```
if ($joke->hasCategory($category->id))
```

给 Joke 实体类添加 hasCategory 方法：

```
public function hasCategory($categoryId) {
    $jokeCategories = $this->jokeCategoriesTable->
    find('jokeId', $this->id);

    foreach ($jokeCategories as $jokeCategory) {
        if ($jokeCategory->categoryId == $categoryId) {
            return true;
        }
    }
}
```

通过找出和一个笑话相关的所有分类，遍历分类并且查看其中是否有一个分类和给定的$categoryId一致，从而可以做到这一点。

有了这些，我们可以在 editjoke.html.php 模板中使用它：

```
<p>Select categories for this joke:</p>
<?php foreach ($categories as $category): ?>

<?php if ($joke &&
 $joke->hasCategory($category->id)): ?>
<input type="checkbox" checked name="category[]"
    value="<?=$category->id?>" />
<?php else: ?>
<input type="checkbox" name="category[]"
    value="<?=$category->id?>" />
<?php endif; ?>

<label><?=$category->name?></label>
<?php endforeach; ?>
```

如果要编辑一个笑话，现在相关分类的复选框将会被选中，这就解决了第一个问题。

第二个问题要更加微妙一些。如果你编辑一个笑话，但是没有修改其分类，一切都表现得很好。然而，如果你选中了一个复选框，这个修改并不会保存下来。

尝试编辑一个笑话并且取消所有分类复选框，然后再按下 Save 按钮。当你再返回去编辑该笑话时，那些复选框将仍然是选中的。

这个问题的原因是很常见的，当你以这种方式处理复选框时，经常会遇到这个问题。尽管我们有一些逻辑是这么说的，"如果复选框被选中了，给 joke_category 表添加一条记录"，但是，我们没有任何办法在记录已经添加了，并且复选款被取消选中之后删除掉该记录。

我们可以使用这个过程：

* 遍历每一个单个的分类；
* 检查对应的复选框是否选中了；
* 如果复选框没有选中并且有一条对应的记录，删除掉该记录。

我们需要对每一个分类进行这种检查，并且这可能要花大量的代码去实现。

相反，一种简单得多的方法是从 joke_category 表中删除掉和我们要编辑的笑话相关的所有记录，然后应用和前面相同的逻辑：遍历选中的复选框，并且针对所选中的每一个分类插入记录。

必须要承认，这档效率很低。如果编辑了笑话并且没有修改复选框，这将会导致不必要的删除和重新插入相同的数据。然而，这仍然是最简单的方法。

DatabaseTable 类有一个 delete 方法，它允许根据主键来删除一条记录。然而，我们的表有两个主键，分别是 jokeId 和 categoryId，因此我们不能像当前那样使用它。

相反，让我们给 DatabaseTable 类添加一个 deleteWhere 方法，它像已有的 find 方法一样工作：

```
public function deleteWhere($column, $value) {
    $query = 'DELETE FROM ' . $this->table . '
    WHERE ' . $column . ' = :value';

    $parameters = [
    'value' => $value
    ];

    $query = $this->query($query, $parameters);
}
```

这里的代码和 find 方法相同，只不过它向数据库发送一个 DELETE 查询而不是一个 SELECT 查询。例如，$jokesTable->deleteWhere('authorId', 7)将会删除掉 id 为 7 的作者的所有笑话。

给 Joke 实体类添加一个 clearCategories 方法，它从 jokeCategories 表中删除针对一个给定笑话的所有相关记录。

```
public function clearCategories() {
    $this->jokeCategoriesTable->deleteWhere('jokeId',
     $this->id);
}
```

当调用$joke->clearCategories()时，它将从表示$joke 中存储的笑话的 joke_category 表中，删除每一条记录。在 Joke 控制器中，添加对这个 saveEdit 方法的调用：

```
public function saveEdit() {
    $author = $this->authentication->getUser();

    $joke = $_POST['joke'];
    $joke['jokedate'] = new \DateTime();

    $jokeEntity = $author->addJoke($joke);

    $jokeEntity->clearCategories();
    foreach ($_POST['category'] as $categoryId) {
    $jokeEntity->addCategory($categoryId);
    }

    header('location: /joke/list');
}
```

可以从 Relationships-ChangeCategories 中找到这段代码。

编辑一个笑话并取消选中的一些分类，然后，返回去再次添加它们，从而进行测试。如果按照这里给出的步骤，你将能够像预期的那样修改笑话的分类。

13.7　用户角色

现在，我们已经拥有一个功能完备的笑话 Web 站点，用户可以注册、发布笑话、编辑/删除他们自己提交的笑话，并且按照分类来浏览笑话。

但是，如果某些人发布了你想要删除的内容，或者是你想要修改某人的笑话中的一个拼写错误，那该怎么办？

现在，你还不能这么做！这里有一个检查，只允许作者编辑它们自己的笑话。如果其他人发布了一些内容，当前还没有办法来修改它。

这个 Web 站点也进行了了设置，以便任何人都能够添加新的分类。如果只有你（Web 站点的所有者）才能够这么做，将会更好一些。

这是 Web 站点上一个非常常见的问题，并且它通常通过访问级别（access level）来解决，其中，不同的账户可以执行不同的任务。

在我们的 Web 站点上，我们至少需要如下的访问级别。

（1）标准用户：可以发布新的笑话并编辑/删除他们所发布的笑话。

（2）管理员：可以添加/编辑/删除分类，发布笑话并编辑/删除任何人发布的笑话。他们还应该能够将其他的用户转变为管理员。

做到这一点最简单的方法是让 author 表有一个列，用来表示作者的访问级别。该列中的值 1 表示一个常规的用户，值 2 表示一个管理员。然后，我们很容易在任何页面上添加一个检查，以确定登录用户是否是管理员：

```
$author = $this->authentication->getUser();

if ($author->accessLevel == 2) {
    // They're an administrator
```

```
}
else {
    // Otherwise, they're not
}
```

这个方法很容易理解，并且，我们甚至可以很容易地将其抽象为 if ($author->isAdmin())以提高可读性。

对于只有几个用户的较小的 Web 站点，或者是只有一个管理员时，这种实现访问级别的方式是很好的。

然而，对于较大的、现实世界的 Web 站点，你常常需要给用户不同的访问级别。例如，我们可能想要某个人能够添加分类但是没有赋予其他人管理员访问的权限，或者更有甚者，我们不想让他能够收回你的管理员权限而他却能够完全控制 Web 站点。

一种更加灵活的方式是，给每个用户针对每个动作的一个单独许可。例如，我们可以设置一个用户能够编辑一个分类，但是却不能添加一个管理员。

对于这个 Web 站点，我们已经考虑到了如下的这些许可：

- 编辑其他人的笑话；
- 删除其他人的笑话；
- 添加分类；
- 编辑分类；
- 删除分类；
- 编辑用户访问级别。

我们在数据库中对其建模之前，先考虑如何在已有的代码中检查这些。

我们的 Author 实体类可以有一个名为 hasPermission 的方法，它接受一个单个的参数并根据用户是否有一个具体的许可，而返回 true 或 false。

我们也可以为以上的每一种许可分配一个数字，以便可以用如下的代码来检查他们是否有权编辑其他人的笑话：

```
if ($author->hasPermission(1))
```

2 可以用来表示删除其他用户的笑话，3 可以表示是否允许用户添加分类，依次类推。

这大致就是我们想要做的事情，但是，看一下上面的代码行，真的不是很清楚发生了什么。如果你看到$author->hasPermission(6)这行代码，可能必须走开并查看一下 6 的含义是什么。

为了让代码更容易阅读，每个值都存储在一个常量中，常量就像是一个变量一样，是给定一个值的标签。然而，不同之处在于，常量总是拥有相同的值。这个值在程序开始时设置一次，并且不会再修改了。

在面向对象编程中，在一个类中，常量的定义如下所示：

```php
<?php
namespace Ijdb\Entity;

class Author {

    const EDIT_JOKES = 1;
    const DELETE_JOKES = 2;
    const LIST_CATEGORIES = 3;
    const EDIT_CATEGORIES = 4;
    const REMOVE_CATEGORIES = 5;
    const EDIT_USER_ACCESS = 6;
```

常量的惯例

按照惯例，常量是以大写字母表示的，单词之间用下画线分隔开。尽管也可以使用小写字母，但在每一种编程语言中，人们普遍按照上述的这种惯例来表示常量。

我在 Author 实体类中定义该常量，因为许可是和作者相关的。

我们还将在该类中定义一个名为 hasPermission 的方法。

```php
<?php
namespace Ijdb\Entity;

class Author {

    const EDIT_JOKES = 1;
    const DELETE_JOKES = 2;
    const LIST_CATEGORIES = 3;
    const EDIT_CATEGORIES = 4;
    const REMOVE_CATEGORIES = 5;
    const EDIT_USER_ACCESS = 6;
    // …

    public function hasPermission($permission) {
    // …
    }
```

在编写该方法的代码之前，我打算向你介绍一下如何会使用它：

```php
$author = $this->authentication->getUser();

if ($author->hasPermission
(\Ijdb\Entity\Author::LIST_CATEGORIES)) {
    // …
}
```

注意，常量带有命名空间和类名前缀，然后是一个::。::符号用来访问一个给定类中的常量。

当访问一个常量时，不需要创建一个实例，因为无论如何对于常量来说，每个实例都具有相同的值。

我们需要在两个不同的地方实现这一点。第一个地方是页面级别的访问。就像我们对登录检查所做的一样，在路径上可以进行一次检查，以阻止人们没有正确的许可就浏览一个页面。

这需要在 EntryPoint 中完成，但是，由于你所构建的每一个 Web 站点可能有不同的方法来处理这些检查，我们将给 IjdbRoutes 添加一个名为 checkPermissions 的新方法：

```php
public function checkPermission($permission): bool {
    $user = $this->authentication->getUser();

    if ($user && $user->hasPermission($permission)) {
    return true;
    } else {
    return false;
    }
}
```

这会获取当前的登录用户并且检查他们是否拥有一个具体的权限。

由于这是你所构建的任何 Web 站点都需要提供的内容，因此，修改 Routes 接口以包含 checkPermission 方法：

```php
<?php
namespace Ninja;

interface Routes
{
    public function getRoutes(): array;
    public function getAuthentication(): \Ninja\Authentication;
    public function checkPermission($permission): bool;
}
```

要在 EntryPointy 类中实现这一点，我们将给$routes 数组添加一个额外的条目，以指定要访问每个页面需要什么许可。我们先从分类许可开始：

```
'category/edit' => [
    'POST' => [
    'controller' => $categoryController,
    'action' => 'saveEdit'
    ],
    'GET' => [
    'controller' => $categoryController,
    'action' => 'edit'
    ],
    'login' => true,
    'permissions' => \Ijdb\Entity\Author::EDIT_CATEGORIES
],
'category/delete' => [
    'POST' => [
    'controller' => $categoryController,
    'action' => 'delete'
    ],
    'login' => true,
    'permissions' => \Ijdb\Entity\Author::REMOVE_CATEGORIES
],
'category/list' => [
    'GET' => [
    'controller' => $categoryController,
    'action' => 'list'
    ],
    'login' => true,
    'permissions' => \Ijdb\Entity\Author::LIST_CATEGORIES
],
```

我已经在数组中使用一个额外的键添加了每一个页面所需的相关许可。这只是在数组中定义了一个额外的值。我们将需要让 EntryPoint 类调用刚刚添加的 checkPermission 方法，以确定是否允许登录用户浏览该页面。

这里的过程相当直接。当我们访问一个页面时，例如/category/edit，EntryPoint 类将读取该路径的 permissions 键中存储的值，然后调用新的 checkPermission 方法来判断登录并浏览该页面的用户是否拥有相应的许可。

这将会按照和登录检查相同的方式工作：

```
if (isset($routes[$this->route]['login']) &&
 !$authentication->isLoggedIn()) {
    header('location: /login/error');
}
 else if (isset($routes[$this->route]['permissions'])
➥ &&
 !$this->routes->checkPermission
 ($$routes[$this->route]['permissions'])) {
    header('location: /login/error');
}
else {
// …
```

首先，执行登录检查，然后进行许可检查。如果该路径包含了一个 permissions 键，存储在该键下的值，例如\Ijdb\Entity\Author::REMOVE_CATEGORIES，将会传递给 checkPermission 方法，该方法判断登录用户是否具有所需的许可。

由于我们还没有为 Author 实体类中的 hasPermission 方法编写代码，任何许可检查将总是返回 false。继续前进并且通过访问 http://192.168.10.10/category/list 来浏览分类列表。

你将会看到一个显示"You are not logged in"的错误页面。此时，你可能想要添加一个新的模板和路径，以显示一个更加准确的错误消息，但是，现在你应该很熟悉添加页面了，因此我不打算详细介绍如何做。

在 Relationships-PermissionsCheck 中可以找到这段代码。

13.8 创建一个表单以分配许可

在我们实现 hasPermission 方法之前，这个 Web 站点需要一个页面以允许为任何给定的用户分配许可权限。

我们还需要两个页面，一个页面列出所有的作者，以便我们能够选择要对其进行授权的作者；另一个页面包含一个表单，其中带有针对每一个许可权限的复选框。

添加如下的路径：

```
'author/permissions' => [
    'GET' => [
    'controller' => $authorController,
    'action' => 'permissions'
    ],
    'POST' => [
    'controller' => $authorController,
    'action' => 'savePermissions'
    ],
    'login' => true
],
'author/list' => [
    'GET' => [
    'controller' => $authorController,
    'action' => 'list'
    ],
    'login' => true
],
```

现在，我们在这里只有一个登录检查。如果我们现在添加了一个许可检查，将不能使用该表单来设置许可了，因为你的账户没有浏览该页面所需的许可。

我们使用已有的用于处理更改用户账户的 Register 控制器，而不是添加一个新的控制器。

13.8.1 作者列表

让我们先完成列表。在 Register 控制器中添加一个 list 方法，它获取所有注册用户的一个列表，并且将其传递给模板：

```
public function list() {
    $authors = $this->authorsTable->findAll();

    return ['template' => 'authorlist.html.php',
    'title' => 'Author List',
    'variables' => [
        'authors' => $authors
    ]
    ];
}
```

用于列出用户的 authorlist.html.php 模板如下所示：

```
<h2>User List</h2>

<table>
```

```
<thead>
<th>Name</th>
<th>Email</th>
<th>Edit</th>
</thead>

<tbody>
<?php foreach ($authors as $author): ?>
<tr>
    <td><?=$author->name;?></td>
    <td><?=$author->email;?></td>
    <td>
<a
➥ href="/author/permissions?id=<?=$author->id;?>">
        Edit Permissions</a></td>
</tr>
<?php endforeach; ?>
</tbody>
</table>
```

如果访问 http://192.168.10.10/author/list，你将会看到注册作者的列表，每个作者都带有一个链接，通过该链接可以编辑他们的许可权限。

Edit Permissions 链接导向/author/permissions 页面，并且将我们想要修改其权限的作者的 id 传递给它。

13.8.2　编辑作者权限

Edit Permissions 页面上还没有什么内容，因为我们还没有创建它。这是一个相当简单的页面，它将针对系统中的每一个许可显示一个复选框，并且如果作者当前拥有该许可权限的话，该复选框将会被选中。

模板可能如下所示：

```
<input type="checkbox" value="1" <?php if
➥ ($author->hasPermission(EDIT_JOKES)) {
    echo 'checked';
} ?> Edit Jokes
<input type="checkbox" value="2" <?php if
➥ ($author->hasPermission(DELETE_JOKES)) {
    echo 'checked';
} ?> Delete Jokes
<input type="checkbox" value="3" <?php if
➥ ($author->hasPermission(LIST_CATEGORIES)) {
    echo 'checked';
} ?> Add Categories
// etc.
```

这也能够工作，但是它需要在两个不同的地方存储和许可有关的信息，在 Author 实体类的常量中以及模板中。我们还需为每一个复选框编写 HTML 和 PHP。

就像大多数情况一样，当我们发现有重复时，就会有一种简单得多的方式。实际上，可以使用一种叫作反射（reflection）的工具来读取一个类中包含的变量、方法和常量的信息。我们实际上从类中得到了常量及其值的一个列表。要反射出 Author 实体类并且读取其所有的属性，我们可以使用如下的代码：

```
$reflected = new \ReflectionClass('\Ijdb\Entity\Author');

$constants = $reflected->getConstants();
```

$constants 数组将包含与类中定义的所有常量相关的信息。如果使用 var_dump 来打印出$constants 变量的内容，你将会看到一个数组，其中常量的名称是键，而常量的值是值。

```
array (size=6)
    'EDIT_JOKES' => int 1
    'DELETE_JOKES' => int 2
```

```
'LIST_CATEGORIES' => int 3
'EDIT_CATEGORIES' => int 4
'REMOVE_CATEGORIES' => int 5
'EDIT_USER_ACCESS' => int 6
```

反射

　　反射可能是一种非常强大的工具，并且对于用它所能做的事情，我在这里只是点到为止。
要了解关于反射的更多信息，请参阅 PHP 手册页面。

通过将这个数组传递给模板，我们实际上可以在该模板中为常量所表示的许可生成复选框的列表。
将这个 permissions 方法添加到 Register 控制器中：

```php
public function permissions() {

    $author = $this->authorsTable->findById($_GET['id']);

    $reflected = new \ReflectionClass('\Ijdb\Entity\Author');
    $constants = $reflected->getConstants();

    return ['template' => 'permissions.html.php',
    'title' => 'Edit Permissions',
    'variables' => [
        'author' => $author,
        'permissions' => $constants
    ]
    ];
}
```

相应的 permissions.html.php 模板如下：

```php
 <h2>Edit <?=$author->name?>'s
➡ Permissions</h2>

<form action="" method="post">

    <?php foreach ($permissions as $name => $value): ?>
    <div>
    <input name="permissions[]"
        type="checkbox"
        value="<?=$value?>"
        <?php if ($author->hasPermission($value)):
        echo 'checked'; endif; ?> />
    <label><?=$name?>
    </div>
    <?php endforeach; ?>

    <input type="submit" value="Submit" />
</form>
```

　　就像对分类所做的一样，我们为复选框列表也生成了一个数组。如果要编辑其中的一个用户许可，你
将会看到针对 Author 类中的每个常量都有一个复选框。

　　这使得将来的开发工作容易了很多。一旦常量已经添加到 Author 实体类中，它将自动出现在列表中，
而不需要我们在每次想要为 Web 站点添加一个新的许可时去编辑模板。

　　可以在 Relationships-EditPermissions 中找到这段代码。

13.8.3　设置许可

　　下一个步骤是，一旦按下 Sava 按钮就存储用户许可。每一个用户都有一组许可，并且有很多种不同的

方式在数据库中表示它。

　　我们可以按照对分类所做的相同方式来做到这一点，创建一个 user_permission 表，它带有 authorId 和 permission 两列。然后，我们可以针对每个许可写一条记录。id 为 4 的一个用户以及 EDIT_JOKES、LIST_ CATEGORIES 和 REMOVE_CATEGORIES 许可将会拥有如下的记录：

```
authorId | permission
       4 |          1
       4 |          3
       4 |          5
```

　　你已经知道如何实现这一点了。你需要创建该表、相关的 DatabaseTable 实例，并且编写 savePermissions 方法，以便在 user_permission 表中为每一个复选框创建一条记录。最后，Author 实体类中的 hasPermission 方法如下所示：

```
public function hasPermission($permission) {
    $permissions = $this->userPermissionsTable->
    find('authorId', $this->id);

    foreach ($permissions as $permission) {
    if ($permission->permission == $permission) {
        return true;
    }
    }
}
```

　　在实现它之前，我想向你介绍一种替代性的方法。

13.8.4　一种不同的方法

　　假设你建立了一个 author 表，它针对每种许可都拥有一列：

```
CREATE TABLE `author` (
    `id` INT(11) NOT NULL AUTO_INCREMENT,
    `name` VARCHAR(255) DEFAULT NULL,
    `email` VARCHAR(255) DEFAULT NULL,
    `password` VARCHAR(255) DEFAULT NULL,
    `editJoke` TINYINT(1) NOT NULL DEFAULT 0,
    `deleteJokes` TINYINT(1) NOT NULL DEFAULT 0,
    `addCatgories` TINYINT(1) NOT NULL DEFAULT 0,
    `removeCategories` TINYINT(1) NOT NULL DEFAULT 0,
    `editUserAccess` TINYINT(1) NOT NULL DEFAULT 0,
    PRIMARY KEY (`id`)
) ENGINE=InnoDB CHARSET=utf8;
```

　　每一列都是 TINYINT(1)，这意味如果它可以存储一个单个的位。要么是 1，要么是 0，并且我已经将默认值设置为 0。

　　然后，可以使用一条 UPDATE 语句来设置任何作者的许可。对于我前面提到的 id 为 4 的作者，可以将如下内容发送到数据库：

```
UPDATE `author` SET `editJokes` = 1, `listCategories` = 1,
➡ `removeCategories` = 1 WHERE `id` = 4
```

可以使用列的名称作为我们的复选框的名称，并且按照和任何其他字段相同的方式来使用它们。

　　这种方法的优点是简单。要搞清楚一个用户是否拥有一种许可，只需要使用如下的代码：

```
// Can this author edit jokes?
if ($author->editJokes == 1)
```

　　或者是：

```
// Can this author remove categories?
```

```
if ($author->removeCategories == 1)
```

这是比连接表更漂亮的一种方法，因为使用一个连接表的相同检查，将需要针对所有用户的许可来查询数据库，遍历记录，并且检查我们所要查找的许可是否有一条对应的记录。

这种方法的缺点是，每次要给 Web 站点添加一个许可时，我们都需要给表添加一列。

尽管如此，这种方法还是要简单很多。它避免了一个数据库表，要检查一个用户是否拥有一种许可所需的代码也要少很多，并且只需要很少的数据库查询。

每个许可在数据库中都是一个简单的 1 或 0。

如果在 MySQL Workbench 中查看一条用户记录，你可能会在许可列看到类似 0 1 0 0 1 0 0 的内容。

13.8.5　快速了解二进制

这种 1 和 0 的序列看上去很像是二进制。实际上，一个数据库中存储的每一个数字，在幕后都是按照一系列的 1 和 0 的方式存储的。

如果你有一个 INT 列，并且它针对一条特定的记录存储了数字 6，它实际将会在硬盘上存储二进制值0110。计算机上存储的一切内容都是二进制的。

每一个二进制的数字有点像是一条数据库记录。每个 1 或 0 都在一个具体的列中，并且该列表示一个具体的值。实际上，对于常规的十进制数字，当看到值 2 395 时，你就知道 3 表示 300（因为它在从右向左第 3 个列上）。

上面数字实际上可以表示为如下所示：

```
2 x 1000 +
3 x 100 +
9 x  10
5 x   1
```

你很熟悉这个过程，是因为这是第二本能，并且你不需要思考。二进制按照相同的方式工作。唯一的区别是，只有数字 1 和 0 可供使用，并且每一列表示的数字也是不同的。在二进制和十进制中，数字是从右向左创建的。每次添加一个额外的数字，它都是添加到左边。要给 27 加上 300，在左边添上一个 3。对于二进制来说，也是这样的，越左边的数字，拥有越高的值。

在二进制数字 0110 的例子中，从右向左的第 3 列表示 4，从右向左的第 2 列表示 2。

要将二进制数字 0110 转换为十进制，只要知道每一列的值，就可以做相同的计算。在十进制中，每次向左移动时，每一列都乘以 10。在二进制中，每一列乘以 2。

要计算出 0110 的总数，我们可以做相同的计算：

```
0 x 8 +
1 x 4 +
1 x 2 +
0 x 1
```

如果这么计算，将会得到 6。每一列都称为位（bit），并且在这个例子中，我们可以说 8 的位没有设置（因为它设置为 0 了），4 的位则设置了（因为它设置为 1 了）。

假设如果要将如下的二进制数转换十进制数[①]：

- 1000
- 0020
- 1010

13.8.6　位计算能力

你可能会问，为什么要介绍这些呢？这和用户许可有什么关系呢？

---

① 答案是 8×(1×8)、2×(1×2)并且最后结果是 10×(1×2 + 1×8)。

简而言之，二进制和许可没有什么关系。但是，if 语句或复选框也没有什么关系。这三者都是我们可以用来解决许可问题的工具。有用的是，你可以使用 PHP（以及几乎每一种编程语言）来查询，对于任何给定的整数，在组成数字的每一位上设置为 1 或 0。

位许可

我们可以使用单个的二进制数字在单个的列中来存储 1 和 0，而不是使用一个不同的数据库列来存储每个 1 或 0。通过给一个许可分配一个列，一个二进制数就可以表示任何用户所拥有的任何许可。

EDIT_USER_ACCESS	REMOVE_CATEGORIES	EDIT_CATEGORIES
32	16	8

LIST_CATEGORIES	DELETE_JOKES	EDIT_JOKES
4	2	1

二进制数 000001 在 EDIT_JOKES 列上有一个 1，这表示具有 EDIT_JOKES 许可的一个用户。

111111 表示拥有所有许可的一个用户，并且 011111 表示一个拥有所有的许可，只是不具备其他用户的编辑许可（EDIT_USER_ACCESS）。

这个过程和在数据库中使用多个列且每个列拥有一个 1 或 0 的过程是相同的。我们只是使用一个二进制数字来表示相同的数据。我们可以在一个单个的 INT 列中存储多个位，而不是每个位使用一个列。

让我们将二进制的数字转换为十进制：00001 变成了 1，111111 变成了 63 并且 011111 变成了 31。我们可以很容易地将这些数字作为整数存储到数据库中。

如果某人拥有许可值 63，那我们知道，他拥有所有可用的许可。

13.8.7 回到 PHP

困难的部分是提取出单个许可。如果我们想要知道用户是否拥有 EDIT_CATEGORIES 许可，该怎么办呢？在上面的表中，我们指定了 8 的位表示 EDIT_CATEGORIES。如果一个用户拥有值 13，那么，是否设置了 8 的位并不是显而易见的事情。

在具有多个列的数据库中，我们可以使用 SELECT * FROM author WHERE id = 4 AND editCategories = 1 来确定 editCategories 列是否针对一个具体用户设置为 1——在这个例子中，也就是 id 为 4 的用户。大多数编程语言（包括 PHP 和 MySQL）支持所谓的按位操作（bitwise operation）。这就允许你查询在任何整数中一个具体的位是否设置了。使用一个单个的 permissions 列，上面的查询可以表示如下：

```
SELECT * FROM author WHERE id = 4 AND 8 & permissions
```

这里聪明的部分是 AND 8 & permissions。这使用了按位运算与（&）操作符，来查询该记录的 permissions 列中存储的数字是否设置了 8 的位。

PHP 还提供了按位 and 操作符。你已经在表示为 0110 的数字 6 中见到过这个操作符，它表示 4 的位和 2 的位都设置了。

按位&操作符可以用来确定一个具体数字中的一位是否设置了，如下所示：

```
if (6 & 2) {

}
```

这是在说，"在 6 中，2 的位设置了吗？"，并且它计算为 true。然而，如果你想要检查位 1，它将会返回 false，因为在 6 的二进制表示中（0110），1 位没有设置：

```
if (6 & 1) {

}
```

诸如这样的二进制操作，实际上在 PHP 中很常见。当你在 PHP 中将 error_reporting 变量设置为 E_WARNING | E_NOTICE 时，所做的事情就是设置表示警告和注意的位。当 PHP 遇到一个错误时，它随

即将在内部检查哪个位设置了。

在内部，PHP 将像下面这样做：

```
if (E_NOTICE & ini_get('error_reporting')) {
    display_notice($notice);
}
```

我们可以将其应用于许可。假设 author 表拥有一个名为 permissions 的列，可以使用如下的代码来确定一个作者是否拥有 EDIT_CATEGORIES 许可：

```
if ($author->permissions & 8) {

}
```

这段代码具有和我前面提到的相同的问题，任何人查看这段代码时，对于这里到底发生了什么并不清楚。再一次，我们可以以将这些位表示为常量：

```
const EDIT_JOKES = 1;
const DELETE_JOKES = 2;
const LIST_CATEGORIES = 4;
const EDIT_CATEGORIES = 8;
const REMOVE_CATEGORIES = 16;
const EDIT_USER_ACCESS = 32;
```

并且，我们可以像下面这样编写许可检查：

```
// Does the author have the EDIT_CATEGORIES permission?
if ($author->permissions & EDIT_CATEGORIES) {
}

// Does the author have the DELETE_JOKES permission?

if ($author->permissions & DELETE_JOKES) {

}
```

要理解这里发生了什么，你甚至不需要理解底层的二进制，并且单个的数字甚至无关紧要。

13.8.8　在数据库中存储按位许可

让我们在 Web 站点上实现这一点。修改 author 表，添加一个名为 permissions 的列并且将其设置为 INT(64)，以便能够存储最多 64 种许可。

像上面一样，修改 Author 实体类中的常量值。

我们不需要对 Edit Permissions 表单页面做任何修改，但是，我们需要添加 savePermissions 方法，并且让它将二进制许可存储到数据库中。

在这么做之前，让我们先来考虑当提交该表单时将会发生什么。如果你选中了标签为 EDIT_JOKES 和 REMOVE_CATEGORIES 的复选框，变量$_POST['permissions']将会是一个数组，其中包含了数字 1 和 16（[1, 16]）。

我们想要将这些转换为二进制表示形式，其中设置了 1 位和 16 位。这听起来有点困难，但是，正如你稍后将要看到的，其实并不难。

我们需要生成的数字是 010001，其中 16 位和 1 位都设置了。使用你刚刚学习的二进制知识来计算这个值的十进制版本，你将会知道，这个二进制数字表示的是 17。

我们需要做的，就是把数字加到一起。

为了证明这一理论，假设 EDIT_JOKES、DELETE_JOKES、LIST_CATEGORIES 和 EDIT_USER_ACCESS 复选框选中了。提交这个表单时，我们将得到数组[1, 2, 4, 32]。

这些许可的二进制表示是 100111。如果计算其十进制值，将会得到 39。只要将数组中的值相加（1 + 2

+4 + 32），就可以得到 39。

我们所需要做的，是将$_POST['permissions']数组中的每个元素相加，并且将数字存储到数据库中。
PHP 甚至包含了一个名为 array_sum 的函数，该函数就是做这件事情的。

可以像下面这样编写 Register 控制器中的 savePermissions 方法：

```php
public function savePermissions() {
    $author = [
    'id' => $_GET['id'],
    'permissions' => array_sum($_POST['permissions'] ?? [])
    ];

    $this->authorsTable->save($author);

    header('location: /author/list');
}
```

'permissions' => array_sum($_POST['permissions'] ?? [])这行用来将$_POST['permissions']数组中的所有
的值相加。然而，如果没有选中复选框的话，$_POST['permissions']将不会设置。这里使用了??操作符，这
样一来，如果$_POST['permissions']变量中没有内容的话，将会给 array_sum 操作符提供一个空的数组。

这就好了！savePermissions 方法将复选框转换为一个数字，并且该数字的二进制表示就是我们建模每
个用户的许可的方式。

13.8.9 连接表或按位计算

当针对分类使用连接表时，要考虑到没有选中的复选框，我们必须删除掉所有的记录并且每次在表单
提交时重新插入它们。由于 permissions 列是一个单个的数字，如果没有选中复选框，array_sum 将返回 0
并且这个 0 将会被插入到数据库中，从而避免了需要专门处理未选中的复选框。

最后的一部分是 Author 实体类中的 hasPermission 方法。添加$permission 类变量。然后，要检查一个
用户是否有一个许可，我们只需要一行代码，如清单 13-5 所示。

清单 13-5　Relationships-BinaryPermissions

```php
public function hasPermission($permission) {
    return $this->permissions & $permission;
}
```

和连接表相比，这种方法还有几个优点。首先是性能上，我们不需要为了用户许可而查询数据库。其
次，保存表单的代码以及检查是否设置了许可的代码都显著减少了。

这种方法的缺点是，如果你不熟悉按位操作符，可能会比较难以理解。然而，按位操作符在 PHP 中很
常用。PDO 库使用它们，并且像 error_reporting 这样的各种 php.ini 配置也使用它们，因此，对于按位操作
符能够做什么有一个基本的理解，这是好主意。第二个缺点是，会受到 64 位的限制，因为这是一个 CPU
所能处理的所有位数。然而，如果你发现自己需要更多的位数，可以将许可分组到不同的列中，例如
jokePermissions 和 adminPermissions 等列。

不管你是选择按位来实现用户角色（就像这里所做的一样），还是使用连接表，这都取决于你。

每一种方法都有优点和缺点。从我个人来讲，我喜欢更短的代码和更少的数据库操作，也就是，我更
喜欢按位操作符的解决方案。

13.8.10　整理

还有一些整理工作要做。首先，我们需要把许可添加到路径。在做出这些修改之前，请确保你授予了
你的用户账户 EDIT_USER_ACCESS 的许可，否则你将无法修改任何许可。

我们已经为 LIST_CATEGORIES、EDIT_CATEGORIES 和 REMOVE_CATEGORIES 修改了路径。

可以通过访问 http://192.168.10.10/category/list，授予并收回你的 LIST_CATEGORIES 许可，从而进行测试。

让我们对 EDIT_USER_ACCESS 做同样的事情。在 IjdbRoutes $routes 数组中，为作者列表页面和许可页面设置 permissions 键：

```
$routes = [
    // …
    'author/permissions' => [
    'GET' => [
        'controller' => $authorController,
        'action' => 'permissions'
    ],
    'POST' => [
        'controller' => $authorController,
        'action' => 'savePermissions'
    ],
    'login' => true,
    'permissions' => \Ijdb\Entity\Author::EDIT_USER_ACCESS
    ],
    'author/list' => [
    'GET' => [
        'controller' => $authorController,
        'action' => 'list'
    ],
    'login' => true,
    'permissions' => \Ijdb\Entity\Author::EDIT_USER_ACCESS
    ],
```

这将阻止任何没有 EDIT_USER_ACCESS 许可的人去修改其他用户的许可。

13.8.11　编辑其他人的笑话

最后两个许可是 EDIT_JOKES 和 DELETE_JOKES，它们决定登录的用户是否能够编辑或删除其他人所发布的笑话。我们不能通过$routes 数组做到这一点，因为那里并不进行这一检查。Edit 链接和 delete 按钮都隐藏在了模板中，并且在 joke 控制器中检查。

首先，如果你拥有 EDIT_JOKES 和 DELETE_JOKES 许可的话，我们让所有笑话的 edit 链接和 delete 按钮都出现在笑话列表页面上。

jokes.html.php 的相关部分如下所示：

```
<?php if ($userId == $joke->authorId) {
    ?>
    <a href="/joke/edit?id=<?=$joke->id?>">
    Edit</a>
    <form action="/joke/delete" method="post">
    <input type="hidden" name="id"
        value="<?=$joke->id?>">
    <input type="submit" value="Delete">
    </form>
<?php
} ?>
```

既然我们对 edit 和 delete 使用了不同的许可，那就需要两条单独的 if 语句，一条用于 delete 按钮，另一条 edit 链接。然而，我们无法只是用$userId 来做到这一点。修改 Joke 控制器中的 list 方法，以传入表示登录用户的整个$author 对象，而不是只把$userId 变量传给模板。

```
return ['template' => 'jokes.html.php',
    'title' => $title,
    'variables' => [
    'totalJokes' => $totalJokes,
    'jokes' => $jokes,
    'user' => $author, //previously 'userId' =>
```

```
    $author->id
    'categories' => $this->categoriesTable->findAll()
    ]
];
```

模板中的检查现在修改了，以便该按钮和链接只对那些发布了笑话的人以及拥有相关许可的人可见：

```
<?php if ($user): ?>
    <?php if ($user->id == $joke->authorId ||
 $user->hasPermission(\Ijdb\Entity\Author::EDIT_JOKES)):
➡ ?>
        <a href="/joke/edit?id=<?=$joke->id?>">
        Edit</a>
    <?php endif; ?>
    <?php if ($user->id == $joke->authorId ||
 $user->hasPermission(\Ijdb\Entity\Author::DELETE_JOKES)):
     ?>
    <form action="/joke/delete" method="post">
    <input type="hidden" name="id"
        value="<?=$joke->id?>">
    <input type="submit" value="Delete">
    </form>
    <?php endif; ?>
<?php endif; ?>
```

这要复杂很多，因为现在有 3 条 if 语句了。我已经添加了一条 if ($user)来包围整个语句块，因为如果没有人登录的话，$user 变量可能为空。

后面的两个 if 使用一个逻辑 or 来判断浏览该页面的用户和发布该笑话的用户是否是同一个人，或者他们是否拥有相关的许可。

编辑 jokes.html.php 模板以便让按钮显示出来，但是，如果你拥有 EDIT_JOKES 许可并且尝试编辑并非你所发布的一条笑话，将会看到错误消息"You may only edit jokes that you posted"。这是因为我们在 editjoke.html.php 模板中以及 Joke 控制器的 delete 方法中，添加了一个特定的检查。

修改 delete 以包含许可检查：

```
public function delete() {

    $author = $this->authentication->getUser();

    $joke = $this->jokesTable->findById($_POST['id']);

    if ($joke->authorId != $author->id &&

➡ !$author->hasPermission(\Ijdb\Entity\Author::DELETE_JOKES))
➡ {
    return;
    }

    $this->jokesTable->delete($_POST['id']);

    header('location: /joke/list');
}
```

就像 list 方法一样，在 edit 方法中将整个 author 对象传递给模板，并且调整该模板以包含许可检查。controllers/joke.php：

```
return ['template' => 'editjoke.html.php',
    'title' => $title,
    'variables' => [
    'joke' => $joke ?? null,
    'user' => $author,
```

```
    'categories' => $categories
    ]
];
```

在 editjoke.html.php 中，将如下的代码：

```
<?php if (empty($joke->id) || $userId ==
➡ $joke->authorId): ?>
```

修改为：

```
<?php if (empty($joke->id) || $user->id ==
➡ $joke->authorId ||
➡ $user->hasPermission(\Ijdb\Entity\Author::EDIT_JOKES)):
➡ ?>
```

好了，所有的许可检查现在都准备好了。

13.9 大功告成

在本章中，我们介绍了如何以更加面向对象的方式思考，以及如何以 OOP 的方式而不是关系式的方式来处理对象之间的关系。

我们学习了如何使用连接表和按位操作符来表示多对多的关系。

我们为现有的站点添加了许可，但是在继续前进时，你可以随着进度而考虑用户权限，并且在刚开始编写代码时就创建它们。

好了，我们已经有了一个功能完备且能工作的 Web 站点了，它几乎可以做我们想要一个真实项目所能做的所有事情了。我还有一些较小的知识点要介绍，但基本工作已经完成了。在下一章中，我将介绍如何对 DatabaseTable 类进行一些调整，以允许排序和限定，但是现在，你几乎已经掌握了构建功能完备的 Web 站点所需的所有工具了。

第 14 章　用正则表达式进行内容格式化

我们已经设计了一个数据库来存储笑话，将笑话分类并且记录了笑话的作者。我们还学习了如何创建一个 Web 页面，把笑话库显示给站点的访问者。我们甚至开发了一系列的 Web 页面，供站点访问者用来管理笑话库，而不需要他们知道任何与数据库相关的知识。

与此同时，我们构建的站点让本地 Web 管理员的工作变得轻松了。他们不必不断地向令人厌倦的 HTML 页面模板中插入新的内容，不必维护数量众多、难以管理的 HTML 文件。现在，HTML 和它们所显示的数据完全分离开了。如果你想要重新设计这个站点，只需要对自己所构建的 PHP 模板中包含的 HTML 做出修改就行了。对一个文件的修改（例如修改页脚）会立即反映到该站点所有页面的页面设计中。关于 HTML 知识，只有一项任务仍然是必需的，这就是内容格式化（content formatting）。

即便是在最简单的 Web 站点上，让内容（在本书中，示例就是笑话）包含某种类型的格式化也是必需的。在简单的情况下，这可能只是将文本分成段落的功能。然而，内容提供商期望的往往是诸如超链接粗体或斜体文本等工具。

目前来看，我们已经使用 htmlspecialchars 函数从用户输入的任何文本中去除掉了任何的格式。

如果我们只是从数据库 echo 出原始内容，那么就可以让管理员在笑话文本中包含 HTML 代码形式的格式化，如下所示：

```
<?php echo $joke->joketext; ?>
```

按照这个简单的修改，站点管理员可以包含 HTML 标签，当这些标签插入一个页面中之后，将会对笑话文本产生其通常所见的效果。

但这真的是我们想要的吗？如果未经检查，内容提供者可能通过在他们添加到站点的数据库的内容中包含 HTML 代码，而做出很多的破坏行为。特别是，如果自己的系统允许非技术性的用户提交内容，你将发现无效的、过时的和不恰当的代码会大量地存在于自己着手开发的、早期的 Web 站点中。通过使用一些杂乱的标签，充满善意的用户也能搞乱你的站点的布局。

在本章中，我们将学习一些新的 PHP 函数，它们专门应用于在站点内容中查找和替换文本的模式。我将向你展示如何使用这些功能为用户提供一种简单的标记语言，它更加适用于内容格式化。在完成之后，我们将得到这样一个内容管理系统：任何人都可以通过 Web 浏览器来使用它，而不需要具备 HTML 的知识。

14.1　正则表达式

要实现标记语言，我们必须编写一些 PHP 代码，将定制的标记放入到笑话文本中。然后，使用其对等的 HTML 标记来替换它们。为了完成这种任务，PHP 包含了对正则表达式的广泛支持。

正则表达式（regular expression）是用来描述可能出现在笑话内容中的文本模式的一小段代码。我们使用正则表达式来搜索并替换文本模式。正则表达式在很多的编程语言和环境中都可以使用，并且在 PHP 这样的 Web 开发语言中尤为常见。

正则表达式之所以流行，与它们如此有用是分不开的，而且绝对不是因为它们很容易学习——实际上，它们一点也不容易学习。对于大多数人来说，初次遇到正则表达式时，它看上去就好像最终会让你趴在键盘上昏昏入睡一样。

这里给出一个相对简单的正则表达式的例子，它将匹配可以作为有效的 Email 地址的任何字符串。如下所示：

```
/^[\w\.\-]+@([\w\-]+\.)+[a-z]+$/i
```

吓着了吧？在本节的末尾，你将能够真正理解它的含义。

正则表达式这种语言含义较为晦涩，但一旦掌握了它，你就会觉得好像能够通过自己所编写的代码使用神奇的咒语一样。首先，我们从一些非常简单的正则表达式开始。

如下所示是在文本中查找"PHP"（不带引号）的一个正则表达式。

```
/PHP/
```

相当简单吧？我们想要搜索的文本，用一对分隔符号包围着。通常，斜杠（/）用作正则表达式分隔符，但是另一种常见的选择是井号（#）。实际上，你可以使用任何字符作为分隔符，除了字母、数字和反斜杠之外。在本章的所有正则表达式中，我都将使用斜杠作为分隔符。

转义分隔字符

如果要在使用斜杠作为分隔符的正则表达式中包含一个斜杠，必须在其前面使用一个反斜杠来将其转义（\/）；否则的话，它将会被当作表示模式结束的分隔符。

对于其他的分隔符来说，也是一样的：如果使用#号作为分隔符，对于正则表达式中的任何的#号，也需要使用一个反斜杠来将其转义（\#）。

要使用正则表达式，必须先熟悉 PHP 中可以使用的正则表达式函数。preg_match 是最为基础的函数，并且可以用来确定一个特定的字符串是否匹配一个正则表达式。

考虑如下所示的代码：

```php
<?php
$text = 'PHP rules!';

if (preg_match('/PHP/', $text)) {
    echo '$text contains the string "PHP".';
} else {
    echo '$text does not contain the string "PHP".';
}
```

在这个例子中，正则表达式找到了一个匹配，因为变量 $text 中存储的字符串包含了"PHP"。因此，这个示例将输出如图 14-1 所示的消息。

$text contains the string "PHP".

图 14-1   正则表达式找到了一个匹配

上面的单引号的用法

注意，在代码中包围字符串的单引号，可以防止 PHP 填入变量$text 的值。

默认情况下，正则表达式是区分大小写的。也就是说，表达式中的小写字符只匹配字符串中的小写字符，并且大写字符也只匹配大写字符。如果想要执行一次不区分大小写的搜索，可以使用一个模式修饰符来让正则表达式忽略大小写。

模式修饰符（Pattern modifier）是一个单个的字符标志，跟在一个表达式的结束分隔符的后面。用来执行不区分大小写的匹配的修饰符是 i。因此，尽管/PHP/只能匹配包含了"PHP"的字符串，但是/PHP/i 将会匹配包含了"PHP""php"甚至是"pHp"的字符串。

如下的示例说明了这一点。

```php
<?php
$text = 'What is Php?';

if (preg_match('/PHP/i', $text)) {
    echo '$text contains the string "PHP".';
} else {
    echo '$text does not contain the string "PHP".';
}
```

这会输出和图 14-1 所示相同的消息，尽管该字符串实际上包含的是"Php"，如图 14-2 所示。

正则表达式本身几乎就是一种编程语言。令人眼花缭乱的 **$text contains the string "PHP".**
字符出现在正则表达式中时，都有一种特殊的含义。使用这些 图 14-2
特殊字符，我们可以非常详细地说明像 preg_match 这样的一个函数要查找什么样的字符模式。为了向你展示其含义，我们来看一个略微有些复杂的正则表达式，如下所示。

```
/^PH.*/
```

脱字符号（^）放在一个表达式的开头，表示该模式必须匹配"字符串的开始"。上面的表达式将只能够匹配以 PH 开头的字符串。

点号（.）表示"任意单个的字符"。表达式/PH./将匹配 PHP、PHA、PHx 以及任何以 PH 开头的 3 字母字符串。

星号（*）是点号的修饰符，表示"0 或多个前导字符"。表达式 P*将会匹配 PPPPPPP，但是不会匹配 PHP。.*会匹配任意字符的 0 次或多次组合。

因此，模式/^PH.*/不仅匹配字符串"PH"，还匹配"PHP""PHX""PHP: Hypertext Preprocessor"，以及其他任何以"PH"开头的字符串。

当你第一次遇到正则表达式时，其语法可能完全令人混淆并且难以记住。因此，如果你想要更加广泛地使用它，有一本较好的参考书可能会更加方便。正则表达式就是一种复杂而广泛的小语言。我不打算在这里详细介绍它。相反，我会在需要时介绍单个的字符。PHP 手册包含了一个非常详细的正则表达式参考，并且还有 regex101.com 这样的特别有用的可视化学习工具。

14.2　用正则表达式进行字符串替换

你可能还记得，本章的目标是让不懂 HTML 的用户能够为站点上的笑话添加格式。例如，用户在笑话文本的一个单词两边放上星号（例如，'Knock *knock*…'），我们可能想要使用 HTML 的强调标记包围该单词（Knockknock…'）以显示这个笑话。

使用 preg_match 以及前面所学过的正则表达式语法，我们就可以在笑话文本中检测类似的纯文本格式化的出现。然而，我们需要做的是准确找到这些格式化，并且用相应的 HTML 标记替换它们。要实现这一点，我们需要使用 PHP 提供的另外一个正则表达式函数 preg_replace。

和 preg_match 一样，preg_replace 接受一个正则表达式和一个文本字符串，并且尝试在字符串中匹配该正则表达式。此外，preg_replace 还接受另外一个文本字符串，并且用该字符串来替换每一次正则表达式匹配。

preg_replace 的语法如下所示。

```
 $newString = preg_replace($regExp, $replaceWith,
➥ $oldString);
```

这里，regExp 是正则表达式，replaceWith 是将要用来在 oldString 中替换匹配的字符串。该函数在进行完所有替换之后返回得到的新字符串。在这段代码中，新生成的字符串存储在$newString 中。

现在我们准备好来构建笑话格式化函数了。

14.2.1　强调文本

我们也可以在模板中任何需要的地方使用一个相关的 preg_replace 方法。然而，由于这将要在多个地方用到，并且在我们将要构建的任何 Web 站点上用到，我们为此创建了一个类并将其放置到 Ninja 命名空间中：

```
namespace Ninja;

class Markdown {
    private $string;
```

```
public function __construct($markDown) {
$this->string = $markDown;
}

public function toHtml() {
// convert $this->string to HTML

return $html;
}
}
```

我们支持的纯文本格式化语法是 Markdown，它是由 John Gruber 所创建的。

对于 Web 程序员来说，Markdown 是将文本转换为 HTML 的工具。Markdown 允许你使用易于阅读、易于编写的纯文本格式来写作，然后将其转换为结构有效的 XHTML（或 HTML）。

——Markdown 主页

这个辅助函数将 Markdown 转换为 HTML，其名称为 markdown2html。

这个函数的第一个动作是，使用 html 辅助函数将文本中的任何 HTML 代码转换为 HTML 文本。我们想要避免输出中出现任何的 HTML 代码，除非这些代码是由纯文本格式化所产生的。[①]

让我们从创建粗体和斜体文本的格式化开始。

在 Markdown 中，我们通过将文本用一对星号（*）或一对下画线（_）包围起来，从而强调文本。显然，我们将使用一个<em>和</em>标签来替换任何这样的字符对。[②]

为了做到这点，我们使用两个正则表达式：一个处理一对星号，一个处理一对下画线。

我们先来看看下画线，如下所示：

/_[^_]+_/

分解如下。

/：我们选择了常用的斜杠字符来开始（由此分隔）正则表达式。

_：正则表达式中的下画线没有什么特别之处。因此，这将直接匹配文本中的下画线字符。

[^_]：方括号用来匹配放置在开始括号[和结束括号]之间的一个或多个字符组成的一个序列。脱字符号（^）放置在方括号之中时，表示逻辑非。表达式[^_]将匹配不是一个下画线的任何字符。

+：加号字符表示和前导表达式匹配的一个或多个字符。

[^_]+：可以表示非下画线的一个或多个字符。

_：第二个下画线，它表示斜体文本的结束。

/：正则表达式结束。

表达式/_[^_]+_/可以理解为，"找出下画线后面跟着的一个或多个非下画线的字符，直到遇到下一个下画线后停止"。

现在，将这个正则表达式传递给 preg_replace 是很容易的，但我们遇到一个问题，如下所示：

```
$text = preg_replace('/_[^_]+_/', '<em>emphasized
➥ text</em>', $text);
```

传递给 preg_replace 的第二个参数应该是我们想要用来替换每次匹配的文本。问题是我们不知道<em>和</em>标签之间的文本是什么，这是正则表达式将要匹配的文本的一部分。

[①] 从技术上讲，这违反了 Markdown 的功能之一：支持内联的 HTML。"真正的" Markdown 可以包含 HTML 代码，它将会原封不动地传递给浏览器。其思路是，对于任何过于复杂以至于使用 Markdown 纯文本格式化语法无法生成的格式化来说，我们可以使用 HTML 来生成它。因此，我们不允许这样做。更准确地说，我们只支持 Markdown 风格的格式化。

[②] 你可能更习惯分别使用<b>和<i>来表示粗体和斜体文本。然而，我选择遵从最新的 HTML 标准，该标准建议分别使用更有意义的<strong>和<em> 标记。如果在你的内容中，粗体文本不是表示强烈强调所必需的，并且斜体文本也并不代表强调，那么你可能想要使用<b>和<i>。

好在，preg_replace 的另一个功能帮了我们的忙。如果我们用圆括号将正则表达式的一部分括起来，可以捕获匹配文本的相对应部分，并且在要进行替换的字符串中使用它。为了做到这点，我们使用代码$n。在这里，n 是 1 的话，表示第一个括起来的正则表达部分；2 表示第二个括起来的部分；以此类推，99 表示第 99 个部分。

考虑如下所示的例子：

```
$text = 'banana';
$text = preg_replace('/(.*)(nana)/', '$2$1', $text);
echo $text; // outputs 'nanaba'
```

因此，使用正则表达式的第一个圆括号部分（(.*)，即 0 个或多个非换行字符）匹配的文本来替换$1，在这个例子中就是 ba。使用 nana 替换$2，nana 是正则表达式的第二个圆括号括起来的部分所匹配的文本（(nana)）。因此，替换字符串'$2$1'得到'nanaba'。

我们可以使用同样的规则来创建自己的强调文本，只要给正则表达式添加一对圆括号就可以了，如下所示：

/_([^_]+)_/

这些括号对于表达式如何工作根本没有影响，但是它们创建了一组匹配的字符，从而使我们可以在替换字符串中重用它们，如下所示：

```
 $text = preg_replace('/_([^_]+)_/',
➥ '<em>$1</em>', $text);
```

匹配并替换一对星号看上去几乎相同，只不过我们需要使用反斜杠来转义星号，因为星号字符在正则表达式中通常有特殊含义，如下所示：

```
 $text = preg_replace('/\*([^\*]+)\*/',
➥ '<em>$1</em>', $text);
```

这可以处理强调的文本，但是 Markdown 还支持使用一对双星号或双下画线来表示强烈强调（**strong emphasis** 或 __strong emphasis__）。匹配双下画线的正则表达式如下所示。

/__(.+?)__/s

开始和结尾的双下画线的含义相当清楚，但是圆括号的内容是做什么的呢？

之前，在单下画线模式中，我们使用[^_]+来匹配一个或多个字符的一个序列，其中没有一个字符是下画线。当用单个下画线表示强调文本的结束时，这种方式工作得很好。但是，当使用双下画线时，我们要考虑到强调的文本包含单个下画线的情况（例如，__text_with_strong_emphasis__）。"不允许使用下画线"，因此这不能很好地完成工作，我们必须找出某种方式来匹配强调的文本。

你可能想要尝试使用.+（任何类型的一个或多个字符），给出一个如下所示的正则表达式：[1]

/__(.+)__/s

这个模式的问题在于，+是贪婪的，它会导致正则表达式的这个部分贪婪地匹配尽可能多的字符。思考如下所示的这个笑话：

```
 __Knock-knock.__ Who's there? __Boo.__ Boo who? __Aw, don't
➥ cry about it!__
```

给出这个文本时，上面的正则表达式将只能找到一个匹配，从笑话最初的两个下画线开始，到笑话末尾的两个下画线结束。中间的其他文本（包括所有其他的双下画线），都会被贪婪的.+包含在内，而作为被强调的文本。

为了修正这个问题，我们可以通过在+的末尾添加一个问号，要求它非贪婪地匹配。这样，.+?将会匹配尽可能少的字符，而不是匹配尽可能多的字符，以保证我们能够分别匹配要强调的文本的每一段（以及包围它们的双引号）。这就得到了最终的正则表达式，如下所示：

---

[1] 正则表达式末尾的 s 模式修饰符，确保了点号（.）将真正地匹配任何字符，包括换行符。

```
/__(.+?)__/s
```

使用同样的技术，我们也可以得到用于双星号的正则表达式。应用于强烈强调的代码最终如下所示：

```
 $text = preg_replace('/__(.+?)__/s',
➥ '<strong>$1</strong>', $text);
 $text = preg_replace('/\*\*(.+?)\*\*/s',
➥ '<strong>$1</strong>', $text);
```

最后一点要注意的是，在已经将文本中的成对双星号和成对双下画线转换为<strong>和</strong>标签之前，我们必须避免将成对单星号和成对单下画线转换为<em>和</em> 标签。因此，markdown2html 函数将首先应用于强烈强调，然后应用于一般强调，如下所示：

```
namespace Ninja;

class Markdown {
    private $string;

    public function __construct($markDown) {
    $this->string = $markDown;
    }

    public function toHtml() {
    // convert $this->string to HTML
    $text = htmlspecialchars($this->string, ENT_QUOTES,
        'UTF-8');

    // strong (bold)
    $text = preg_replace('/__(.+?)__/s',
     '<strong>$1</strong>', $text);
    $text = preg_replace('/\*\*(.+?)\*\*/s',
     '<strong>$1</strong>', $text);

    // emphasis (italic)
    $text = preg_replace('/_([^_]+)_/',
     '<em>$1</em>', $text);
    $text = preg_replace('/\*([^\*]+)\*/',
     '<em>$1</em>', $text);

    return $text;
    }
}
```

14.2.2 段落

尽管我们可以像对强调文本所做的那样，选择字符来标记段落的开始和结束。但是，较为简单的方法更有意义。在允许用户输入内容的一个表单字段中，他们会使用 Enter 键来创建段落。因此，我们采用一个单个的换行来表示一行结束（
），而使用两个换行来表示一个新的段落（</p><p>）。

正如前面所介绍的，在正则表达式中，可以将一个换行字符表示为\n。我们可以按照这种方式编写的其他空白字符包括：回车（\r）和制表空格（\t）。

当用户按下 Enter 键时，到底是什么字符插入文本中，这取决于用户的操作系统。通常，Windows 计算机将换行表示为一个回车后面跟着一个换行（\r\n），而 Mac 计算机则将其表示为一个单个的回车字符（\r）。如今，Macs 和 Linux 计算机使用一个单个的换行字符（\n）来表示开始新行。①

_____

① 实际上，在同一计算机上的不同软件程序之间，所使用的换行类型也可能是不同的。如果你曾经在 Notepad 中打开一个文本文件，看到了它完全没有使用换行，你就会体验到这给人带来的挫折感。程序员所使用的高级文本编辑器，在保存一个文本文件时，通常允许指定所使用的换行类型。

要处理这些不同的换行方式（浏览器提交的，可能是这些方式中的任何一种），我们必须进行一些转换，如下所示：

```
// Convert Windows (\r\n) to Unix (\n)
$text = preg_replace('/\r\n/', "\n", $text);

// Convert Macintosh (\r) to Unix (\n)
$text = preg_replace('/\r/', "\n", $text);
```

避免在正则表达式使用双引号字符串

到目前为止，我们在本章中见到的正则表达式都表示为单引号 PHP 字符串。PHP 字符串提交的自动变量替换，有时候很方便。但是，在用于正则表达式时，它们可能令人头疼。

双引号 PHP 字符串和正则表达式共享很多特殊的字符转义代码。"\n"是包含了一个换行字符的 PHP 字符串。

同样的，/\n/是一个正则表达式，它会匹配包含一个换行字符的任何字符串。我们可以将这个正则表达式表示为一个单引号 PHP 字符串（'/\n/'）并没有问题，因为代码\n 在单引号的 PHP 字符串中没有特殊含义。

如果想要使用一个双引号字符串来表示这个正则表达式，必须写成"/\\n/"，带有一个双反斜杠。这个双反斜杠告诉 PHP，在字符串中包含一个真正的反斜杠，而不是将它与后面的 n 组合起来以表示一个换行字符。这个字符串由此生成了我们想要的正则表达式/\n/。

由于双引号字符串引入了新的复杂性，在编写正则表达式时，最好避免使用它。注意，对于作为第二个参数传递给 preg_replace 的替代字符串（"\n"），我使用了双引号。在这个例子中，我实际上想要创建包含了换行字符的一个字符串。因此，双引号字符串很好地完成了这一工作。

通过将换行都转换为换行字符，我们可以将它们转换为分段（当它们成对出现时）和换行（当它们单独出现时）。如下所示：

```
// Paragraphs
 $text = '<p>' . preg_replace('/\n\n/',
➡ '</p><p>', $text) . '</p>';

// Line breaks
$text = preg_replace('/\n/', '<br>', $text);
```

注意添加<p>和</p>标签以包含笑话文本的做法。因为笑话可能包含分段，我们必须确保笑话文本在一个段落开始的上下文中输出。

这段代码有些技巧：文本中的换行现在变成了用户所期望的自然分行和分段，这样就不需要学习任何新的方法来创建这种简单的格式化。

然而，在这个例子中，还有一种更简单的方法可以实现相同的结果，根本不需要使用正则表达式。PHP 的 str_replace 函数的工作方式和 preg_replace 有很多相同之处，只不过它是搜索字符串而不是搜索正则表达式模式，如下所示：

```
 $newString = str_replace($searchFor, $replaceWith,
➡ $oldString);
```

因此，我们可以将分行代码重新编写，如下所示：

```
// Convert Windows (\r\n) to Unix (\n)
$text = str_replace("\r\n", "\n", $text);
// Convert Macintosh (\r) to Unix (\n)
$text = str_replace("\r", "\n", $text);

// Paragraphs
```

```
$text = '<p>' . str_replace("\n\n",
➥ '</p><p>', $text) . '</p>';
// Line breaks
$text = str_replace("\n", '<br>', $text);
```

str_replace 比 preg_replace 高效很多，因为不需要对它应用那些用于正则表达式的复杂规则。当 str_replace（或者 str_ireplace，如果你想要进行不区分大小写的搜索）能够完成工作时，我们应该使用它而不是 preg_replace。

14.2.3 超链接

尽管在笑话文本中支持包含超链接似乎是不必要的，但是这种功能在其他的应用中意义重大。Markdown 中超链接的样子如下所示：[①]

```
[linked text](link URL)
```

很简单吧？我们将链接的文本放到一对方括号中，其后跟着的是链接的 URL，这个 URL 放在圆括号中。

事实上，我们已经学习了匹配这样一个链接并使用 HTML 链接来替换一切它所需的知识。如果你喜欢挑战，读到这里应该停下来并尝试自己处理问题。

首先，我们需要一个正则表达式来匹配这种形式的链接。这个正则表达式如下所示：

```
/\[([^\]]+)]\((.+)\)/i
```

这是一个相当复杂的正则表达式。通过它，我们就了解了正则表达式何以赢得难以弄懂的名声。

观察这个正则表达式，看看能否搞清楚它做些什么。尝试在 regex101.com 上写出这个表达式，它将会使用一些有用的突出显示来对这个正则表达式分组。你可以尝试输入各种字符串，看看哪一个会匹配。

让我来为你分解一下：

```
/
```

和所有正则表达式一样，我们选择用斜杠表示开始。

```
\[
```

这匹配一个开始方括号（[）。由于方括号在正则表达式中有特殊的含义，我们必须使用一个反斜杠来转义它，以使其按照字面意思解释。

```
([^\]]+)
```

首先，正则表达式的这个部分使用圆括号括了起来。因此，当我们编写替换字符串时，匹配文本可以用作$1。在圆括号中，我们查找链接的文本。由于链接文本的末尾使用一个结束方括号来表示（]），我们可以将其描述为一个或多个字符，其中没有一个字符是结束方括号（[^\]]+）。

```
]\(
```

这将会匹配结束链接文本的那个结束方括号，后面跟着一个开始圆括号表示链接 URL 的开始。需要使用一个反斜杠来转义圆括号，以防止它产生常规的分组效应（不需要使用一个反斜杠来转换方括号，因为目前还没有使用未转义的开始方括号）。

```
(.+)
```

由于 URL 可能会包含（几乎）任何的字符，在 markdown 圆括号中输入的任何内容，都将会通过.+匹配，并且存储在替换字符串中的$2 分组中。

```
\)
```

这个转义圆括号匹配链接 URL 末尾的结束圆括号（)）。

---

① Markdown 还支持更为高级的链接语法。其中，我们将链接的 URL 放在文档的末尾，作为一个脚注。但是，在简单的 Markdown 实现中，我们不需要支持这种链接。

```
/i
```

我们使用一个斜杠来表示正则表达式结束，其后跟着表示不区分大小写的标志 i。

因此，我们可以使用如下所示的 PHP 代码来转换链接：

```
$text = preg_replace(
    '/\[(([^\])+)]\((([-a-z0-9._~:\/?#@!$&\'()*+,;=%]+)\)/i',
    '<a href="$2">$1</a>', $text);
```

正如你所看到的，在替换字符串中，$1 用来替代所捕获的链接文本，$2 用于捕获的 URL。

此外，由于我们将正则表达式表示为一个单引号的 PHP 字符串，因此必须使用一个反斜杠将可接受字符列表中出现的单引号转义。

14.3   综合应用

用于将 Markdown 转换为 HTML 的最终辅助函数如下所示：

```php
<?php
namespace Ninja;

class Markdown
{
    private $string;

    public function __construct($markDown)
    {
        $this->string = $markDown;
    }

    public function toHtml()
    {
        // convert $this->string to HTML
        $text = htmlspecialchars($this->string, ENT_QUOTES,
         'UTF-8');

        // strong (bold)
        $text = preg_replace('/__(.+?)__/s',
         '<strong>$1</strong>', $text);
        $text = preg_replace('/\*\*(.+?)\*\*/s',
         '<strong>$1</strong>', $text);

        // emphasis (italic)
        $text = preg_replace('/_([^_]+)_/',
         '<em>$1</em>', $text);
        $text = preg_replace('/\*([^\*]+)\*/',
         '<em>$1</em>', $text);

        // Convert Windows (\r\n) to Unix (\n)
        $text = str_replace("\r\n", "\n",
         $text);
        // Convert Macintosh (\r) to Unix (\n)
        $text = str_replace("\r", "\n",
         $text);

        // Paragraphs
        $text = '<p>' . str_replace("\n\n",
         '</p><p>', $text) . '</p>';

        // Line breaks
```

```
        $text = str_replace("\n", '<br>', $text);

        // [linked text](link URL)
        $text = preg_replace(
    '/\[(([^\])+)]\(([-a-z0-9._~:\/?#@!$&\'()*+,;=%]+)\)/i',
    '<a href="$2">$1</a>',
        $text
    );
        return $text;
    }
}
```

然后，我们可以在一个输出笑话文本的模板中使用这个类。

jokes.html.php:

```
<div class="jokelist">

<ul class="categories">
    <?php foreach ($categories as $category): ?>
    <li><a href="/joke/list?category=
    <?=$category->id?>"><
    ?=$category->name?></a><li>
    <?php endforeach; ?>
</ul>

<div class="jokes">

 <p><?=$totalJokes?> jokes have been submitted to
➥ the Internet Joke Database.</p>

<?php foreach ($jokes as $joke): ?>
<blockquote>
    <p>
    <?=htmlspecialchars($joke->joketext,
    ENT_QUOTES, 'UTF-8')?>
    (by <a href="mailto:<?=htmlspecialchars(
    $joke->getAuthor()->email,
    ENT_QUOTES,
        'UTF-8'
); ?>">
        <?=htmlspecialchars(
            $joke->getAuthor()->name,
            ENT_QUOTES,
            'UTF-8'
        ); ?></a> on
<?php
$date = new DateTime($joke->jokedate);

echo $date->format('jS F Y');
?>)

<?php if ($user): ?>
    <?php if ($user->id == $joke->authorId ||
 $user->hasPermission(\Ijdb\Entity\Author::EDIT_JOKES)):
➥ ?>
    <a href="/joke/edit?id=<?=$joke->id?>">
    Edit</a>
    <?php endif; ?>
    <?php if ($user->id == $joke->authorId ||
 $user->hasPermission(\Ijdb\Entity\Author::DELETE_JOKES)):
➥ ?>
```

```
<form action="/joke/delete" method="post">
    <input type="hidden" name="id"
        value="<?=$joke->id?>">
    <input type="submit" value="Delete">
</form>
<?php endif; ?>
<?php endif; ?>
    </p>
</blockquote>
<?php endforeach; ?>

</div>
```

我们感兴趣的是下面这一行代码：

```
<?=htmlspecialchars($joke->joketext,
ENT_QUOTES, 'UTF-8')?>
```

然而，每个笑话已经包含在了一个<p>标签中。可以将如下的内容删除：

```
<div class="jokelist">

<ul class="categories">
    <?php foreach($categories as $category): ?>
    <li><a href="/joke/list?category=
    <?=$category->id?>">
    <?=$category->name?></a><li>
    <?php endforeach; ?>
    </ul>

<div class="jokes">

 <p><?=$totalJokes?> jokes have been submitted to
➥ the Internet Joke Database.</p>

<?php foreach($jokes as $joke): ?>
<blockquote>
    <!-- Remove the opening tag <p> -->

    <?=htmlspecialchars($joke->joketext,
    ENT_QUOTES, 'UTF-8')?>

    <!--- … -->
<?php endif; ?>
    <!-- Remove the closing tag </p> -->
</blockquote>
<?php endforeach; ?>

</div>
```

现在，用如下的内容替换显示笑话文本的代码行：

```
<?php
$markdown = new \Ninja\Markdown($joke->joketext);
echo $markdown->toHtml();
?>
```

这将会把 joketext 的内容作为一个构造方法参数传递给 markdown 类，并且调用 toHtml 方法把文本转换为 HTML。

这可能比最初的方法要杂乱很多，因为它需要两行代码。就像 PHP 中的大多数事情一样，有一种方法是使用较短的语法来表示它：

```
<?=(new
⮡ \Ninja\Markdown($joke->joketext))->toHtml()?>
```

进行这些修改之后，可以让新的纯文本格式化发挥作用了。编辑几个笑话以包含 Markdown 语法，并验证格式化是否能够正确地显示。

为什么使用 Markdown 很酷

对自己的 Web 站点采用 Markdown 这样的格式化语法，其好处在于常常有很多的开源代码能够帮助你处理格式化。

新学习的正则表达式技能，将很好地为你的 Web 开发者职业生涯服务。但是，如果你想要在站点上支持 Markdown 格式化，做到这点的最容易的方法是不要自己编写处理 Markdown 的所有代码。

常用的 Markdown 库包括 ParseDown 和 cebe/markdown。

14.4 排序、限定和偏移

我们已经花了很多时间来编写 PHP 代码，并且得益于 DatabaseTable 类，我们真的不用学习太多新的 SQL。然而，在你达到专业水平之前，我还想要向你介绍最后的一些 MySQL 功能。

14.4.1 排序

MySQL 支持按照特定顺序获取记录的请求。现在，笑话是按照发布的顺序显示在笑话列表页面的。如果能够先显示最新的笑话，效果将会更好。

一条 SELECT 查询可以包含一个 ORDER BY 子句，它指定了数据按照哪个列来排序。

就笑话表来说，SELECT * FROM `joke` ORDER BY `jokedate` 将会根据发布笑话的日期来排序笑话。你也可以指定一个 ASC 修饰符（按照升序排序）或者 DESC（按照降序排序）。

```
SELECT * FROM `joke` ORDER BY `jokedate` DESC
```

这条查询将会选取所有笑话，并且根据日期按照降序排序，最新发布的笑话将排在前面。

让我们在 Web 站点上实现这一点。所有 SQL 查询都是由 DatabaseTable 类生成的，因此，我们需要修改它以包含一条 ORDER BY 子句。

此时，**findAll** 方法如下所示：

```
public function findAll() {
    $result = $this->query('SELECT * FROM ' .
     $this->table);

    return $result->fetchAll(\PDO::FETCH_CLASS,
    $this->className, $this->constructorArgs);
}
```

让我们给 ORDER BY 添加一个可选的参数：

```
public function findAll($orderBy = null) {

    $query = 'SELECT * FROM ' . $this->table;

    if ($orderBy != null) {
    $query .= ' ORDER BY ' . $orderBy;
    }

    $result = $this->query($query);
```

```
        return $result->fetchAll(\PDO::FETCH_CLASS,
        $this->className, $this->constructorArgs);
    }
```

这条 SELECT 查询现在是按照我们构建 INSERT 和 UPDATE 查询相同的方式来构建的。当为$orderBy 提供一个值时，它将和 ORDER BY 子句一起添加到查询中。通过让该参数成为可选的，所有已有的代码都将不做修改仍然能够工作。我们可以在只有需要$orderby 的地方为其提供一个值。

要根据日期降序地对笑话列表页面排序，修改 Joke 控制器的 list 方法，以便为 findAll 方法提供参数：

```
public function list() {

    if (isset($_GET['category'])) {
        $category = $this->categoriesTable->
        findById($_GET['category']);
        $jokes = $category->getJokes();
    }
    else {
        $jokes = $this->jokesTable->findAll('jokedate DESC');
    }

    // …
```

此时，主笑话列表页面是将最新的笑话排在最前面的。然而，如果点击其中的一个分类，他们将会把最旧的笑话排在最前面。

你可能会考虑给 find 方法添加相同的可选参数：

```
public function find($column, $value, $orderBy = null) {
    $query = 'SELECT * FROM ' . $this->table . '
    WHERE ' . $column . ' = :value';

    $parameters = [
    'value' => $value
    ];

    if ($orderBy != null) {
        $query .= ' ORDER BY ' . $orderBy;
    }

    $query = $this->query($query, $parameters);

    return $query->fetchAll(\PDO::FETCH_CLASS,
     $this->className, $this->constructorArgs);
}
```

尽管这将会很有用，但是它并不能解决该问题。笑话的列表在 Category 实体类中生成：

```
public function getJokes() {
    $jokeCategories = $this->jokeCategoriesTable->
    find('categoryId', $this->id);

    $jokes = [];
    foreach ($jokeCategories as $jokeCategory) {
        $joke = $this->jokesTable->
        findById($jokeCategory->jokeId);
        if ($joke) {
            $jokes[] = $joke;
        }
    }

    return $jokes;
```

```
}
```

由于是在表示 joke_category 表的 DatabaseTable 实例上调用了 find 方法，我们无法很容易地按照日期排序。

也有一些方法来解决这个问题。我们可以给 joke_category 表添加一个 date 列来满足排序的目的。我们也可以使用一个 SQL JOIN，但是这很难实现到 DatabaseTable 类中。

相反，我们可以在 PHP 自身中实现排序，使用 usort 函数来完成。usort 函数接受两个参数，要排序的数组和比较两个值的一个函数的名称。

PHP 手册中给出的示例是：

```php
<?php
function cmp($a, $b)
{
    if ($a == $b) {
        return 0;
    }
    return ($a < $b) ? -1 : 1;
}

$a = [3, 2, 5, 6, 1];

usort($a, "cmp");

foreach ($a as $key => $value) {
    echo "$key: $value\n";
}
```

上述代码的输出如下：

```
0: 1
1: 2
2: 3
3: 5
4: 6
```

这个数组已经按照从最小到最大排序了。使用来自数组的两个值调用 cmp 函数，如果第 1 个值应该放在第 2 个值后面的话，返回 1，如果第 1 个值应该放在第 2 个值前面的话，返回-1。重要的部分是如下这行代码：

```php
return ($a < $b) ? -1 : 1;
```

如果你之前没有遇到过的话，这里的语法看上去有点奇怪。实际上，你知道这里发生了什么，但是你并没有看到过这种表示方式。这行代码是 if 语句的一种简写形式，并且，它实际上执行如下的动作：

```php
if ($a < $b) {
    return -1;
} else {
    return 1;
}
```

这个比较函数可以接受对象作为参数，并且，我们可以在 Category 类中构建一个如下所示的比较函数：

```php
public function getJokes() {
    $jokeCategories = $this->jokeCategoriesTable->
    find('categoryId', $this->id);

    $jokes = [];

    foreach ($jokeCategories as $jokeCategory) {
        $joke = $this->jokesTable->
```

```
        findById($jokeCategory->jokeId);
        if ($joke) {
            $jokes[] = $joke;
        }
    }

    usort($jokes, [$this, 'sortJokes']);

    return $jokes;
}

private function sortJokes($a, $b) {
    $aDate = new \DateTime($a->jokedate);
    $bDate = new \DateTime($b->jokedate);

 if ($aDate->getTimestamp() == $bDate->getTimestamp())
➥ {
    return 0;
    }

 return $aDate->getTimestamp() >
➥ $bDate->getTimestamp() ? -1 : 1;
}
```

可以在 Formatting-Usort 中找到这段代码。

这段代码很长，因此我打算逐行介绍。首先，使用 usort 函数来排序$jokes 数组：usort($jokes, [$this,'sortJokes']);。要调用类中的一个方法，而不是调用一个函数，可以使用包含了对象和要调用的方法的名称（sortJokes）的一个数组，而这个对象就是你想要在其上调用方法的对象（在我们的例子中，就是$this）。

sortJokes 首先将来自每个$a 和$b 对象的日期转换为\DateTime 实例，以易于比较。getTimestamp 方法返回了一个 UNIX 时间戳，也就是从 1970 年 1 月 1 日到所表示的日期之间的秒数。使用时间戳，我们就能够以整数的方式来比较日期。

If 语句检查日期是否具有相同的时间戳。如果是这样，它返回 0，表示在排序列表中不应该放在其他日期之前或之后。

如果日期是不同的，将会返回 1 或者-1 以排序日期。注意，我已经使用了$a > $b，它将会按照和示例相反的顺序来排序数组，并且将较大的时间戳（较晚的日期）放在前面。

使用 usort 而不是 ORDER BY 并且让数据库执行排序，这可能会稍微有一些性能上的负担，但是，除非你要处理数千条记录，在最坏的情况下，二者之间的差别也就是毫秒级的。

14.4.2　用 LIMIT 和 OFFSET 分页

既然知道了如何排序记录，我们可以考虑一下可扩展性。有时，你可能只是想要从数据库中获取几条记录。在 Web 站点已经上线数月，并且开始变得流行起来，将会发生什么情况呢？你可能会遇到用户登录网站并且一天发布数百条笑话。

加载笑话列表页面并不会花费很长的时间，因为它只是显示数百条或者数千条笑话。撇开性能问题不说，不会有用户打算坐在那里读完一页上的 200 条笑话。

一种常用的方法是使用分页来显示一个有意义的数字，例如，每页 10 个笑话，并且允许用户点击一个链接来翻页。在继续进行之前，至少给你的数据库添加 21 条笑话，以便我们可以正确地测试这一功能。此外，为了进行测试，在下一小节中把 10 修改为 2，以便每页显示 2 条笑话。

如果不知道任何笑话，怎么办？

　　如果你想不起任何笑话，也不要担心。只要添加一些测试数据就可以了，如"joke one""joke two""joke three"等。

我们的第一个任务是，每页只显示前 10 条笑话。使用 SQL，这非常容易。LIMIT 子句可以添加到任何的 SELECT 查询的后面，以限制所返回记录的数目：

```
SELECT * FROM `joke` ORDER BY `jokedate DESC` LIMIT 10
```

我们将需要把这个查询作为可选的参数，构建到 DatabaseTable 类的 findAll 和 find 方法中，就像我们对$orderBy 变量所做的事情一样：

```
public function find($column, $value, $orderBy = null,
 $limit = null) {
    $query = 'SELECT * FROM ' . $this->table . '
    WHERE ' . $column . ' = :value';

    $parameters = [
    'value' => $value
    ];

    if ($orderBy != null) {
        $query .= ' ORDER BY ' . $orderBy;
    }

    if ($limit != null) {
        $query .= ' LIMIT ' . $limit;
    }

    $query = $this->query($query, $parameters);

    return $query->fetchAll(\PDO::FETCH_CLASS,
     $this->className, $this->constructorArgs);
}

public function findAll($orderBy = null, $limit = null) {
    $query = 'SELECT * FROM ' . $this->table;

    if ($orderBy != null) {
        $query .= ' ORDER BY ' . $orderBy;
    }

    if ($limit != null) {
        $query .= ' LIMIT ' . $limit;
    }

    $result = $this->query($query);

    return $result->fetchAll(\PDO::FETCH_CLASS,
     $this->className, $this->constructorArgs);
}
```

然后，为了将笑话限定为 10 条，打开 Joke 控制器类并且为新的$limit 参数提供值 10：

```
 $jokes = $this->jokesTable->findAll('jokedate DESC',
➥ 10);
```

还要为 Category 实体类中提供新的限制：

```
 $jokeCategories =
➥ $this->jokeCategoriesTable->find('categoryId',
➥ $this->id, null, 10);
```

你会注意到，我为$orderBy 参数提供了 null 值。即便该参数是可选的，要为$limit 提供一个值，必须为之前的所有参数提供一个值。

有了这些代码，将会在笑话列表页面只看到 10 条笑话。现在的问题是，我们如何浏览剩余的笑话。

　　解决方案是，通过一个$_GET 变量来访问不同的页面，用/joke/list?page=1 或/joke/list?page=2 来选择要显示哪一个页面。页面 1 将显示第 1～10 条笑话，页面 2 将显示第 11～20 条笑话，依次类推。

　　在使用 page $_GET 变量做任何事情之前，让我们在模板中创建链接。我们可以很容易地使用一个 for 循环来显示一组链接，让它们连接到不同的页面：

```
for ($i = 1; $i <= 10; $i++) {
    echo '<a href="/joke/list?page=' . $i . '">' .
    $i '</a>';
}
```

　　问题是，我们需要知道这里有多少个页面。实际上，这很容易计算出来。如果每页显示 10 条笑话，页数就是数据库中笑话的总数除以 10，然后再进行舍入。如果系统中有 21 条笑话，21/10 等于 2.1，进行舍入之后，就需要 3 页。PHP 的 ceil 函数可以用来舍入任何十进制数字。

　　该模板已经访问了 $totalJokes 变量，因此，我们可以在 jokes.html.php 的末尾显示该页面：

```
// …
<?php endif; ?>
</blockquote>
<?php endforeach; ?>

Select page:

<?php
// Calculate the number of pages
$numPages = ceil($totalJokes/10);

// Display a link for each page
for ($i = 1; $i <= $numPages; $i++):
?>
    <a href="/joke/list?page=<?=$i?>">
    <?=$i?></a>
<?php endfor; ?>

</div>
```

　　如果点击该链接，将会设置$_GET 变量。现在，只要使用它来显示不同的笑话组就可以了。

　　SQL 的 OFFSET 子句可以和 LIMIT 一起使用，来做到我们想要做的事情：

```
SELECT * FROM `joke` ORDER BY `jokedate` LIMIT 10 OFFSET 10
```

　　这条查询将返回 10 条笑话，但是，它将显示从笑话 10 开始的 10 条笑话，而不是前 10 条笑话。

　　我们需要把页数转变为偏移量。页面 1 将会是 OFFSET 0，页面 2 将会是 OFFSET 10，页面 3 将会是 OFFSET 20。这是一个简单的计算：$offset = ($_GET['page']-1)*10。

　　就像我们对 limit 所做的一样，让我们将 OFFSET 作为 findAll 和 find 方法的一个可选参数：

```
public function findAll($orderBy = null, $limit = null,
 $offset = null) {
    $query = 'SELECT * FROM ' . $this->table;

    if ($orderBy != null) {
        $query .= ' ORDER BY ' . $orderBy;
    }

    if ($limit != null) {
        $query .= ' LIMIT ' . $limit;
    }

    if ($offset != null) {
        $query .= ' OFFSET ' . $offset;
    }
    $result = $this->query($query);
```

```
        return $result->fetchAll(\PDO::FETCH_CLASS,
         $this->className, $this->constructorArgs);
    }

    public function find($column, $value,
      $orderBy = null, $limit = null, $offset = null) {
        $query = 'SELECT * FROM ' . $this->table . '
         WHERE ' . $column . ' = :value';

        $parameters = [
        'value' => $value
        ];

        if ($orderBy != null) {
            $query .= ' ORDER BY ' . $orderBy;
        }

        if ($limit != null) {
            $query .= ' LIMIT ' . $limit;
        }

        if ($offset != null) {
            $query .= ' OFFSET ' . $offset;
        }

        $query = $this->query($query, $parameters);

        return $query->fetchAll(\PDO::FETCH_CLASS,
         $this->className, $this->constructorArgs);
    }
```

然后，为 Joke 控制器中的 list 方法提供偏移量：

```
$page = $_GET['page'] ?? 1;
$offset = ($page-1)*10;

if (isset($_GET['category'])) {
    $category = $this->categoriesTable->
    findById($_GET['category']);
    $jokes = $category->getJokes();
}
else {
    $jokes = $this->jokesTable->findAll('jokedate DESC',
     10, $offset);
}

$title = 'Joke List';

$totalJokes = $this->jokesTable->total();

$author = $this->authentication->getUser();

return ['template' => 'jokes.html.php',
    'title' => $title,
    'variables' => [
        'totalJokes' => $totalJokes,
        'jokes' => $jokes,
        'user' => $author,
        'categories' => $this->categoriesTable->findAll()
        ]
    ];
}
```

现在，如果单击不同页面之间的链接，将会看到每个页面上有 10 条不同的笑话。

这个新的分页功能对于分类中的列表是无效的，稍后我们会修改它。目前，链接并不是很友好。让我们修改表示当前页面的链接样式。

我们可以将当前页面的数目传递给模板：

```
return ['template' => 'jokes.html.php',
    'title' => $title,
    'variables' => [
    'totalJokes' => $totalJokes,
    'jokes' => $jokes,
    'user' => $author,
    'categories' => $this->categoriesTable->findAll(),
    'currentPage' => $page
    ]
];
```

然后，如果页面链接是当前页面的话，给页面的链接添加一个 CSS 类：

```
Select page:

<?php

$numPages = ceil($totalJokes/10);

for ($i = 1; $i <= $numPages; $i++):
    if ($i == $currentPage):
?>
    <a class="currentpage"
        href="/joke/list?page=<?=$i?>">
        <?=$i?></a>
<?php else: ?>
    <a href="/joke/list?page=<?=$i?>">
    <?=$i?></a>
<?php endif; ?>
<?php endfor; ?>

</div>
```

如果链接出现在当前所浏览的页面上的话，我已经把 CSS 类 currentpage 添加到了该链接。给 jokes.css 添加一些 CSS 以使得链接更加突出。你可以修改颜色，让它显示为粗体、带下画线，或者使用你所喜欢的任何样式。我选择用方括号将数字包围起来：

```
.currentpage:before {
    content: "[";
}
.currentpage:after {
    content: "]";
}
```

在 Formatting-Pagination 中，可以找到这段代码。

14.4.3 分类中的分页

现在，我们的代码中个有一个小 bug。如果在一个分类上点击时，它将不会显示正确的 offset 值。

为了修正这个问题，我们可以给 Category 实体的 getJokes 方法添加一个$offset 参数。为了提高灵活性，我们可能也要将$limit 作为参数提供，而不是将其直接编码到该方法中：

```
public function getJokes($limit = null, $offset = null) {
    $jokeCategories =
     $this->jokeCategoriesTable->find('categoryId',
     $this->id, null, $limit, $offset);
```

```
        $jokes = [];

        foreach ($jokeCategories as $jokeCategory) {
            $joke =
            $this->jokesTable->findById($jokeCategory->jokeId);
            if ($joke) {
                $jokes[] = $joke;
            }
        }

        usort($jokes, [$this, 'sortJokes']);

        return $jokes;
    }
```

然后，当在 list 方法中调用该方法时，提供该值：

```
if (isset($_GET['category'])) {
    $category =
    $this->categoriesTable->findById($_GET['category']);
    $jokes = $category->getJokes(10, $offset);
}
```

完成了这些，分页就能够工作了。可以在 URL 中手动输入$_GET 变量，例如，http://192.168.10.10/joke/list?category=1&page=1。然而，我们创建的链接并不能工作。

这里有两个问题：

（1）页面链接并不包含分类变量；

（2）所显示的页面链接的数目是基于数据库中笑话总数的，而不是基于所选分类中笑话的数目。

让我们一次性修改这些问题。最容易的任务是在链接中提供分类。在 list 方法中，我们需要将分类传递给模板：

```
return ['template' => 'jokes.html.php',
    'title' => $title,
    'variables' => [
        'totalJokes' => $totalJokes,
        'jokes' => $jokes,
        'user' => $author,
        'categories' => $this->categoriesTable->findAll(),
        'currentPage' => $page,
        'category' => $_GET['category'] ?? null
        ]
    ];
```

然后，修改模板中的链接，以便如果需要的话，提供分类变量：

```
Select page:

<?php

$numPages = ceil($totalJokes/10);

for ($i = 1; $i <= $numPages; $i++):
    if ($i == $currentPage):
?>
    <a class="currentpage"
        href="/joke/list?page=<?=$i?>
        <?=!empty($categoryId) ?
        '&category=' . $categoryId : '' ?>">
        <?=$i?></a>
<?php else: ?>
```

```
    <a href="/joke/list?page=<?=$i?>
    <?=!empty($categoryId) ?
    '&category=' . $categoryId : '' ?>">
    <?=$i?></a>
<?php endif; ?>
<?php endfor; ?>

</div>
```

我已经使用了 if 的快捷方式，本书前面介绍过这种形式，它用来将&category=$categoryId 添加到链接。我们已经修正了第一个问题，但是，所显示的页面链接数，仍然是根据整个表中笑话的数量来计算的，而不是根据一个分类的笑话数量计算的。

此时，DatabaseTable 类中的 total 方法返回了一个给定表中记录的总数。要统计记录的一个子集，则需要一个 WHERE 子句。我们可以按照和 find 方法相同的方式来实现它：

```
public function total($field = null, $value = null) {
    $sql = 'SELECT COUNT(*) FROM `' . $this->table . '`';
    $parameters = [];
    if (!empty($field)) {
    $sql .= ' WHERE `' . $field . '` = :value';
    $parameters = ['value' => $value];
    }

    $query = $this->query($sql, $parameters);

    $row = $query->fetch();
    return $row[0];
}
```

Total 方法现在支持做类似 echo $this->jokesTable->total('authorId', 4);的事情，它将给出 id 为 4 的作者的笑话总数。

我们无法做同样的事情来统计一个分类中的笑话数目，因为 joke 表中没有 categoryId 列。我们需要在 jokeCategoriesTable 实例上调用 total 方法：$this->jokeCategoriesTable->total('categoryId', 2);。这将会计算出 id 为 2 的分类中笑话的数目。

让我们给 Category 实体类添加一个新的方法，以返回特定分类中的笑话数，而不是在 list 方法中实现这一功能：

```
$totalJokes = $category->getNumJokes();::
    public function getNumJokes() {
    return $this->jokeCategoriesTable->total('categoryId',
    $this->id);
}
```

然后，可以从 Joke 控制器的 list 方法中调用该方法：

```
public function list() {

    $page = $_GET['page'] ?? 1;
    $offset = ($page-1)*10;

    if (isset($_GET['category'])) {
        $category =
        $this->categoriesTable->findById($_GET['category']);
        $jokes = $category->getJokes(10, $offset);
        $totalJokes = $category->getNumJokes();
    }
    else {
        $jokes = $this->jokesTable->findAll('jokedate DESC',
        10, $offset);
```

```
        $totalJokes = $this->jokesTable->total();
    }

    $title = 'Joke List';
    // …
```

可以在 Final-Website 中找到这段代码。

注意，我已经将最初的$totalJokes 变量放到了 if 语句的 else 分支中。当选中一个分类时，$totalJokes 是所选中的分类中笑话的总数目。当没有选中一个分类时，$totalJokes 存储了数据库中笑话的总数目。

14.5　达到专业水准

至此，你就完成了工作，也成了 PHP 高手。

在本章中，我介绍了一些开发 Web 站点时很有用的、额外的工具。你对于正则表达式以及 LIMIT 和 OFFSET 的 SQL 功能有了基本的理解，并且知道如何将它们组合起来以实现数据集分页。

现在，你已经拥有了构建真实 Web 站点所需的所有工具。你知道如何考虑编写代码，并且知道如何将项目专用代码和在未来的项目中将要使用的代码区分开来。你还理解了 PHP 框架幕后的概念，现在可以使用 Symfony、Zend 或 Laravel 了，尽管代码有所不同，但是你在本书中所学习的概念是相似的。

下一步如何学习

你已经拥有了构建功能完备的 PHP Web 站点并将其放到网上所需的所有工具。继续前进，并且发布你的第一个 Web 吧! 这种感觉真好。对于编程来说，总是有很多东西需要学习。有不同的技术和方法可以尝试，而且还有很多不同的工具能够帮助你更高效地开发并减少 bug。

你还没有大功告成，也没有曲终人散，还要继续学习。每次你学到一些新的内容，不管它是一种新的工具、一种新的技术甚至是一种新的语言，都将扩展你的知识，并且你将会奇怪以前没有这些知识的时候是如何应付的。事情总是在变化的，并且很难跟上变化的步伐。要不，你以为为什么这本书出到了第 6 版了呢? 不要失望，学习总是充满了乐趣，只要你没有陷入以为自己知道一切的陷阱之中，你将会持续学习。

虽然已经阅读完本书，但要从事自己的项目或者说甚至成为一名初级 PHP 开发者，你还需要具备更多的知识。

在进行后续的几个步骤之前，我推荐你至少完成两到三个项目，以确保你熟悉本书中所介绍的所有内容。随着你继续前进，你将会发现自己解决了各种不同的问题。你需要一些常识，才能够在脑海中搞清楚所有事情。

一旦完成了这些工作，你可以继续下面这些步骤。

（1）Composer。Composer 是一个包管理工具，如今几乎所有的 PHP 项目都使用它。如果你想要在自己的项目中使用其他人的代码，你需要知道如何使用 Composer。

（2）看一些 PHP 框架，看看别人是如何做事的。在 2017 年，我推荐 Laravel 和 Symfony 作为起点，但是，几年之后，情况可能会有一些变化。

（3）PHPUnit。测试驱动的开发确实是在数年前从 PHP 中衍生出来的。一旦你使用了 TDD，很难再离开它。一切似乎要整齐很多，并且容易很多。你可以只是运行一段脚本来为你完成所有的事情，而不是必须加载 Web 站点、填充表单，然后检查插入到数据库中的记录。

（4）Git。Git 对于软件开发者来说是一个重要的工具。你可能访问过 GitHub 的 Web 站点，这个站点允许和其他的开发者分享代码和进行协作。要使用该站点，需要理解 Git。这是一种非常好的工具。在进行一些修改，或者注释掉一大部分代码之后，不需要再复制/粘贴代码。只需要删除它，然后 git 将记录下你所做的任何修改。

好了，介绍完这些，也就没有什么需要添加的内容了。当你进行到这里时，可以确信自己已经有了很牢固的基础知识了，并且对于现代 PHP Web 站点所使用的工具和技术，也已经有了很好的理解。而如今的很多开发者还不具备这些基础。请你利用好这一优势。

最为重要的是，放下书本并编写一些代码。

附录 A   使用示例代码

本书提供了所有示例代码文件。可以在 Github 找到完整的示例代码。

有两种方式使用示例代码。

如果想要浏览单个示例中的一个具体文件的代码，可以很容易在 GitHub 上找到。使用 Github 主页上的 Branch 下拉菜单，根据名称来选择示例。随后，你将会看到所选择的示例文件和目录的一个列表，并且点击每个文件以查看其代码。

或者，如果你想要很容易地运行示例代码，而不在 Web 服务器的 Project 目录之间来回复制和粘贴文件，可以做到这一点。我已经提供了一个工具，使你能够快速而容易地查看任何代码示例。

要使用代码示例，按照如下的步骤进行。

（1）确保你的 Project 目录为空。

（2）使用启动虚拟机的 git bash 工具，确保导航到你通常运行 vagrant up 的目录，然后运行如下的命令：

```
git clone https://github.com/spbooks/phpmysql6 Project
```

访问 http://192.168.10.10/samples/，将会看到所有可用示例的一个列表。

（3）点击你想要浏览的示例的名称，将会在 Project 目录中创建该文件，并且在 URL http://192.168.10.10/ 上浏览该文件。

一些警告

1. 切换文件

一旦有了一个具体的示例，Project 目录将只包含你所浏览示例的代码。如果你曾经使用过任何文件，它们都将隐藏起来，但并没有删除它们。

每次在示例之间切换时，根据你做出修改的分支，所做的任何修改将会备份到它们自己的分支中。默认情况下，你将会在 master 分支上。当你切换到一个示例时，在 Project 文件夹中创建的所有文件，都将保存到一个分支中，这个分支的名称是 master 后面跟上截取快照的日期和时间。例如，Master_2017-10-01-17.16.52。可以通过 http://192.168.10.10/samples/的列表，切换到这个新的分支，从而回到原来的代码。

2. 示例数据库

所有的示例都使用数据库 ijdb_sample。每次你在示例之间切换时，这个数据库都将会删除并重新创建，当你在示例之间切换时，你对 ijdb_sample 数据库所做的任何修改也会丢失。如果你要按照本书学习，应该对 ijdb 数据库进行所有的修改。

附录 B   Linux 故障排除

对于 Linux 用户来说，安装软件非常容易，但是一旦软件运行了，通常需要一个额外的步骤连接到服务器。默认情况下，Linux 将不允许连接到 IP 地址，你需要作为根用户来运行如下的命令：

```
sudo ip link set vboxnet0 up sudo ip addr add
➥ 192.168.10.1/24 dev vboxnet0
```

根据发布的版本，你可能需要手动加载 VirtualBox 的 kernel 模块。如果稍后你看到一条关于 VirtualBox 的 kernel 模块的警告，运行如下的命令：

```
sudo modprobe vboxdrv sudo modprobe vboxnetadp sudo modprobe
➥ vboxnetflt
```

每次重启计算机时，都需要运行它。参照发布版本关于 kernel 模块的手册，来让该修改保持持久性。